Anna Dollinger, Katharina Fehse, Klaus Haasis

Komplexitätstrainings für Führende erfolgreich leiten

Der Seminarfahrplan

managerSeminare Verlags GmbH – Edition Training aktuell

Anna Dollinger, Katharina Fehse, Klaus Haasis
Komplexitätstrainings für Führende erfolgreich leiten
Der Seminarfahrplan

Endenicher Str. 41, D-53115 Bonn
Tel: 0228-977910, Fax: 0228-9779199
info@managerseminare.de
www.managerseminare.de/shop

Printed in Germany

ISBN: 978-3-95891-047-8

Herausgeber der Edition Training aktuell:
Ralf Muskatewitz, Jürgen Graf, Nicole Bußmann

Lektorat: Ralf Muskatewitz, Vera Sleeking
Gezeichnete Grafiken: Klaus Haasis
Cover: Designstudio Eminent: Emin Hasirci
Druck: Kösel GmbH und Co. KG, Krugzell

Inhalt

Ein Blick auf die Landkarte: Was es hier gibt

2017 stellte die Zeitschrift managerSeminare die Frage nach der größten aktuellen Herausforderung. Es stellte sich heraus, 70 Prozent der Umfrageteilnehmer nannten an erster Stelle „Die enorme Komplexität des Umfelds".

73 Prozent aller Führungskräfte beobachten massive Schwierigkeiten, ausreichend schnell Lösungen für komplexe Probleme zu finden und umzusetzen (Studie Komplexitätsmanagement 3.0 der Schuh Group, 2014).

Der gleichen Studie nach wird gleichzeitig nur in 15 Prozent der Firmen der professionelle Umgang mit Komplexität als „strategische Waffe" gesehen (Studie „Komplexitätsmanagement 3.0" der Schuh Group, 2014). Die in der Studie verwendete Waffen-Metapher erweckt den Anschein, als wären Unternehmen im Krieg. Das sehen wir definitiv nicht so. Unsere Überzeugung ist gleichwohl: Es bieten sich jede Menge Chancen und Wachstumspotenziale – gerade für die Schnellen, Zukunftsorientierten, die neues Kartenmaterial sichten und den Kompass neu ausrichten.

Und genau dazu wollen und werden wir in unserem Buch inspirieren.

Bei unserem vertieften Eintauchen in unsere Themen und in die Publikationen der KollegInnen haben wir immer wieder gelesen, dass man Komplexität nicht reduzieren kann, nicht managen und nicht steuern. Wir folgen der Idee, dass jedes Element (wir, jeder) im System immer Ursache und Wirkung zugleich darstellt und somit auch jeder im System Entwicklungs- und Veränderungsimpulse setzen kann. Ob diese im System anschlussfähig sind und aufgenommen werden, wissen wir nicht. Das lässt sich für kein System vorhersagen. Mit den von uns vorgeschlagenen Methoden und Vorgehensweisen glauben und hoffen wir, entsprechende Wahrscheinlichkeiten erhöhen zu können.

Aus diesem Grund haben wir als Arbeitsmotto für unser Buch die Kant'schen Fragen gewählt:

- Was kann ich wissen?
- Was soll ich tun?
- Was darf ich hoffen?

Für das **Wissen** orientieren wir uns an dem, was wir an Wissenschaftlichem zum Thema gefunden haben. Für das **Tun** bieten wir die von uns präsentierten Methoden an und **hoffen**, dass wir so möglichst wirksam werden.

Wie wir als Impulsgeber und Führende in VUCA-Welten erfolgreich und kraftvoll agieren können, dafür haben wir aus unserer und der Praxis von Kollegen jede Menge Werkzeuge und Vorgehensweisen gesammelt, die wir Ihnen in dem vorliegenden Buch vorstellen dürfen. Wir werden über Mindsets und Metaphern reden, mit Methoden spielen, die unter die Haut gehen und Strategien anbieten, die auch in komplexen Welten Erfolg versprechen.

Dabei geht es uns nicht nur um das Wissen und das Können allein, sondern immer wieder auch um das Spüren, in Resonanz mit sich selbst und anderen. Um die Achtsamkeit für die Intuition und das Sich-verlassen auf Faustregeln – wissenschaftlich würde man Heuristiken sagen. Ein Beispiel dafür beschreibt Gerd Gigerenzer in seinem Buch „Risiko: Wie man die richtigen Entscheidungen trifft" (2013). Er erzählt, wie sich im Jahr 2009 Flugkapitän Chesley Sullenberg zur Notwasserlandung auf dem Hudson River entschied – aus einer Mischung aus Bauchgefühl und Faustregeln heraus. Zwischen dem Blockieren aller Triebwerke durch einen Schwarm Kanadagänse und der Notwasserung lagen nur drei Minuten. Das Beispiel zeigt, wie die Kombination aus hoher Professionalität und Erfahrung (Heuristik = Faustregel), vertrauensvoller Teamarbeit und der Glaube an die eigene Intuition eine erfolgreiche Navigation durch komplexe Welten ermöglichen.

Die menschliche Perspektive – Was soll ich tun

Komplexität und VUCA-Welt erfordern eine neue Menschen-Zentrierung in den Organisationen. Das Agile Manifest beschreibt dies in den ersten von vier agilen Werten so: „Wir bewerten **Individuen und Interaktionen** höher als Prozesse und Werkzeuge" (vgl. S. 210). Psychologische Sicherheit zwischen Menschen, in Teams und in Organisationen wird mehr und mehr zum zentralen Erfolgsfaktor.

Bei unserem Austausch haben wir Autoren festgestellt, dass dies auch die notwendige Basis in unseren Trainings und Seminaren darstellt. Wir haben reflektiert, wie wir als Trainer dazu aus unserer Sicht beitragen und drei Faktoren ausgemacht: Erstens mittels unserer Sprache, die in jedem Moment wertschätzend und anerkennend sein muss. Zweitens, indem wir die Arbeitsgruppen fortwährend „neu mischen" und darauf achten, dass Unterschiedlichkeit geschätzt wird. Und drittens, indem wir sehr schnell zu einem „Du" und Sichannähern per Vornamen einladen. Dieses „Du" kann sehr hilfreich sein. Deswegen haben wir uns bei diesem Buch dazu entschieden, in unseren gesprochenen Instruktionen auch das „Du" als Ansprache zu wählen. Die tatsächliche Umsetzung in den Seminaren wird dann selbstverständlich entsprechend dem ausgehandelten Kontrakt erfolgen.

Und noch ein Wort zu unserem Team, Anna, Katharina und Klaus. Wir haben uns sehr spontan gefunden und dem Zufall ganz im Sinne von „Effectuation" (s. S. 319) eine Chance gegeben. Diese Zusammenarbeit beinhaltet alle Elemente, die unsere komplexe Welt charakterisieren: ein sich wandelnder Kontext, keine gemeinsamen Erfahrungen aus der Vergangenheit und mehr Freestyle als das Befolgen eines Plans. Diese Selbsterfahrung hat uns stets bei der Gestaltung der Übungen zur Seite gestanden, und wir freuen uns, wenn auch Sie unser VUCA-Spirit beim Lesen und Ausprobieren der Methoden begleitet.

Über unsere Zusammenarbeit sind wir sehr beglückt: Denn eigentlich war das ganz anders geplant. Aber, wie schon Karl Valentin vor 100 Jahren sagte: „Prognosen sind schwierig, vor allem, wenn sie die Zukunft betreffen." Und so haben wir in unserer Zusammenarbeit alle Elemente eines agilen Miteinanders vereint: Wir haben uns (nicht alle) vor dem gemeinsamen Buch gekannt, virtuell zusammengearbeitet, Unterschiedlichkeit als Mehrwert gesehen und genutzt und Co-Kreation im Team betrieben!

Die soziale Perspektive – Die vorliegende Veröffentlichung gäbe es nicht, ohne ...

- unsere Auftraggeber! Die Möglichkeit, gemeinsam konkrete Projekte zu gestalten, ihr Vertrauen in uns, innovative Methoden mit uns auszuprobieren und ihr kritisches Fordern und Feedback haben uns dazu inspiriert.

- unsere noesis-Kolleginnen M.Sc. Psychologin Judith Lucas und M.Sc. Psychologin Anja Wiggenhauser, die als Co-Autorinnen, kritische Korrekturleserinnen und Organisatorinnen dafür gesorgt haben, dass das „Werk" fertiggestellt wurde.

- all unsere noesis-Kollegen, die uns den Rücken freigehalten und von allen Seiten mitgewirkt haben.

- all die Autoren, auf deren „Schultern" wir stehen dürfen, deren inspirierende Veröffentlichungen zum Thema Komplexität, auf die auch wir uns in unseren Quellennachweisen beziehen.

- Ralf Muskatewitz und Vera Sleeking vom Verlag managerSeminare. Ihr nachhaltiges Fordern, die geduldige Zusammenarbeit und die positive Unterstützung haben uns sehr ermutigt.

Herzlichen Dank an Sie alle!

Allen Trainer- und Beraterkolleginnen und -kollegen viel Erfolg und viel Spaß beim Umsetzen und Vermehren der gewonnenen Erkenntnisse! Wir freuen uns und bedanken uns im Voraus über Anregungen, Ergänzungen und Feedback.

Anna Dollinger *Katharina Fehse* *Klaus Haasis*

Orientierung: Wo finden Sie was?

Der **erste Teil dieses Buches** ist ein vollständig ausgearbeitetes, dreitägiges „offenes" Komplexitätstraining. „Offen", weil dieses Training sich dafür eignet, die Teilnehmenden grundlegend für das Thema und die Anliegen von „Komplexität" fit zu machen – ohne dass ein ganz konkretes Unternehmensziel dahinter steht. Dieses Training bietet sich also auch dann an, wenn Sie beispielsweise Teilnehmer aus verschiedenen Unternehmen in einer Gruppe haben.

Wir empfehlen, die Teilnehmenden ein bis zwei Tage vor dem dreitägigen Präsenztraining darauf vorzubereiten. Zu diesem Zweck wird zunächst eine „Flipped Learning Offer" vorgestellt (FLO). Dabei handelt es sich um einen interaktiven Lernpfad, der von den Teilnehmenden komfortabel von zu Hause aus durchwandert werden kann und der sowohl Sie als Trainer vorstellt als auch in die wichtigen Kernbegriffe rund um das Thema „Komplexität" einführt (S. 15).

Die nächsten Unterkapitel sind der erste Seminartag (S. 29), der zweite Seminartag (S. 81) und der dritte Seminartag (S. 151). Sie finden die jeweilige Tagesagenda zu Beginn jedes Seminartages. Dieses modulare Training vermittelt Führenden Komplexität „in a Nutshell".

Sollten hinter Ihrem Training nun die konkreten Ziele und aktuellen Bedarfe eines Unternehmens stehen, dann passen Sie das Training nach dem Baukastenprinzip an. Mit den modularen Methoden und Tools aus dem **zweiten Teil des Buches** fügen Sie Ihr Training so zusammen, dass es den spezifischen Schwerpunkten Ihres Trainingsauftrags entspricht.

Zu diesem Zweck erhalten Sie dort Module, mit denen verschiedene Komplexitätskompetenzen trainiert werden. Wollen Sie beispielsweise in einem Unternehmen die Feedback-Kultur verbessern, so setzen Sie in Ihrem Komplexitätstraining einen Schwerpunkt auf „Selbstreflexion" und bauen verstärkt die Module zum Thema „Selbstreflexion" aus dem zweiten Teil des Buches ein (s. S. 335 ff.). Soll im Unternehmen das Thema „Kultureller Change" angegangen werden, so empfehlen wir, entsprechend Module aus dem Themenbereich „Kultur zum Umgang mit Komplexität ausbauen" (s. S. 199 ff.) in Ihr Training einzubauen.

Sie werden feststellen, dass die im zweiten Teil des Buches vorgestellten Module mit dem Themenbereich Kultur/Haltung beginnen, weil wir diese für das Thema Komplexität in Unternehmen grundsätzlich als sehr wichtig erachten und Ihnen besonders ans Herz legen möchten.

Sind Sie auf der Suche nach bestimmten inhaltliche Schwerpunkten oder Begriffsdefinitionen, empfehlen wir Ihnen, auf das Stichwortverzeichnis am Ende dieses Buches zurückzugreifen (s. S. 359).

Für Ihr Komplexitätstraining stehen Ihnen außerdem zusätzliche Materialien wie Handouts zum Herunterladen zur Verfügung. Geben Sie dafür den Link, der in der inneren Umschlagklappe dieses Buches steht, in Ihre Browserzeile ein. Folgen Sie der Downloadroutine, nachdem Sie sich registriert haben. Alle Dokumente, die Ihnen online als **Download-Ressource** zur Verfügung stehen, sind in diesem Buch mit dem nebenstehenden Pfeilsymbol gekennzeichnet.

Teil 1

Komplexität „in a Nutshell"

Der erste Teil dieses Buches bietet Ihnen ein vollständig ausgearbeitetes, dreitägiges „offenes“ Komplexitätstraining. „Offen“, weil dieses Training sich dafür eignet, die Teilnehmenden grundlegend für das Thema und die Anliegen von „Komplexität“ fit zu machen – ohne dass ein ganz konkretes Unternehmensziel dahinter steht. Dieses Training bietet sich also auch dann an, wenn Sie beispielsweise Teilnehmer aus verschiedenen Unternehmen in einer Gruppe haben.

Zu Beginn wird eine „Flipped Learning Offer“ vorgestellt, mit der Sie die Teilnehmenden ein bis zwei Tage vor dem dreitägigen Präsenztraining vorbereiten können. Die „Flipped Learning Offer“ führt in die wichtigen Kernbegriffe rund um das Thema „Komplexität“ ein. Darauf folgt ein dreitägiges Präsenztraining. Die jeweilige Tagesagenda finden Sie zu Beginn jedes Seminartages.

Vor dem Seminarbeginn: Die Methode Flipped Learning Offer

Orientierung

Ziele

- Die Teilnehmer auf die Inhalte des kommenden Trainings vorbereiten
- Die Teilnehmer zu Fragen und Themenwünschen anregen
- Lust auf das kommende Training machen
- Die (kommende) kostbare Präsenzzeit so effektiv und effizient wie möglich nutzen

Zeit zur Erstellung

Für eine 30-minütige FLO werden etwa ein bis vier Tage Erstellungszeit benötigt (je nach Übung)

Material

Zum Erstellen brauchen Sie: ein Storyboard; das Präsentationsprogramm Prezi; zum Aufnehmen von Videos: Smartphone/Kamera, Stativ, Mikrofon; Videoschnittsoftware (z.B. von Microsoft: Windows Movie Maker ©Microsoft Corporation); diverse Videos oder Tutorials (z.B. über Link zu den Videoportalen *YouTube.com*, *Vimeo.com*), Erklärvideos (z.B. von Angela Recino: Bewegte Kommunikation: *www.bewegtkommunikation.de/erklaervideo*)

Hinweise

Auf den ersten Blick erscheint die Vorbereitung etwas aufwendig. Das Feedback vonseiten der Teilnehmer ist jedoch sehr, sehr positiv. Kommentare waren zum Beispiel „In Papierform hätte ich das niemals durchgearbeitet" oder „Das hat richtig Spaß gemacht, das anzuschauen, das war keine Arbeit" oder „Sehr gut war, dass ich mir das Ganze auch im Nachhinein nochmals anschauen konnte. So habe ich das Modell richtig gut verstanden". Im Netz finden Sie entsprechende Tipps, die Ihnen helfen, eine Prezi aufzubauen. Um eine logische und gut verständliche FLO zu erstellen, arbeiten wir mit einem Storyboard. Der nachfolgende Vorschlag stellt ein solches Storyboard vor.

Erläuterung

Die Flipped-Learning-Offerte (oder „Flipped Learning Offer, FLO) ist ein Blended-Learning-Format, bei dem Inhalte des kommenden Trainings in einem interaktiven Lernpfad zusammengeführt werden. Die FLO wurde als Tool von Anna Dollinger entwickelt.

Das Format stellt eine didaktisch höchst sinnvolle und wirksame Verknüpfung von Präsenzveranstaltungen und in weitestem Sinn von E-Learning dar. Es verbindet die Effektivität und Flexibilität von elektronischen Lernformen und „Lernen on demand" mit den Aspekten der Face-to-Face-Kommunikation sowie dem praktischen Lernen.

Die Inhalte der Präsenzphasen und der FLO werden durch den Trainer unternehmensspezifisch kuratiert und funktional aufeinander abgestimmt. Dadurch wird die Menge der Informationen reduziert und sie werden so dargeboten, dass sie „leicht aufnehmbar" sind. „Leicht aufnehmbar" auch deswegen, weil die FLO zeitlich und räumlich flexibel, also „on demand", durch die Teilnehmer des Trainings abgerufen werden kann. Optimalerweise ist sie ein wirklicher Appetitanreger und auch als digitales Vor- und Nachbereitungstool und Wiki für Trainings und Seminare bietet sie einen echten Mehrwert. In der vom Trainer erstellten Prezi können im Seminar zum Einsatz kommende Modelle und Techniken präsentiert werden. Auf diese Weise fördert eine FLO den Lerntransfer, macht die Präsenzphase wesentlich effizienter und kann die sogenannte „Transferlücke" deutlich verringern.

In dem nachfolgend beschriebenen Beispielfall wurde eine etwa 30-minütige multimediale Präsentation erstellt, die die Teilnehmer bereits vor Trainingsbeginn erhalten. In ihr werden Nutzen und Inhalt des bevorstehenden Komplexitätstrainings vermittelt. Es werden die Trainer vorgestellt, kurzweilig ins Thema eingeführt und schon eine Vorbereitungsaufgabe formuliert, die im Präsenztraining später verbindlich aufgegriffen werden soll.

Der Einsatz der FLO wurde von den Teilnehmern sehr begrüßt. Besonders betont wurde das entspannte und anregende Lernen, die Möglichkeit, sich an den unterschiedlichsten Orten und Zeiten vorzubereiten, die gezielte Anregung, sowohl zu Fragen und Anliegenarbeit bzw. kollegialer Beratung („Das hat mich angeregt, folgende Frage/folgendes Anliegen mitzubringen") als auch dazu, Themen nachzubereiten („Gestern Abend habe ich mir das noch mal angeschaut und dabei ist mir klar geworden, ...").

Zur besseren Nachvollziehbarkeit greifen wir dem Erstellungsprozess vor und stellen Ihnen direkt den Link zu unserem Entwurf der FLO für das Seminar „Komplexitätsmanagement für Führende“ zur Verfügung. Sie können diese FLO als beispielhaften Ideengeber für Ihre eigene FLO nutzen, indem Sie diese in einer eigenen Prezi „nachbauen“: *https://prezi.com/view/CpZUz9HMVIoxHOKeBVWh/*

Vorgehen

In den Download-Ressourcen zu diesem Buch finden Sie einen Vorschlag für eine E-Mail-Formulierung, mit der Sie Ihre Teilnehmenden zu Ihrer Flipped-Learning-Offer einladen. Im Folgenden wird beschrieben, wie Sie als Trainer ein Storyboard für eine FLO erstellen können, mit der Ihr Komplexitätstraining vorbereitet wird. Präsentiert werden soll die FLO dann mithilfe der Präsentationssoftware Prezi.

Über das Storyboard legt man Inhalte und Reihenfolge der Präsentation fest. Im Beispielfall gliedert sich das Storyboard in fünf Stationen:

1. Anleitung zur Nutzung der FLO (hier in Textform, die Anleitung kann beispielsweise mit Bild des Unternehmens und Firmenlogo ergänzt werden. Die Betrachtungsdauer ist max. eine Minute).

2. Begrüßung & Sinnstiftung: zum Beispiel durch den Trainer, durch die Leitung des Bereichs Führungskräfte-Entwicklung (dies kann z.B. als Video angelegt werden, Laufzeit: max. drei Minuten).

3. Die VUCA-Welt: Erklärung des Begriffs; Sprechertext plus Slideshow (hier: sieben Minuten Laufzeit)

4. Definition „Führende“ (zum Beispiel als Erklärvideo, ca. drei Minuten Laufzeit. Dazu gibt es etwa ein Erklärvideo von unserer Kooperationspartnerin Angela Recino „Bewegte Kommunikation“, *www.bewegtkommunikation.de/erklaervideo*)

5. Vorbereitungsaufgabe: „Eine Brand als FührendeR und NetzwerkerIN entwickeln“ (Tutorial einsprechen und außerdem als Dokument zur Verfügung stellen. Informationsaufnahme: fünf bis zehn Minuten).

Anleitung zur Nutzung der FLO

Hier der Vorschlag für einen Anleitungstext: Gerade hören Sie also in Ihre Flipped-Learning-Offerte rein. Und vielleicht fragen Sie sich: Was soll das bringen?

- Nun, indem wir die Digitalisierung nutzen, bieten wir Ihnen die Möglichkeit, sich ohne Papierkram und lästige Ordner auf das kommende Seminar inhaltlich einzustimmen.

- Sie können dies zeit- und ortsunabhängig tun: Vielleicht sind Sie gerade im Zug oder auch zu Hause in einem gemütlichen Sessel ...

- Wir können die kostbare Präsenzzeit besser im Training für den Austausch miteinander nutzen, indem wir uns im Vorfeld auf die Themen des Trainings einstimmen ...

- und Sie damit hoffentlich zu konkreten Fragen und Überlegungen für den Austausch in unserer Gruppe inspirieren.

- Sie können sich anhand der Pfeile unten durch die ca. 30-minütige Präsentation klicken oder sich an den grünen Würfeln orientieren, die die Kernmodelle kennzeichnen. Durch Wischen und Zoomen können Sie jederzeit an gewünschten Stellen wieder in Ihre FLO einsteigen.

- Immer, wenn Sie auf der Prezi weitergehen möchten, klicken Sie einfach auf den Pfeil unten.

Begrüßung & Sinnstiftung

Dieser Teil wird am besten von der PE und vom Trainer als Video erstellt. Die Leitung Führungskräfteentwicklung oder gar der Geschäftsführer begrüßt, informiert über Ziele und Hintergrund zum Training und stellt den/die Trainer vor. Dies kann beispielsweise per Video geschehen. Je nach Bedeutsamkeit der einführenden Person kann das hohen Einfluss auf den wahrgenommenen Stellenwert des Seminars haben. In einem weiteren Video kann/können sich der/die Trainer vorstellen. Die Trainervorstellung schafft Vertrauen und vermittelt Kompetenz.

VUCA – Wofür steht der Begriff?

Hier bietet sich eine Slideshow an. In unserem Beispiel ist der erste Fachinput eingesprochen und wird durch eine Slideshow-Bebilderung unterstützt. Das macht die Vermittlung von Fachinhalten kurzweiliger als eine reine Textdarstellung. Hier der Text:

„Vierte industrielle Revolution, Digitalisierung, New Work: Diese Begriffe signalisieren ‚Die Welt ändert sich – und wir müssen uns neu erfinden! Als Unternehmen, als Team und als Führungskraft. Denn Führung, die ihren Bezug zum Umfeld verliert, wird unwirksam. Ziel unseres Trainings ist es, sich mit den aktuellen und sich abzeichnenden Anforderungen dieses Umfelds auseinanderzusetzen: die eigene Rolle als Führungskraft zu reflektieren sowie das eigene Handlungsspektrum bewusst und gezielt zu nutzen.

Unternehmen als Organisationen, wie wir sie heute kennen, haben ihren Ursprung im Militär, im römischen Heer, das zum Rollenmodel für die katholische Kirche und später für Industrieunternehmen wurde. Begriffe wie Chief Executive Officer oder Finance Officer erinnern daran. Diese Organisationen waren gekennzeichnet durch klare Strukturen, hohe Stabilität und eine klare hierarchische Kommunikations- bzw. Entscheidungskultur. Das römische Militär konnte allerdings den Zerfall des Römischen Reiches auch nicht aufhalten und die katholische Kirche droht an ihren starren Regeln und ihrer Weltfremdheit zu zerbrechen. Führung, die ‚abgehängt wird', verliert ihre Steuerungs- und Einflussmöglichkeiten.

Jede technologische Entwicklung bringt eine kulturelle Evolution mit sich. Die digitale Welt schafft neue Möglichkeiten und Formen der Zusammenarbeit: Soziale Plattformen laden zum hierarchiefreien Austausch ein und fördern Netzwerkstrukturen. Das Organigramm wird durch ein Dynamogramm ersetzt, Hierarchie durch Heterarchie. Netzwerkstrukturen und partizipative Abstimmungs- bzw. Kooperationsprozesse sorgen für tragfähige und nachhaltige Lösungen, weil sie den multirationalen Anforderungen unserer Realität besser entsprechen. Die Rolle der Führungskraft wandelt sich vom ‚allwissenden Helden' zum Moderator, der vor allem den We-Q der Gruppe – die Intelligenz der Gruppe – voranbringt. Die Führungskraft wird zum Coach und Mitarbeiterentwickler, der die individuellen Möglichkeiten und Fähigkeiten der Mitarbeitenden mit den Aufgaben und Anforderungen gekonnt zusammenführt. Sie wird zum Inspirator, der Orientierung und Sinn vermittelt und Anerkennung und Wertschätzung ausspricht. Von Führenden wird damit eine deutlich höhere Rollenflexibilität erwartet. Wir bewegen uns weg von ‚Command, Control, Execute' hin zu ‚Sense Making, Enabling, Motivating'.

Was heißt das für unsere Haltungen, Überzeugungen und Glaubenssätze als Führende? Es zeichnet sich ab, dass einige unserer bisherigen Paradigmen und Erklärungsmodelle nicht mehr funktionieren werden. Paradigmen hatten und haben stets die Funktion, Komplexität zu reduzieren und uns Orientierung für unser Handeln zu bieten. Bis etwa in das 15. Jahrhundert hinein übernahm dies für unsere mitteleuropäische Region die katholische Kirche: Sie erklärte und bewertete die Welt. Das geschah in überwiegend binären Kategorien wie ‚gut und schlecht', ‚falsch und richtig', ‚zu tun und zu lassen'. Später, durch die Erfindung verschiedenster Technologien, wie zum Beispiel des Fernrohrs, entstanden neue, nun vor allem naturwissenschaftlich basierte Paradigmen. Die Naturwissenschaften erforschten und erklärten die Welt in Ursache-Wirkungs-Prinzipien. Der Glaube an die Objektivität der Zahlen, an Fakten und Machbarkeit entstand. Doch wenn wir unsere aktuelle Welt betrachten, stellen wir fest, dass wir mit unseren linearen Erklärungsmodellen nicht mehr zurechtkommen. Wir stellen fest, dass unsere heutige Welt besser abgebildet wird durch dynamische und vernetzte Systeme, dass sie gekennzeichnet ist von Wechselwirkungen und Disruption! Die Suche nach klaren Ursache- Wirkungs-Prinzipien bringt uns nicht mehr voran. Entsprechend funktionieren klassische Ansätze der Unternehmenssteuerung in unseren komplexen Umfeldern immer weniger, weil sie Linearität, Kausalität und Machbarkeit unterstellen.

Unsere Märkte und Finanzströme sind undurchschaubar und volatil. Zinsentwicklungen, Fintechs, politische Umwälzungen und Trend-Zyklen jagen einander den Rang ab. In unseren digitalisierten Technikwelten tauchen mehr und mehr Chatbots auf, die unsere Arbeit ununterbrochen, 24 Stunden und sieben Tage die Woche, ausführen können. Für diese sich immer schneller verändernde Welt taucht international ein Begriff auf, der dieses Umfeld beschreibt:

VUCA als Akronym setzt sich aus den vier Begriffen Volatilität, Ungewissheit, Komplexität und Ambiguität zusammen.

Volatilität beschreibt die Schwankungsintensität von bestimmten Faktoren über einen zeitlichen Verlauf hinweg. Leicht erkennbar ist dies am Beispiel von Aktienkursen: Innerhalb eines kurzen Zeitraums schwanken Aktienkurse stark und zeigen „scharfe Zacken" im Verlaufschart. Je höher die Volatilität, desto stärker und „zackiger" die Ausschläge.

Das hängt auch mit dem Faktor **Ungewissheit** zusammen: Wir müssen uns eingestehen, dass wir in bestimmten vor allem auch marktwirtschaftlichen Zusammenhängen niemals alle einflussnehmenden Variablen kennen können. Mit Blick auf den Brexit beispielsweise werden diese „Unknown Unknowns" mehr als deutlich. Und wir als Führende müssen in solchen Kontexten, die von hoher Ungewissheit geprägt sind, entscheiden.

Der Buchstabe C steht für den Begriff der **Komplexität** (engl. Complexity). Von einem komplexen System sprechen wir, wenn die Anzahl der Einflussfaktoren in einem System hoch und die Art der gegenseitigen Einflussnahme der Faktoren in Teilen unbekannt und nicht stabil ist. Die Zusammenhänge in solchen Systemen sind nicht linear. Das heißt, es gibt keine eindeutigen Ursache-Wirkungs-Zusammenhänge. Alle menschlichen Systeme, ob wir von einem Wirtschaftssystem, von einem Unternehmen oder auch von einem einzelnen Menschen sprechen, sind komplexe Systeme. Sie entwickeln sich selbst weiter mit einem dem System eigenen Eigen-Sinn. Ein künftiger Zustand ist – und würde man auch noch so viele noch so detaillierte Analysen durchführen – nicht vorhersagbar, und schon gar nicht mit absoluter Sicherheit. Wir können Annahmen treffen (z.B. für bestimmtes Wahlverhalten und bestimmte Wahlergebnisse) und im Nachhinein bestimmte Ereignisse allenfalls erklären. Gleichwohl gibt es keine vorhersagbaren zwingend linear-kausalen Zusammenhänge. Auswirkungen von Entscheidungen bzw. von bestimmten Maßnahmen und Eingriffen lassen sich nicht vorhersagen. Somit sind solche Systeme auch nicht direkt steuerbar.

Das A steht für das Wort **Ambiguität** und für die Vieldeutigkeit und die Widersprüchlichkeit, mit der wir uns in unseren Wirtschaftssystemen zunehmend konfrontiert sehen. Ein Management des Sowohl-als-auch ist gefordert. Ein fortwährendes Handeln und Entscheiden in Dilemmata-Situationen und Welten der Gegensätze. Die Forderungen lauten „kürzere Entwicklungszeiten bei gleichzeitig hoher Qualität der Ergebnisse" oder „Geschwindigkeit und gleichzeitig Zuverlässigkeit" oder „Standardisierung bei gleichzeitig maximaler Individualisierung“ oder „Innovation bei gleichzeitiger Effizienz-Forderung“. Solche durchaus als in sich widersprüchlich zu bezeichnende Anforderungen hätte man vor 20 Jahren als schlicht nicht erfüllbar abgetan. Die Fähigkeit, diese Widersprüche zu integrieren, eine gewisse Ambiguitätstoleranz zu entwickeln und entsprechende Lösungen zu finden ist in einer VUCA-Welt klar gefordert. In dieser Welt bleiben Entscheidungsprozesse stets diskutierbar und ergebnisoffen. Auswirkungen von Handlungen bzw. Entscheidungen müssen fortwährend beobachtet und gegebenenfalls mit weiteren Maßnahmen begleitet werden.

In der VUCA-Welt brauchen wir als Führungskräfte eine „analoge Haltung“. Damit ist gemeint, dass wir die „Unschärfe“ des Kontextes akzeptieren und ein „Das ist nicht mit Sicherheit vorhersagbar“ als stimmige Antwort aushalten. Damit ist gemeint, dass wir nicht nach dem einen richtigen Weg suchen, sondern in kleinen Schritten vorangehen, Rückmeldeschleifen initiieren und Muster finden. Damit ist gemeint, dass wir den Faktor Zeit als zentralen Einflussfaktor wahrnehmen und Unterschiedlichkeit würdigen: in uns selbst wie in unseren Teams und Netzwerken. Denn alle miteinander wissen mehr!

In einer VUCA-Welt als Führender Impulse zu setzen, hat mehr mit Gartenarbeit als mit IT zu tun. Mit sehen, was das Wetter (das Umfeld) auslöst, und pflanzen, wässern, düngen, jäten. Und dabei fortwährend beobachten, also sich Feedback einholen. Mit Delete, Escape und Reset geht's leider nicht.

Mit diesen Gärtner-Strategien werden wir uns also in unserem Seminar auseinandersetzen. Um als Führender Impulse in einer VUCA-Welt zu setzen und eine gute Ernte einfahren zu können.

Definition „Führende“ – Was ist gemeint?

Wir nutzen zur Erklärung Video Scribing – hier umgesetzt von Angela Recino, Bewegte Kommunikation: *www.youtube.com/watch?v=GD7boS4tdF4*

„Warum haben wir den Begriff ‚Führende' für unseren Seminar-Titel gewählt? Weil wir einen umfassenden Führungsbegriff setzen wollen. Führen ist in unseren Organisationsformen häufig immer noch mit dem Aspekt der Positionsmacht assoziiert. Mit der Vorstellung, dass kraft Funktion Macht über Mittel, Prozesse und Menschen gegeben wird. Doch weil Organisationen lebendige komplexe Systeme sind, werden sie nicht primär mittels Positionsmacht gesteuert. Von Menschen gebildete Systeme sind immer komplex und haben einen starken Eigen-Sinn: Informelle Netze, ‚Hubs' und Kultur eines Unternehmens steuern oft kraftvoller als die offizielle Hierarchiestruktur (Pfläging 2015). Beispielsweise kann man dies schnell wahrnehmen und spüren, wenn neue Mitarbeiter in ein Unternehmen kommen: ‚Wer immer in einem neuen System aufgenommen wird, beeinflusst soziale Struktur wesentlich' (Pfläging 2015).

Ob man diese Erkenntnis nun mag oder ablehnt, an ihr vorbeikommen kann man nur mit einem äußerst hohen Verdrängungsaufwand oder mit einem prächtig ausgeprägten Narzissmus. Selbst ‚Klassiker' der Managementtheorie wie Peter Drucker haben dies formuliert (‚Culture eats strategy for breakfast'). Durch die Digitalisierung und soziale Plattformen, die mächtige Demokratisierungsimpulse setzen, wurde dieser individuelle Einfluss bewusster und zusätzlich verstärkt. Jeder von uns setzt in jedem System, eben auch im Unternehmen, in jedem Moment Impulse. Impulse des Verharrens, des Rückschritts oder auch der Veränderung und Entwicklung. Durch das, was man tut oder auch durch das, was man lässt. Starke impulsgebende Hubs können einen Shitstorm auslösen ebenso wie sie eine Follower-Gemeinde anwachsen lassen.

Selbst wenn wir eine allgemeine Definition von ‚Führen' heranziehen, nämlich Führen ist zielbezogene Einflussnahme mittels Kommunikation (Neuberger 1976; v. Rosenstiel, Molt & Rüttinger 1995) kann jedes Organisationsmitglied als ‚führend' betrachtet werden: Als formelle Führungskraft, als Projektleiter und als Mitarbeitender. ‚We lead Bosch', lautet ein Prinzip für Führung und Zusammenarbeit bei der Robert Bosch GmbH und weist glasklar auf diesen Aspekt hin.

Unser Seminar ist also gedacht für alle, die sich bewusst mit der eigenen Wirksamkeit in einer komplexen Welt auseinandersetzen wollen. Für alle, die ihre eigene Haltung dazu erforschen und bewusst gestalten möchten und Lust darauf haben, auch in komplexem und unsicherem Terrain gezielt zu handeln und zu lernen."

Die Vorbereitungsaufgabe: Eine Brand als FührendeR und NetzwerkerIn entwickeln

Die Aufgabe wird vom Trainer z.B. als Video vorgestellt und den Teilnehmern als Dokument zur Verfügung gestellt. Der Aufgabentext:

- „Was ist mit ‚Branding' gemeint?

„Märkte, Angebote, Foren, Plattformen ... unsere Welt wird immer unübersichtlicher. Selbst in den Unternehmen steigt diese ‚Unüberschaubarkeit'. Externe und unternehmensinterne Netzwerke und Plattformen stehen im Wettbewerb um Aufmerksamkeit. Matrix-Organisationen und Projektstrukturen lösen klare Hierarchien auf und Sichtbarkeit spielt eine zunehmend wichtige Rolle für den persönlichen Erfolg. So, wie es für Unternehmen entscheidend ist, klare und einzigartige Marken aufzubauen, um sich zu profilieren, so wichtig ist dies zunehmend auch für Menschen. Insbesondere für solche, die in einem Unternehmen Einfluss nehmen und steuernde Impulse setzen wollen. Ihre ‚Brand' als FührendeR und NetzwerkerIn umfasst all Ihre persönlichen und beruflichen Stärken, Ihr Wissen, Ihre Erfahrungen, Ihre Werte und Ihre Glaubensätze."

▶ Was bringt es, ein starkes persönliches „Branding" zu entwickeln?

„Führungskräfte können sich nicht mehr auf die Macht ihrer Position verlassen und sich auf Hierarchie beziehen. In einer Welt ‚Leadership 4.0' ist die bewusste Entwicklung einer (Marken-)Persönlichkeit ein Schlüssel für Anerkennung und Respekt. Jeder Mensch, jeder Führende hat eine Persönlichkeit, hat immer auch ein ‚Image' oder anders gesagt, ein ‚Markenbild'. Gleichwohl kann es sehr hilfreich für die eigene Wirksamkeit als FührendeR und NetzwerkerIn sein, sich bewusst mit diesem Image, dieser ‚Brand' auseinanderzusetzen. Erstens, um zu sehen, wieweit die persönliche Vorstellung von der eigenen Wirkung auch der Wirkung auf andere entspricht. Zweitens, um diese weiterzuentwickeln und drittens, um die eigene Wirksamkeit in einer komplexen unübersichtlichen Welt zu stärken und den persönlichen Erfolg zu sichern.

Entsprechend gilt es, ein eigenes Profil zu entwickeln, das zeigt, wofür man steht, was andere von einem erwarten können und was man selbst gerne von anderen hätte. Ein Profil, das anderen Orientierung gibt und mit dem man für bestimmte Themen ‚Follower' gewinnen kann.

Die Vorbereitungsaufgabe für unser Training ‚Komplexitätstraining für Führende' lautet: Ihre ‚Brand' als FührendeR und NetzwerkerIn definieren und dazu eine Rede entwickeln.

Für unser kommendes Training bitte wir Sie, eine ‚Wer ich als FührendeR und NetzwerkerIn bin'-Rede zu entwickeln. Diese Rede bitten wir Sie in unserem Training zu halten. Sie sollte etwa drei Minuten dauern und die Kernbotschaften Ihrer ‚Brand' umfassen. Während des Trainings werden Sie zu dieser Rede und zu Ihrer ‚Markenpersönlichkeit' Feedback bekommen, sodass Sie Ihre ‚Brand' bewusst und gezielt weiterentwickeln können.

Die nachfolgenden Fragen können Ihnen bei der Definition und der Entwicklung Ihrer Rede helfen. Dabei müssen Sie keineswegs alle Fragen beantworten. Wählen Sie einfach solche aus, zu denen Ihnen Antworten und Beispiele einfallen. Und dann bauen Sie daraus eine Geschichte zu Ihrer ‚Wer ich als FührendeR und NetzwerkerIn bin'-Rede."

- Bitte reflektieren Sie: Wofür?

„Wofür wollen Sie in Ihrem System (mehr) Einfluss nehmen? Wofür und wobei? Warum glauben Sie, dass Sie einen Unterschied erzeugen und Dinge voranbringen können? Was ist oder was könnte eine Ihrer Kernrolle in Ihrem System/Unternehmen/Ihrer Organisation sein? Was ist dann besser für wen? Was ist Ihre Leidenschaft? Was treibt Sie? Bitte notieren Sie entsprechend Beispiele und Geschichten, anhand derer man Ihr Selbstverständnis und Ihre ‚Mission' erkennen kann."

- Was sind Ihre Werte und Glaubenssätze?

„Welche Werte leiten Sie in Ihrem (täglichen beruflichen) Leben? Vielen Menschen fällt es nicht ganz leicht, die eigenen Werte zu definieren. Um diese zu entdecken, könnte es hilfreich sein, darüber nachzudenken, welche Situationen bei Ihnen (stärkere) Emotionen auslösen. Was Sie zum Beispiel in der Zusammenarbeit mit anderen begeistert oder auch nervt bzw. frustriert. Diese Emotionen sagen viel darüber aus, was Ihnen wirklich wichtig ist. Denn wenn unsere Werte und Bedürfnisse positiv angesprochen werden, reagieren wir mit Freude, Zufriedenheit oder Begeisterung. Wenn unsere Werte und Bedürfnisse verletzt werden, reagieren wir mit Trauer, Frust oder zum Beispiel auch mit Wut. Wenn Sie über solche emotionalen Situationen nachdenken, können Sie Rückschlüsse auf Ihre Werte ziehen. Auch die Frage, wofür Sie Vorbild sind, kann dabei helfen.

Ebenso handlungsleitend wie prägend für eine Persönlichkeit sind sogenannte Glaubenssätze bzw. Überzeugungen (Grundannahmen) eines Menschen. Diese werden über Sozialisation erworben und sind wenig bewusst. Überzeugungen, wie die Welt ist oder auch funktioniert, beziehen sich zum Beispiel auf zwischenmenschliche Beziehungen und zwischenmenschliches Handeln (Kerpen 2007). Beispiele zu solchen Glaubenssätzen sind Formulierungen wie ‚Alle zusammen wissen mehr', ‚Wenn man Mitarbeiter motivieren will, muss man ihnen interessante fordernde Aufgaben geben (oder mehr Geld)' oder ‚Man kann nicht motivieren, man kann nur demotivieren'. Wenn wir genau hinhören, werden wir bemerken, dass Menschen ständig solche Glaubenssätze verbalisieren (auch wir hier in unserem Seminar. Und manchmal versuchen wir, sie durch die Angaben von mehr oder weniger wissenschaftlichen Quellen zu validieren).

Um Ihren Werten und Glaubenssätzen schneller und leichter auf die Spur zu kommen, können Sie Ihre Kollegen, Mitarbeitenden oder Vorgesetzte befragen. Manchmal wissen andere viel besser als man selbst, was einem wirklich wichtig ist. Bitte notieren Sie Ihre Erkenntnisse zu Ihren Werten und Glaubenssätzen und ergänzen Sie diese mit Beispielen und Geschichten."

- Erfassen Sie Ihre Stärken

„Welches sind Ihre Stärken als FührendeR und NetzwerkerIn? Fragen Sie sich: ‚Für welches Wissen und welche Erfahrungen wird mein Rat eingeholt?' Und auch: ‚Für welche Stärken möchte ich bekannt sein?'

Um diese Frage zu beantworten, können Sie eine Liste Ihrer Stärken erstellen. Sie können dazu auch Testergebnisse heranziehen und auch einfach um Feedback Ihrer Kollegen, Freunde, Familie oder auch Ihrer Mitarbeitenden bitten. Bitte notieren Sie Ihre Erkenntnisse zu Ihren Stärken und ergänzen Sie diese mit Beispielen und Geschichten."

- Erkennen Sie Ihre Entwicklungsfelder und Ihre potenziellen Fallstricke

„Fallstricke können Schwächen sein, aber auch Stärken, die zu extrem ausgeprägt sind (z.B. der Perfektionist, der ungern delegiert). Fallstricke können beim Ausbau einer attraktiven Brand im Wege stehen. Daher ist es diesbezüglich ebenfalls hilfreich, andere um Feedback zu bitten: Sie können zum Beispiel wieder Ihre Vorgesetzten, Ihre Kollegen und Mitarbeitende fragen ...

Dieses Nachforschen und die ernsthafte Selbstbeobachtung helfen, um eigene Entwicklungsfelder zu erkennen und zu verstehen. Entscheiden Sie, welche dieser ‚Entdeckungen' für Sie nützlich sein könnten und wie Sie sich weiterentwickeln können. Bitte notieren Sie Ihre Erkenntnisse und ergänzen Sie diese mit Beispielen und Geschichten."

- Der erste Entwurf: In einigen Sätzen ein Fazit ziehen und Ihre Brand formulieren

„Welche ‚Best of …'-Brand können Sie erkennen? Welche ‚Best of …'-Brand möchten Sie verstärken? Was inspiriert andere dazu, Ihnen zu folgen? Was ist ‚attraktiv' daran, mit Ihnen zu arbeiten und Ihr ‚Follower' zu sein?

Entwerfen Sie jetzt Ihre dreiminütige ‚Wer ich als FührendeR und NetzwerkerIn bin'-Rede.

Herzlichen Dank für Ihre Aufmerksamkeit und Zeit. Nun bin ich sehr gespannt darauf, Sie kennenzulernen und natürlich auch ganz besonders auf Ihre Reden! Viel Spaß bei der Einstimmung und Vorbereitung, bis zum XX.XX.20XX."

Quellen

- Neuberger, O. (1976): Führungsverhalten und Führungserfolg. Verlage Duncker & Humblot.
- Christian Rieckhof (Hrsg.) (2006): Strategien der Personalentwicklung, Gabler.
- Rosenstiel, L. v., Molt, W. & Rüttinger, B. (1995): Organisationspsychologie. Stuttgart: Kohlhammer.
- Wilkening, O. (2002): Bildungs-Controlling, Erfolgssteuerungssystem der Personalentwickler und Wissensmanager, in: Hans-Christian Riekhof (Hrsg): Strategien der Pesonalentwicklung. Gabler Verlag.
- Prezi – die erforderliche Software: *https://prezi.com.*
- Beispiel für eine FLO für das Komplexitätstraining: *https://prezi.com/view/CpZUz9HMVIoxHOKeBVWh/*

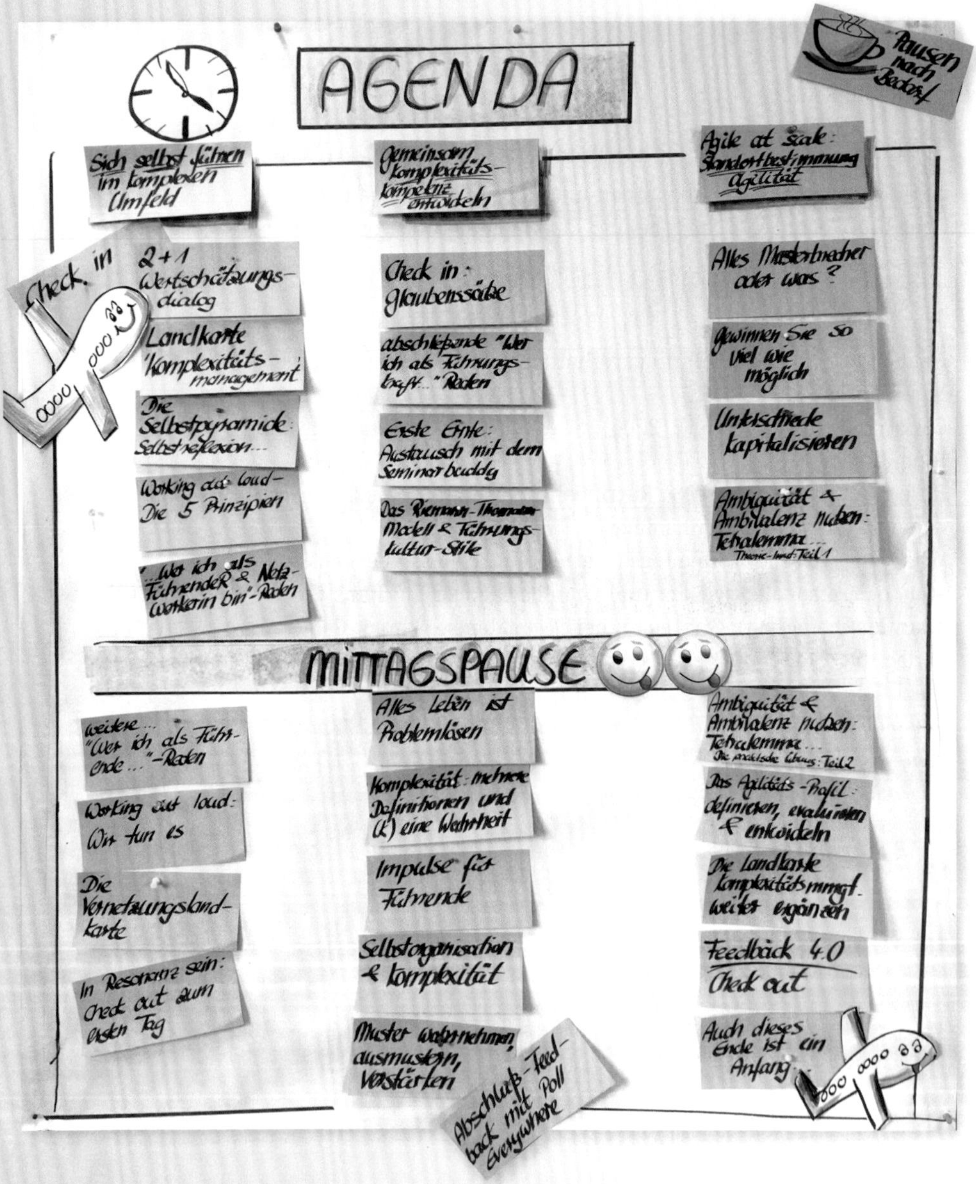

AGENDA
Pausen nach Bedarf
Sich selbst führen im komplexen Umfeld
Gemeinsam Komplexitäts-kompetenz entwickeln
Agile at scale: Standortbestimmung Agilität
Check in
2+1 Wertschätzungs-dialog
Landkarte "Komplexitäts-management"
Die Selbstpyramide: Selbstreflexion...
Working out loud – Die 5 Prinzipien
"...Wer ich als Führender & Nicht-Führende bin"-Reden
Check in: Glaubenssätze
abschließende "Wer ich als Führungskraft..." Reden
Erste Ernte: Austausch mit dem Seminar buddy
Das Riemann-Thomann-Modell & Führungskultur-Stile
Alles Musterbrecher oder was?
Gewinnen Sie so viel wie möglich
Unterschiede kapitalisieren
Ambiguität & Ambivalenz nutzen: Tetralemma... Theorie-Input: Teil 1
MITTAGSPAUSE
weitere... "Wer ich als Führende..."-Reden
Working out loud: Wir tun es
Die Vernetzungslandkarte
In Resonanz sein: Check out zum ersten Tag
Alles Leben ist Problemlösen
Komplexität: mehrere Definitionen und (k)eine Wahrheit
Impulse für Führende
Selbstorganisation & Komplexität
Muster wahrnehmen, ausmustern, verstärken
Abschluß-Feedback mit Poll Everywhere
Ambiguität & Ambivalenz nutzen: Tetralemma... Die praktische Übung: Teil 2
Das Agilitäts-Profil: definieren, evaluieren & entwickeln
Die Landkarte Komplexitätsmgmt. weiter ergänzen
Feedback 4.0
Check out
Auch dieses Ende ist ein Anfang...

Der erste Seminartag

Seite	Thema/Übung	Dauer	Uhrzeit
30	Intro & Die Teilnehmer abholen	30 Minuten	9.00 bis 9.30 Uhr
33	2+1 Wertschätzungs-Dialog	45 Minuten	9.30 bis 10.15 Uhr
	Pause	15 Minuten	10.15 bis 10.30 Uhr
39	Landkarte „Komplexitätsmanagement“ erstellen	30 Minuten	10.30 bis 11.00 Uhr
43	Branding & Selbstreflexion mit der Selbstpyramide – Einführung	20 Minuten	11.00 bis 11.20 Uhr
47	Erste drei Reden „Wer ich als FüherendeR und NetzwerkerIn bin“	30 Minuten	11.20 bis 11.50 Uhr
50	Working Out Loud – Die 5 Prinzipien	85 Minuten	11.50 bis 13.10 Uhr
	Mittagspause	60 Minuten	13.15 bis 14.15 Uhr
55	Zweite drei Reden „Wer ich als FüherendeR und NetzwerkerIn bin“	30 Minuten	14.15 bis 14.45 Uhr
57	Working Out Loud – Wir tun es	105 Minuten	14.45 bis 16.30 Uhr
	Pause	15 Minuten	16.30 bis 16.45 Uhr
64	Die Vernetzungslandkarte – Im Netzwerk wirksam sein	60 Minuten	16.45 bis 17.45 Uhr
69	In Resonanz sein: (Check-in/) Check-out (Hinweis: Verteilen des Riemann-Thomann-Tests)	15 Minuten	17.45 bis 18.00 Uhr
	Ende des Tages		

Intro & die Teilnehmer abholen

Orientierung

Ziele

- Überblick über das Seminar bzw. den ersten Tag bieten
- Sich auf Spielregeln vereinbaren
- Du oder Sie?
- Ins Thema einführen

Zeit

Insgesamt 30 Minuten

Material

Flipchart mit der Agenda; Flipchart mit den Spielregeln

Intro-Vorschlag

Als Trainer begrüßen Sie Ihre Teilnehmer und steigen in das Seminar ein. Im Anschluss an die FLO (die Flipped-Learning-Offerte vor dem Training, s. S. 15 ff.) können Sie auch direkt in das Thema führen im Sinne von: *„Mich kennt ihr ja schon aus der FLO! Also brauche ich mich als Person, als Mensch nicht noch einmal vorstellen! Ich steige direkt in unser Thema ein, nämlich in ‚Was mich umtreibt, was mich begeistert, interessiert und inspiriert, ist das Thema Umgang mit Komplexität. Das Thema Komplexitätsmanagement und Führen in komplexem Umfeld'. Auf einiger dieser Themen sind wir ja in unserer FLO schon eingegangen. Gleichwohl setzen wir uns selbstverständlich mit allen diesen Themen noch im Detail auseinander: Mit den Themen*

- *‚Führender sein' und*
- *‚wie als Führender wirksam werden in komplexen Systemen' sowie*
- *mit den Definitionen und Facetten von Komplexität."*

Vorgehen

Sie stellen nun als Erstes die Agenda vor und holen dazu Fragen und das Commitment ab. Dann werden Spielregeln zur Zusammenarbeit eingeführt, dabei können Sie etwa das Du vorschlagen sowie Vereinbarungen treffen.

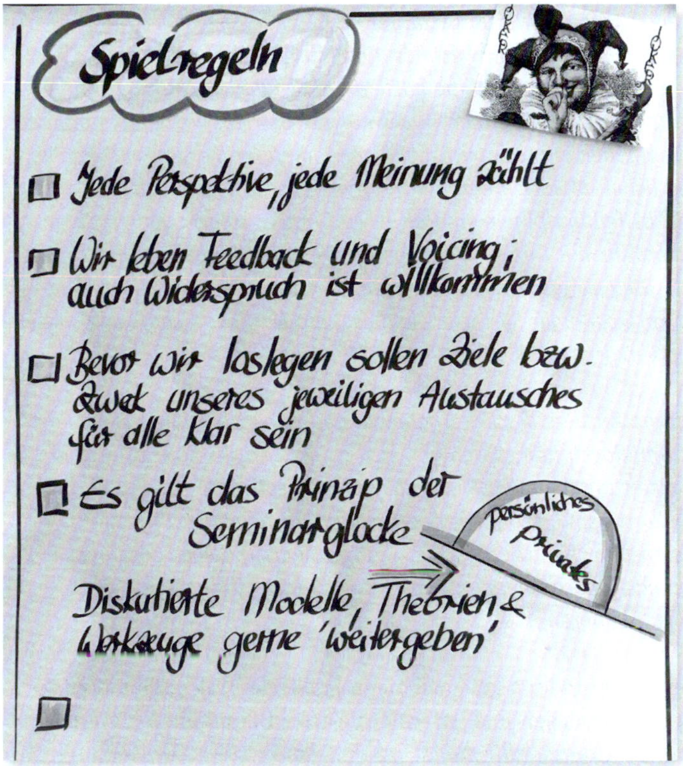

Abb.: Die Spielregeln.

Wir empfehlen, dass Sie die Regeln mitbringen, diese einzeln vorstellen und um Commitment bitten. Dann fragen Sie am besten, welche Regeln noch gebraucht werden, damit man gut und vertrauensvoll zusammenarbeiten kann. Diese werden dann ergänzt. *„Als unser Motto für unsere drei Tage habe ich die drei Kant'schen Kernfragen gewählt:*

- *Was kann ich wissen?*
- *Was soll ich tun?*
- *Was darf ich hoffen?"*

Erklären Sie, warum beim Thema Komplexität die Kant'schen Fragen einen guten Leitfaden darstellen:

- *„Für das Wissen orientieren wir uns an dem, was wir an Wissenschaftlichem zum Thema gefunden haben.*
- *Für das Tun biete ich euch Methoden an und*
- *hoffe, dass wir so miteinander und füreinander möglichst wirksam werden."*

Sie können beispielsweise fortfahren mit: *„Jede Epoche hat ihre Leitwissenschaften: Im Altertum war dies die Philosophie, das Mittelalter hatte die Theologie und die Moderne hatte die Naturwissenschaften. Heute widmen sich viele Disziplinen, nicht nur die Betriebswirtschaft und die Psychologie, der Erforschung lebendiger komplexer Systeme mit einem ganzheitlichen Ansatz. Denn die Naturwissenschaften mit der Zerlegung der Welt in Teildisziplinen sind an ihren Grenzen angekommen. Sie ermöglichen uns mit ihren Paradigmen nicht mehr, Systeme zu verstehen oder gar Steuerungsimpulse zu setzen. Es ist die Zeit der Erforschung komplexer lebendiger Systeme wie diese, die Marktwirtschaft oder Unternehmen verkörpern“* (Seliger 2014).

„Klassische Ansätze der Unternehmenssteuerung funktionieren in komplexen Umfeldern immer weniger, weil sie Linearität, Kausalität und Machbarkeit unterstellen. Wenn das Gelände vertraut, stabil und die Wege bekannt sind, dann kann es primär darum gehen, Prozesse zu verbessern und Qualität zu sichern, also linear zu denken. Wenn sich das Gelände jedoch ändert, dann ist es weniger hilfreich, mit mehr vom Selben zu reagieren.“

Mit dieser Begründung kommen Sie jetzt auf den Schwerpunkt des Trainings zu sprechen und leiten in die erste Übung über. *„In unbekanntem Territorium hilft nur, sich behutsam zu bewegen, eine aufmerksame permanente Sondierung des Geländes und unterschiedlichste Wahrnehmungen und Erfahrungen zu nutzen. Kooperation und Kollaboration sind mithin die wichtigsten Dimensionen des Erfolgs im Umgang mit Komplexität* (Sprenger 2012). *Das werden in jedem Fall auch Schwerpunkte in unserem Training sein. Wir beginnen mit diesen Themen im ersten Schritt daher bewusst bei uns selbst mit einer ersten Übung, dem ‚2+1 Wertschätzungs-Dialog‘.“*

Der Hinweis auf die folgende Übung „2+1 Wertschätzungs-Dialog“ ist der Übergang zum folgenden Baustein.

Quellen

- Seliger, R. (2014): Positive Leadership: Die Revolution in der Führung. Schäffer Poeschel Verlag.
- Sprenger, R. (2012): Radikal führen. Campus Verlag.

2+1 Wertschätzungs-Dialog

Orientierung

Ziele

- Sich mit anderen Teilnehmern wertschätzend verbinden
- In kurzer Zeit spielerisch in einen tieferen Dialog kommen
- Zuhören, um zu verstehen und wertschätzendes Feedback als Team-Tool erleben

Zeit

Insgesamt 45 Minuten

- Intro: 10 Minuten
- Dialoge je nach Zweier- oder Dreiergruppe: 6 bzw. 12 Minuten
- Auswertung und gemeinsames Lernen im Plenum: 15 Minuten

Material

Aufgabenbeschreibung; Stoppuhr; eventuell einen Gong o. Ä., um auf die Zeit aufmerksam zu machen; Transferjournale/Logbücher

Hinweise

Legen Sie die Transferjournale/Logbücher mit dem Hinweis aus, dass jeder Teilnehmer sich hier die wichtigsten Feedbacks, die er bekommen hat sowie generell persönlich wichtige Themenpunkte und Erkenntnisse mitschreiben kann. In die Transferjournale/Logbücher können Sie die „Branding"-Instruktion schreiben, die Teilnehmer können darin die Reflexion ausfüllen. Bereiten Sie auch zwei Seiten mit leeren „Selbstpyramiden" vor (s. S. 45).

Für den 2+1 Wertschätzungs-Dialog werden Dreiergruppen gebildet. 2+1 bedeutet, dass es zunächst einen Input von zwei Minuten und dann ein Feedback von einer Minute durch zwei Zuhörende auf das Gehörte gibt. Als Trainer stoppen Sie die Minutenintervalle und geben der Gruppe entsprechende Hinweise.

Erläuterung

Diese Übung ist ein hilfreicher Baustein, um die Teilnehmer für einen besonders wertschätzenden und verbindenden Umgang miteinander zu sensibilisieren. Wertschätzung und Anerkennung erzeugen psychologische Sicherheit, die gerade in komplexen Kontexten und bei Handeln unter Ungewissheit besonders wichtig ist.

Vor der eigentlichen Übung ist eine ausführliche und liebevolle Hinführung auf die Themen Wertschätzung und Empathie besonders wichtig für den Erfolg. Der Anbahnung von wertschätzendem und empathischen Umgang (siehe Intro), Dialog und Feedback sollte unbedingt ausreichend Zeit eingeräumt werden.

Intro-Vorschlag

Laden Sie die Teilnehmer ein, eine Übung miteinander durchzuführen. Es geht dabei um den Umgang mit Wertschätzung. Dazu erzählen Sie zunächst eine Einführungsgeschichte, um die dann folgende Aufgabe vorzubereiten und anzubahnen:

„Ich möchte euch gerne etwas darüber erzählen, wie Zusammenarbeit in der VUCA-Welt von Mehrdeutigkeit, Ungewissheit und Komplexität besonders gut gelingt. Dafür kann ein Blick in eines der erfolgreichsten Unternehmen der Welt hilfreich sein: Google. Google ist nicht nur als Unternehmen geschäftlich sehr erfolgreich. Google teilt auch öffentlich viele Informationen, Erkenntnisse und Erfolgsrezepte. Unter anderem Konzepte der Mitarbeiterentwicklung in einem Blog, der ‚re:Work' heißt."

Kommen Sie darauf zu sprechen, dass in diesem Blog („The re:Work Blog") im Jahr 2016 eine Analyse zu den Erfolgsfaktoren der erfolgreichsten Teams veröffentlicht wurde (s. Quellen, S. 38): *„Dazu wurden zwei Jahre lang über 200 Interviews mit Google-Mitarbeitern geführt und mehr als 250 Attribute von über 180 aktiven Google-Teams betrachtet. Das Ziel war es, etwas über den perfekten Mix von Ausbildung, fachlicher Kompetenz und Erfahrung in besonders erfolgreichen Teams herauszufinden.*

Die Forscher hatten erwartet, dass die ‚Rockstar-Teams' von Google besonders von den Eigenschaften und Fachkompetenzen der Teammitglieder abhängig sind.

Überraschenderweise zeigten die Untersuchungen, dass der Erfolg der Teams viel mehr durch die Art und Weise bestimmt wurde, wie die Teammitglieder miteinander umgehen. Grundlegend war dabei das Konzept der psychologischen Sicherheit, welches eng mit dem Grad des Vertrauens zwischen den einzelnen Teammitgliedern zusammenhängt. Die Teams waren dort besonders wirksam, wo die Teammitglieder das Gefühl hatten, sie können ein hohes Maß an Risiko eingehen, ohne sich unsicher oder beschämt zu fühlen."

Damit leiten Sie zum Thema Schlüsselfähigkeiten über: *„Was sind Schlüsselfähigkeiten, um ein Klima von psychologischer Sicherheit zu entwickeln? Es sind insbesondere die Fähigkeiten, Empathie und Wertschätzung zu zeigen und auszudrücken."*

Eine vertiefende Quelle hierzu ist ein Artikel des Management-Magazins Harvard Business Review (2016: „The most and least empathetic companies"). *„Das Harvard Business Review beschreibt in einem Artikel über das Ranking der empathischsten Unternehmen, dass die emotionale Wirkung auf andere nicht nur persönliche Bedeutung für den Umgang der Mitarbeiter miteinander hat, sondern ganz klar mit Wachstum, Produktivität und Gewinn pro Mitarbeiter korreliert.*

Wie können wir uns auf Empathie und Wertschätzung miteinander einschwingen? Das muss immer wieder neu eingeübt werden. Denn Menschen tendieren dazu, die Defizite immer stärker zu betonen als die Potenziale. Es scheint uns weniger Energie zu kosten, Kritik zu äußern, als Anerkennung auszudrücken. Deshalb möchte ich euch gerne zu einer kleinen dialogischen Übung einladen. Ich nenne es den ‚2+1 Wertschätzungs Dialog'."

Vorgehen

Bitten Sie Ihre Teilnehmer, sich in Dreiergruppen zusammenzufinden, gerne mit Menschen, die sie noch nicht so gut oder überhaupt nicht kennen. Bitten Sie sie, eine bestimmte Frage zu beantworten, und zwar jeder Teilnehmer in der Gruppe in jeweils zwei Minuten. Nach jeder Antwort im Zeitraum von zwei Minuten gibt es von den beiden anderen zuhörenden Personen in der Gruppe direkt jeweils eine Minute wertschätzendes Feedback nach dem Motto: Was habe ich gehört? Was hat mich besonders beeindruckt? Was war unerwartet? Was hat mich berührt? Was war überraschend?

Es ist hilfreich, den Ablauf noch einmal genau in einer Folie oder einem Flipchart zu zeigen, da sonst leicht etwas Chaos entstehen kann.

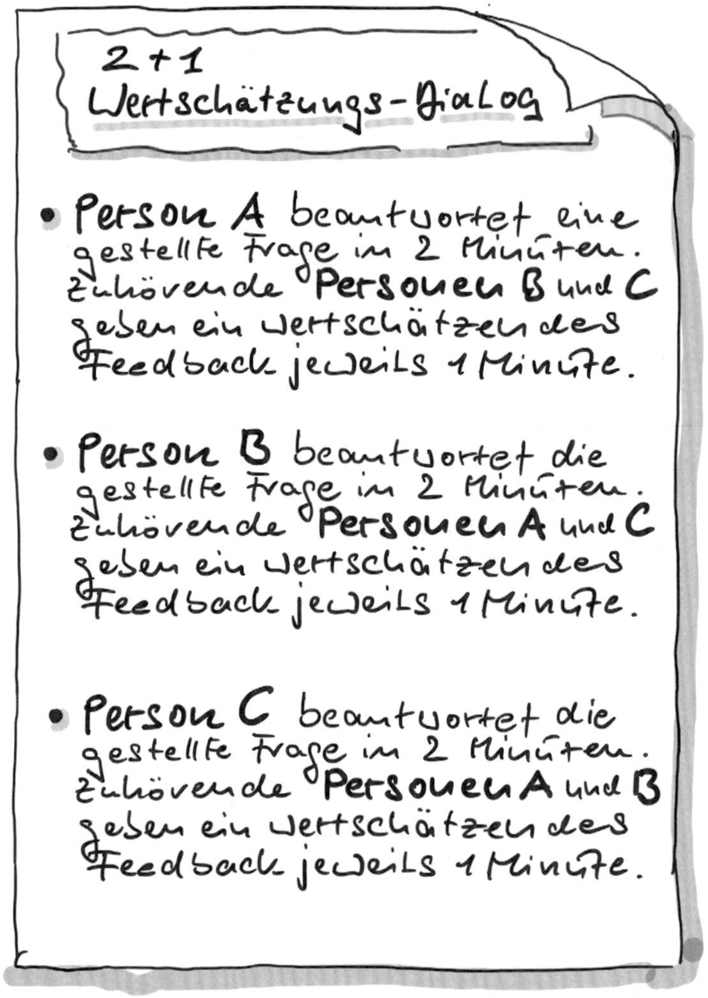

Abb.: Der 2+1 Wertschätzungs-Dialog, Visualiserung des Ablaufs.

„Und jetzt die Frage, die jeder von euch in zwei Minuten beantworten sollte:

- *Welche Themen treiben mich immer wieder/gerade um und warum bin ich heute hier?*

Ihr könnt sowohl über berufliche als auch über private Kontexte sprechen. Der Grad der Offenheit, den jeder von euch zeigt, wird auch Auswirkung auf die Offenheit haben, die die anderen Teilnehmer in der Gruppe zeigen werden. Viel Spaß!"

Debriefing

Zunächst erfolgt die Auswertung der Übung nach der Durchführung und gemeinsames Lernen im Plenum. Die Gruppen verteilen sich dann im Raum, sitzend oder stehend. Als Trainer nehmen Sie die Zeit und sagen das jeweilige Ende einer Sequenz an, beispielsweise mit einem Gong oder einem anderen geeigneten Signal. Nach der Durchführung, also nach etwa zwölf Minuten, bitten Sie Ihre Teilnehmer wieder zurück ins Plenum. Und fragen:

- *„Wie war das für euch? Wie habt ihr die Übung erlebt?*
- *Wie war es, zwei Minuten über sich selbst zu sprechen?*
- *Wie war es, Feedback zu geben?*
- *Wie war es, Feedback zu bekommen?*
- *Wie sieht das bei euch im Unternehmen und in eurem System mit dem Thema Feedback aus?"*

Zum Abschluss der Übung können Sie noch weitere Hinweise auf ein grundlegendes Prinzip der Übung geben: das Zuhören. *„Was macht diese Übung so besonders? Es ist unter anderem das Format, das zum Zuhören einlädt oder sogar zwingt."*

Erklären Sie, dass es zwei Arten von Zuhören gibt:

1. Zuhören, um zu antworten und
2. Zuhören, um zu verstehen.

Beziehen Sie sich darauf, wie das im Unternehmensalltag aussieht: *„Man trifft sich ein einem Besprechungsraum. Nach einer kurzen Begrüßung wird in die Tagesordnung eingestiegen, oft mit einer PowerPoint-Präsentation. Das Zuhören konzentriert sich dann oft darauf, die Punkte herauszufinden, mit denen man nicht einverstanden ist, und schon während des Vortrags oder später am Ende der Präsentation werden schnell Antworten und Einwände vorgebracht, bei denen man anderer Meinung ist oder Bedenken hat.*

Bei der ‚2+1-Übung' habt ihr zwei Minuten zugehört, um zu verstehen. Euer Mindset war: ‚Da bin ich jetzt einmal gespannt, was ich erfahren werde. Das ist ja interessant, was der andere mir erzählt hat. Das hätte ich nicht erwartet, das ist überraschend.' Und am Ende der zwei Minuten habt ihr zurückgemeldet, was ihr verstanden und gefühlt habt. Das ist die Haltung, die in der VUCA-Welt besonders wichtig ist. Die Zukunft ist ungewiss. Die Welt ist komplex. Keiner weiß, was richtig und falsch ist. Lasst uns voneinander lernen, lasst uns uns gegenseitig zuhören und daraus etwas Neues entstehen lassen."

Quellen

- Duhigg, Ch. (2016): What Google Learned From Its Quest to Build the Perfect Team. New York Times vom 25 Februar. *www.nytimes.com/2016/02/28/magazine/what-google-learned-from-its-quest-to-build-the-perfect-team.html – abgerufen* am 7.8.2018.
- Edmondson, A. (2014): Building a psychologically save workplace. TEDx HGSE. *www.youtube.com/watch?v=LhoLuui9gX8* – abgerufen am 07.08.2018.
- Nasir, S. (2017): Be the Psychological Safety You Want to See in the World. *medium.com/nulogy/be-the-psychological-safety-you-want-to-see-in-the-world-52753850cba2* – abgerufen am 07.08.2018.
- Parmar, B. (2016): The Most Empathetic Companies, 2016. *hbr.org/2016/12/the-most-and-least-empathetic-companies-2016* – abgerufen am 30.8.2018.
- The re:Work Blog (2016)*: rework.withgoogle.com/blog/how-google-thinks-team-effectiveness/* – abgerufen am 07.08.2018.

Landkarte „Komplexitätsmanagement“ erstellen

Orientierung

Ziele

- Die generellen Erwartungen der Teilnehmer aufzeigen
- Themenwünsche und Fragen der Teilnehmer (also der „Forschungsaufträge“ für den Trainer und die Gruppe) visualisieren
- (Er-)kenntnisse & Erfahrungen der Teilnehmer zum Thema „Umgang mit Komplexität“ sichtbar machen

Zeit

Insgesamt 30 Minuten

Material

Spielkarten o. Ä., um Gruppen auszulosen; eine Pinnwand, bespannt und vorbereitet (in die Mitte das Stichwort „Umgang mit Komplexität“ schreiben); verschiedenfarbige große Post-its oder Moderationskarten, zum Beispiel:

- orangefarbene Post-its für generelle Erwartungen
- gelbe Post-its für Themenwünsche und Fragen
- hellgrüne für Modelle, (Er-)kenntnisse, Prinzipien und Annahmen

Entsprechende Post-its mit Beschriftung vorbereiten; Post-its pro Teilnehmer vorbereiten; Bleistifte oder Kugelschreiber

Hinweise

Die Übung ist für maximal 12 Personen geeignet. Je größer die Gruppe, umso mehr sollte man die Anzahl der Post-its begrenzen, die pro Person geklebt werden dürfen. Unser Vorschlag: Jeder Teilnehmer bekommt drei orangefarbene, drei gelbe und drei hellgrüne Post-its.

Erläuterung

In diesem Schritt geht es darum, dass die Teilnehmer eine erste Landkarte zum Thema „Umgang mit Komplexität“ erstellen. Erfahrungsgemäß ist zu diesem Thema bereits viel Wissen und viel Erfahrung in der Gruppe. Mithilfe einer Pinnwand-Visualisierung werden Wissen und Erfahrungen sichtbar gemacht, vernetzt und alle können schnell darauf zurückgreifen. Die Landkarte soll auch zeigen, welche Erwartungen die Teilnehmer mitgebracht haben. Während der drei Trainingstage wird auf das, was an der „Landkarten-Pinnwand" steht, Bezug genommen.

Intro-Vorschlag

Moderieren Sie die Aufgabe an: *„Wir werden eine Landkarte zum Thema ‚Umgang mit Komplexität' erstellen. So können wir unser vorhandenes Wissen und die Erfahrungen sichtbar machen, miteinander vernetzen und schnell darauf zugreifen. Es wird eine Art 3-D-Landkarte, auf die wir Schicht für Schicht unser Wissen, unsere Fragen und unsere Erwartungen auftragen."* Bitten Sie Ihre Teilnehmer, dazu Post-its zu beschreiben:

- **Generelle Erwartungen** sollen auf die orangefarbenen Post-its geschrieben werden. Das können Erwartungen sein, die sich etwa an den Trainer oder an die anderen Teilnehmer richten. Als Beispiele könnten Sie nennen, dass alle ihr Wissen teilen und alle genug Zeit für den Erfahrungsaustausch haben.

- **Themenwünsche und Fragen** an das Training sollen die Teilnehmer auf gelben Post-its notieren.

- Schließlich sollen die Teilnehmer auf den hellgrünen Post-its sichtbar machen, welches **Wissen**, welche **Erfahrung** und auch Kenntnisse über Modelle zum Thema „Umgang mit Komplexität" schon im Raum sind.

Hier können Sie auch ein Beispiel für ein Modell aus dem Themenbereich „Komplexität" nennen, dass die Teilnehmer vielleicht schon kennen. *„Wenn Ihnen zum Beispiel ein Modell wie die Stacey-Matrix bekannt ist, dann schreiben Sie bitte den Namen dieses Modells auf ein hellgrünes Kärtchen."* Das Modell der Stacey-Matrix eignet sich gut als Beispiel, weil es eines der bekannteren ist, wenn es um das Stichwort „Umgang mit Komplexität" geht. In diesem Buch werden wir die Stacey-Matrix nicht vertiefen, deswegen sei sie hier kurz beschrieben: Die Stacey-Matrix arbeitet mit zwei Achsen. Die eine Achse steht für „Was ist zu tun?" und die andere für „Wie ist es zu tun?". Die einzuschätzende Situation wird auf diesen Achsen jeweils danach bewertet, wie weit das „WIE" oder das „WAS" klar bzw. unklar ist. Fazit des Modells: Je stärker etwas auf beiden Achsen unklar ist, desto höher ist die Komplexität bzw. das Chaos.

Teilen Sie Gruppen ein, die dann die Post-its beschriften und aufhängen: *„Wir losen mit den Spielkarten, die ihr jetzt zieht, die Gruppen zusammen. Das heißt, die Kollegen, die die ‚Asse' ziehen, beginnen mit* *der Arbeit. Ihr dürft euch austauschen und gemeinsam mit euren Post-its die erste Schicht der Landkarte erstellen. Es sollen pro Teilnehmer maximal jeweils drei Post-its pro Farbe sein. Die Gruppe der Asse hat für die Erstellung der ersten Schicht maximal fünf Minuten Zeit. Die übrigen Kollegen hören zu und dürfen sich nicht einmischen. Sie sind dann danach an der Reihe.*

Bitte notiert alle noch in kleinen Buchstaben mit Kugelschreiber oder Bleistift euren Namen auf eure Post-its, damit wir gegebenenfalls schnell auf euer Wissen zugreifen können.

Durch das Zuschauen und Zuhören werden wir sowohl mehr voneinander verstehen als auch wieder offenes Zuhören üben. Was wir ja gerade in unserem Einstiegsmodul schon getan haben und was zum Gewinnen von Mehrwert aus Unterschiedlichkeit eine zentrale Voraussetzung ist."

Vorgehen

Die Gruppe wird nun in vier Untergruppen aufgeteilt, z.B. per Kartenlosen: Drei Asse bilden die erste Gruppe, drei Könige die zweite Gruppe, drei Zehner die dritte Gruppe und drei Neuner die vierte Gruppe. Die Regeln sind wie oben beschrieben, pro Person werden maximal drei Post-its pro Farbe beschrieben. Die Farben stehen für:

- Erwartungen,
- Themenwünsche und Fragen sowie
- vorhandenes Wissen.

Nachdem die erste Gruppe fünf Minuten lang die erste Schicht erstellt hat, kommt die nächste Gruppe an die Reihe. Sie ergänzen ihre Kärtchen.

Erklären Sie der nächsten Gruppe, dass sie sich austauschen darf und auch Kärtchen der Vorgänger umhängen darf. *„Wenn einer eurer Aspekte, die ihr auf den Kärtchen notiert habt, schon von der Vorgängergruppe genannt ist, bitte diesen Aspekt gerne weglassen. Ihr dürft auch wieder für jedes Gruppenmitglied maximal drei Post-its pro Farbe auf der Landkarte ergänzen. Dafür habt ihr insgesamt ebenfalls wieder fünf Minuten Zeit. Das Prinzip mit dem Weglassen und Neuausfüllen gilt auch für die weiteren folgenden Gruppen der ‚Zehner' und der ‚Neuner'."*

Bitte als Trainer sofort eingreifen, wenn die Regeln des Vorgehens nicht beachtet werden, denn das „verstört" sonst die ganze Übung.

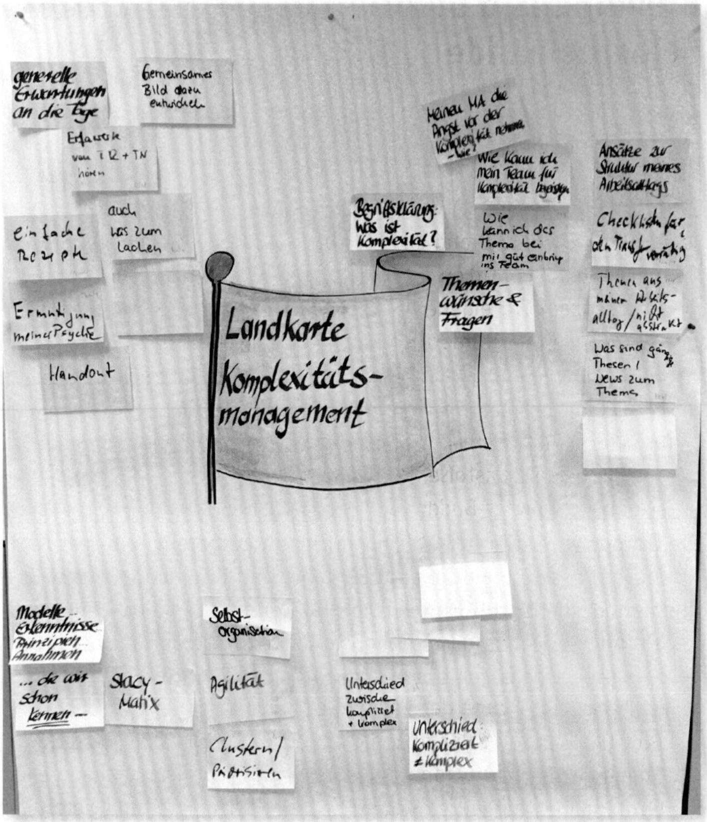

Abb.: Eine Komplexitätslandkarte nach einer Schicht.

Debriefing

Fragen Sie vor allem nach, was noch nicht verstanden wurde und was noch unbedingt ergänzt werden muss (weil die limitierende Zahl der vorgegebenen Post-its einfach zu klein war).

Schließen Sie mit der Definition von Komplexitätsmanagement ab:

> *„Komplexitätsmanagement umfasst aus unserer Sicht einerseits eine Haltung (nämlich in einer bestimmten Weise mit Komplexität umzugehen) sowie die Auswahl, den Einsatz und die Koordination von unternehmerischen und Führungsaktivitäten für komplexe Welten, mit der Absicht, Erfolge zu erzielen."*

Branding und Selbstreflexion mit der Selbstpyramide

Orientierung

Ziele

- Den Kern der Brand als FührendeR und NetzwerkerIn herausarbeiten und stärken
- Feedback zur eigenen Brand bekommen und dadurch das o.g. Ziel weiter befördern
- Eine starke Sensibilisierung für die eigenen Glaubenssätze (Überzeugungen/Annahmen) aufbauen
- Das Thema „Selbstführung und Selbstreflexion in komplexen Umfeldern" anstoßen
- Einen Seminar-Buddy für intensivere Feedback-Runden wählen

Zeit

- Zeit für die Einführung der Selbstpyramide: 20 Minuten
- Zeit für die ersten drei Reden und das Feedback: 30 Minuten

Nach der Einführung der Selbstpyramide halten die ersten drei Teilnehmer Reden. Das dauert pro Person jeweils acht Minuten. Alle Reden werden während des Seminars in Dreier-Blöcken gehalten. Das heißt, immer drei „Wer ich als FüherendeR und NetzwerkerIn bin"-Reden und das entsprechende Feedback folgen aufeinander, dann findet eine andere Übung statt und später folgt ein weiterer Block mit drei Reden und dem entsprechenden Feedback. Als Zeit für diese Reden wird in der Agenda über die Trainingstage hinweg immer wieder ein Block von 30 Minuten eingeplant. Damit zieht sich diese Übung über den ersten Trainingstag hinaus.

Material

Handouts mit den Reflexionsfragen; das Logbuch mit eingeklebten Selbstpyramiden (s. Grafik S. 45)

Hinweis

Kleben Sie vorab in das Logbuch leere Selbstpyramiden mit der Überschrift „Meine Selbstpyramide" sowie „Die Selbstpyramide meines Seminar-Buddys". Darin füllt der Teilnehmer aus, was er aus der Rede seines Seminar-Buddys heraushört bzw. was ihm als Feedback gemeldet wird.

Erläuterung

Zunächst soll das Schaubild der Selbstpyramide des Systemforschers Peter Senge erläutert werden. Die Stärke des Modells liegt darin, dass die Persönlichkeit von Menschen besser zu erfassen ist. Sie ist die Arbeitshilfe der Wahl, um die Aussagen der nachfolgenden Reden der Teilnehmer zu interpretieren, auf die sich alle im Rahmen der Flipped-Learning-Offerte vorab vorbereitet hatten (s. S. 23 ff.). Im Verlauf des gesamten Trainings wird jeder Einzelne seine Rede halten und dazu Feedback aus der Gruppe und von seinem Seminar-Buddy bekommen. Die drei ersten Reden und ihre Feedbacks finden in diesem Abschnitt statt.

Intro-Vorschlag

Präsentieren Sie ein Schaubild der Selbstpyramide und führen Sie in das Modell ein: *„Was kann ich wissen – was soll ich tun? … Wir befassen uns weiter mit uns selbst, mit unserer Selbstführung in komplexem Umfeld. Denn um mit diesen Anforderungen zurechtzukommen, ist die allerwichtigste Voraussetzung, die eigene mentale Landkarte zu kennen, das heißt, die eigenen Werte und Glaubenssätze und das eigene Rollenverständnis. Weil insbesondere unsere Glaubenssätze, Überzeugungen und Werthaltungen – man könnte dazu auch ‚unser Mindset‘ sagen – unser Verhalten und unsere Handlungsweisen im Umgang mit Komplexität prägen. Und damit auch unsere Muster und Verführbarkeiten im Sinne von ‚Was wir ausblenden, verdrängen oder auch – in unzulässiger Weise – vereinfachen‘. Um uns nicht, wie Autor und Unternehmensberater Niels Pfläging das beschreibt, ‚auf den mentalen Trampelpfaden der Vergangenheit mit Badelatschen im Hochgebirge zu bewegen und zu wundern, wenn wir ausrutschen und uns verletzen‘* (Pfläging 2015).“

Fahren Sie fort: *„Zugleich definiert dieses Mindset unser entsprechendes Verhalten, unsere Wirksamkeit in Netzwerken bzw. komplexen Systemen. Denn diese Wirksamkeit ist eben keine Frage des Zufalls, sondern eine Frage der Selbstführung, der Selbstreflexion und des Feedbacks durch andere. Hierzu werden wir uns im Laufe unseres Trainings einige Methoden anschauen.“*

Erklären Sie, dass das Modell der Selbstpyramide von Peter Senge hier sehr nützlich sein kann und dass Sie dieses Modell jetzt vorstellen werden. Fragen oder Anmerkungen zu Ihren Erläuterungen sollten von Ihnen ausdrücklich jederzeit erwünscht sein.

„Die Selbstpyramide von Peter Senge ist ein Modell, das uns helfen kann, die Persönlichkeit von Menschen aufzuschlüsseln und besser zu verstehen. Zu verstehen, wie und warum sich Menschen in bestimmten Situationen so verhalten, wie sie sich verhalten. Und ein Modell, das uns

selbstverständlich auch dazu dienen kann, uns selbst besser zu verstehen und zu führen." Erklären Sie, dass das Modell in vier Ebenen unterteilt ist, die sich auf Facetten der Persönlichkeit und des Mindsets beziehen.

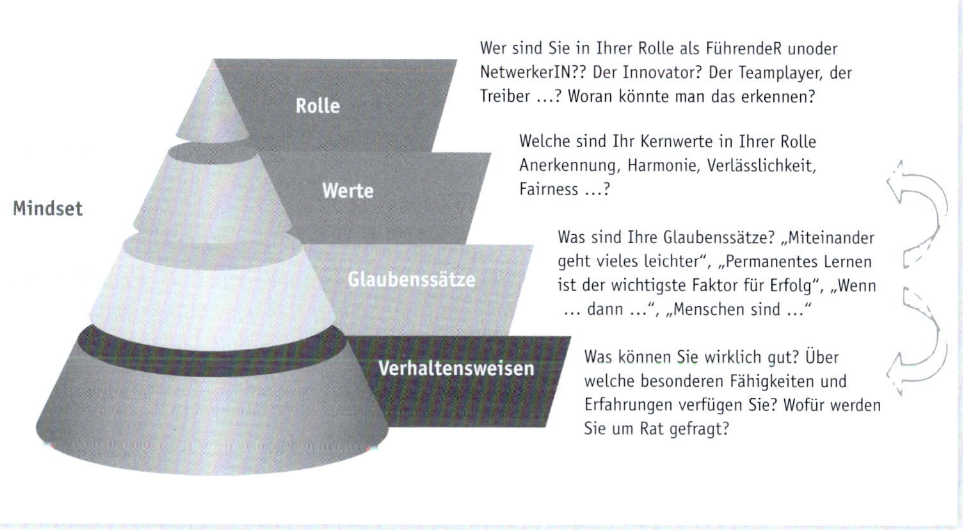

Abb.: Die Selbstpyramide nach Peter Senge.

An der Spitze des Modells wird das Selbstverständnis des Menschen in einem bestimmten Kontext beschrieben: Man könnte auch sagen, die Rollen, die jemand in bestimmten Settings einnimmt. Jeder Mensch füllt in seinem Leben verschiedenste Rollen aus. Manche dieser Rollen sind uns weniger, manche sehr wichtig. Wir sind beispielsweise Vater oder Mutter, Sohn oder Tochter, Kumpel oder Schwiegermutter. In professionellen Rollen sind wir zum Beispiel Mitarbeiter, Führungskraft oder Projektleiter. Diese Rollen kann man weiter differenzieren, wir schauen uns jetzt die Rolle der Führungskraft an und stellen uns die Frage: Wer bin ich als Führungskraft? Eher die Strategin, die Innovatorin, die Treiberin, die Missionarin oder eine Teamkollegin? Oder zwei oder drei von diesen Rollen zugleich?

Rollen sind mit bestimmten Werten und Bedürfnissen bzw. Interessen verknüpft. Diese werden im Schaubild auf der zweiten Ebene von oben beschrieben. Werte definieren, was in einer bestimmten Rolle für Menschen wichtig ist.

Hierzu könnten Sie sich selbst als Beispiel nennen: „*Zum Beispiel ist mir in der Rolle der Führungskraft gegenseitige Wertschätzung und Anerkennung wichtig. Ebenso wie Verlässlichkeit, Leistungsorientierung sowie Lernen und Innovation. Wenn diese Werte nicht nur Lippenbekenntnisse sind, sind sie in meinem Handeln erkennbar.*"

Machen Sie deutlich: „*Diese Werte sind einem nicht immer bewusst, können jedoch bewusst gemacht werden. Wenn einem die eigenen Werte und die von anderen bewusst sind, kann man Handlungen besser verstehen, auf diese Werte Rücksicht nehmen oder sie auch diskutieren und weiterentwickeln beziehungsweise differenzieren.*" Hierzu könnten Sie gegebenenfalls auch auf das Wertequadrat von Schulz von Thun verweisen.

„Obwohl sie nicht unbedingt direkt wahrnehmbar sind, steuern solche Kernwerte das Handeln eines Menschen sehr nachhaltig. Wenn mir gegenseitige Wertschätzung in der Zusammenarbeit wichtig ist, werde ich Kollegen vermutlich aufmerksam zuhören, andere mit meinen Worten nicht despektierlich behandeln und mich für Unterstützung bedanken. Wenn diese Werte verletzt werden, entstehen negative Emotionen wie Ärger, Enttäuschung oder auch Wut."

Nun kommen Sie auf die nächste Ebene, die dritte von oben, zu sprechen: „*Unsere Werte sind wiederum eng mit unseren Glaubenssätzen und Überzeugungen verbunden. Überzeugungen von Menschen sind leichter direkt wahrnehmbar, weil Menschen diese oft konkret und beiläufig äußern in Aussagen wie ‚Wenn alle respektvoll miteinander umgehen, macht Arbeiten mehr Spaß!', ‚Manchmal muss man hart durchgreifen, sonst …' oder auch ‚In komplexen Situationen muss man mit kleinen Schritten Step by Step vorgehen'. Selbst wenn Glaubenssätze meist bewusster sind als Werte, ist den Menschen meist nicht klar, mit welchen Auswirkungen bezüglich der eigenen Wirksamkeit im Handeln und mit welchen Limitierungen diese Glaubenssätze verbunden sind. Dies werden wir uns im Laufe dieser Übung noch genauer anschauen.*"

Auf der untersten Ebene, der Ebene der Verhaltensweisen, geht es um das, was ihr gut könnt, um dass, was ihr an tatsächlichem Verhalten zeigt. Wir konzentrieren uns jetzt aber erst mal nur auf Werte und Glaubenssätze in der Rolle als Führungskraft."

Fordern Sie danach unbedingt zu Fragen auf, bevor Sie als Nächstes die eigentliche Aufgabe vorstellen: „*Wenn wir uns jetzt nach und nach unsere ‚Wer ich als FüherendeR und NetzwerkerIn bin'-Reden vorstellen, bitte ich euch, diese Selbstpyramiden für eine andere Person zu füllen, nach dem Motto ‚Das habe ich aus deiner Rede herausgehört'."*

Zeigen Sie Ihren Teilnehmern die dafür vorgesehenen Seiten im Logbuch. Eine ist für das Feedback zu der Rede eines anderen Teilnehmers gedacht, die andere für das Feedback zur eigenen Rede. Betonen Sie, dass es bei dem Feedback nicht um „Richtig" oder „Falsch" geht, sondern dass es stattdessen um ein Feedback zur eigenen Wirkung geht – und dieses Mal ganz konkret inhaltlich „Das ist bei mir angekommen" und „So hat es auf mich gewirkt".

Bitten Sie nun Ihre Teilnehmer, sich für das Feedback einen Seminar-Buddy auszuwählen. Erklären Sie, dass sich die Buddies im Laufe des Trainings immer wieder detailliert austauschen werden, um mehr über ihre Fähigkeiten und ihre Wirksamkeit im Umgang mit Komplexität zu verstehen. Bei einer ungeraden Teilnehmerzahl wird es ein Trio geben. Das ist auch okay. Aber günstiger sind Paare, weil dies den Vertrauensaufbau erleichtert und die Intensität des Austausches befördert.

„Die Auswahl eures Seminar-Buddys wird nicht von euch begründet und erfolgt bestenfalls komplett intuitiv. Euer Seminar-Buddy sollte jemand sein, den ihr noch nicht oder auch noch nicht so gut kennt. Damit wirklich Zuhören und Hinterfragen gefordert sind und nicht nur das ‚Herunterladen' von Bekanntem und Kategorisiertem stattfindet. Die Auswahl läuft nach dem Windhund-Verfahren: Wer zuerst fragt, hat Vorfahrt. Dann braucht es nur noch die Zustimmung des Gefragten, damit ihr beiden Seminar-Buddies werdet."

Erfahrungsgemäß haben sich die Teilnehmenden schon während der Rede des Trainers orientiert und die Ersten haben schnell entschieden. Die werden auch gleich loslegen und fragen. Belassen Sie diesen Prozess einfach bei den Teilnehmern. Ermutigen Sie gegebenenfalls die „Übrigbleibenden", z.B. mit Worten wie *„Wie schön. Ihr lasst euch vom Schicksal wählen. Das kann nur gut sein"* oder auch *„Prima. Da fügen sich die Entscheidungen wie von selbst"*. Stellen Sie danach die Feedback-Aspekte vor, sie können beispielsweise als Handout ausgeteilt werden.

Vorgehen

Nachdem die Teilnehmenden das Modell verstanden haben, finden sich als Nächstes die Seminar-Buddies. Nun halten die ersten drei Teilnehmer jeweils maximal drei Minuten lang ihre „Wer ich als FührendeR bin“-Reden (nach Vorgabe des Flipped Learning Offers, vgl. S. 23 ff.). Der Seminar-Buddy des Redners und eine zweite Person nach spontaner Wahl geben nach der Runde fünf Minuten lang Feedback zu

- den Werten,
- den Glaubenssätzen und
- den besonderen Kompetenzen und Verhaltensweisen,

die sie glauben, aus der Rede herausgehört zu haben. Für Ihre Notizen während der Rede nutzen sie die Selbstpyramide, die im Logbuch steht.

Dazu beantworten die Feedback-Geber folgende Frage: *„Wenn ich eine Person aus der von dir angesprochenen Zielgruppe wäre, was hätte mich*

- *begeistert,*
- *irritiert*
- *und was hätte ich eventuell noch gebraucht?“*

Kommentieren Sie dies ergänzend: *„Die Redner hören als Feedback-Nehmer einfach zu, kommentieren das Gehörte nicht und können nachfragen, wenn sie etwas nicht verstehen. Am besten schreibt ihr die Rückmeldungen ebenfalls in eurem Logbuch, wenn Ihr mögt, in eurer Pyramide mit.“*

Danach folgen die nächsten beiden „Wer ich als FüherendeR und Netzwerkerln bin“-Reden, auch wenn dies bereits in der Präsentation der Agenda geschehen ist: Bitte kündigen Sie als Trainer an, dass erst mal nur drei Reden mit den entsprechenden Feedbacks folgen und dass die nächsten drei am Nachmittag und im Laufe des Trainings kommen werden, denn: *„So ist das viel spannender für uns alle.“*

Debriefing

Am Anfang finde ich es wichtig, dass der Trainer auch Feedback gibt, weil die Teilnehmer meist die Glaubenssätze noch nicht so geübt heraushören. Da es aber genau das Ziel ist, für die Glaubenssätze zu sensibilisieren, ist das sehr wichtig und nützlich. Je nachdem, wie schnell eine Gruppe hier lernt, Überzeugungen herauszuhören, umso schneller kann und sollte sich der Trainer immer mehr zurückhalten. Ich finde das immer einen sehr spannenden und magischen Moment, wenn das Hinhören und Bewusstsein für diese Konstruktionen geschärft wird und mache darauf auch aufmerksam. Im Verlaufe des Seminars tauchen dann (und dürfen auch auftauchen) zunehmend Kommentare auf wie: „Das ist ein Glaubenssatz“ oder „Das ist deine Überzeugung“. Bitte darauf achten, dass diese Kommentare von Wertschätzung und gerne auch von Humor getragen sind. Als (vorläufig) abschließende Fragen finde ich hilfreich:

- *„Was ist euch ergänzend noch wichtig, zu dieser ersten Sequenz von ‚Wer ich als FüherendeR und NetzwerkerIn bin'-Reden anzumerken?*
- *Was ist ein erstes Fazit zum Thema ‚Glaubenssätze und Überzeugungen'?*
- *Was ist aus eurer Sicht der Nutzen dieser Sequenz?"*

... und verweisen Sie dann auf die Fortsetzungen über die kommenden zwei Tage hinweg!

Falls Erkenntnisse, Modelle oder Fragen aus der „Landkarte Komplexitätsmanagement" auftauchen (vgl. S. 39 ff.), halten Sie das als Trainer bitte im Blick. Stellen Sie in dem Fall Bezug zum Post-it und zum Teilnehmer her.

Quellen

- Senge, P. (1994): The Fifth Discipline Fieldbook. Strategies and Tools for Building a Learning Organization. Crown Business.

Working Out Loud – Die 5 Prinzipien

Orientierung

Ziele

- Die Teilnehmer lernen die Prinzipien der Methode „Working Out Loud" kennen und setzen sich vertieft damit auseinander
- Sie lernen, die eigene Arbeit sichtbar zu machen und sich weiter zu vernetzen

Zeit

Insgesamt 80 Minuten

- Intro: 15 Min.
- Einzelarbeit: 10 Minuten
- Gruppenarbeit: ca. 40 Minuten
- Debriefing: 15 Minuten
- Puffer: 5 Minuten

Material

Flipcharts mit dem Ablauf und den Fragestellungen zur Gruppenarbeit

Erläuterung

Der Begriff des „Working out Loud" (WOL) tauchte zum ersten Mal 2010 in einem Blogartikel des IT-Beraters Bryce Williams auf unter dem Titel „When will we start to Work Out Loud? Soon!". Darin fasste er unter der Terminologie die Ideen der „Social Collaboration" und des „Collaborative Learnings" zusammen: das eigene Wissen, die eigene Arbeit und die eigenen Erfahrungen sichtbar machen, damit möglichst viele davon profitieren können. Weiterentwickelt wurde dieser Ansatz von dem Unternehmensberater John Stepper. Diese Übung baut auf den fünf von Stepper genannten Faktoren von WOL auf.

Intro-Vorschlag

„‚Wissen ist Macht' – ein Credo, das sich lange Zeit in der Arbeitswelt hielt. Die Idee dahinter: Wer sein Know-how für sich behält, erzielt Wissensvorsprünge gegenüber anderen und kann sich profilieren. Das ist Vergangenheit. Denn mit der Digitalisierung und der Vernetzung unterschiedlichster Produkte im ‚Internet of Things' haben sich die Vorzeichen umgekehrt, unter denen wir heute arbeiten: Nicht wer sein Wissen hütet, kommt voran, sondern wer es teilt. Aus einem einfachen Grund: Die

Schnelllebigkeit im Job nimmt zu und die Halbwertszeit unseres Wissens verkürzt sich radikal. Für viele offene Fragen gibt es keine fertigen Lösungen mehr. In der vernetzten Welt ist die Zusammenarbeit über Bereichs- und Unternehmensgrenzen hinweg erforderlich, der schnelle Austausch von Wissen sowie der Zugang zu Institutionen und Personen, zu denen man bisher keinen Kontakt hatte.

Wie aber bekommt man diesen Zugang zu Personen, die man nicht kennt? Wie vernetzt man sich immer wieder themenspezifisch mit den richtigen Experten, und das nicht nur intern, sondern auch extern? Wie teilt man wertschöpfend Wissen? Wie diskutiert man komplexe Fragestellungen und Ideen, um mit und von anderen zu lernen und die eigene Arbeit zu verbessern? ‚Working Out Loud' liefert Antworten auf alle diese Fragen."

Nun führen Sie in das eigentliche Instrument ein: *„Der Unternehmensberater John Stepper hat aus der eigenen Erfahrung und Betroffenheit heraus erkannt, wie nützlich und inspirierend Vernetzung mit anderen ist. Deswegen hat er die Methode ‚Working Out Loud' entwickelt. Der Kerngedanke von WOL ist, mithilfe von bedeutungsvollen Netzwerken individuelle Ziele der Weiterentwicklung zu erreichen, indem man seine eigenen Routinen reflektiert und neue Impulse integriert.*

Die Methode ermöglicht eine Form der Kollaboration, die Mitarbeitenden und Unternehmen gleichermaßen Mehrwert schenkt. Entsprechend hat dieser Ansatz inzwischen in großen namhaften Unternehmen wie beispielsweise Bosch, Daimler und IBM Einzug gehalten und zahlreiche Anhänger gefunden. Die Methode ist nicht auf Großkonzerne begrenzt. WOL unterstützt die Vernetzung der Mitarbeiter und den Wissensaustausch untereinander, unabhängig von Unternehmensgröße und -branche." Ein weiteres Beispiel, dass Sie hier nennen können, ist die Firma Sick, ein weltweit agierender Sensorhersteller. Sick nutzt WOL, um die Innovationskraft des Unternehmens durch den intensiven Austausch der Mitarbeiter untereinander weiter zu stärken.

Vorgehen

Nach der Einleitung des Themas „Working Out Loud" können Sie erst einmal innehalten und nachfragen, wer denn selbst, oder über Bekannte und Freunde, Erfahrungen zum Thema WOL hat. Danach geht es weiter mit der Erläuterung der fünf Prinzipien, die Stepper für WOL aufgestellt hat.

Fünf Prinzipien des Working Out Loud

Visible work: die eigene Arbeit sichtbar machen. Dies bedeutet, Arbeitsergebnisse, auch Zwischenergebnisse, zu veröffentlichen, aber in einer Art und Weise, die als wertvoller Beitrag für das Netzwerk dienen kann und nicht in einer Form der Selbstdarstellung.

Growth Mindset: die eigene Arbeit verbessern. Querverbindungen & Rückmeldungen nutzen, um eigene Ergebnisse kontinuierlich zu verbessern.

Generosity: großzügige Beiträge leisten bzw. teilen. Es geht darum, Wissen zu teilen, ohne eine Gegenleistung zu erwarten, um etwas Konstruktives beizutragen und damit das Netzwerk nachhaltig zu stärken.

Relationships: ein soziales Netzwerk aufbauen. So entstehen breite interdisziplinäre und nachhaltige Beziehungen, die alle miteinander weiterbringen können.

Purposeful Discovery: zielgerichtetes Zusammenarbeiten, um das volle Potenzial der vernetzten Gemeinschaft auszuschöpfen und so Mehrwert zu generieren. Es wird ein individuelles Ziel gewählt, auf das man seine Aktivitäten gezielt ausrichtet: Welche Ressourcen benötige ich? Wie und was kann ich beitragen, um dem Ziel näherzukommen und etwas dabei zu lernen? (Wie können andere dabei profitieren?)

Jeder Teilnehmer bekommt nun zehn Minuten Zeit, um die folgenden Fragestellungen zu beantworten und einen Kurzvortrag von drei Minuten vorzubereiten. Die Fragen für den Kurzvortrag „Das Besondere an meiner Arbeit" (3 Minuten) – „Visible Work" sind:

- Was ist das Besondere an meiner Arbeit?
- Was davon könnte für die anderen Seminarteilnehmer nützlich sein?

Die Teilnehmer sollen sich ausdrücklich auf die genannten fünf Aspekte beziehen: *„Bitte konzentriert euch für die Antworten auf die fünf wesentlichsten Aspekte. Bei der zweiten Frage orientiert euch bitte daran, was ihr bisher voneinander wisst und erfahren habt. Wenn das noch nicht so klar ist, dann beantwortet die Frage einfach genereller."*

Laden Sie nun die Teilnehmer zu einer Gruppenarbeit ein, um sich mit den fünf Prinzipien näher auseinanderzusetzen. Am besten losen Sie die Teilnehmer zu Dreiergruppen. Wenn sich nach der individuellen Vorbereitung die Kleingruppen gefunden haben, halten in diesen Gruppen alle drei Kollegen nacheinander ihren jeweiligen Kurzvortrag (Gesamtzeit 10-15 Minuten). Anschließend reflektieren und tauschen sich alle drei Gruppenmitglieder aus über die folgende Fragen für die Diskussion (20 Minuten) – „Purposeful discovery"

- Welche meiner Erfahrungen können für die jeweiligen anderen Kollegen in dieser Gruppe hilfreich sein?
- Welche Erfahrungen meiner Kollegen kann bzw. möchte ich entsprechend für mich entdecken und nutzen?

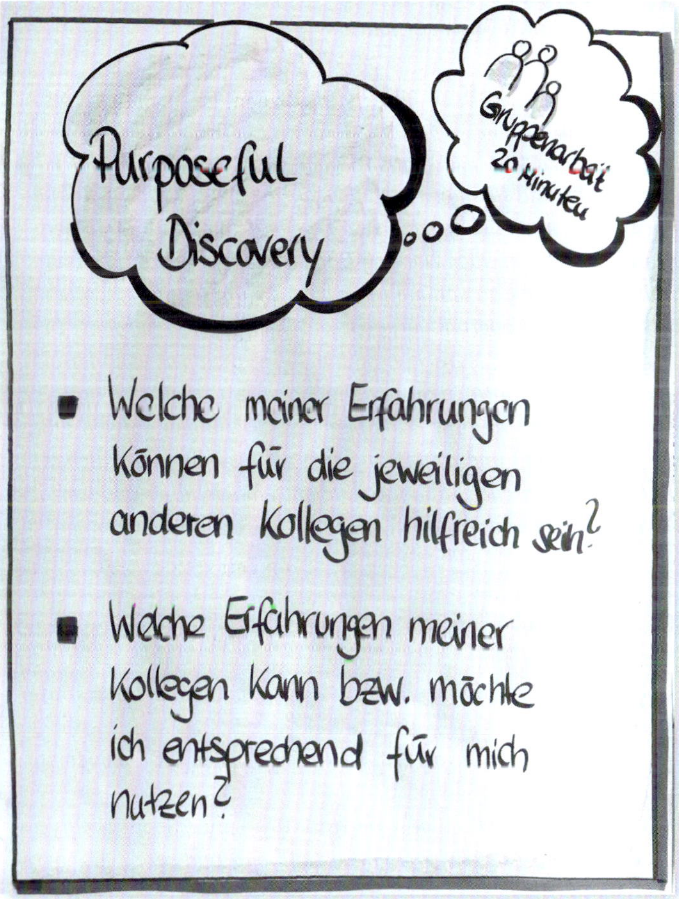

Abb.: Die Fragen für die Diskussion in der Gruppenarbeit – „Purposeful Discovery".

Debriefing

Für die Reflexion in der Kleingruppe sollten Sie insgesamt 20 Minuten Zeit geben (pro Person ca. 5 Minuten und etwas „on top"). Im Plenum können Sie als Trainer nachfragen:

- *„Welche Erkenntnisse haben wir aus der Übung gezogen?*
- *Was hat mich besonders bei meinen Kollegen beeindruckt?*
- *Und was kann und möchte ich schon jetzt entsprechend in meine Arbeit übertragen?"*

Und weisen Sie darauf hin: *„Wenn ihr euch zu WOL-Gruppen finden und weiter miteinander arbeiten wollt, dann bitte ich euch, dass ihr dies in Eigenregie startet."* Es kann sehr hilfreich sein, diese Erkenntnisse aus dem Debriefing mitzuvisualisieren. Falls Erkenntnisse, Modelle oder Fragen aus der „Landkarte Komplexitätsmanagement" auftauchen, behalten Sie das als Trainer bitte im Blick. Stellen Sie in dem Fall Bezug zum Post-it und zum Teilnehmer her.

Abschließend und als Hinführung zum nächsten Schritt können Sie noch Folgendes einbringen: *„Katharina Krentz, Expertin für digitale Zusammenarbeit bei Bosch, beschreibt WOL so: ‚WOL steht sowohl für eine Kultur des Gebens und Nehmens als auch für die Investition in stabile Beziehungen, die einen bei spezifischen Fragestellungen unterstützen und weiterbringen'. Sich über Working Out Loud zu vernetzen, bedeutet nicht, wahllos Kontakte zu sammeln. Es geht darum, zu lernen, wie man sich zielgerichtet mit Experten vernetzt und Beziehungen aufbaut. Dieses wird systematisch getan: Menschen bilden kleine Gruppen von vier bis fünf Personen, sogenannte Zirkel beziehungsweise ‚Circles' und arbeiten so gezielt an Themen. Die fünf Prinzipien des WOL bilden dabei die Basis für diese Kollaboration und tragen zugleich zu unseren menschlichen Grundwerten bei: Menschen wollen teilhaben, eingebunden und wertgeschätzt sein, und sie wollen wissen, was sie selbst beitragen können."*

Quellen

- Lipkowski, S. (2016): Die Methode Working Out Loud: Teilen lernen. managerSeminare, Heft 214.
- Stepper, J. (2015): Working Out Loud. For a better career and life. Ikigai Press.
- Stepper, J. (2016): Working Out Loud: The making of a movement. TEDx Navesink.
- Williams, B. (2010): When will we Work Out Loud? Soon! *thebryceswrite.com/2010/11/29/when-will-we-work-out-loud-soon/* – abgerufen am 30.8.2018.
- *www.workingoutloud.de/die-fuenf-kernelemente/* – abgerufen am 30.8.2018.

Weitere „Wer ich als FührendeR und NetzwerkerIn bin"-Reden

Erläuterung

An dieser Stelle ist ein weiterer halbstündiger Block der „Wer ich als FührendeR und NetzwerkerIn bin"-Reden sinnvoll. Indem Sie nun eine weitere Runde von Reden im Plenum durchführen, sensibilisieren Sie die Teilnehmer bewusst und intensiv für das Thema „Glaubenssätze" und vor allem „Glaubenssätze heraushören". Dieses Ziel unterstreichen Sie auch nochmals vorneweg, vor Beginn dieser Sequenz.

Intro-Vorschlag

„Wie ich schon mehrfach betont habe, im Netzwerk und in komplexen Umfeldern wirklich gehört zu werden, ist wichtig. Doch die entsprechenden ‚richtigen Worte' zu finden, ist nicht ganz einfach. Nicht nur, aber gerade auch beim Thema ‚Rede' ist dies zentral. Der Unterschied zwischen ‚eine Rede halten' und ‚eine Rede halten' verhält sich laut dem Berater Kai Pfersich wie ‚Auto fahren zu Formel 1'" (Pfersich 2018)

„Unsere ‚mentalen Landkarten' entscheiden unwillkürlich und nicht zwingend bewusstseinspflichtig darüber, wie wir auf Ansprachen reagieren. Viele Experimente aus dem Spitzensport bis hin zum Alltagserleben beweisen, dass Menschen über Sprache auch unbewusst beeinflusst werden.

Stellt euch bitte folgendes Experiment vor: Menschen lesen Texte, in denen Worte wie ‚Rente', ‚Alterssitz', ‚Krankheit' vorkommen. Es zeigte sich, sie bewegten sich nach dem Lesen dieser Texte signifikant langsamer zum Fahrstuhl, als Menschen, die diese Wörter nicht zu lesen bekommen hatten. (Kahnemann 2011)

Ein anderes Beispiel: Menschen lesen einen Text, in dem das Wort ‚Gepard' vorkommt, während die Vergleichsgruppe den Text mit dem Wort ‚Schildkröte' erhält. Anschließend schätzten die Leser das Schritttempo eines Mannes auf einem Foto ein. Das Ergebnis: Die Gruppe, die die Version mit dem Gepard gelesen hatte, schätzte das Tempo des Mannes signifikant höher ein als die Gruppe mit der Schildkröte (Wehling 2016). *Wenn solche harmlosen Worte bereits eine solche Wirkung und solche Folgen haben, welche Wirkung haben dann Worte wie ‚Ungewissheit' oder ‚Widerspruch'?"*

Erläutern Sie den Teilnehmern, dass es auch deswegen nicht ganz einfach ist, die richtigen Worte zu finden, weil Worte in Sekunden von den Zuhörenden „geframed", das heißt, in einen Deutungsrahmen gesetzt werden. Damit können sie vom Zuhörer in einem anderen Kontext platziert werden, als dies vom Redner gedacht war.

„Welche unbewussten Assoziationen aktivieren wir in den Köpfen unserer Zuhörer? Wir sollten bedenken, welches konnotative Umfeld mit einem Wort aktiviert wird und uns dazu Feedback einholen. Entsprechend geht es auch darum, das Narrative klug zu nutzen, denn neue Begriffe können neue Realitäten aufbauen. Daher kann es hilfreich sein, Sprache und Worte für den Transport unserer Ideen für die Zukunft bewusst zu wählen und uns dazu Feedback einzuholen (Dollinger 2014)." – Was nun wieder getan wird, mit den nächsten drei ‚Wer ich als FührendeR und NetzwerkerIn bin'-Reden …

Debriefing

Es ist eine zentrale Erkenntnis der Psychologie, dass Sprache Bewusstsein verändern kann. Die folgende Geschichte kann als weiteres Beispiel dienen. Folgende Situation ereignete sich bei Daimler an Weihnachten 2016: Der Vorstand eröffnete die Weihnachtsansprache mit „Liebe Kolleginnen und Kollegen". In der Regel ist in solchen Fällen immer von „Mitarbeitenden" die Rede. Dass Zetsche stattdessen von „Kollegen" sprach, verbreitete sich wie ein Lauffeuer und alle wollten sich selber davon überzeugen: Der Server brach kurzzeitig zusammen. Worte sind viel mächtiger, als wir glauben. „Ändere deine Worte und du änderst deine Welt", betont die Autorin Andrea Gardner (siehe Sequenz unten).

Zum Abschluss der Sequenz kann der Trainer noch ein Video von Andrea Gardner zeigen: „Power of words", am besten „Power of words 2" (s. Quellen).

Quellen

- Dollinger, A. (2017): „Das ‚Personal' gehört abgeschafft." Zeitschrift ManagerSeminare (229/2017).
- Kahnemann, D. (2016): Schnelles Denken langsames Denken. Penguin.
- Pfersich, K. (2018): Bankier 5.0 – Die Antwort auf den Roboter. Bank Verlag.
- Die Psycho-Logik des Erfolgs, GEO Mai 2015.
- Video „Power of words 2": *www.youtube.com/watch?v=jnwQYwAnud4* – abgerufen am 9.9.2018.

Working Out Loud – Wir tun es

Orientierung

Ziele

- Kennenlernen der Arbeit in den „Working Out Loud"-Zirkeln
- Die Teilnehmer erarbeiten erste mögliche Zielstellungen für sich und gehen somit den ersten Schritt der WOL-Circle-Methode

Zeit

Insgesamt: 105 Minuten

- Intro: 40 Minuten
- Einzel: 25 Minuten
- Gruppenarbeit: 25 Minuten
- Debriefing: 5 Minuten
- Puffer: 10 Minuten

Material

Video (Internetzugang); PowerPoint-Präsentation für den Ablauf der WOL-Circle-Methode; Instruktion mit den Arbeitsfragen für die Gruppenarbeit auf Flipchart; Logbuch zum Festhalten der Ziele; ggf. Handout mit den WOL-Schritten für die Teilnehmer

Hinweise

Jeder Teilnehmer sollte die Schritte stets nachlesen und sich entsprechend Notizen machen können. Zu dem Zweck kann der Trainer ihnen die Anleitung zum „Working Out Loud" etwa als Handout austeilen.

Erläuterung

Wie funktioniert „Working Out Loud" in den Unternehmen? Das hat bereits der erste Baustein zum Working Out Loud vor der Mittagspause vermittelt. Unternehmen wie Siemens und Continental arbeiten mit der Methode WOL. Bei Bosch und Daimler ist „Working Out Loud" in die tägliche Arbeitsroutine integriert. Falls die Bandbreite am Veranstaltungsort es hergibt, können Sie zur Einstimmung der Teilnehmer das YouTube-Video „Was ist Working Out Loud" gemeinsam anschauen. Dort wird beschrieben, wie WOL in Konzernen praktisch funktioniert.
Im Anschluss vertiefen sich die Teilnehmer in einen typischen, mehrwöchigen WOL-Zyklusverlauf.

Intro-Vorschlag

„Krentz, Kluge und Fütterer (die im Video gezeigten Mitarbeiter von Bosch, Siemens und Daimler) *stellen in dem Video sehr schön dar, dass WOL Haltung und Methode zugleich ist. Haltung deshalb, weil es darum geht, offener, selbstorganisierter und vernetzter zu arbeiten. Und Methode, weil es ein Set an praktischen Techniken und Arbeitswerkzeugen gibt, damit die nötige Haltung sich irgendwann in Routinen zeigt, wie beispielsweise Wissen teilen, Feedback geben und auch Feedback für die eigene Arbeit zu nutzen.*

Für eine effektive Zusammenarbeit im Netzwerk müssen Menschen offen und bereit sein, zu teilen. Es geht darum, die eigene Arbeit transparent zu machen und damit möglicherweise auch Grenzen des eigenen Wissens oder ‚Schwächen‘ offenzulegen. Oder eben auch vermeintliche ‚Wissensvorsprünge‘ aufzugeben. Um in den Austausch mit Gleichgesinnten zu treten und eine Vernetzung entstehen zu lassen, die traditionelle Grenzen durchbricht, wird über verschiedenste Social-Media-Plattformen geteilt.“

Nun kommen Sie auf das konkrete Vorgehen zu sprechen. *„Wer WOL nutzt, sollte sich zu Beginn drei Leitfragen stellen:*

- *Was versuche ich zu erreichen?*
- *Wer könnte mit meinem Ziel irgendwie in Verbindung stehen?*
- *Und was kann ich denjenigen Personen im Gegenzug anbieten, um unsere Beziehung zu vertiefen?“*

Erklären Sie, praktisch umgesetzt wird die Methode dann in sogenannten „WOL-Circles“, die als zwölfwöchiges Peer-Coaching-Programm angelegt sind. In den Zirkeln geht es darum, die Haltung „Wissen teilen“ zu lernen und dies an einem konkreten persönlichen Thema auszuprobieren. Warum gerade 12 Wochen? Damit auch genügend Zeit für Entwicklungen, Erkenntnisgewinn und auch Verhaltensänderungen (entsprechend der Haltung) vorhanden ist und entsprechend geübt werden kann. Dieses zwölfwöchige Programm kann natürlich für jedes beliebige Thema (und somit auch wiederholt) genutzt werden. Also sowohl für berufliche Themen, wie zum Beispiel „Ich möchte mich in meiner jetzigen beruflichen Aufgabe weiterentwickeln“ als auch für private Themen, wie zum Beispiel „Wie kann ich Smart Home in meinem Garten realisieren?“ Schlussendlich geht es darum, die Mechanismen des vernetzten Arbeitens zu erlernen.

Der Zirkel umfasst in der Regel vier bis fünf Personen und trifft sich einmal pro Woche für eine Stunde. Das kann auch virtuell sein. Dieses Zeitinvestment sieht John Stepper als ausreichend an, um neue

Gewohnheiten zu entwickeln und als kurz genug, um fokussiert zu bleiben. In dieser Stunde wird gemeinsam nach einer vorgegebenen Agenda, dem sogenannten „Circle Guide“, gearbeitet. Dabei werden verschiedene Übungen allein oder auch gemeinsam absolviert. Durch Diskussionen, Reflexionen und Feedback lernt jeder mit und von den anderen Teilnehmern. Für die Dauer der zwölf Wochen nimmt sich jeder ein persönliches Ziel vor, welches mithilfe eines extra dafür aufgebauten Netzwerks erreicht werden soll.

Ein Zirkel arbeitet dabei selbstorganisiert, d.h., Zusammensetzung, Terminfindung, Lernen und auch die Zielkontrolle finden in Eigenorganisation statt und bauen vollkommen auf die intrinsische Motivation der Teilnehmer. Dabei ist es den Teilnehmern selbst überlassen, ob sie sich für die Treffen persönlich oder virtuell zusammenfinden.

Nach diesem ersten Intro können Sie als Trainer gemeinsam mit den Teilnehmern einen Blick in die einzelnen Arbeitswochen eines „Working Out Loud“-Zyklus werfen. Worum geht es jeweils? Und wie sehen die einzelnen Arbeitsaufträge ganz konkret aus?

Anleitung zum Working Out Loud

(nach John Stepper, www.*workingoutloud.com*)

Getting started

- Was ist ein WOL-Circle?
- Wie funktioniert ein WOL-Circle?

Woche 1

Entscheide dich für ein Ziel und erstelle eine erste Liste von Leuten, die damit in Verbindung stehen

- Kennenlernen der anderen Circle-Mitglieder
- Definition von persönlichem Ziel: Beispiele können sein „Ich möchte mehr über etwas für mich Relevantes lernen.“ „Ich möchte mehr Möglichkeiten in einem neuen Bereich entdecken“ oder „Ich möchte mehr Anerkennung bei dem, was ich aktuell tue.“
- Erstellung einer sog. „Beziehungsliste“ – Wer kann bei der Erreichung des Ziels helfen?

Woche 2

Das Thema Vertrauen und deine ersten Beiträge

- Bewertung von Vertrautheit in existierenden Beziehungen
- Aktivierung/Vertiefung durch das Verfassen kleiner Beiträge
- Anerkennung durch Aufmerksamkeit verteilen

Woche 3

Mache drei kleine Schritte – Zeitmanagement und das Nutzen von existierenden Netzwerken

- WOL und Beziehungspflege im Zeitmanagement verankern
- Bereits existierende Netzwerke nutzen
- Vertiefung existierender Kontakte durch Wertschätzung und Dank

Woche 4

Errege Aufmerksamkeit und sei dabei empathisch

- Von jetzt an regelmäßige Überprüfung der Liste
- Weitere Form des Beitrags: Empfehlungen (Bücher, Artikel, Videos ...)
- Die Art und Weise des Anbietens üben – Beiträge persönlicher und wertvoller machen

Woche 5

Mache es persönlich

- Du bist du und hast viel zu geben – Listung von persönlichen Informationen, die zum geteilten Beitrag werden könnten
- Gemeinsamkeiten als Basis für Verbindung zu anderen

Woche 6

Verbessere deine Sichtbarkeit

- Verbesserung der eigenen Online-Präsenz im Sinne des persönlichen Ziels
- Online-Profile sollten mindestens ein ansprechendes Profilbild, eine Headline (kurze Beschreibung von einem selbst) und eine Zusammenfassung haben
- Damit die Chance, sich zu vernetzen, erhöhen
- Aktive Vernetzung mit persönlicher Nachricht

Woche 7

Sei zielgerichtet

- Brief vom zukünftigen Selbst schreiben (12-36 Monate), unter der Annahme, dass das Ziel erreicht worden ist

- Mögliche Aspekte: „Was waren die Schlüsselerlebnisse, um Fortschritte zu machen?" „Wie bist du vorher an Dinge herangegangen und was hast du jetzt anders gemacht?" Oder: „Wie bist du mit Rückschlägen umgegangen?"
- Diskussion der Briefe im Rahmen des Circles

Woche 8

Werde systematischer

- Was denkt der Empfänger, wenn er meine Nachricht liest, zum Beispiel bei der Vorstellung einer anderen Person?
- Erweitere die Form deiner Beiträge systematisch

Woche 9

Entdecke neue eigene und authentische Beiträge

- Herantasten an eigene Beiträge (Gedanken, Angebote ...) durch das Kommentieren von Ressourcen, die in Verbindung zum eigenen Ziel stehen
- Diskussion möglicher Inhalte für eigene Beiträge

Woche 10

Mache es zur Gewohnheit

- Dinge entdecken, die das Teilen als neue Gewohnheit untermauern und so helfen, über mögliche Rückschläge hinwegzukommen (z.B. Checklisten, Fortschrittscharts)
- Erweiterung des persönlichen Netzwerks durch Konferenzen, Online-Communities, Verbände, Schlüsselfiguren ...

Woche 11

Finde die Stämme, die dir am Herzen liegen

- Finden von Online-Gruppen, die mit dem eigenen Ziel in Verbindung stehen und beobachten, wie Menschen darin interagieren
- Umfassendere Reflexion über das Netzwerk und die eigene Rolle darin und ein Gefühl für Möglichkeiten entwickeln

Woche 12 Abschluss

Reflektiere und feiere mit deinem virtuellen Circle

- Gemeinsamer Rückblick und Ausblick
- Das Ende ist gleichzeitig ein Anfang: Was hat sich verändert und was liegt vor dir?
- Beiträge für dich selbst erschaffen

Vorgehen

Fordern Sie Ihre Teilnehmer nach den einleitenden Erklärungen auf, sich ein Ziel auszuwählen. *„Also, alles beginnt mit einem Ziel, das euch am Herzen liegt, und das sich innerhalb von zwölf Wochen erreichen lässt. Nun bitte ich euch, euch ein mögliches persönliches Ziel zu überlegen, das ihr entweder hier in den weiteren Übungen anpacken bzw. als Beispiel nehmen könnt oder zu dessen Bearbeitung ihr euch ggf. am Ende des Seminars oder auch tatsächlich außerhalb in einem solchen Zirkel für zwölf Wochen zusammenschließt. Solche Ziele können zum Beispiel sein: ‚Ich möchte die Möglichkeiten in einem neuen Bereich entdecken‘, ‚Ich möchte meine Wirksamkeit im Netzwerk erhöhen‘, ‚Ich möchte mich beruflich verbessern‘ etc. Bitte beschreibt und notiert im ersten Schritt, was ihr euch vornehmen wollt – dafür eignet sich das Logbuch ideal. Dazu beantwortet ihr die folgenden Arbeitsfragen:*

- *‚Was ist mein Ziel und warum habe ich genau dieses gewählt? (Was sind meine Motive dabei)?‘*
- *‚Woran konkret erkenne ich, dass ich mein Ziel erreicht habe?‘*

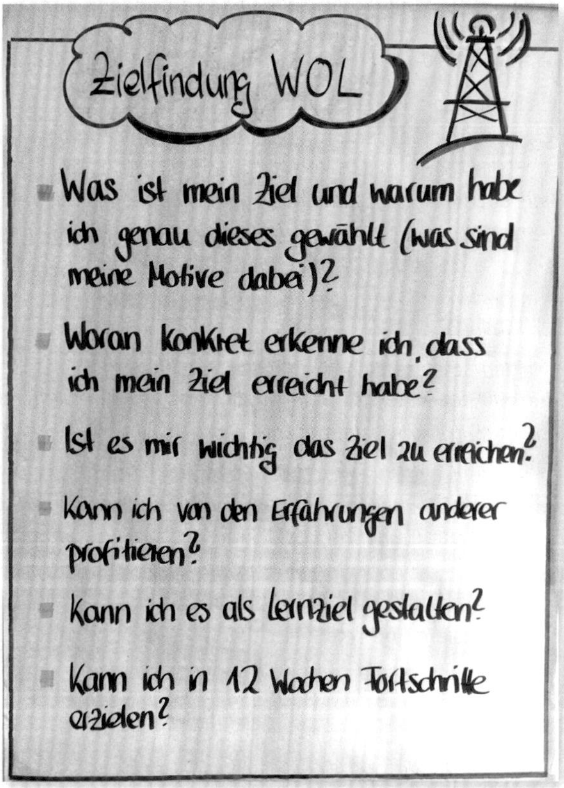

Abb.: Für das Logbuch: „Was ich mir vornehme“.

Idealerweise solltet ihr ein Ziel wählen, das euer Interesse und eure Neugier weckt und dennoch klein genug ist, um es in zwölf Wochen bearbeiten bzw. Fortschritte erzielen zu können. Wenn das Ziel zu ambitioniert ist, kann schon der bloße Gedanke daran Widerstand auslösen und euch daran hindern, überhaupt einen Schritt zu machen."

Als Nächstes stellen Sie die Fragen vor, die helfen können, ein passendes Ziel zu finden. Dazu sollten Sie ca. 15 Minuten Zeit zur Einzelarbeit zur Verfügung stellen.

- Ist es mir wichtig, das Ziel zu erreichen?
- Kann ich von den Erfahrungen anderer profitieren?
- Kannst ich es als Lernziel gestalten?
- Kann ich in zwölf Wochen Fortschritte erzielen?"

Dann geht es weiter: *„Anschließend stellt ihr bitte in Kleingruppen eure Ziele abwechselnd vor und tauscht euch darüber aus. Achtet dabei darauf, eure Motive darzulegen, warum ihr genau dieses Ziel ausgewählt habt. Selbstverständlich könnt ihr euch gegenseitig Fragen zu den Zielen stellen. Bitte nehmt euch dafür 20 Minuten Zeit."* Die Kleingruppen bestehen aus vier bis fünf Teilnehmern, die zugelost werden können.

Debriefing

Es ist an dieser Stelle kein spezielles Debriefing notwendig. Sie sollten sich aber im Plenum nochmals nach Erfahrungen, Fragen oder abschließenden Anmerkungen der Teilnehmer erkundigen.

„Im nächsten Schritt geht es darum, sich zu überlegen, welche Menschen euch bei der Erreichung eures Zieles unterstützen können, wen ihr also mit im Boot haben solltet oder wer euch wertvolle Tipps geben kann. Dies können Kollegen im eigenen Unternehmen sein, gleichwohl können das auch Personen sein, deren Möglichkeiten sich über das eigene Wirkungsumfeld hinaus erstrecken oder zu denen ihr bisher keinen Kontakt hattet, auch Leute hier aus dem Seminar. Wer hat zu meinem Thema etwas zu sagen? Das heißt, es geht darum, eine ‚Beziehungsliste' zu erstellen. Wie dies im Detail aussehen kann, das packen wir in der nächsten Übung an: ‚Die Vernetzungslandkarte.'"

Quellen

- Lipkowski, S. (2018): Köpfe vernetzen. managerSeminare 238/2018.
- Stepper, J. (2015): Working Out Loud. For a better career and life. Ikigai Press.
- *workingoutloud.com/en/circle-guides/* und „Was ist Working Out Loud?" *www.youtube.com/watch?v=PJuWPmaeCv8*

Die Vernetzungslandkarte – Im Netzwerk wirksam sein

Orientierung

Ziele

- Die Teilnehmer erleben die Bedeutung ihres Netzwerks
- Sie haben ein klares Bild, eine klare Landkarte ihres Netzwerks
- Sie wissen welche Personen sie für neue Ideen und Projekte wie und wo ansprechen können

Zeit

Insgesamt 60 Minuten

- Intro: 15 Minuten
- Einzelarbeit – Erstellen der Vernetzungslandkarte: 20 Minuten
- Reflexion mit dem Buddy: 10 Minuten
- Wrap-up im Plenum: 10 Minuten
- Puffer: 5 Minuten

Material

Eine ausgedruckte Vorlage der Vernetzungslandkarte (erhältlich unter den Download-Ressourcen)

Erläuterung

Wie bereits bei der Arbeit mit der Selbstpyramide erwähnt, braucht es im ersten Schritt der Selbstführung vor allem Feedback durch andere, um sich selbst zu reflektieren und die eigene Wirksamkeit auszubauen. Wie kann man die Personen im Unternehmen identifizieren, die einem beim Verfolgen der eigenen Ziele weiterhelfen kann? Durch die Vernetzungslandkarte.

Intro-Vorschlag

Stellen Sie das Thema vor: *„Vielleicht fragt ihr euch: ‚Was kann ich außer der Selbstführung noch tun, um wirksam zu sein?' Wir alle wirken in die eigene Organisation hinein. Doch dabei ist es häufig nützlich, über Bande zu spielen, das heißt, mittelbar Einfluss zu nehmen. Hierfür kann es hilfreich sein, sich in einem ersten Schritt das eigene Netzwerk vor Augen zu führen. Der Berater Niels Pfläging nennt drei Dinge, die jeder tun kann, um seine Ideen und Projekte voranzutreiben"* (Pfläging 2015). Präsentieren Sie nun drei Stichpunkte als PowerPoint-Chart oder auf Flipchart:

1. Dialog und Vernetzung anregen!
2. Foren für Impulse nutzen!
3. Wegnehmen, was hindert!

Zu „**Dialoge und Vernetzung** anregen“: Organisationen kann man als Systeme, bestehend aus formalen, informellen und professionellen Strukturen betrachten. Die Empfehlung von Pfläging ist, vor allem die informelle Struktur zu nutzen, das heißt, die sozialen Beziehungen, um gezielt Ideen zu streuen und so Mitstreiter zu finden. Prof. John Kotter, der zu Leadership forscht, bezeichnet diese Mitstreiter-Gruppierungen als „Koalitionen für den Wandel“ (Kotter & Rathgeber 2011).

Zu „**Foren und Impulse** nutzen“: Damit sind sowohl die digitalen Foren als auch die „analogen“ Begegnungsforen gemeint. Zum Beispiel die Kommunikationsforen der Organisation oder die Weihnachtsfeier. Der Tipp ist, hier die eigenen Ideen und Vorhaben zu verbreiten. Wenn man feststellt, dass viele der Kollegen bestimmte soziale Netzwerke nutzen, um auf Dinge aufmerksam zu machen, dann ist die Empfehlung, es auch zu tun.

Zu „**Wegnehmen**, was hindert“: Ganz neue Dinge auf den Weg zu bringen, ist oft schwieriger, als bereits Bestehendes zu modifizieren. In jedem Fall ist es wichtig, darüber nachzudenken, was hindert. Und, wie man diese Hindernisse aus dem Weg räumen kann. Auch hier kann man wieder „über Bande spielen“: Wenn es also Prozesse oder Strukturen gibt, die die eigenen Ideen oder Vorhaben behindern bzw. behindern könnten, kann man entweder überlegen, wen man im Beziehungsnetz kennt, der einen unterstützen könnte. Oder ob es ähnliche Themen im Unternehmen zu finden gibt, die man für einen „Relaunch“ nutzen könnte.

Fahren Sie nach der Präsentation dieser drei Punkte fort: *„Um diese Schritte durchzuführen, stellen sich zunächst die Fragen: Wer können meine nötigen Mitstreiter sein?. Über welche Kommunikationskanäle kann ich sie erreichen? Wir brauchen also eine Übersicht, die uns zeigt, welche Ressourcen verfügbar sind. Als eine solche Übersicht kann man eine ‚Vernetzungslandkarte' für sich erstellen und nutzen. Wie das genau funktioniert, erfahrt ihr nun.“*

Präsentieren Sie ein Flipchart mit einer Zeichnung der Vernetzungslandkarte, zu sehen auf der folgenden Seite.

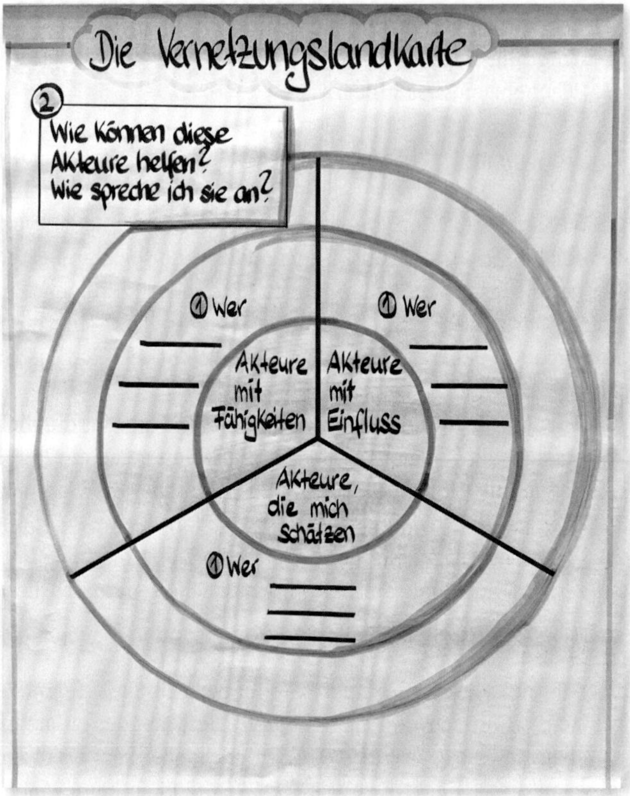

Abb.: Darstellung der Vernetzungslandkarte am Flipchart.

„Bitte wählt ein Thema oder ein Ziel, für das ihr Kooperationspartner gewinnen wollt. Ihr habt ja in der vorangegangenen Übung bereits über ein solches Ziel für euch nachgedacht: Nun wäre es der Moment, dieses Ziel weiter voranzubringen. Schreibt dieses Ziel bzw. das Thema über die Landkarte. Solch ein Thema könnte etwas sein, dass ihr besser verstehen und wohin ihr euch entwickeln wollt, es kann eine gewünschte Funktion sein, die ihr erreichen wollt, ein Projekt, das ihr anstoßen wollt oder ... Falls ihr noch nicht entschieden seid, spielt gedanklich einfach mit mehreren Themen und schaut, was dabei passiert."

Vorgehen

Erstellen einer persönlichen Vernetzungslandkarte (in Einzelarbeit): Jeder der Teilnehmer setzt sich mit seiner persönlichen Vernetzungslandkarte auseinander. Er beschäftigt sich damit, mit welchen Personen in seiner Organisation er vernetzt ist. Hierfür kann diese Vorlage der Vernetzungslandkarte für jeden Teilnehmer kopiert werden. Oder auch eine Flipchart-Kopie: je nachdem, ob man es lieber rund oder eckig mag!

		1. WER		
2. WIE		Akteure mit Fähigkeiten	Akteure mit Einfluss	Akteure, die mich schätzen
	Wie können diese Akteure mir helfen?			
	Wie spreche ich sie an?			
	Weitere Notizen			

Abb.: Die Vernetzungslandkarte als Vorlage für die Teilnehmer.

Diese Vorlage der Vernetzungslandkarte können Sie in den Download-Ressourcen zu diesem Buch herunterladen. Dabei sollten die folgenden zwei Fragekomplexe von den Teilnehmenden bearbeitet werden:

1. Beantworten der Wer-Fragen

Wer sind die wichtigen Akteure in meinem Unternehmen, mit denen ich mich vernetzen sollte bzw. die ich brauche, um mein Vorhaben umzusetzen? Davon gibt es auf der Landkarte drei verschiedene Akteur-Typen, die mir den Weg bereiten können:

- Diejenigen diejenigen mit relevanten Fähigkeiten,
- diejenigen mit relevantem Einfluss und
- diejenigen, die mich schätzen.

2. Beantworten der Wie-Fragen

- Wie können mir diese Akteure konkret helfen? ... Und welchen Nutzen haben die Akteure davon, wenn sie mir helfen? Hier ist es wichtig, möglichst konkrete Vorstellungen davon zu haben, wie die Akteure mitwirken können. Das heißt z.B., Akteur A ist IT-Experte und kann mich bei Digitalisierungsideen unterstützen. Akteur B ist mein langjähriger Kollege, der mich schätzt und mir ganz pragmatisch durch das Einbringen seiner Zeit und „Ressource" helfen kann. Da ich die Akteure von meiner Idee überzeugen möchte, ist es hilfreich, auch den konkreten Nutzen für die Akteure zu notieren, wenn diese mich unterstützen.

- Wie kann ich die Akteure ansprechen/erreichen? Hier mache ich mir über die Kommunikationskanäle und -foren Gedanken. Kann ich den Akteur eher im persönlichen Gespräch im Büro, über digitale Kanäle erreichen oder auf der Jahreshauptversammlung ansprechen?

Reflexion mit dem Seminar-Buddy

Nachdem jeder Teilnehmer seine Landkarte skizziert hat, folgt nun die Reflexionsphase mit dem Seminar-Buddy.

1. Feedback
   Jeder Teilnehmer stellt seinem Seminar-Buddy seine Vernetzungslandkarte vor. Der Buddy kann hier erstes Feedback geben:

   - Welchen Mehrwert ich in deiner Vernetzungslandkarte erkenne
   - Wo ich an deiner Stelle noch mehr mein Augenmerk legen würde
   - Welche Fragen ich zu deiner Vernetzungslandkarte habe bzw. was mir nach deinen Erklärungen noch unklar ist

2. Blick in die Zukunft – Meine Ziele in meinem System/ meinen Systemen
   Anschließend besprechen die Buddies anhand der folgenden Fragen, wie sie ihre jeweiligen Vernetzungslandkarten erweitern werden.

   - Wen möchte ich noch wofür kennenlernen?
   - Wie und wo könnte ich diesen Menschen für mein Netzwerk gewinnen?
   - Wann werde ich diesbezüglich die ersten Schritte gehen?

Debriefing

Damit die Teilnehmer Anschluss an die Gespräche und Landkarten der anderen Teilnehmer erhalten, kann im Nachgang ein kurzes Wrap-up im Plenum durchgeführt werden. Wer möchte, darf etwas über seine Landkarte, seine neuen Erkenntnisse und seine Vorhaben erzählen.

Falls Erkenntnisse, Modelle oder Fragen aus der Landkarte „Komplexitätsmanagement" auftauchen, das bitte als Trainer im Auge behalten. Stellen Sie in dem Fall Bezug zum Post-it und zum Teilnehmer her!

Quellen

- Kotter, J. & Rathgeber, H. (2011): Das Pinguin-Prinzip – Wie Veränderung zum Erfolg führt. Droemer.
- Pfläging, N. (2015): Organisation für Komplexität – Wie Arbeit wieder lebendig wird – und Höchstleistung entsteht. Redline Verlag.

In Resonanz sein: (Check-in/)Check-out

Orientierung

Ziele

- Mit Möglichkeiten vertraut werden, wie man in Gruppen, Besprechungen und Teams in Resonanz miteinander kommt
- Check-in und Check-out als Instrumente zur Erzeugung psychologischer Sicherheit kennenlernen
- Dafür sensibilisiert werden, dass bei Treffen zwischen Menschen nicht nur die Fakten zählen, sondern auch, wie die Menschen miteinander in Verbindung treten

Zeit

Insgesamt 15 Minuten

- Intro: 10 Minuten
- Check-out: 5 Minuten

Material

Flipcharts zur Aufgabe und zur Instruktion

Hinweis

Planen Sie für die Check-ins/-outs je nach Teilnehmeranzahl zwischen 5-10 Minuten zu Beginn und zum Ende eines Meetings ein.

Erläuterung

Diese Übung hat das Ziel, ein kulturelles Ritual zu etablieren, das Menschen zu Beginn eines Treffens, eines Meetings oder einer Gruppenarbeit sehr schnell in Resonanz miteinander bringt und zum Abschluss eine besonders wertvolle Art von persönlichem Feedback ermöglicht. Für viele Trainer ist das bereits ein etabliertes Instrument für Seminare und Workshops. Der Trainer kann die Teilnehmer auch einladen, die Übung bzw. das Ritual selbstverantwortlich in wechselnden Gruppen zu wiederholen. Also immer wieder mit einem kurzen Check-in zu beginnen und auch am Ende der gemeinsamen Gruppenarbeit mit einem kurzen Check-out zu enden. Diese Praxis kann auch im komplexen Alltag der Organisation integriert werden, in den die Teilnehmenden zurückkehren.

Intro-Vorschlag

„Wer kennt das nicht: Es wird ein Besprechungstermin im Büro oder auch per Videokonferenz angesetzt. Die Besprechung beginnt hektisch, niemand hat Zeit, richtig anzukommen, sich mit den anderen zu verbinden. Ein Teil der Teilnehmer ist noch beim letzten Meeting, ein anderer Teil schon beim nächsten Termin, andere sind vollkommen abwesend anwesend. Dann wird unvermittelt in eine Diskussion eingestiegen. Wie soll da ein aufbauender, konstruktiver und verbindender Dialog entstehen, bei dem die Teilnehmer voneinander lernen und dann gemeinsam kreative Lösungen gestalten?“ An dieser Stelle könnte ein knapp vierminütiges Video auf YouTube gezeigt werden: „Every Meeting Ever“. Das englischsprachige Video ist von zwei Comedians, Tripp and Tyler. Stoppen Sie das Video einfach kurz vor der Werbung.

„In der agilen Scrum-Welt kennt man das Ritual des Check-ins besonders für sogenannte Retrospektiven. Sie sind aber für jede Art von Treffen hilfreich. Wie geht man vor? Am Anfang jedes Meetings checkt jeder Teilnehmer kurz ein, indem er mit den anderen Teilnehmern teilt, wie er oder sie jetzt gerade in diesem Raum ist, z.B.: …“

Vorgehen

Die Aufgabe: Check-in

- Wo komme ich gerade her?
- Wie geht es mir gerade?
- Was ist meine Erwartung für dieses Meeting?

Es gibt ganz einfache, rahmende Regeln:

- Wer anfangen will, fängt an.
- Wer weitermachen will, macht weiter.
- Wer nichts sagen will, sagt nichts.
- Jeder bestimmt den Grad seiner Selbstoffenbarung selbst.
- Kein Check-in/-out wird unterbrochen.
- Kein Check-in/-out wird kommentiert.

Fahren Sie nun fort: *„Dieses Ritual erzeugt eine besondere Atmosphäre und Art der Verbindung im Raum. Vielleicht erzählt jemand, dass sein Kind krank ist und es deshalb schwer gewesen sei, Schlaf zu finden. Oder jemand erzählt, dass er gerade unter Druck steht, weil es in der Produktion Schwierigkeiten mit einem Zulieferer gebe, oder jemand erzählt, es gehe im gut, weil er gerade einen besonderen Verkaufserfolg gehabt habe oder die Tochter am Wochenende geheiratet habe. Wenn Schwierigkeiten geteilt werden, können die anderen Teilnehmer empathischer reagieren, wenn vielleicht bei dieser Person in der Vorbereitung zu dem Termin nicht alles perfekt geklappt hat. Wenn jemand positive Energie ausstrahlt, hilft er, über schwierige Phasen im Meeting hinwegzukommen.“*

Nun kommen Sie auf das Ritual für das Ende von Treffen zu sprechen. *„Genauso hilfreich ist es, jedes Meeting mit einem kurzen Check-out abzuschließen. Ihr kennt das aus Workshops und Seminaren als Blitzlicht oder Flashlight oder Reflexion. Am Ende checkt jeder Teilnehmer kurz aus, indem er mit den anderen Teilnehmern teilt, wie es ihm am Ende des Meetings geht und wie er den Raum verlässt.“* Stellen Sie die Kerninhalte eines Check-outs vor. Dabei gelten die gleichen rahmenden Regeln wie beim Check-in.

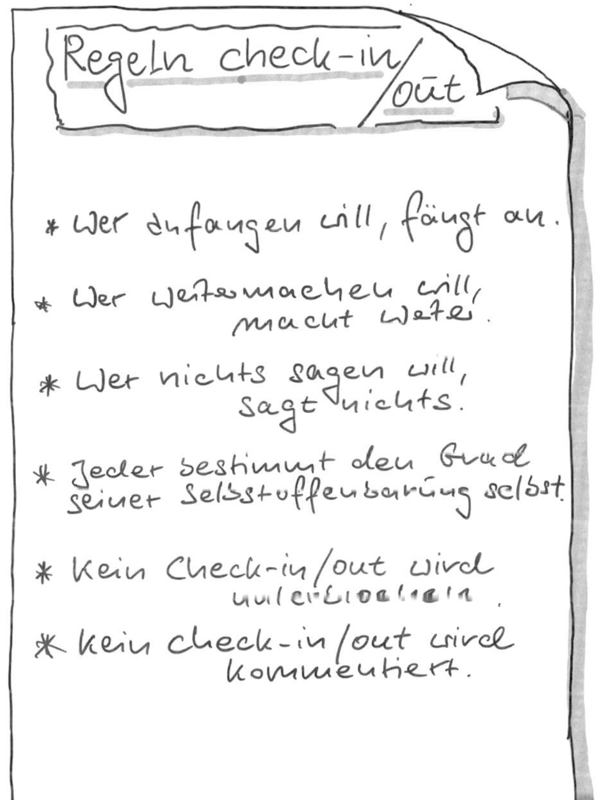

Abb.: Rahmende Regeln bei Check-in und Check-out.

Check-out

- Wie geht es mir jetzt am Ende des Meetings?
- Wie habe ich den Ablauf erlebt, was hat mir gefallen, welche Wünsche sind offen geblieben?
- Mit welchem Gefühl gehe ich aus dem Raum, was nehme ich mit?

Der Check-out ist für Teilnehmer und Führende gerade in komplexen und ungewissen Umfeldern von unschätzbarem Wert. Es entsteht ein Bild von der Gefühlslage der einzelnen Teilnehmer für die Teilnehmer selbst und alle Führenden. Oft entsteht bei Meetings in Unternehmen ein einseitiger Eindruck, weil sie von wenigen mit Wortbeiträgen dominiert werden. Ein Check-out kann diesen in inspirierender Weise relativieren, weil hier noch mehr Teilnehmende zu Wort kommen. Selbst bei Besprechungen von einer Stunde kann es sehr gedeihlich sein, am Anfang und am Ende jeweils 10 Minuten dem Check-in und Check-out zu widmen. Die Qualität der verbleibenden 40 Minuten wird dadurch erheblich ansteigen.

Nun, am Ende des ersten Trainingstages, können Sie diese Methode gut anwenden. Stellen Sie dazu auch die rahmenden Regeln vor (s. Abb. auf der vorherigen Seite) und bitten Sie um Commitment.

„Ich möchte euch einladen, das Ende dieses ersten Seminartages mit einem kurzen Check-out abzuschließen. Dafür habe ich folgende Fragen vorbereitet:

- *Wie geht es mir nun am Ende des ersten Seminartages?*
- *Wie habe ich mich in der Gruppe gefühlt?*
- *Wofür bin ich dankbar?*
- *Was wünsche ich mir für morgen?"*

Wenn beispielsweise Themen der Zusammenarbeit, Didaktik oder Methodik von den Teilnehmern kritisch angesprochen werden, können Sie am nächsten Morgen auf diese eingehen.

Debriefing

Fragen Sie bei den Teilnehmern nach, wie es ihnen mit den Check-ins bzw. Check-outs ergangen ist, wieweit dieses Vorgehen aus der Sicht der Teilnehmer etwas verändert hat und wenn ja, was.

Quellen

- Dennard, J. (2016): Check-in Rounds: A Cultural Ritual at Medium. *blog.medium.com/check-in-rounds-a-cultural-ritual-at-medium-367fbcf15050* – abgerufen am 27.8.2018.
- Tripp and Tyler (2014): Every Meeting ever. *www.youtube.com/watch?v=K7agjXFFQJU* – abgerufen am 27.8.2018.

Zur Vorbereitung des nächsten Seminartags

Verteilen Sie noch am Abend des ersten Tages den Riemann-Thomann-Test. Den Test können Sie unter den Download-Ressourcen zu diesem Buch herunterladen. Es ist ein Fragebogen zur Selbsteinschätzung eigener Grundprägungen in Haltung und Verhalten, modifiziert nach Riemann-Thomann (Thomann 1988; Riemann 1975).

Bitten Sie die Teilnehmer, diesen ausgefüllt am nächsten Morgen zu Beginn des zweiten Tages mitzubringen. Informieren Sie darüber, dass das Ausfüllen des Tests etwa 20 Minuten in Anspruch nimmt und bitten Sie die Teilnehmer, das „zwischendurch" auszufüllen, etwa vor dem Schlafengehen, nach dem Aufwachen, damit alle am nächsten Tag zügig und zeitsparend loslegen können. Hinweis für die Trainer: Die grauen Zeilen stehen in Block A und in Block B jeweils für Items, die „Wandel" (Block A) oder „Distanz" (Block B) messen.

„Bitte lest euch die folgenden Aussagen sorgfältig durch und bewertet, in welchem Ausmaß sie jeweils auf euch zutreffen. Richtige oder falsche Antworten gibt es nicht, sondern einzig eure persönliche Einschätzung."

Der auf den folgenden Seiten abgebildete Fragebogen steht Ihnen wie oben angegeben auch zum Ausdrucken zur Verfügung.

Block 1

Wie sehr trifft die Aussage auf Sie zu?	gar nicht	etwas	sehr	ganz
1. Ich finde es notwendig, stets einen Überblick über das zu haben, was um einen herum geschieht.	○	○	○	○
2. Ich denke ausführlich über etwas nach, bevor ich eine Entscheidung treffe.	○	○	○	○
3. Andere melden mir zurück, dass ich kreativ und beweglich bin.	○	○	○	○
4. Mir fällt es leicht, mich an neue Situationen oder Menschen anzupassen.	○	○	○	○
5. Meiner Meinung nach gilt: Vertrauen ist gut, Kontrolle ist besser.	○	○	○	○
6. Ich halte mich an Regeln und erwarte das auch von anderen.	○	○	○	○
7. Regeln und Normen schränken leicht unnötig ein.	○	○	○	○
8. Ich liebe es, mich auf Neues einzulassen und experimentiere gerne.	○	○	○	○
9. Ich halte mich an Vorschriften und Prozesse.	○	○	○	○
10. Für meine Motivation brauche ich die Anerkennung anderer.	○	○	○	○
11. Bei Enttäuschungen, Niederlagen, Fehlern etc. spielen immer viele Faktoren eine Rolle.	○	○	○	○
12. Man muss heute zu dem stehen, was man gestern gesagt hat.	○	○	○	○
13. Man sollte sich einer Sache ganz sicher sein, bevor man handelt.	○	○	○	○
14. Innovationen geben mir mehr Sinn als Beständigkeit.	○	○	○	○
15. Plötzlich eintretende Veränderungen sehe ich als positive Herausforderung.	○	○	○	○
16. Vorhersehbarkeit und Stabilität sind wichtige Erfolgsfaktoren in der Arbeitswelt.	○	○	○	○
17. Ich lege großen Wert auf verantwortungsbewusstes Vorgehen.	○	○	○	○
18. Grundlage einer interessanten Tätigkeit ist für mich viel Abwechslung.	○	○	○	○
19. Ausdauernd und hartnäckig an einem Problem zu arbeiten, bringt mir keinen Spaß.	○	○	○	○
20. Es ist mir wichtig, in neuen Situationen immer umfassend vorbereitet zu sein.	○	○	○	○
21. Ich erfülle alle Aufgaben gleichermaßen mit Gewissenhaftigkeit.	○	○	○	○
22. Kleinkram und wiederkehrende Routinetätigkeiten nerven mich ziemlich.	○	○	○	○
A: Kreuze in weißen Zeilen	___	___	___	___
B: Kreuze in grauen Zeilen	___	___	___	___

Block 1

Wie sehr trifft die Aussage auf Sie zu?	gar nicht	etwas	sehr	ganz
23. Ich kann schlecht warten und bin ungeduldig.	○	○	○	○
24. Ich habe ein sehr hohes Pflichtbewusstsein.	○	○	○	○
25. Ich gelte durchweg als überlegter und besonnener Mensch.	○	○	○	○
26. Es fällt mir schwer, ohne Unterbrechung über einen längeren Zeitraum hinweg an einer Aufgabe zu arbeiten.	○	○	○	○
27. Ich sehe keinen Sinn darin, eigene Handlungen und Entscheidungen regelmäßig und systematisch zu hinterfragen.	○	○	○	○
28. Ich lasse mich ungern durch Versprechungen, Verträge, Planungen etc. auf längere Sicht festlegen.	○	○	○	○
29. Andere schätzen an mir meine Fähigkeit, systematisch zu arbeiten.	○	○	○	○
30. Es ist wichtig, sich gegen Unvorhergesehenes abzusichern.	○	○	○	○
31. Ich lege großen Wert auf Pünktlichkeit.	○	○	○	○
32. Schlamperei und Unordnung ärgern mich.	○	○	○	○
33. Ich bin generell sehr begeisterungsfähig.	○	○	○	○
34. Ich würde am liebsten alles können und dies am besten gleichzeitig tun.	○	○	○	○
35. Geregelte Tagesabläufe und Routinen sind mir wichtig.	○	○	○	○
36. Ich lasse lieber alles beim Alten, als etwas zu verändern.	○	○	○	○
37. Unangenehme Ereignisse versuche ich rasch hinter mir zu lassen oder sie zu vermeiden.	○	○	○	○
38. Andere nehmen mich als sehr lebendig und auch unruhig wahr.	○	○	○	○
39. Traditionen geben eine gute Orientierung vor.	○	○	○	○
40. Habe ich eine Entscheidung getroffen, dann halte ich daran fest.	○	○	○	○
41. Die Vergangenheit kann ich schnell loslassen und vergessen.	○	○	○	○
42. Alles was zählt, ist die Gegenwart.	○	○	○	○
A: Kreuze in weißen Zeilen	___	___	___	___
B: Kreuze in grauen Zeilen	___	___	___	___

Block 2

Wie sehr trifft die Aussage auf Sie zu?	gar nicht	etwas	sehr	ganz
1. Zurückweisung durch andere nehme ich sehr persönlich.	○	○	○	○
2. Ich stelle den Einsatz für meine Arbeit über vieles.	○	○	○	○
3. Ich arbeite am liebsten und besten alleine.	○	○	○	○
4. Viel auf andere eingehen zu müssen, empfinde ich als stressig.	○	○	○	○
5. Ich lasse mich leicht von meinen Gefühlen leiten.	○	○	○	○
6. Ich bin gut darin, die Bedürfnisse anderer zu erfassen.	○	○	○	○
7. Ich arbeite am besten, wenn ich meine Ruhe habe.	○	○	○	○
8. Ich werde von den anderen eher als Einzelgänger angesehen.	○	○	○	○
9. Mein Mitgefühl ist stark ausgeprägt.	○	○	○	○
10. Ich unterstütze andere Menschen gern.	○	○	○	○
11. Es fällt mir nicht leicht, schnell und unmittelbar Kontakte zu knüpfen.	○	○	○	○
12. Es ist wichtig, die eigene Unabhängigkeit zu wahren, insbesondere von anderen Menschen.	○	○	○	○
13. Es fällt mir schwer, „Nein" zu sagen, wenn Menschen mit einem Anliegen an mich herantreten.	○	○	○	○
14. Ich habe immer ein offenes Ohr für andere.	○	○	○	○
15. Ich fühle mich kaum jemandem verpflichtet.	○	○	○	○
16. Es ist wichtig, Themen sachlich und analytisch zu betrachten, und nicht die Gefühle in den Vordergrund zu stellen.	○	○	○	○
17. Ich bin gut darin, eine warme, vertrauensvolle Atmosphäre herzustellen.	○	○	○	○
18. Ein gutes Betriebsklima und Harmonie sind für mich wichtig.	○	○	○	○
19. Meine Aussagen werden oft als zynisch bezeichnet.	○	○	○	○
20. Ich neige dazu, mir über meine Umwelt viele Gedanken zu machen.	○	○	○	○
21. Konflikte versuche ich zu vermeiden.	○	○	○	○
22. In Konfliktsituationen neige ich eher zum Schweigen und/oder Nachgeben.	○	○	○	○
23. Andere halten mich für jemanden, der analytisch und abstrakt denken kann.	○	○	○	○
C: Kreuze in weißen Zeilen	___	___	___	___
D: Kreuze in grauen Zeilen	___	___	___	___

Block 2

Wie sehr trifft die Aussage auf Sie zu?	gar nicht	etwas	sehr	ganz
24. Meine Gefühle spielen bei meinen Entscheidungen und Handlungen selten eine Rolle.	○	○	○	○
25. Ärger zeige ich meistens nicht nach außen hin, sondern verberge ihn lieber.	○	○	○	○
26. Ich arbeite lieber im Team als alleine.	○	○	○	○
27. Ich erscheine anderen eher kühl, distanziert, introvertiert.	○	○	○	○
28. Es fällt mir schwer, die Gefühle anderer einzuschätzen.	○	○	○	○
29. Ich kann mich gut auf andere Menschen einstellen.	○	○	○	○
30. Ich bin sehr kontaktfreudig.	○	○	○	○
31. Wenn Gefühle eine Situation dominieren, fällt es mir schwer, mich darauf einzulassen.	○	○	○	○
32. In meinem Denken und Handeln bin ich von anderen unabhängig.	○	○	○	○
33. Es ist mir wichtig, stets informiert zu sein und bei allen wichtigen Ereignissen anwesend zu sein.	○	○	○	○
34. Andere halten mich für kooperationsfähig und kompromissbereit.	○	○	○	○
35. Andere beschreiben mich oft als zurückhaltend und distanziert.	○	○	○	○
36. Es fällt mir nicht leicht, andere für meine Ideen zu gewinnen und zu begeistern.	○	○	○	○
37. Ich hinterfrage meine Kompetenzen immer kritisch.	○	○	○	○
38. Ich erlebe oft Schuldgefühle.	○	○	○	○
39. Zielorientiertes Arbeiten ist für mich extrem wichtig.	○	○	○	○
40. Eine sachliche Ausrichtung von Aufgaben gibt Sicherheit.	○	○	○	○
41. Ich biete anderen meine Hilfe an, auch wenn sie nicht danach gefragt haben.	○	○	○	○
42. Ich bin für meine scharfe Kritik bekannt.	○	○	○	○
C: Kreuze in weißen Zeilen	___	___	___	___
D: Kreuze in grauen Zeilen	___	___	___	___

Auswertung

Block 1	etwas	sehr	ganz	Summe
A: weiß	___ x1	___ x2	___ x3	A =
B: grau	___ x1	___ x2	___ x3	B =

Block 2	etwas	sehr	ganz	Summe
C: weiß	___ x1	___ x2	___ x3	C =
D: grau	___ x1	___ x2	___ x3	D =

A = Dauer B = Wandel C = Nähe D = Distanz

Die Vorlage für das Eintragen der Ergebnisse (sie steht auch in den Download-Ressourcen zum Ausdrucken zur Verfügung).

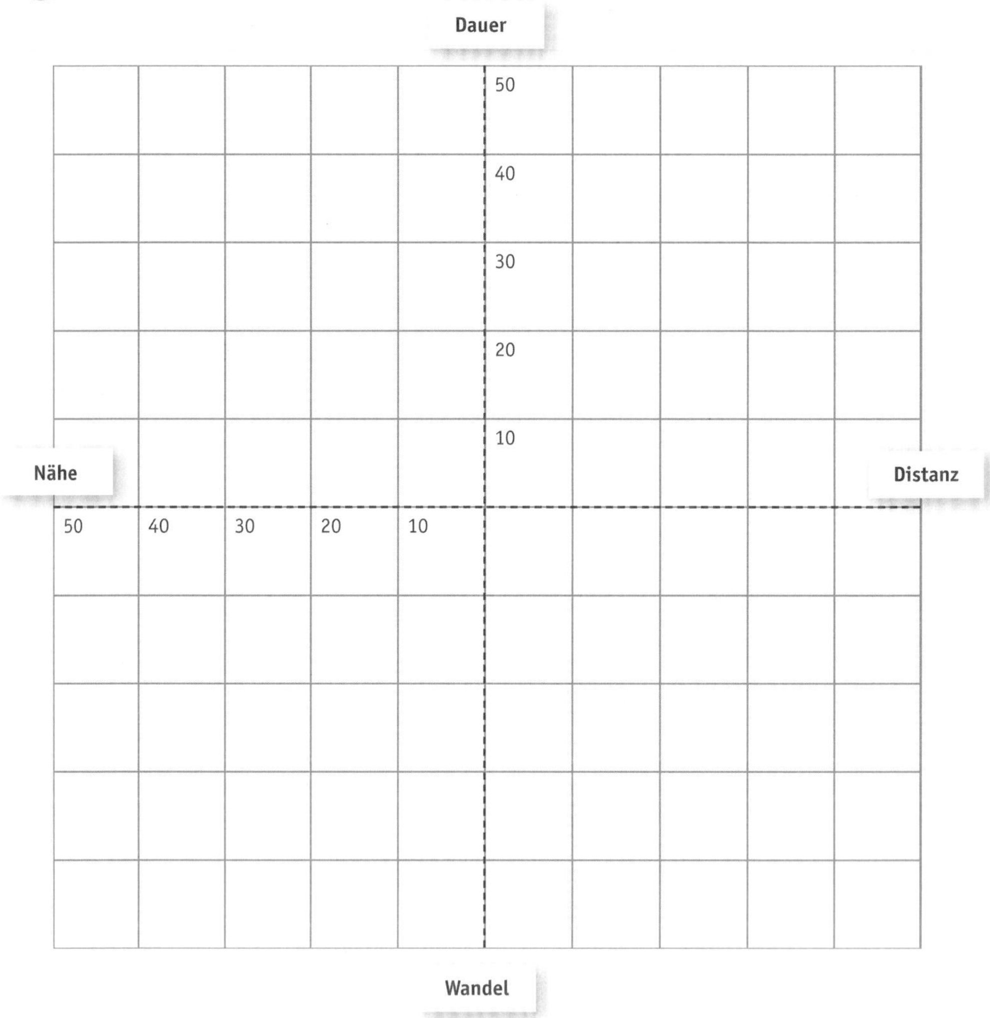

Passende Schlagworte

Distanz

Alleine sein – Autonomie – Individualität – Selbstverantwortung – Einzelerfolg – Kühle – Freiheit – Jeder für sich – Unsicherheit – Sachlichkeit – Rationalität

Nähe

Menschlichkeit – Ich für dich und du für mich – Vertrauen – Harmonie – Gruppenorientierung – Geselligkeit – Kooperation – Entwicklung

Dauer

Kontrolle – Allgemeingültigkeit – Sicherheit – Zuverlässigkeit – Pflicht – Vorhersehbarkeit – Ordnung – Langfristigkeit

Wechsel

Improvisation – Überraschung – Abwechslung – Kurzfristigkeit – Mir ist danach – Lebendigkeit und Unverbindlichkeit – Einzelfallregelungen – Irritierbarkeit

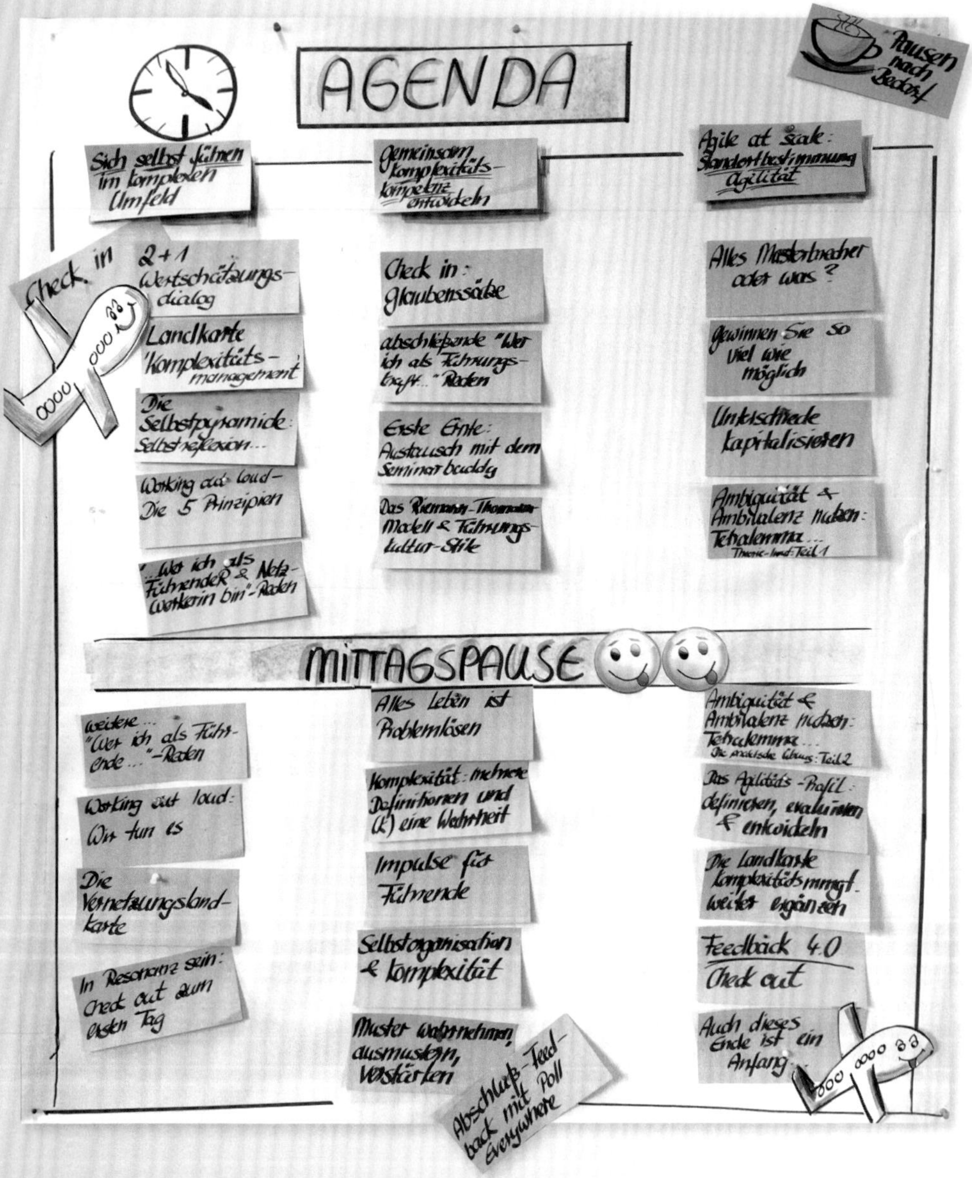
AGENDA
Pausen nach Bedarf
Sich selbst führen im komplexen Umfeld
Gemeinsam Komplexitäts-Kompetenz entwickeln
Agile at scale: Standortbestimmung Agilität
Check in
2+1 Wertschätzungsdialog
Landkarte "Komplexitätsmanagement"
Die Selbstpyramide: Selbstreflexion ...
Working out loud – Die 5 Prinzipien
"... Wer ich als Führender & Netzwerkerin bin"-Reden
Check in: Glaubenssätze
abschließende "Wer ich als Führungskraft ..." Reden
Erste Ernte: Austausch mit dem Seminar buddy
Das Riemann-Thomann-Modell & Führungskultur-Stile
Alles Mustermacher oder was?
Gewinnen Sie so viel wie möglich
Unterschiede kapitalisieren
Ambiguität & Ambivalenz nutzen: Tetralemma ...
MITTAGSPAUSE
weitere ... "Wer ich als Führende ..."-Reden
Working out loud: Wir tun es
Die Vernetzungslandkarte
In Resonanz sein: Check out zum ersten Tag
Alles Leben ist Problemlösen
Komplexität: mehrere Definitionen und (k)eine Wahrheit
Impulse für Führende
Selbstorganisation & Komplexität
Muster wahrnehmen, ausmustern, verstärken
Abschluss-Feedback mit Poll Everywhere
Ambiguität & Ambivalenz nutzen: Tetralemma ...
Die praktische Übung: Teil 2
Das Agilitäts-Profil: definieren, evaluieren & entwickeln
Die Landkarte Komplexitätsmngt. weiter ergänzen
Feedback 4.0
Check out
Auch dieses Ende ist ein Anfang ...

Der zweite Seminartag

Seite	Thema/Übung	Dauer	Uhrzeit
82	Check-in: Glaubenssätze in der Wissenschaft und der wissenschaftliche Anstrich von Glaubenssätzen	20 Minuten	8.30 bis 8.50 Uhr
89	Riemann-Thomann-Modell – Reloaded II & Führungskulturstile in Unternehmen	100 Minuten	8.50 bis 10.30 Uhr
	Pause	15 Minuten	10.30 bis 10.45 Uhr
104	Intro und abschließende „Wer ich als FührendeR und NetzwerkerIn bin“-Reden	30 Minuten	10.45 bis 11.15 Uhr
105	„Erste Ernte“: Austausch mit dem Seminar-Buddy	40 Minuten	11.15 bis 12.00 Uhr
	Mittagspause	60 Minuten	12.00 bis 13.00 Uhr
108	Alles Leben ist Problemlösen	25 Minuten	13.00 bis 13.25 Uhr
115	Komplexität: Mehrere Definitionen und (k)eine Wahrheit	75 Minuten	13.25 bis 14.40 Uhr
126	Impulse für Führende	30 Minuten	14.40 bis 15.10 Uhr
130	Selbstorganisation und Komplexität	75 Minuten	15.10 bis 16.45 Uhr
	Pause	15 Minuten	16.30 bis 16.45 Uhr
137	Muster wahrnehmen, ausmustern, verstärken	75 Minuten	17.00 bis 18.15 Uhr
147	Wrap-up mit Poll Everywhere	15 Minuten	18.15 bis 18.30 Uhr
	Ende des Tages		

Glaubenssätze in der Wissenschaft und der wissenschaftliche Anstrich von Glaubenssätzen

Orientierung

Ziele

- Sensibilisieren für die Unterscheidung der Begriffe „Wissenschaftliche Erkenntnisse" versus „Persönlicher Glaubenssatz" und Konstrukt
- Verdeutlichen, welche Auswirkungen Glaubenssätze haben bzw. wie sie unser Handeln beeinflussen
- Teilnehmer zu einer kritischen Haltung ermutigen/auffordern – auch im Seminar

Zeit

Insgesamt 20 Minuten

Material

Guten-Morgen-Kärtchen vorbereiten; entsprechende „Glaubenssätze" oder wissenschaftliche Aussagen zum Thema Komplexität auf die Rückseite der Kärtchen schreiben; ein Flipchart mit der Definition von „Paradigma" vorbereiten

Erläuterung

Dieser Baustein ist enorm hilfreich für viele Diskussionen, die im Laufe des Trainings auftauchen. Hier kann dann das Thema der Glaubenssätze und Überzeugungen, welches wir im Modell der Selbstpyramide besprochen haben, wieder genutzt werden, um Erklärungsmodelle und deren Limitierung sichtbar zu machen. Er hilft, die eigenen Überzeugungen zu hinterfragen, indem er für die Unterschiede zwischen „konkreter Wahrnehmung/Realität" und „Glaubenssatz bzw. Überzeugung" und wissenschaftliche Erkenntnisse und Paradigmen sensibilisiert. Ziel ist damit, die eigenen Glaubenssätze ebenso wie die von anderen Menschen als solche zu erkennen und sie kritisch zu reflektieren. Und sich bewusst zu werden, wie diese von wissenschaftlichen Erkenntnissen unterschieden werden können.

Legen Sie die Guten-Morgen-Kärtchen aus oder verteilen Sie sie an Ihre Teilnehmenden. Begrüßen Sie alle mit einer kleinen Aufwärm-Aufgabe. Es geht darum, für die Wahrnehmung zu sensibilisieren, ob es sich bei einer Aussage um einen Fakt handelt oder eher ein Glaubenssatz, eine Überzeugung ist. Beispiele für Aussagen, die Sie auf die Rückseiten der Guten-Morgen-Karten schreiben können, finden Sie unten und auf der nächsten Doppelseite.

Vorgehen

„Guten Morgen! Das steht auch auf euren Guten-Morgen-Kärtchen. Habt ihr schon mal nachgesehen, was ihr auf der Rückseite der Kärtchen findet? Einen Guten-Morgen-Spruch. Wer wäre bereit, diesen mal vorzulesen?“

Bitten Sie nun einen Teilnehmer, das Kärtchen vorzulesen und fragen dann nach: *„Ist das ein Glaubenssatz, wie wir ihn bereits gestern diskutiert haben, oder eine wissenschaftlich haltbare Aussage?“*

Hören Sie sich die verschiedenen Meinungen an und lassen Sie weitere Kärtchen vorlesen. Und regen Sie eine Diskussion an. Das macht immer Spaß und oft kommt auch die Aussage: *„Ich will das gerne glauben, weil es mir einfach gut tut, es zu glauben.“* Diese Aussage können Sie stets mit dem Hinweis unterstützen, dass Sie das auch so handhaben und nur wichtig finden, dass der Vorgang bewusst ist.

Was uns die außerordentliche Festigkeit des Glaubens an Kausalität gibt,
ist nicht die große Gewohnheit des Hintereinanders von Vorgängen,
sondern unsere Unfähigkeit,
ein Geschehen anders interpretieren zu können,
als ein Geschehen aus Absichten.
– Friedrich Nietzsche

Die Zukunft war früher auch besser!
– Karl Valentin

Fremd ist der Fremde nur in der Fremde.
– Karl Valentin

Der Versuch, die Zukunft vorauszusagen,
gleicht dem Versuch,
nachts auf einer Landstraße ohne Licht zu fahren
und dabei aus dem Rückfenster zu schauen.
– Peter Drucker

Abb.: Aussagen auf der Rückseite der Guten-Morgen-Kärtchen.

Willst du Erkennen,
dann lerne zu handeln.
– Heinz von Foerster

Der Mensch mit seiner nahezu einzigartigen Fähigkeit,
aus den Fehlern anderer zu lernen,
ist ebenso einzigartig in seiner festen Weigerung,
genau das zu tun.
– Douglas Adams

Der intuitive Geist ist ein heiliges Geschenk
und der rationale Verstand ein treuer Diener.
Wir haben eine Gesellschaft erschaffen,
die den Diener ehrt und
das Geschenk vergessen hat.
– Albert Einstein

Planen ist Handeln auf Probe.
Beim Planen tut man nicht,
man überlegt, was man tun könnte.
– Dietrich Dörner

Wir feiern unsere Fehlschläge.
– Eric Schmidt, Ex-CEO Google

Des is wia bei jeda Wissenschaft,
am Schluss stellt sich dann heraus,
dass alles ganz anders war.
– Karl Valentin

Nur im Widerstreit gegensätzlicher Meinungen
wird die Wahrheit entdeckt.
– Helvetius

Ich habe in meinem Leben 9.000 Würfe daneben geworfen. Ich habe fast 300 Spiele verloren. 26 Mal wurde mir der alles entscheidende Wurf anvertraut – und ich habe ihn verfehlt. Ich bin immer wieder gescheitert in meinem Leben. Darum bin ich so erfolgreich.
– Michael Jordan

Sicher ist, dass nichts sicher ist.
– Karl Valentin

Lass dir von keinem Fachmann imponieren,
der dir erzählt:
„Lieber Freund, das mach ich
schon seit 20 Jahren so!"
Man kann eine Sache auch 20 Jahre falsch machen.
– Kurt Tucholsky

Der größte Feind der Erkenntnis ist
nicht die Lüge,
sondern die Überzeugung.
– Nach Friedrich Nietzsche

Du kannst Kunden nicht fragen, was sie wollen
und dann versuchen, ihnen das zu geben.
In dem Moment, in dem du es gebaut bekommen hast,
werden sie längst etwas
anderes wollen.
– Steve Jobs

Managt Organisationen durch Ideen,
nicht über Hierarchien.
– Steve Jobs

Das Problem ist nicht das Problem.
Das Problem ist deine Einstellung zu dem Problem.
– Captain Jack Sparrow

Wenn man schnell vorankommen will,
muss man allein gehen.
Wenn man weit kommen will,
muss man zusammen gehen.
– Indianisches Sprichwort

Nicht weil es schwer ist,
wagen wir es nicht,
sondern weil wir es nicht wagen,
ist es schwer.
– Lucius Annaeus Seneca

Unternehmertum bedeutet,
selbst zu erkennen,
was Menschen benötigen,
um eigeninitiativ tätig zu werden.
– Götz Werner

Heute ist die gute alte Zeit von morgen.
– Karl Valentin

Verlierer hören auf, wenn sie scheitern.
Gewinner scheitern, bis sie Erfolg haben.
Robert Kiyosaki

Getadelt wird nicht für das Scheitern,
sondern dafür,
nicht um Hilfe gebeten
oder geholfen zu haben.
– Jorgen V. Knudstorp, CEO von Lego

Mögen hätt ich schon wollen,
aber dürfen habe ich mich nicht getraut.
– Karl Valentin

Wer am Ende ist, kann von vorn anfangen,
denn das Ende ist der Anfang von der anderen Seite.
– Karl Valentin

Und dann setzen Sie den Einstieg in den zweiten Tag fort mit einer kurzen wissenschaftlichen und hoffentlich inspirierenden Ausführung:

> *„Wissenschaftlich ‚geprüfte' Glaubenssätze werden gerne als Paradigmen bezeichnet. Laut Wikipedia bezeichnet die Wissenschaft als ein Paradigma ‚ein System von Aussagen und Theorien, das strengen Prüfungen der Geltung unterzogen wurde und mit dem Anspruch objektiver, überpersönlicher Gültigkeit verbunden ist'."*

Diese Ausführung können Sie gut auf einem Flipchart vorbereiten und jetzt nutzen – siehe die Abbildung auf der rechten Seite. Fragen Sie in die Gruppe: *„Was wäre das genaue Gegenteil von Paradigmen?"*. Hier kommt meist „Fake News", das ist ein guter Anlass, weiter nachzufragen: *„Wie kann man diese erkennen?"* Und: *„Wie kann man überprüfen, worum es sich handelt?"*

Man kann auch mit Beispielen arbeiten, etwa mit der Nachricht, dass Papst Franziskus den republikanischen US-Präsidentschaftskandidat Donald Trump unterstützen würde. Das ging im Sommer 2016 viral durch alle sozialen Medien. Mit fast einer Millionen Engagements auf Facebook. Allerdings: Es war eine pure Erfindung! Der Papst hat niemals eine solche Erklärung abgegeben.

„Was könnten also Kriterien sein, mit denen man solche Informationen auf ihren Wahrheitsgehalt überprüfen kann? Eine Frage, die zukünftig noch wichtiger werden wird, wenn wir an die Möglichkeiten der Digitalisierung denken: Durch Fake Softwares oder Fake Apps werden sogenannte ‚Deep Fakes' erstellt – Menschen werden Gesichter aufgesetzt und Aussagen in den Mund gelegt, die sie nie gemacht haben, Menschen werden in Räumen dargestellt, in denen sie nie waren."

Hier können Sie Kriterien abholen, diese visualisieren und gegebenenfalls einige der zentralen Kriterien der Wissenschaft ergänzen: Überprüfbarkeit, Wiederholbarkeit oder auch Redlichkeit. Diese Begriffe kann man noch etwas diskutieren und ausführen.

Fahren Sie fort: *„In unserer ‚Flipped Learning Offer' haben wir behauptet, dass wir in einer Zeit des Paradigmenwechsels leben! Stimmt das eigentlich? Wie weit sind unsere Aussagen gültig? Schwierig zu sagen, denn in einigen Aspekten beziehen wir uns klar auf die Zukunft – und laut Karl Valentin sind Prognosen immer schwierig, vor allem, wenn sie sich auf die Zukunft beziehen."*

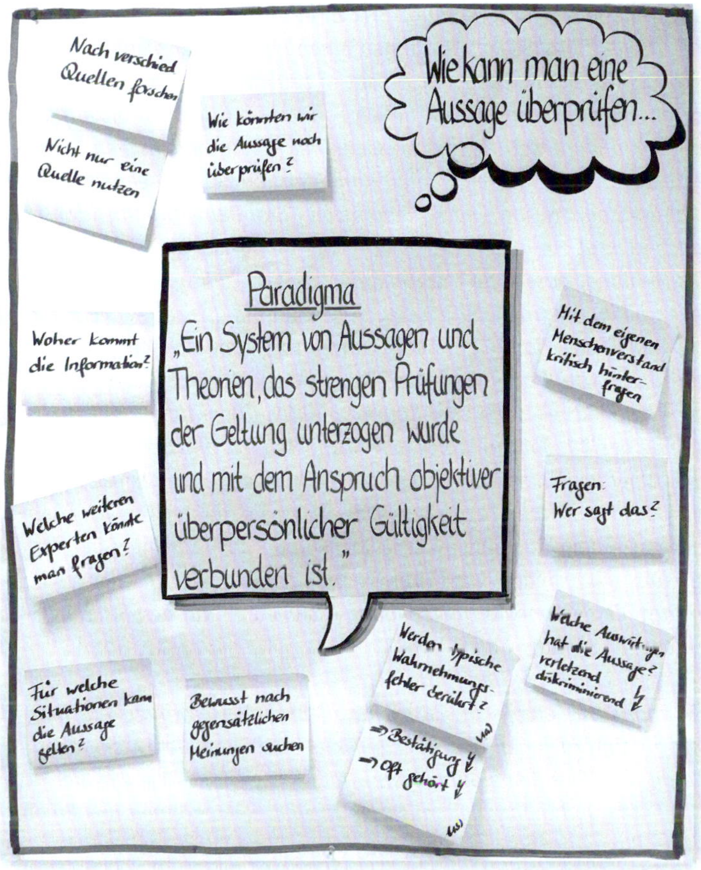

Abb.: Flipchart mit der Definition von Paradigma und erarbeiteten kritischen Fragen.

Ermutigen Sie die Teilnehmer ausdrücklich, alle Aussagen, insbesondere auch die, die Sie als Trainer treffen, entsprechend kritisch zu hinterfragen und das anzuwenden, was eben besprochen wurde.

Weisen Sie darauf hin, dass es in der Wissenschaft immer wieder Paradigmenwechsel gab, also eine neue Sicht auf Themen. Und diese veränderten Positionen sind nachvollziehbarerweise immer von Verunsicherung begleitet. Bereits für das Jahr 1959 zeigt dies eine Anmerkung des Nobelpreisträgers Werner Heisenberg sehr deutlich. In einer Aussage beschreibt er dies so: „Die Umwälzung der Physik durch Relativitäts- und Quantentheorie (...) haben ein Gefühl hervorgerufen, als würde der Boden, auf dem die Naturwissenschaft steht, uns unter den Füßen weggezogen."

So könnten Sie fortfahren: *„Laut Erik Brynjolfsson, Professor am MIT, erfordern die digitalen Entwicklungen einen ebensolchen Paradigmenwechsel* (Brynjolfsson 2016). *Er betont in seinem Buch ‚The Second Maschine Age', dass sich die aktuellen Formen im Organisationsaufbau dramatisch ändern werden und müssen. Weg von hierarchischen, trägen Strukturen hin zu schnellen, agilen Einheiten. Zu neuen, sehr flexiblen Formen der Kooperation und Kollaboration. ‚Bau Deine Organisation neu auf oder es wird ein anderer tun', lautet seine Devise. Erik Brynjolfsson ist der Meinung, dass viele Unternehmen in ihrer heutigen Form nicht bestehen bleiben werden. Er lehnt sich hier an die aus seiner Sicht vergleichbaren Entwicklungen der sogenannten zweiten technologischen Revolution an und bringt folgendes Beispiel: Mit General Electric und Siemens sind aktuell noch zwei Konzerne aktiv, die mit der Elektrifizierung Ende des 19. Jahrhunderts den Grundstein für ihr Business legten. Wettbewerber wie Edison, Swan Electric Light oder Westinghouse Electric Corporation kennen heute nur noch Wirtschaftshistoriker. Ich* (der Trainer mit einem Augenzwinkern) *schließe daraus: Wir müssen oder dürfen uns neu erfinden, als Unternehmen, als Fachbereich oder als Führungskraft! Das ist meine Überzeugung – basierend auf den Statements verschiedener Wissenschaftler …*

Wie Brynjolfsson hervorhebt, ist es vor allem die Geschwindigkeit, mit der wir als Unternehmen und Führungskraft auf Umfeldentwicklungen reagieren, die über den zukünftigen Erfolg entscheidet. Wie wir hier als Unternehmen und individuell ‚aufgestellt' sind, dazu können uns Ergebnisse des Riemann-Thomann-Tests inspirieren, die ich gerne nun mit euch diskutieren möchte."

Der Hinweis auf das Riemann-Thomann-Modell stellt die Überleitung zum folgenden Baustein dar.

Quellen

- Brynjolfsson, E. & Mcaffe, A. (2016): The Second Machine Age. Plassen Verlag.
- Heisenberg, W. (1959): Physik und Philosophie. Berlin.
- Guten-Morgen-Kärtchen und Sprüche: Quelle u.a. Stephanie Borgert.

Riemann-Thomann-Modell – Reloaded II

Orientierung

Ziele

- Sich den eigenen Beziehungsstil/Führungsstil/(im Vergleich mit anderen) vor Augen führen
- Die (Aus-)Wirkungen reflektieren, die man mit diesem Stil auf eine bestimmte (Führungs-)Kultur erzeugt
- Ideen zur gewünschten eigenen Wirkung und Wirksamkeit in komplexen Umwelten bekommen

Zeit

Insgesamt bei bis zu 12 Teilnehmern: etwa 100 Minuten

- Instruktion: 20 Minuten
- Bodenarbeit: 40 Minuten
- Partnerarbeit: 20 Minuten
- Debriefing: 10 Minuten

Material

Für die Modelldarstellung: Kreppband, andersfarbiges Tesakrepp und beschriftete Kärtchen für die Pole („Nähe“, „Distanz“, „Wechsel“, „Dauer“); das Beispiel-Blatt „Riemann-Thomann-Modell Testergebnisse“, die Grafik „Riemann-Thomann-Modell mit Führungskulturstilen etwa als PPT; 8 vorbereitete Kärtchen für Kultur- bzw. Beziehungs- bzw. Führungsstile; Tabelle „Vor- und Nachteile von Führungskulturstilen“ (als PPT); Übersicht „Vor- und Nachteile von Kulturstilen“; Kärtchen für/mit konkreten Unternehmen; Arbeitsfragen auf einem Flipchart oder als Handout bzw. PTT vorbereiten; das Transferjournal der Teilnehmer

Erläuterung

Die Teilnehmer lernen die Dimensionen des Riemann-Thomann-Modells sowie die jeweiligen Beziehungs- und Führungsstile kennen und reflektieren per Bodenarbeit, welche Kultur sie damit im Training aufbauen. Sie reflektieren, welche Kultur sie damit gegebenenfalls in ihrem Netzwerk bzw. Unternehmen befördern. Und sie halten fest, inwieweit sie diese Impulse stärken oder auch modifizieren möchten und wobei sie darauf achten sollten.

Das Riemann-Thomann-Modell definiert vier Grundausrichtungen der Persönlichkeit beziehungsweise typische Verhaltensweisen eines Individuums, die auch als die „Himmelsrichtungen der Seele“ bezeichnet werden (Friedemann Schulz von Thun). Von Christoph Thomann in den 1970er- und 1980er-Jahren weiterentwickelt, stellt es, wie alle Persönlichkeitsmodelle, die Komplexität unserer Persönlichkeit sehr vereinfacht dar. Wenn wir Menschen jedoch danach nicht in Schubladen stecken, sondern das Modell achtsam nutzen, kann es wichtige Hinweise für Teamdynamiken und die Entwicklung und Wirkung der eigenen Persönlichkeit liefern.

„Der gute alte Riemann-Thomann-Test“, mögen Sie denken, wenn Sie das sehen! Ja, das stimmt. Und ich finde das durchaus bemerkenswert, dass neuerdings, und zwar ohne dies zu benennen, seine Dimensionen wieder häufiger auftauchen. So habe ich in meinem Buch „Change-Trainings erfolgreich leiten“ bereits mit den Riemann-Thomann-Dimensionen gearbeitet (Dollinger 2016). Nun taucht es wieder auf, weil es im Zusammenhang mit dem Thema „Komplexität“ neue Ansatzmöglichkeiten für dieses Modell gibt – wir nennen es hier deswegen Riemann-Thomann-Modell Reloaded II.

In der Januar/Februar-Ausgabe 2018 der „Harvard Business Review“ etwa werden die Dimensionen des Modells genutzt, um das Thema „Unternehmens- und Führungskultur“ zu reflektieren. Wir führen in diesem Training nun eine solche Reflexion durch, speziell unter der Fragestellung: „Welche Führungskultur ist besonders anschlussfähig an komplexe Kontexte?“ und „Welche Beziehungs- und Führungskultur verstärke ich möglicherweise mit meinem Handeln?“

Um zu diesem Zweck zunächst das Riemann-Thomann-Modell erläutern zu können, bereiten Sie es vor (vgl. Grafik auf S. 95): Markieren Sie die Achsen des Modells mit Kreppband auf dem Boden. Beschriftete Kärtchen benennen die Pole. So erhalten Sie ein einfaches Kreuz, das vier Quadranten unterteilt. Nun führen Sie noch zwei Linien durch den Mittelpunkt, diese markieren die Diagonale. Durch die Diagonale wird jeder der vier Quadranten noch einmal in zwei Bereiche unterteilt. Verwenden sie für die Diagonale am besten ein andersfarbiges Tesaband.

„Wissenschaftliche Erkenntnisse, Paradigmen der Psychologie, besagen, dass Menschen in ihren Bedürfnissen nach ‚Nähe' oder ‚Distanz', ‚Ordnung' oder ‚Wechsel' sehr unterschiedlich sind. Das zeigt das sogenannte ‚Riemann-Thomann-Modell' auf, das in der Führungs- und Sozialpsychologie-Forschung als plausibles Erklärungsmodell gilt. Auch Führungskräfte haben und leben hier sehr unterschiedliche Bedürfnisse. Dadurch stärken und prägen Führungskräfte eine bestimmte Kulturform. Eine Kultur, die gegebenenfalls mehr oder weniger für die Steuerung in einem komplexen Umfeld hilfreich ist."

Intro-Vorschlag

Vertiefend wird die Thematik behandelt u.a. bei Strack, 2004 und Groysberg, Lee, Price & Cheng, 2018. Ich habe das Modell ausgewählt, weil es aus Sicht verschiedener Autoren mit „Wechsel/Flexibilität" und „Beziehungsorientierung" die zwei Dimensionen aufgreift, die zum Umgang mit Komplexität besonders wichtig sind. Gespeist aus der Digitalisierung, werden die Fähigkeiten des flexiblen Agierens und Reagierens auf rasante Umweltentwicklungen zunehmend wichtiger (das Moor'sche Gesetz lässt grüßen; Brynjolfsson & McAffe 2015) ebenso wie die Fähigkeit des „In-Resonanz-Gehens" und des Mitfühlens (Pfersich 2018). Menschen werden wahrnehmen, wenn Avatare und Chatbots Emotionen ableiten und Empathie digital reproduzieren. Tätigkeiten und Dienstleistungen verlieren an Wert, wenn wir wissen, dass sie digital erzeugt und 7/24 abrufbar sind. Für jeden jederzeit verfügbar. Echte Zugewandtheit, sinnliches Miteinander und liebevolle Konfrontation werden zunehmend kostbarer. Sie motivieren und erzeugen Sehnsucht nach mehr. Sie zweifeln das an? Aus meiner Sicht sehen wir das sehr deutlich an folgenden Trends: Neben den zunehmend nachgefragten industriell gefertigten Convenience-Produkten – in gewisser Weise „digitales Essen", sehr praktisch, auch anspruchsvollen Gaumen genügend – gibt es den regelrechten Massentrend des Grillens: Menschen erfüllen sich die Sehnsucht nach Individualität, sinnlichem Miteinander und gemeinsam Spaß haben (Pfersich 2018). Diese beiden Dimensionen „Beziehungsorientierung" sowie „Wechsel/Flexibilität" werden in dem Riemann-Thomann-Test besprochen.

Erklären Sie den Teilnehmern, dass Sie auf der Basis des Modells einen Test durchführen, der hilft, Führungskultur zu reflektieren. Dabei stellen Sie am besten folgende drei Aussagen vorweg.

1. Keines der Testergebnisse ist gut oder weniger gut. Es sind erst einmal Tendenzen in der Beziehungs- und Handlungsorientierung, die aufgezeigt werden.

2. Wenn wir alle gleich ticken würden, wäre das wenig Erfolgversprechend, weil gerade in einer komplexen Welt Vielfalt zählt und erfolgsrelevant ist. Komplexität erfordert die Ausbildung von Vielfalt. Die interne Komplexität im Sinne der Zusammenarbeit und Handlungsfindung muss der externen Komplexität entsprechen. Dies kann nur gelingen, wenn Unterschiede in Persönlichkeiten, Wissen und Erfahrungen vorhanden sind und genutzt werden. Das wird in vielen Studien belegt, unter anderem auch von der McKinsey-Studie ‚Diversity matters'." (Hunt, Layton & Prince 2015).

3. Auch Riemann und Thomann gingen davon aus, dass ihre Typologisierung nicht als eine endgültige Kategorisierung zu verstehen ist, sondern dass das Modell mit seinen vier Grundströmungen als Kompass dienen kann, um sich selbst zu reflektieren und zu lernen, mit seinen Bedürfnissen besser umzugehen und mehr Wahl- und Handlungsfreiheit zu erzielen.

„Grundsätzlich sind bei allen Menschen die hier genannten Hauptbedürfnisse vorhanden. Bei allen Menschen ist zum Beispiel das Bedürfnis nach Nähe bis zu einem gewissen Grad ausgeprägt. Genau unter diesen drei Aspekten bitte ich euch, mit mir in die Reflexion einzusteigen."

Erklären Sie, dass es das Ziel der Übung ist, den eigenen Beziehungs- und Handlungsstil als FührendeR zu reflektieren, sich der Impulse, die man damit für eine bestimmte Kultur setzt, bewusst zu sein und mehr Wahl- und Handlungsfreiheit zu erreichen.

Behalten Sie im Auge, ob Erkenntnisse, Modelle oder Fragen aus der Landkarte „Komplexitätsmanagement" auftauchen. In dem Fall sollten Sie Bezug zum Post-it und zum Teilnehmer herstellen.

Vorgehen Bodenarbeit

„Als Erstes bitte ich euch nun, auf eure Testergebnisse zu schauen. Diese werden wir jetzt weiter verdichten, um einfacher mit ihnen arbeiten zu können. Wie das funktionieren kann, erkläre ich euch hier an diesem Beispielsfall." Sie beziehen sich damit auf den Riemann-Thomann-Test samt Auswertungsblatt, den sie am Ende des letzten Seminartages verteilt haben. (s. S. 74 ff., s. Download-Ressourcen zu diesem Buch.)

Verteilen Sie dazu das Beispiel-Blatt „Riemann-Thomann-Modell Testergebnisse". Sie können es ebenfalls als Download-Ressource zu diesem Buch herunterladen. *„Wie ihr hier an diesem Beispiel seht, ist das Bedürfnis nach Distanz stärker ausgeprägt als das Bedürfnis nach Nähe. Da ich diese Ausprägungen von Distanz und Nähe jetzt auf einen Wert*

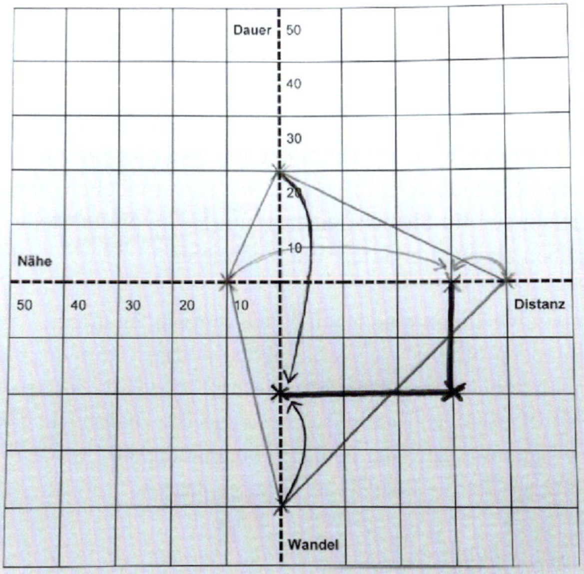

Abb.: Riemann-Thomann Modell – Testergebnisse.

verdichten möchte, bitte ich euch, die beiden Werte in eine Relation zu setzen. Das heißt, den niedrigeren Wert vom höheren abzuziehen und das Ergebnis auf der Achse ‚Distanz' einzutragen.

Dann bitte ich euch, auch noch die Werte der zweiten Achse zu verdichten. In diesem Beispiel ist das Bedürfnis nach Wandel stärker ausgeprägt als das Bedürfnis nach Dauer. Wieder wird der niedrigere Wert vom höheren abgezogen, dann liegt der Wert auf der Achse Wandel in etwa hier …" (siehe Beispiel). *„Wenn ihr diese beiden Werte ermittelt habt, ergibt sich daraus eine Art verdichteter ‚finaler Orientierungspunkt'. Dieser kann, wenn die Werte jeweils identisch ausgeprägt sind, auch auf den Achsen selbst liegen."*

Laden Sie nun die Teilnehmenden ein, sich ein Moderationskärtchen zu nehmen, ihren Namen auf das Kärtchen zu schreiben (oder auch ein Symbol, wenn man mehr Anonymität möchte) und dieses an die betreffende Stelle in den Quadranten des ausgelegten Modells zu legen, der ihre Ergebnisse kennzeichnet.

Wenn alle Teilnehmer ihre Kärtchen ausgelegt haben, erklären Sie die verschiedenen Beschreibungen der Quadranten. Dabei können sich die Teilnehmer auch schon in und um die auf dem Boden ausgelegten Quadranten versammeln. Es ist abwechslungsreich, jetzt etwas Bodenarbeit durchzuführen, und die Quadranten werden außerdem stärker von den

Teilnehmenden erlebt, wenn sich der Trainer direkt in diese hineinstellt und dabei die Felder mit den Kärtchen erklärt.

Weisen Sie darauf hin, dass sich diese Aspekte in der Darstellung in den Teilnehmerunterlagen wiederfinden und dass Sie das deswegen jetzt nicht ergänzend visualisieren. Denn das wäre zwar möglich, aber es wäre ein bisschen viel für Sie als Trainer, wenn Sie an dieser Stelle sowohl mitschreiben als auch erklären und moderieren.

Nachfolgend stellen wir Ihnen eine Möglichkeit vor, wie Sie dieses „Kreuz der Führungskulturstile" (s. Grafik rechts) erklären können. Bei diesen Erklärungen haben wir den Begriff „Wechsel" gewählt, der synonym mit dem Begriff „Change/Flexibility" zu sehen ist. Ebenso wie der Begriff „Distanz" synonym mit dem Begriff „Unabhängigkeit" verwendet wird. Bitte nutzen Sie die Begriffe, die für Sie passen.

„Lasst uns mit dem Quadranten links oben beginnen, der von den Achsen ‚Dauer' und ‚Nähe' gebildet wird. Was würdet ihr sagen, welche Art von Führungskultur wird hier abgebildet?" Die Ideen der Teilnehmer werden eingesammelt.

Nun können Sie Bezug zu den in der Harvard Business Review (HBR) veröffentlichten Forschungsergebnissen herstellen. Demnach sind folgende Führungsaspekte für diesen Qadranten wichtig (s. Grafik rechts). Diese Grafik sowie die Beschreibung der darin aufgeführten einzelnen Führungskulturstile können ebenfalls unter den Download-Ressourcen zu diesem Buch heruntergeladen werden).

Nähe/Dauer

Ordnung und Regeln

Nun kommen Sie auf die Führungskulturstile zu sprechen, die die HBR diesem Quadranten zuordnet. Das sind zum ersten **„Ordnung und Regeln"**. *„Ganz nah an dem Pol ‚Nähe' spielen ‚Ordnung und Regeln' eine wichtige Rolle. Klare Strukturen und definierte Prozesse, geteilte Werte und Normen sind sehr wichtig. Was, würdet ihr sagen, sind die Vorteile einer solchen Struktur?"*

Die Ideen der Teilnehmer werden gesammelt. In der Harvard Business Review (HBR) steht dazu in etwa: „Operationale Effizienz wird immer besser, es gibt geringe Konfliktpotenziale und einen guten Gemeinsinn" (vgl. die Tabelle „Vor- und Nachteile von Führungskulturstilen" auf S. 100).

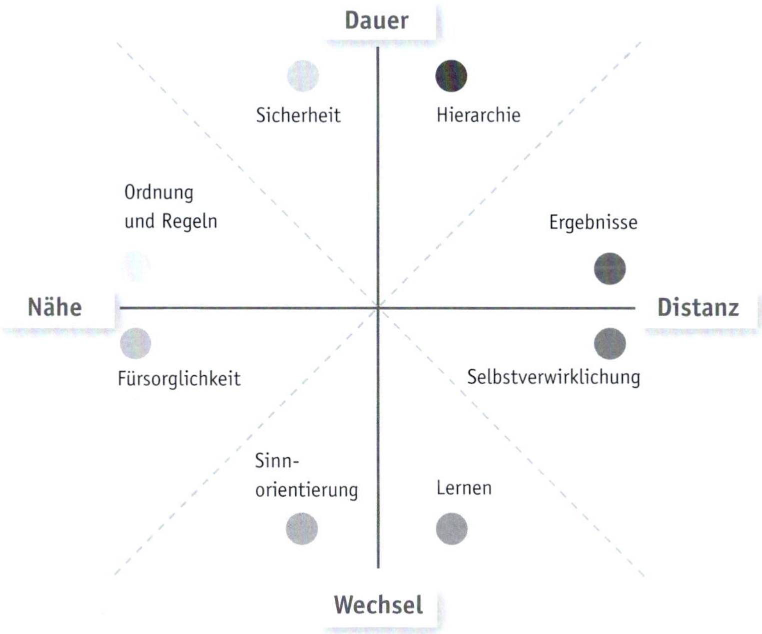

Abb.: Führungskulturstile im Unternehmen nach Groysberg, Lee, Price, Cheng (Harvard Business Review).

„Was sind mögliche Nachteile einer solchen Kultur bzw. eines solchen Führungsstils?" Auch hierzu werden die Ideen der Teilnehmer eingesammelt. In der HBR steht in etwa: „Eine Überbetonung und ein sich Zurückziehen auf Regeln, was die Kreativität, die Innovationsorientierung und die Agilität eines Unternehmens stark behindern kann."

Fahren Sie im gleichen Quadranten fort mit dem Führungskulturstil **„Sicherheit"**: *„Im oberen Feld, dichter an der Dimension ‚Dauer', spielt der Aspekt ‚Sicherheit' eine zentrale Rolle: Stabilität und Kontinuität sind wichtig. Was, würdet ihr sagen, sind die Vorteile einer solchen Struktur?"* Die Ideen der Teilnehmer werden wieder gesammelt. In der HBR steht in etwa: „Daraus entsteht eine geringe Risikoneigung und damit auch Stabilität und Vorhersagbarkeit für die Mitarbeitenden."(vgl. die Tabelle „Vor- und Nachteile von Führungskulturstilen" nach der HBR auf S. 100)

„Was sind mögliche Nachteile einer solchen Kultur bzw. eines solchen Führungsstils?" In der HBR steht in etwa: „Eine Überbetonung an Standardisierung, die zu Bürokratie und mangelnder Flexibilität führen kann, in der Individualität etwas auf der Strecke bleibt."

Sie könnten weiter fragen – jetzt im Hinblick auf den gesamten oberen linken Quadranten Dauer/Nähe: *„Welches Unternehmen fällt euch als Beispiel ein, in dem augenscheinlich diese Kultur und Führungskultur vorherrschten?"*

Durch diese Frage wird ein Gesamtbild erzeugt. Möglicherweise wird erkannt, dass Unternehmen, die in einem sehr komplexen, wenig geregelten Umfeld erfolgreich sind, vermutlich eher in den Quadranten rund um die Dimension Wechsel liegen. Zugleich reflektieren die Teilnehmer sich und ihre Testergebnisse parallel auch selbst. Auf diese Auswertung sollten Sie aber erst eingehen, wenn alle Felder besprochen wurden. Die Ideen werden auf Kärtchen geschrieben und in das Feld gelegt. Die Abbildung eines Beispiels sehen Sie auf S. 99.

Nähe/Wechsel

Fahren Sie fort mit dem Quadranten links unten, der durch die Achsen „Nähe" und „Wechsel" gebildet wird. *„Was würdet ihr sagen, welche Art von Führungskultur wird in diesem Quadranten abgebildet?"* Wieder werden die Ideen der Teilnehmer eingesammelt, bevor Sie fortfahren.

Die Harvard Business Review nennt Aspekte, die in dieser Führungskultur eine Rolle spielen: Im oberen Feld, dichter an der Dimension „Nähe" ist dies der Aspekt „Fürsorglichkeit" und näher an der Achse „Wechsel" ist dies der Aspekt „Sinn-Orientierung". Lassen Sie auch hier die Teilnehmer sammeln:

Für-sorglichkeit

„Was würdet Ihr sagen, welche Art von Führungskultur wird mit der Werteorientierung ***‚Fürsorglichkeit'*** *abgebildet?"* In der HBR steht in etwa: „Es spielt der Aspekt ‚gute, positive Beziehungen' eine wichtige Rolle. Intensiver Austausch, Teamarbeit, das Gefühl von Zugehörigkeit und Vertrauen sind wichtig."

„Was würdet ihr sagen, sind die Vorteile einer solchen Struktur?" In der HBR steht: „Daraus entsteht Engagement und Identifikation mit dem Unternehmen." – Fragen Sie die Teilnehmenden: *„Was sind mögliche Nachteile einer solchen Kultur bzw. eines solchen Führungsstils?"* In der HBR steht in etwa: *„Eine Überbetonung an Harmonie und Konsensorientierung kann die Suche nach verschiedenen Möglichkeiten und Ideen behindern, abweichende Sichtweisen unterdrücken und den positiven Wettbewerb behindern. Die Entscheidungsfindungen dauern zu lange."*

Fahren Sie mit dem nächsten Aspekt in diesem Quadranten fort: *„Im unteren Feld, dichter an der Dimension ‚Wechsel' wird das Feld durch den*

*Wert ‚**Sinnorientierung**' beschrieben: Was würdet ihr sagen, welche Art von Führungskultur wird mit der Werteorientierung ‚Sinnorientierung' abgebildet?"* In der HBR steht hierzu in etwa: „Eine verbindliche und stark an Werten und dem Unternehmenszweck ausgerichtete Kultur. Dadurch wird eine erhöhte Anerkennung und Wertschätzung von Vielfalt sowie Nachhaltigkeit möglich. Es entstehen Engagement und Identifikation mit dem Unternehmen."

Sinn-
orientierung

„Was sind mögliche Nachteile einer solchen Kultur bzw. eines solchen Führungsstils?" Laut der HBR: „Eine Überbetonung der langfristigen Ziele und Ideale kann das Anpacken aktueller, praktischer Themen des Unternehmens behindern." Fragen Sie weiter: *„Mit Blick auf den gesamten Quadranten ‚Nähe/Wechsel' links unten, welches Unternehmen fällt euch möglicherweise als Beispiel ein, in dem augenscheinlich diese Kultur und Führungskultur vorherrschten?"* Auch diese Ideen werden auf Kärtchen geschrieben und in das Feld gelegt.

Wechsel/Distanz

„Dann gehen wir weiter in den unteren rechten Quadranten, der durch die Achsen ‚Wechsel' und ‚Distanz/Unabhängigkeit' gebildet wird. Was würdet ihr sagen, welche Art von Führungskultur wird hier abgebildet? ... Wenn man dem Bild der Forschungen aus dem Harvard Business Review folgt, dann gibt es hier bestenfalls zwei Wertefelder, die in dieser Führungskultur eine Rolle spielen: Im unteren Feld, dichter an der Dimension ‚Wechsel', ist dies der Aspekt des ‚Lernens' und näher an der Achse ‚Distanz/Unabhängigkeit' ist dies der Aspekt ‚Selbstverwirklichung'.

*Was würdet ihr sagen, welche Art von Führungskultur wird mit der Werteorientierung ‚**Lernen**' abgebildet?"* Lassen Sie die Teilnehmenden dazu Antworten sammeln. In der HBR steht dazu: „Offenheit für Neues, neugierig untersuchend/experimentierend." Fragen Sie weiter: *„Was würdet ihr sagen, sind die Vorteile einer solchen Struktur?"* Laut HBR spielen „Innovation, Agilität sowie Ausprobieren und Experimentieren" hier eine wichtige Rolle. Auch organisationales Lernen kann gut vorangebracht werden.

Lernen

Lassen Sie Ihre Teilnehmer überlegen: *„Was sind mögliche Nachteile einer solchen Kultur bzw. eines solchen Führungsstils?"* In der HBR steht in etwa: „Eine Überbetonung von Ausprobieren und Experimentieren kann dazu führen, dass die Fokussierung auf Ergebnisse vernachlässigt wird. Konkrete unternehmerische Vorteile werden nicht oder zu wenig in unternehmerische Erfolge umgemünzt."

Selbst-
verwicklung

Im gleichen Quadranten, dichter an der Dimension „Distanz/Unabhängigkeit", wird der Wert **„Selbstverwirklichung"** genannt. *„Was würdet ihr sagen, welche Art von Führungskultur wird mit der Werteorientierung ‚Selbstverwirklichung' abgebildet? Und was sind die Vorteile einer solchen Führungskultur?"* Wieder wird gesammelt. Hierzu steht in der HBR in etwa: „Es gibt eine ausgeprägte Lust am Ausprobieren und man hat Spaß dabei. Es herrscht ein ausgeprägtes Engagement für die Aufgabe und große Kreativität beim Lösen von Problemen vor."

Fragen Sie weiter: *„Was sind mögliche Nachteile einer solchen Kultur bzw. eines solchen Führungsstils?"* Laut HBR kann „eine Überbetonung von Autonomie und Selbstverwirklichung zu einem Mangel an Disziplin führen und dazu, dass es zu Problemen bei der Zusammenarbeit und Unternehmenssteuerung hinsichtlich der Gesamtausrichtung des Unternehmens und auch zu Compliance-Problemen kommt".

Fragen Sie nun mit Blick auf den gesamten Quadranten Distanz/Wechsel: *„Welches Unternehmen fällt euch möglicherweise als Beispiel ein, in dem augenscheinlich diese Kultur und Führungskultur vorherrscht?"* Die Ideen werden auf Kärtchen geschrieben und in den Quadranten gelegt.

Distanz/Dauer

Zum Schluss der letzte Quadrant rechts oben: *„Schließlich gehen wir weiter in das Feld, das durch die Achsen ‚Distanz/Unabhängigkeit' und ‚Dauer' gebildet wird."* Wenn man dem Bild der Forschungen aus der Harvard Business Review folgt, dann gibt es hier im Idealfall zwei Wertefelder, die in dieser Führungskultur eine Rolle spielen. Dichter an der Dimension „Distanz/Unabhängigkeit" ist dies der Wert „Ergebnisse" und näher an der Achse „Dauer" ist dies der Wert „Hierarchie".

Ergebnisse

*„Was würdet ihr sagen, welche Art von Führungskultur wird mit der Werteorientierung ‚**Ergebnisse**' abgebildet?"* Wieder wird gesammelt. Dazu steht in der HRB: „Eine starke Ergebnisorientierung und Zielefokussierung ist hier gegeben." Fragen Sie Ihre Teilnehmer nach den Vor- und Nachteilen dieses Werts: *„Was würdet ihr sagen, sind die Vorteile einer solchen Struktur?"* In der HBR steht: „Die Ausführung bzw. ‚Performance' der Beteiligten ist hoch, Leistungen und Fähigkeiten der Mitarbeiter wachsen und Ziele werden erreicht." Fragen Sie weiter: *„Was sind mögliche Nachteile einer solchen Kultur bzw. eines solchen Führungsstils?"* Hierzu steht in der HBR: „Eine Überfokussierung auf die Zielerreichung kann dazu führen, dass Zusammenarbeit und Kommunikation stark beeinträchtig werden und dass Stress und Ängste anwachsen."

Hierarchie

Dichter an der Dimension „Dauer“ steht außerdem noch der Wert „**Hierarchie**“, der zuletzt erkundet wird: *„Was würdet ihr sagen, welche Art von Führungskultur wird mit der Werteorientierung ‚Hierarchie‘ abgebildet? Und was sind die Vorteile einer solchen Führungskultur?“* Hierzu steht in der HBR: „Es gibt eine klare, starke Entscheidungskultur. Entscheidungen werden im Idealfall mit hoher Geschwindigkeit getroffen und die Reaktion auf Schwierigkeiten und Krisen sind klar und schnell.“

„Was sind mögliche Nachteile einer solchen Kultur bzw. eines solchen Führungsstils?“ Laut HRB kann „eine starke Orientierung von Hierarchie und klaren (nicht zu diskutierenden) Entscheidungen zu hochpolitischem Verhalten, zu unterdrückten Konflikten und zu einem Klima der Unsicherheit und Angst führen“.

Haken Sie nach: *„Mit Blick auf den gesamten Quadranten, welches Unternehmen fällt euch möglicherweise als Beispiel ein, in dem augenscheinlich diese Kultur und Führungskultur vorherrscht?“* Die Ideen werden auf Kärtchen geschrieben und in das Feld gelegt.

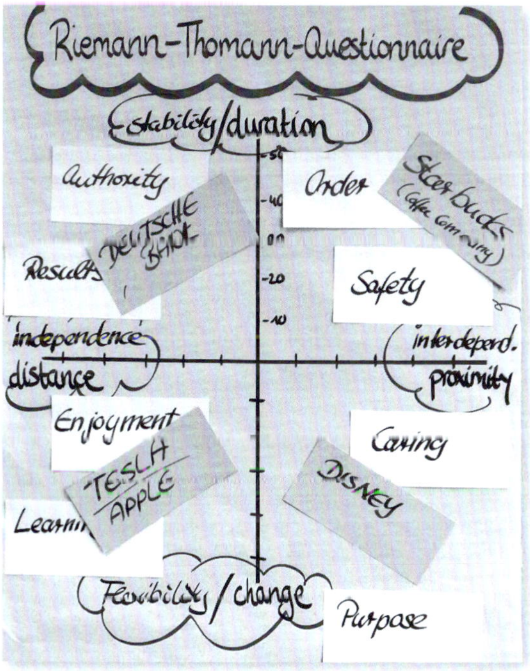

Abb.: Die dargestellte Übersicht im Flipchart wurde von unseren Teilnehmern so erarbeitet. Bitte beachten Sie, dass in dieser Übersicht die Pole der Achse „Distanz-Nähe“, anders als bisher dargestellt, vertauscht sind.

Abschließend diskutiert die Gruppe, wie es ihr mit dieser Kulturklassifikation bzw. -analyse geht, was den Teilnehmern dazu durch den Kopf geht und was sie idealerweise aus der Analyse und Diskussion für ihr Unternehmen und sich selbst mitnehmen können.

Wann immer ich das Modell bisher angewandt habe, hat sich daraus eine differenzierte und inspirierende Diskussion ergeben. Insbesondere dann, wenn die Teilnehmer aus demselben Unternehmen kommen. Das Bild spiegelt dann aus meiner und der Teilnehmersicht die aktuelle Unternehmenskultur durchaus wider. Es wurde bisher auch immer diskutiert, wie weit diese Kultur zu dem für das Unternehmen relevanten Umfeld passt und, wenn Verschiebungen als erforderlich betrachtet wurden, wohin das Unternehmen sich bewegen müsste. Hier schließen die Fragen:*„Wer müsste dann was tun, um die Unternehmenskultur dorthin zu entwickeln?"* und *„Was können bzw. sollten wir als Führende tun?"* wie von selbst an. Und das ist dann auch die nächste Aufgabe für die Seminarteilnehmer.

Vor- und Nachteile von Führungskulturstilen

Werte-orientierung	Schwerpunkt im Kulturstil	Vorteile	Nachteile
Dauer und Nähe	1.1 Ordnung und Regeln	Klare Regeln und Strukturen steigern die Effizienz der Zusammenarbeit & reduzieren das Konfliktpotenzial	Eine Überbetonung von Regeln und Traditionen kann die Agilität und Innovationsfähigkeit des Unternehmens einschränken
	1.2 Sicherheit	Stabilität und Kontinuität im Miteinander und im Geschäftsgebaren; verbessertes Risikomanagement	Überbetonung von Standardisierung und Formalisierung kann zu Bürokratie und mangelnder Flexibilität führen; die Individualität bleibt etwas auf der Strecke
Nähe und Wechsel	2.1 Fürsorglichkeit	Verbesserte Teamarbeit und gute positive Beziehungen fördern die Kommunikation, das Vertrauen und das Zugehörigkeitsgefühl	Eine Überbetonung der Konsensbildung kann die Suche nach unterschiedlichen Möglichkeiten & Ideen behindern, den positiven Wettbewerb einschränken und die Entscheidungsfindung verlangsamen
	2.2 Sinnorientierung	Erhöhte Wertschätzung für Vielfalt, Nachhaltigkeit und soziale Verantwortung; Steigerung des Engagements und der Identifikation	Eine Überbetonung der langfristigen Ziele und Ideale kann das Anpacken aktueller, praktischer Themen des Unternehmens behindern

Wechsel und Distanz	3.1 Lernen	Verbesserte Innovation, Agilität und Ausprobieren; das organisatorische Lernen wird gestärkt	Eine Überbetonung von Ausprobieren und Experimentieren kann zu einer Vernachlässigung der Fokussierung auf Ergebnisse führen; konkrete unternehmerische Vorteile werden nicht oder zu wenig in unternehmerische Erfolge umgemünzt
	3.2 Selbstverwirklichung	Es gibt eine ausgeprägte Lust am Ausprobieren und man hat Spaß dabei; ein ausgeprägtes Engagement für die Aufgabe und große Kreativität beim Lösen von Problemen	Eine Überbetonung von Autonomie und Selbstverwirklichung kann zu einem Mangel an Disziplin führen und dazu, dass es zu Problemen bei der Zusammenarbeit und Unternehmenssteuerung hinsichtlich der Gesamtausrichtung des Unternehmens und auch zu Compliance-Problemen kommt
Distanz und Dauer	4.1 Ergebnisse	Die Ausführung bzw. „Performance" der Beteiligten ist hoch; Leistungen und Fähigkeiten der Mitarbeiter wachsen und Ziele werden erreicht	Eine Überfokussierung auf die Zielerreichung kann dazu führen, dass Zusammenarbeit und Kommunikation stark beeinträchtig werden und dass Stress und Ängste anwachsen
	4.2 Hierarchie	Es gibt eine klare Entscheidungskultur; Entscheidungen werden bestenfalls mit hoher Geschwindigkeit getroffen und die Reaktion auf Schwierigkeiten und Krisen sind klar und schnell	Eine starke hierarchische Orientierung an Hierarchie und klaren (nicht zu diskutierenden) Entscheidungen kann zu hochpolitischem Verhalten, zu unterdrückten Konflikten und zu einem Klima der Unsicherheit und Angst führen

Abb.: Vor- und Nachteile von Führungskulturstilen.

Vorgehen
Partnerarbeit

Dann geht es weiter mit der Arbeit mit einem Seminarpartner und einer Selbstreflexion. Wenn die Teilnehmer einverstanden sind, wird der Partner ausgelost, denn es sollte jetzt ein anderer Partner als bisher sein, nicht der Seminar-Buddy, damit man auch andere Blickwinkel erhält. Erst werden die Ergebnisse und Überlegungen des einen und dann die des anderen Seminarpartners gemeinsam durchgesprochen.

Ziel ist es, sich selbst im eigenen System/in den eigenen Systemen zu reflektieren, sich die eigenen und die Bedarfe des Systems sowie die eigenen entsprechenden Ziele zu vergegenwärtigen und gegebenenfalls entsprechend mehr Handlungsvarietät zu entwickeln. Ziel ist auch, ein Feedback zur eigenen Wirkung zu bekommen. Als Trainer sollten Sie diese Zielsetzungen verdeutlichen und die Teilnehmer nochmals darauf hinweisen, dass es hier wiederum nicht darum geht, eine „richtige oder falsche Einschätzung" auszusprechen, sondern einfach ein Feedback zur Wirkung zu geben. Dieses kann die Teilnehmer bei der Selbstreflexion und den entsprechenden Ausrichtungen unterstützen. Bitte weisen Sie auch darauf hin, dass es hilfreich sein kann, die Gedanken und Ergebnisse des Austausches im eigenen Logbuch festzuhalten.

Arbeitsfragen dazu können Sie auf dem Flipchart oder/und auf einem Handout zur Verfügung stellen: *„Mit Blick auf meine Testergebnisse und das Thema ‚Umgang mit Komplexität' …*

- *Wie weit spiegelt das Ergebnis aus meiner Sicht meine Bedürfnisse und meine Haltung wider?*
- *Wieweit haben sich die Seminarpartner bisher so eingeschätzt (oder auch ganz anders)?*
- *Wenn ich dieses Ergebnis mit Blick auf die für mich relevanten Systeme und meine Ziele betrachte, dann bedeutet das für mich …?*
- *Was möchte ich diesbezüglich beobachten bzw. beachten?*
- *Was möchte ich künftig, mehr, weniger oder anders tun? Wie genau?*

Bitte bearbeitet diese Fragen nacheinander für beide Partner. Nehmt euch pro Partner etwa 20 Minuten Zeit. Bitte haltet die für euch wichtigsten Punkte in eurem Transfer-Journal fest."

Debriefing

Es ist eigentlich kein weiteres Debriefing notwendig. Man kann aber im Plenum nochmals nach Erfahrungen, Fragen oder abschließenden Anmerkungen der Teilnehmer fragen.

Was hier in sehr schöner Weise noch angefügt werden könnte, sind weitere Selbstreflexionen im Anschluss an die Riemann-Thomann-Testergebnisse sowie Selbstreflexionen mit Bezug auf die Zusammenarbeit in Teams.

Quellen

- Groysberg, B., Lee, J., Price, J. & Cheng, Y. (2018): Harvard Business Review. The Leaders Guide to Corporate Culture; S. 44-57.
- Hunt, V., Layton, D., & Prince, S. (2014): Diversity matters. New York: McKinsey & Company. *www.mckinsey.com/~/media/mckinsey/business%20functions/organization/our%20insights/why%20diversity%20matters/diversity%20matters.ashx* – abgerufen am 07.08.2018
- Pfersich, K. (2018): Bankier 5.0 – Die Antwort auf den Roboter. Bank Verlag.
- Riemann, F. (1961): Grundformen der Angst und die Antinomien des Lebens. Basel/München: Ernst Reinhardt.

- Stangl, W.: Fritz Riemanns „Grundformen der Angst“. *arbeitsblaetter.stangl-taller.at/EMOTION/Riemann.shtml* – abgerufen am 19.11.2013.
- Strack, M. (2004): Sozialperspektivität. Theoretische Bezüge, Forschungsmethodik und wirtschaftspsychologische Praktikabilität eines beziehungsdiagnostischen Konstrukts. Göttingen: Universitätsverlag.
- McKinsey-Studie (2011): „Vielfalt siegt – Warum diverse Unternehmen mehr leisten“. *initiative-chefsache.de/content/uploads/2017/04/mckinsey-vielfalt-siegt.pdf* – abgerufen am 17.09.2018.
- Riemann-Thomann-Modell. *wikipedia.org/wiki/Riemann-Thomann-Modell* – abgerufen am 19.11.2013.

Weitere „Wer ich als FührendeR und NetzwerkerIn bin“-Reden

Erläuterung

Nach einer kleinen Pause findet der letzte halbstündige Block der „Wer ich als FührendeR und NetzwerkerIn bin“-Reden statt.

Da die Teilnehmer jetzt schon geübte Hinhörer und Feedback-Geber sind, kann man jetzt in zwei parallelen Gruppen arbeiten. Achten Sie bei der Gruppeneinteilung darauf, dass die Seminar-Buddies zusammen in der jeweiligen Gruppe sind. Machen Sie die Teilnehmer darauf aufmerksam, dass die Instruktionen die gleichen bleiben (s. S. 48). Die Teilnehmer können sich gerne ein Foto von den Instruktionen machen, dann hat jeder gleich eine vorliegen. Am besten weisen Sie auch hier direkt darauf hin, dass es danach eine erste abschließende Feedback-Runde mit dem Seminar-Buddy gibt, da dies ja die letzte „Reden-Runde“ ist.

„Erste Ernte“: Austausch mit dem Seminar-Buddy

Orientierung

Ziele

- Ein erstes umfassendes Feedback vom Seminar-Buddy zum Thema „Glaubenssätze und Werte“ bekommen
- Sich bewusst machen, was man aus dieser „ersten Runde“ jetzt ernten kann
- Reflektieren, was man mit dem Feedback anfangen könnte
- Definieren, was für den weiteren Verlauf des Trainings für einen persönlich jeweils noch wichtig(er geworden) ist

Zeit

Insgesamt 45 Minuten

- 10 Minuten pro Partner
- Intro und Debriefing: 20 Minuten
- Puffer: 5 Minuten

Material

Logbuch; Instruktion zur Partnerarbeit

Erläuterung

Für die meisten Teilnehmer ist in diesem Training aus unserer Erfahrung wichtig (und zeigt sich in der Regel auf der Landkarte „Komplexitätsmanagement“, s. S. 42):

- Umgang mit Komplexität – konkrete Methoden lernen
- Lernen und Diskutieren, wie man sich selbst im komplexen Umfeld führt
- Lernen und Diskutieren, wie man andere im komplexen Umfeld führt

Für einen Teil dieser Fragen stehen jetzt erste Antworten im Raum. Zur Anmoderation der nun erfolgenden „Ersten Ernte“ können Sie diese Fragen aufgreifen, darauf hinweisen, dass es jetzt hierzu mögliche erste Antworten gibt und dass es schön wäre, wenn die Teilnehmer, die das möchten, diese Ernte auch teilen könnten.

Intro-Vorschlag

„Weiter geht es jetzt also, wie angekündigt, mit einer ersten ‚Ernte-Runde'. Mit dem Sammeln und Sichten dessen, was sich möglicherweise jetzt schon für euch an Saatgut ergibt, das gleich oder später mit Aufmerksamkeit und Pflege in euren Welten und Umwelten gesät werden kann. Dazu bitte ich euch, auf unsere ‚Landkarte Komplexitätsmanagement' zu schauen. Was waren hier für euch wichtige Themen und Fragestellungen? Zu welchen Antworten oder auch weiteren Fragen seid ihr inspiriert worden? Gerne könnt ihr diese Komplexitätslandkarte abfotografieren, um euch zu erinnern, wenn ihr jetzt gleich mit eurem Seminar-Buddy in die Ernte-Runde geht. Für euren Austausch schlage ich folgende Fragen vor …"

Vorgehen

Stellen Sie Ihren Teilnehmern die folgenden Arbeitsfragen zur Verfügung, zum Reflektieren und Diskutieren mit dem Seminar-Buddy:

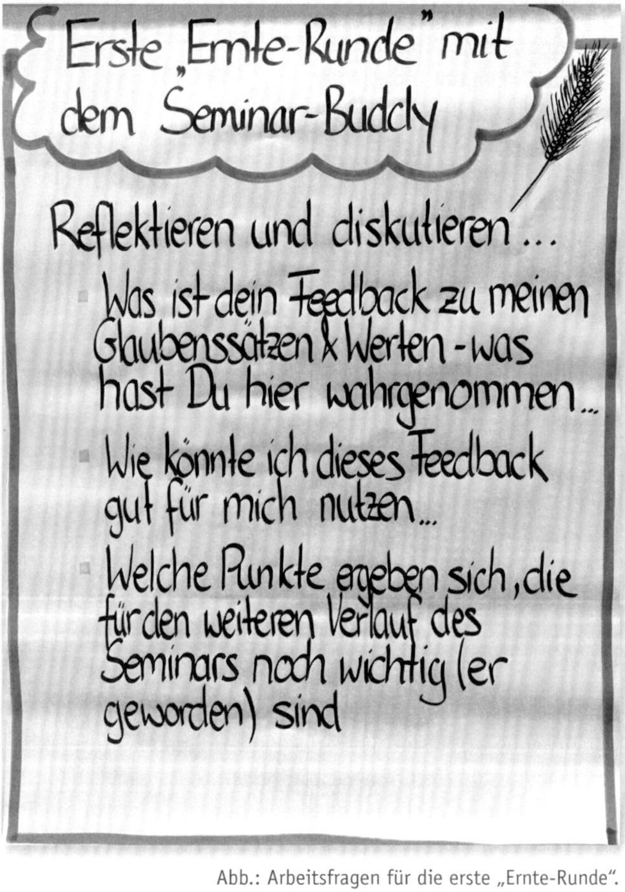

Abb.: Arbeitsfragen für die erste „Ernte-Runde".

- Was ist dein Feedback zu meinen „Glaubenssätzen und Werten“ – was hast du hier wahrgenommen?
- Wie könnte ich dieses Feedback jetzt gut für mich nutzen?
- Welche Punkte ergeben sich, die für den weiteren Verlauf des Seminars noch wichtig (wichtiger geworden) sind?

Debriefing

Wenn die Teilnehmer im Plenum sind, bitten Sie diese, sich zu überlegen, was sie …

- gegebenenfalls an weiteren Fragen oder Themenwünschen entdeckt haben – und diese dann bitte auf gelbe Post-its zu schreiben (man kann darauf hinweisen, dass man es gegebenenfalls nicht schaffen wird, alle offenen Themenpunkte zu bearbeiten, dass man dann aber somit die wichtigen Fragen dokumentiert hat – manchmal ist es wichtiger, Fragen zu finden, als Antworten zu bekommen).

- an generellen Erkenntnissen zum Thema Komplexität mitgenommen haben und dies auf hellgrüne Post-its zu schreiben (ein bis zwei Erkenntnisse)

und dies dann im Plenum vorzustellen und in unsere Komplexitätslandkarte einzufügen. Falls sich Dinge widersprechen, sprechen Sie es als Trainer an, würdigen Sie es und lassen es stehen (*„Darauf können wir gegebenenfalls zum Ende des Seminars nochmals zurückkommen.“*). Bedanken Sie sich fürs Teilen der Erkenntnisse.

Alles Leben ist Problemlösen

Orientierung

Ziele

- Die Teilnehmer setzen sich vertieft mit dem Thema „Komplexität“ auseinander
- Den Unterschied zwischen „kompliziert“ und „komplex“ herausarbeiten

Zeit

Insgesamt – mit Diskussion – 25 Minuten. Das Probieren dauert, je nachdem, wie viel Zeit der Trainer den Teilnehmern zum Ausprobieren geben mag, zwischen 10 und 15 Minuten

Material

Beispielsweise dieses Geschicklichkeitsspiel zum Knobeln: „Der Drachen des Ikarus“; Grafiken zur Erläuterung, beispielsweise als PowerPoint-Charts

Hinweise

Sie können erst verbal in das Thema einsteigen und dann das Geschicklichkeitsspiel zum Ausprobieren vergeben. Dann werden Infografiken gezeigt und erklärt. Damit erreichen Sie den Übergang zum Thema „Komplexität und VUCA“.

Intro-Vorschlag

„Vielleicht gibt es Dinge, die für den einen oder anderen von euch nicht ganz einfach sind, zum Beispiel eine Rede zu halten oder zu schreiben. Für manche ist das ‚ein Problem‘ – oder vielleicht auch ‚eine Herausforderung‘. ‚Alles Leben ist Problemlösen‘ sagt der Philosoph Karl Popper (Popper 1994), *er sieht im Lösen von Problemen also eine zentrale Lebensaufgabe. Entsprechend schlage ich vor, dass wir noch ein wenig bei diesem Thema bleiben und es genauer untersuchen: Was waren denn in den letzten drei Wochen so die größeren Probleme für euch? Lasst uns schauen, was für wen ein kleineres oder größeres Problem ist.“*

Vorgehen

Zunächst sollten Sie einfach mal sehen, was die Teilnehmer so an Problemen nennen. Sie können auch selbst Ihre „größten" Probleme einbringen und dabei darauf achten, dass Sie einfache, komplizierte und komplexe Probleme anführen: „Handwerker für XY finden", „die Zufahrt zum Hotel finden", „die Wohnzimmerlampe reparieren", „den Partner davon überzeugen, den nächsten Urlaub auf Helgoland zu verbringen". Sie sollten sich einige der Probleme, die die Teilnehmer nennen, merken oder aufschreiben, sodass Sie sie anschließend in der Erklärung nutzen können.

Dann teilen Sie das Knobelspiel aus (hier: „Der Drachen des Ikarus") und fahren fort: *„Und noch ein Problem! Ich bitte euch, die beiden Teile des Drachen zu trennen. Nur eure Hände und euer technisches Verständnis sind gefragt, keine Schere oder andere Hilfsmittel. Wer dieses kleine Problem schon kennt, bitte trotzdem lösen und gleichzeitig noch nicht den Kollegen verraten."* Nicht alle Teilnehmer schaffen es üblicherweise, die Aufgabe zu lösen. Nach einiger Zeit könnten Sie daher die Teilnehmer, die es geschafft haben, bitten, den anderen die Lösung zu zeigen. Nachdem nun Probleme beispielhaft gesammelt und auch beim Knobelspiel erlebt worden sind, geht es weiter.

„Ich hatte ja gesagt, dass es offenbar individuell unterschiedliche Schwierigkeitsgrade bei der Lösung von Problemen gibt. Für die einen einfach, für die anderen kompliziert. Gleichwohl gibt es auch generelle, allgemein gültige Definitionen und diese würde ich jetzt gerne mit euch genauer betrachten."

Wir arbeiten hier gerne mit Visualisierungen. Mit der ersten greifen wir das Knobelspiel „Der Drachen des Ikarus" auf:

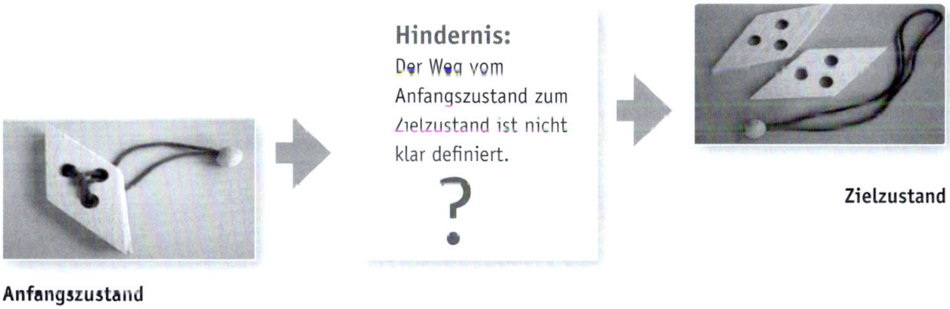

Abb: Visualisierung einer Problemlösung.

Anhand des Knobelspiels können Sie die Frage einleiten, was als einfaches und was als anspruchsvolles Problem betrachtet wird. Hier kann man darauf eingehen, dass die Bewertung für den Einzelnen natürlich auch von den eigenen Fachkenntnissen und der Erfahrung mit den jeweiligen Themenstellungen zusammenhängt. Ob nun eine Themenstellung aber als „komplex“ definiert wird, das lässt sich relativ unabhängig von Erfahrungen bestimmen. Denn es gibt konkrete Merkmale für komplexe Systeme, die Sie nun mit den wesentlichen Unterschieden zwischen „kompliziert“ und „komplex“ vorstellen.

„Von einem komplizierten System spricht man, wenn es eine Vielzahl von Elementen gibt, die in eindeutig definierten Verbindungen miteinander stehen, welche nicht sofort überschaubar, gleichwohl endlich und definiert sind (Uhrwerk, Automobil, Airbus – oder auch die Zimmerlampe). In komplizierten Systemen sind die Variablen durch exakt definierbare Verbindungen verbunden: Häufig sind dies linear-monokausale Verbindungen. Wenn ich jetzt sage, ein Airbus ist ‚nur‘ kompliziert, dann werden einige von euch mit der Zustimmung zögern. Um die Technik eines Airbus zu verstehen, muss man ausgewiesener Experte sein, oder? Ja, das stimmt. Gleichwohl könnten wir als Experte alle technischen Elemente sowie deren Zustände kennen und das Verhalten der Technik vorhersagen“ (Borgert 2015).

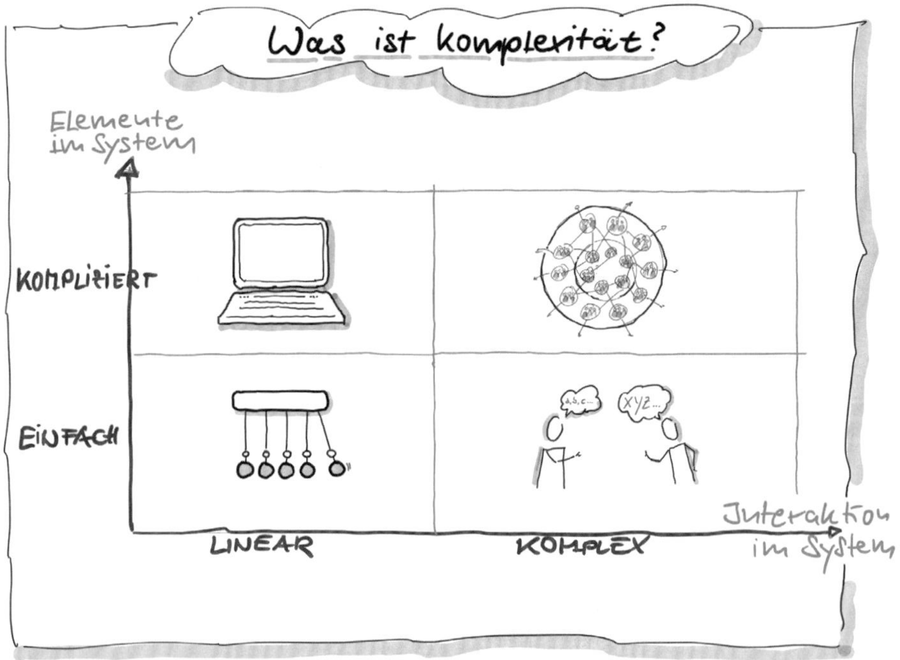

Abb.: Vergleich zwischen „kompliziert“ – „komplex“.

Der Begriff „komplex“ wird fälschlicherweise umgangssprachlich häufig als Steigerung von „kompliziert“ verstanden. Menschen bezeichnen eine Situation oft deswegen als komplex, weil sie diese nicht durchdringen, nicht verstehen.

Stellen Sie richtig, dass es sich bei „komplex“ nicht einfach um eine Steigerung von „kompliziert“ handelt, indem Sie die Merkmale beschreiben. (Zur Vertiefung des Themas „Definition von Komplexität“ eignen sich etwa die Arbeiten der Komplexitätsforscher Dietrich Dörner oder Klaus Mainzer.)

„Das komplexe System verfügt über eine Eigendynamik, die durch das Zusammenwirken seiner Elemente (Mitglieder, Mitarbeitende) entsteht. Das heißt auch, das Verhalten eines solchen Systems ist zu keiner Zeit mit Sicherheit vorhersagbar. Auch weil wir die Art der Vernetzungen nicht kennen (können), die mit Sicherheit nicht linear und monokausal sind. Als Beispiel können wir uns jedes beliebige soziale System, jede Gesellschaft, jedes Wirtschaftssystem ebenso wie jeden Funktionsbereich oder auch einfach einen Garten vorstellen. Je größer die Anzahl der vernetzten Elemente, desto komplexer und eigendynamischer das System. Also ganz anders als bei technischen Systemen, und seien diese noch so kompliziert (Bick & Drexl-Wittbecker 2008).

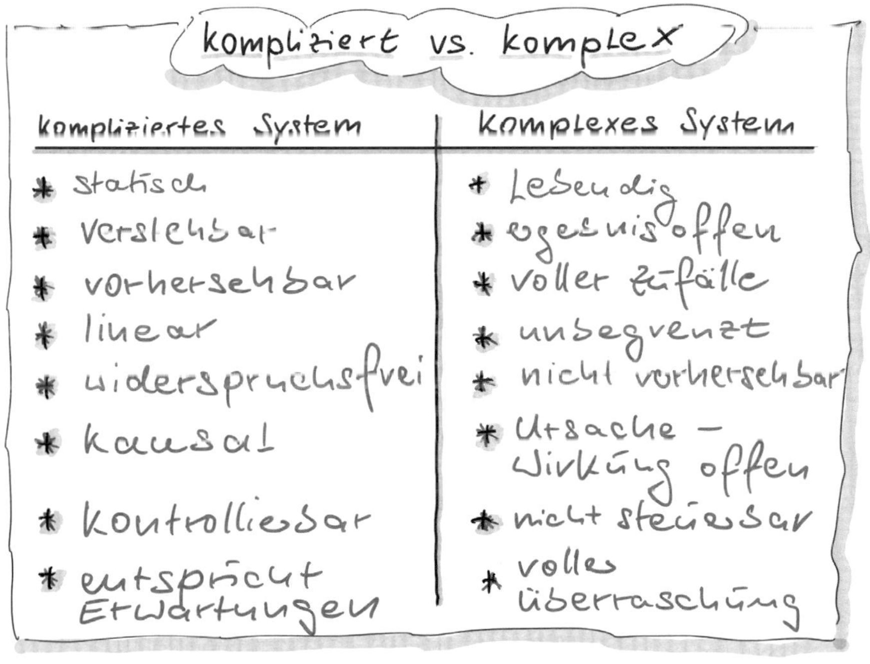

Abb.: Eigenschaften „kompliziert“ vs. „komplex“.

Das komplexe System hat – im Gegensatz zum komplizierten – die Fähigkeit, Impulse von außen aufzunehmen und seine ‚Gestalt' entsprechend stark zu verändern – denkt man etwa an einen Garten, der ein komplexes ökologisches System darstellt. In der Fachsprache wird das als ‚Varietät' bezeichnet" (Lambertz 2016).

Stellen Sie nun den Bezug zur Unternehmenswelt her: *„Für Unternehmen bedeutet dies, dass sie als komplexe Organisationen mit höchst unterschiedlichen Märkten ‚umgehen' können, mit unterschiedlichen Kundensegmenten oder Produkten, einschließlich des nicht bestimmbaren Kriteriums, wie diese voneinander abhängig sind. Durch die Offenheit des Systems hin zu seinem Umfeld nimmt das komplexe System Information auf und entwickelt sich daran angelehnt autonom weiter."*

Dieser Unterschied ist für die Praxis von entscheidender Relevanz. Denn in komplexen Systemen werden einige Vorgehensweisen, die in komplizierten Systemen funktionieren, nicht Erfolg versprechend sein. Betonen Sie das, indem Sie die Hauptirrtümer im Umgang mit Komplexität nennen:

1. **Irrtum**: „Viele Daten sorgen für Durchblick und die richtigen Entscheidungen für die Zukunft."
   „In komplexen Systemen gibt es keine stabilen und schon gar nicht linear-kausale Zusammenhänge: Auch wenn ein Unternehmen in der Vergangenheit noch so erfolgreich war, wenn wir es in der Zukunft genauso fortführen, wird es nicht mehr erfolgreich sein. Die Planbarkeit von Erfolg in Fünf-Jahres-Zyklen wird durch noch so viele Analysen nicht sicherer. Wir können zum Austritt von Großbritannien noch so viele Analysen durchführen, wir werden trotzdem nicht vorhersagen können, wie sich die wirtschaftliche Situation des Landes entwickeln wird.

   Wieweit kennt ihr die Situationen, in denen Unternehmen durch unendliches Analysieren und Datensammeln versuchen, richtige, tragfähige und vor allem haltbare Entscheidungen für die Zukunft zu treffen, am besten für die nächsten fünf Jahre? Wir erleben, dass das gegebenenfalls eine Menge Zeit kostet, dass schlimmstenfalls lange keine Entscheidung getroffen wird (was einer knallharten Entscheidung gleicht) und dies dann oft mit negativen Konsequenzen einhergeht. Und das alles getragen von dem Wunsch, die richtige Entscheidung für die Zukunft zu treffen." Fragen Sie nach, sammeln und visualisieren Sie die Aussagen der Teilnehmer. Ein Gegenhalten der Teilnehmer ist selbstverständlich erlaubt und erwünscht.

2. **Irrtum**: „Vereinfachung führt immer zum Erfolg."
   „Manche Menschen glauben, durch einfache Lösungen können komplexe Probleme gelöst werden, wenn sie nur radikal genug sind: Doch Mauern zu bauen und Grenzen abzuriegeln, wird große Flüchtlingsbewegungen nicht verhindern. Der Erfolg eines Unternehmens und der ‚Turn around' werden sich allein durch den Austausch eines Managers nicht einstellen. Das hilft auch nicht? Dann eben ‚der Nächste bitte'! Wieweit fallen euch Beispiele hierzu ein?"

3. **Irrtum**: „Erfolg von morgen geht wie Erfolg von gestern."
   „Schon wenn sich eine Variable verändert: ein Wechselkurs, ein Gesetz in einem Land oder eine neue Technologie, kann der bisherige Erfolgspfad hinfällig werden (Pfläging 2015). *Beispiele für mangelnde Zukunftsorientierung gibt es zuhauf: Denkt an Kodak, Xerox, General Electrics, Quelle, AEG und viele andere. Daher gilt: Ein komplexes Problem enthält eine Vielzahl von Elementen, die in vielfältiger Weise miteinander und mit dem Umfeld vernetzt sind. Entsprechende Veränderungen müssen achtsam erfasst und mit Hypothesen verknüpft werden. Diese sollten die Basis für unsere Handlungen bilden und in fortlaufender Entwicklung münden."*

Fahren Sie in etwa so fort: *„Eine Kernfrage, die euch gegebenenfalls schon auf der Zunge liegt oder die auch schon gestellt wurde, ist nun: Ist Komplexität eigentlich ein Phänomen unserer Zeit? Die Antwort lautet ‚Nein'! Glasklar – bei biologischen Systemen kann man Komplexität immer beobachten. Eine Vielzahl auch von aktuellen Entwicklungen zeigt dies. Eine bestimmte Spezies, die auf einer Insel ‚eingeschleppt' wurde, verändert die gesamte Natur: Kalifornische Kettennattern verdrängen kanarische Eidechsen und lösen damit sogar eine Veränderung der gesamten Vegetation aus. Was wiederum die Nahrung für bestimmte Vögel der Insel beschränkt.*

Warum ist diese Thematik ausgerechnet jetzt für unsere Unternehmenswelt so virulent geworden? Im Wesentlichen liegt dies an der enorm gestiegenen Vernetzungsdichte in unserer Gesellschaft und Wirtschaft. Das Internet, neue Medien und die Globalisierung sind nur einige der wichtigsten Schlagwörter hierzu. Wir sehen viele Systeme, die aus vielen ‚Komponenten' (Beteiligten) bestehen, die deutlich mehr miteinander vernetzt sind als früher. Diese hochgradige Vernetzung bringt eine ausgeprägte Eigendynamik, Intransparenz und nicht lineare Effekte mit sich (Borgert 2015). *Genau diese Begriffe möchte ich gerne jetzt mit euch genauer unter die Lupe nehmen."*

Denken Sie als Trainer auch in diesem Modul daran: Falls Erkenntnisse, Modelle oder Fragen aus der Landkarte „Komplexitätsmanagement“ auftauchen, dann stellen Sie bitte Bezug zum Post-it und zum Teilnehmer her.

Es geht direkt weiter in die nächste Runde ...

Quellen

- Bick, W. & Drexl-Wittbecker, S. (2008): Komplexität reduzieren. Konzept. Methoden. Praxis. Stuttgart: LOG_X Verlag GmbH.
- Borgert, S. & Oltmann, C. (2015): Die Irrtümer der Komplexität: Warum wir ein neues Management brauchen. GABAL.
- Dörner, D. (2007): Die Logik des Misslingens. Strategisches Denken in komplexen Situationen. Rowohlt Verlag Hamburg.
- Lambertz, M. (2016): Freiheit und Verantwortung für intelligente Organisationen.
- Mainzer, K. (2017): Komplexität. utb GmbH (Band 3012).
- Pfläging, N. (2015): Komplexithoden: Clevere Methoden zur Wiederbelebung von Unternehmen und Arbeit in Komplexität. Redline Verlag.
- Den „Drachen des Ikarus“ gibt es bei *www.bartlgmbhweb.de*.

Komplexität: Mehrere Definitionen und (k)eine Wahrheit

Orientierung

Ziele

- Die Teilnehmer für das Thema Komplexität weiter sensibilisieren
- Konkrete Beispiele aus der Praxis zur Beschreibung der Facetten von Komplexität sammeln
- Erste Ideen zum Umgang mit diesen Facetten sammeln

Zeit

Insgesamt 75 Minuten
- Vorstellen der Facetten: 15 Minuten
- Gruppenarbeiten: 30 Minuten
- Pro Vorstellung der Facette: 5 Minuten, gesamt: 20 Minuten
- Debriefing/Überleitung: 10 Minuten

Material

Ggf. Präsentationsfolien; je eine Moderationswand mit je einem Begriff der Facetten der Komplexität (s. S. 117) einzeln auf Wolken schreiben; Arbeitsauftrag/Instruktion auf Folie oder Flipchart

Erläuterung

Die Erläuterung dieses Bausteins ist direkt in einen Textvorschlag eingebettet, den Sie so ähnlich wie folgt als einführende Anmoderation verwenden könnten. Während dieses Moduls gilt ganz besonders: Falls Erkenntnisse, Modelle oder Fragen aus der Landkarte „Komplexitätsmanagement" auftauchen, sollten Sie das als Trainer bitte im Auge haben, und dann Bezug zum Post-it und zum Teilnehmer herstellen.

Intro-Vorschlag

„Wer nach einer einerseits wissenschaftlich haltbaren und andererseits praktikablen Definition von ‚Komplexität' sucht und eine Reihe von Büchern sichtet, im Internet recherchiert und Kollegen befragt, wird feststellen: Es gibt in der Wissenschaft keine einheitliche Definition von ‚Komplexität' – und schon gar nicht unter uns Praktikern. Es gibt aber eine Schnittmenge an Begriffen, die sich immer wieder finden. Dazu gehören die Begriffe ‚Systemgrenze' und ‚Anzahl von vernetzten Elementen', ‚Dynamik', ‚Nichtlinearität', ‚Rückkopplung' und ‚Intransparenz'.

Ansonsten gibt es unterschiedliche Aspekte, die für das Verständnis und den Umgang mit Komplexität als wichtig und relevant angesehen werden.“

Wir Autoren haben Komplexitätsforscher studiert wie Dietrich Dörner, Klaus Mainzer, Günther Schuh, Henning Bandte, Stephanie Borgert und andere mehr. Und wir haben uns schließlich die Freiheit genommen, eine Schnittmenge von Kriterien zu extrahieren, die aus unserer Sicht in Unternehmen und Wirtschaft bedeutsam sind, um Komplexität zu verstehen und zu „managen“.

In der Theorie werden grundsätzlich zwei Möglichkeiten zum Umgang mit Komplexität besprochen.

1. Zum einen die Möglichkeit, zu vereinfachen, also eine ‚komplexitätserhaltende Komplexitätsreduktion‘ herzustellen, wie der Organisationstheoretiker Niklas Luhmann das nennt.

2. Die andere Möglichkeit bezieht sich auf das in der Kybernetik bekannt gewordene „Gesetz von der erforderlichen Varietät“ von W. Ross Ashby.

Varietät umfasst das Repertoire an Verhaltens-, Kommunikations- und Entscheidungsmöglichkeiten, welches ein System annehmen kann. Varietät ist, ähnlich wie Selbstorganisation, damit einerseits eine Eigenschaft des Systems und andererseits eine notwendige Kompetenz zum Umgang mit komplexen Systemen. In diesem Sinne betont Ashby, dass Varietät eine zentrale Fähigkeit zum Umgang mit Komplexität ist.

Erst mal ist das eine gute Nachricht, denn wir als Menschen, als komplexe Systeme, haben gute Ausprägungen von Varietät. Zugleich, so schreibt der Unternehmensberater Mark Lambertz, ist schon bei einem scheinbar wenig komplexen Handwerksbetrieb die Varietät des Meisters eingeschränkt. Es ist sehr unwahrscheinlich, dass er ohne die Fähigkeiten von Mitarbeitern auskommt, um alle notwendigen Varietäten (Handlungsmöglichkeiten) aufrechtzuerhalten und den Betrieb lebensfähig zu gestalten (Lambertz 2016).

Für welche der oben genannten Möglichkeit haben wir uns hier in unserem Training entschieden? Für alle beide: Wir haben Methoden eingeflochten, die versuchen, komplexitätserhaltende Komplexitätsreduktion herzustellen und andere, wie alle teambezogenen Methoden, die versuchen, eine ausgeprägte Varietät zu nutzen. Zu „Entscheidungen Vergemeinschaften“ finden Sie in unserem Buch Methoden, die bewusst auf die Varietät des Teams setzen – wie „Entscheidungen als Produktentwicklungsprozess" (S. 235). Und Sie finden Methoden, die klar auf den Ansatz der Komplexitätsreduktion setzen, wie zum Beispiel „Methoden der Zukunftsgestaltung: Das Effectuation Grid" (s. S. 319).

Leiten Sie die Teilnehmer zum Vorgehen über: *„In unserem nächsten Schritt im Seminar werden wir nun einige zentrale Kriterien zur Definition von Komplexität genauer analysieren, die es zieldienlich zu nutzen gilt."*

Vorgehen

Das Thema können Sie nun mit diesen sechs Punkten per PowerPoint oder Flipchart vorstellen. Wenn Sie möchten, können Sie für die nachfolgende Gruppenarbeit auch die ausführlichen Erklärungen, die wir hier geben, noch zur Verfügung stellen. Das hilft den Teilnehmern, sich zu erinnern, was gemeint war.

Facetten der Komplexität (auf Flipchart oder Handout)

1. Systemgrenze und Anzahl von vernetzten Elementen
2. Offenheit & Varietät
3. Eigen-Dynamik & Wechselwirkungen
4. Rückkopplung
5. Intransparenz
6. Selbstorganisation

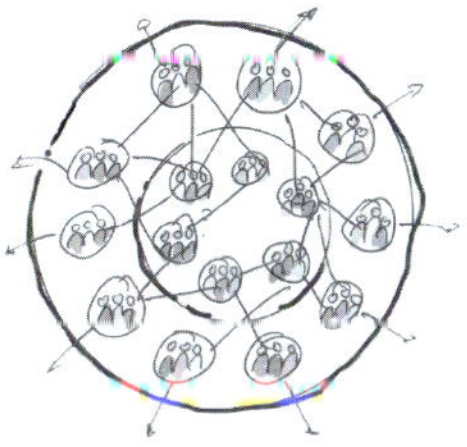

Die genauere Beschreibung dieser Facetten

1. Systemgrenze und Anzahl von vernetzten Elementen
   Ein System wird als umso komplexer bezeichnet, je mehr Elemente („Beteiligte") in dem System zusammenwirken und vernetzt sind. Je höher der Grad der Vernetzung, umso höher die Komplexität. Dabei ist den Beteiligten klar, wer zu welchem System gehört („Systemgrenze") und wer zum Umfeld des Systems. Ein System, zum Beispiel ein Projektteam, ist wiederum in andere Systeme eingebettet und (zumindest zeitweise) läßt sich erkennen, wer zum Projektteam gehört und wer nicht.

2. Offenheit & Varietät
   Jedes System braucht, um zu überleben, den Austausch mit dem es umgebenden Umfeld: Offenheit und Varietät bedeuten, dass, wenn sich das Umfeld ändert, sich auch das System verändern muss.

Denn wenn sich das Umfeld ändert, stellt der Wirtschaftswissenschaftler und Psychologe Bernd Schmid fest, ist Stabilität im System tödlich (Schmid 2016). In der Wirtschaft bilden unter anderem Informationen solche Austauschfaktoren. Die Offenheit, Informationen aufzunehmen einerseits sowie auf diese Informationen mit Varietät zu reagieren andererseits, garantiert das Überleben des Unternehmens. Varietät umfasst das Repertoire an Verhaltens-, Kommunikations- und Entscheidungsmöglichkeiten, welches ein System annehmen kann. Der Kybernetiker William Ross Ashby betont: Um ein anderes System zu beeinflussen, muss das System selbst mindestens so viel Varietät aufweisen wie das zu beeinflussende System. Wenn also ein System auf ein anderes Einfluss nehmen will, um „Störungen“ auszugleichen (etwa Unvorhergesehenes, temporeiche Veränderungen), muss es eine größere Handlungsvarietät aufweisen (Borgert 2015).

3. Eigendynamik & Wechselwirkungen
   Aufgrund der Vernetzung der „Elemente“ im System entstehen immer Wechselwirkungen. Dies führt zu diskontinuierlicher Veränderung und einer „Eigen-Dynamik“ im System. Entsprechend lassen sich Systeme nicht linear(-kausal) betrachten bzw. erklären und schon gar nicht berechnen (Mainzer 2016). Auch ohne Zutun: Nichts bleibt in komplexen Systemen, wie es ist. Das sollte uns als Führender bewusst sein. Eine kleine Veränderung, Geste oder Handlung an einer Stelle kann starke, nicht vorhergesehene Auswirkungen an anderer Stelle haben. In der Chaostheorie wird das als „Schmetterlingseffekt“ bezeichnet. Systemisch gesehen geht man davon aus, dass die Elemente in einem System immer Ursache und Wirkung zugleich sind.

4. Rückkopplung
   Ein Spezialfall der im System stattfindenden Dynamiken ist die Rückkopplung. Sie ist ein allgemeines Prinzip, bei dem das Ergebnis eines Prozesses wieder auf den ursprünglichen Prozess einwirkt: Ein Teil des Ausgangssignales eines Systems wird auf den Eingang zurückgeführt. Dadurch werden die Eigenschaften des Systems verändert. Informationen von außen oder innen fließen in das System und wirken verstärkend und sich aufschaukelnd oder auch sich abschwächend und abpuffernd. Sogenannte „Shitstorms“ etwa sind Beispiele für ein sich Aufschaukeln von Systemen. Manchmal finden diese zeitversetzt statt. Sie sind entsprechend oft weder sofort erkennbar noch vorhersagbar. Der Psychologe und Künstliche-Intelligenz-Forscher Dietrich Dörner spricht bezüglich solcher zeitverzögerter Effekte von „Todzeiten“ (Dörner 2015).

5. Intransparenz
   Ein komplexes System lässt sich nicht vollständig erfassen. Es kann immer nur mit einem eingeschränkt wahrnehmbaren „Ausschnitt" des Systems gearbeitet werden. Die Intransparenz des Systems sorgt für Ungewissheit bezüglich Planungen und Auswirkungen von Entscheidungen. Diese Ungewissheit muss in komplexen Systemen akzeptiert werden. Solche Systeme analytisch zu erfassen, wird nur sehr begrenzt möglich sein (Scheinpflug 2017). Niels Pfläging hält hierzu fest, dass das nicht bedeutet, nicht mehr zu planen, keine Strategie zu haben oder nicht mehr zu kontrollieren. Es bedeutet vielmehr, den Zeitabstand zwischen Planen, Entscheiden, Umsetzen, Überprüfen der erwarteten Ergebnisse und den Abgleich von Hypothesen möglichst kurz zu halten (Pfläging 2015).

6. Selbstorganisation
   Durch die Interaktion der Beteiligten entsteht eine bestimmte Ordnung sowie die Tendenz, diese zu erhalten, um das System zu erhalten. Von außen ist dieses Muster weder erklärbar noch steuerbar (und schon gar nicht mechanistisch bzw. linear-kausal). Das System entscheidet autonom und in „eigensinniger Weise", welche Impulse es aufnimmt, um die Ordnung weiterzuentwickeln oder welche Impulse es ignoriert. Entsprechend funktionieren Systeme manchmal nicht „wegen", sondern „trotz" ihres Vorstands, „trotz" Struktur und Prozessbeschreibungen (Pfläging 2016). Oder, um es mit den Worten des Ökonomen Peter Drucker zu sagen: „Culture eats Strategy for breakfast!"

Selbstverständlich sind Fragen, Unterbrechungen und anders lautende Sichtweisen jederzeit willkommen. Der Trainer sollte Sichtweisen würdigen, mit Fragen reagieren, die Gruppe einbeziehen und konträre Sichtweisen auch so stehen lassen. Alles andere wäre gerade bei diesem Thema unglaubwürdig. Wenn man Sichtweisen und Fragen diskutiert hat, geht es über zum nächsten Schritt, zur Gruppenarbeit. Man kann die Auseinandersetzung mit den Begriffen sehr gut in einer Galerie-Arbeit (alle Teilnehmer arbeiten an allen Begriffen mit) oder auch in Kleingruppen inszenieren. In letzterem Fall kann man jeweils eine Facette von Komplexität jeweils einer Kleingruppe zur Bearbeitung „zulosen".

Teilen Sie die Teilnehmenden in Gruppen. Die Ergebnisse der Gruppenarbeiten beziehen sich aus unserer Erfahrung immer sehr stark auf die aktuelle Unternehmenssituation. Das kann sehr sensibel sein. Daher sollten Sie als Trainer Ihre Teilnehmer zuvor auf die Seminarglocke verpflichten (s. Abb. auf S. 31). Geben Sie den Kleingruppen den folgenden Arbeitsauftrag für die nächste halbe Stunde: *„Bitte diskutiert in jeder Gruppe jeweils die entsprechende Facette der Komplexität und visualisiert eure Diskussionsergebnisse.*

- *Welche konkreten Beispiele aus eurem Unternehmensumfeld oder aus der Wirtschaft fallen euch ein, die die jeweilige Facette der Komplexität beschreiben könnten?*
- *Mit welchen konkreten Handlungsstrategien (Methoden, Vorgehensweisen ...)*
- *beziehungsweise mit welchen Fähigkeiten könnte man dieser Facette von Komplexität nützlicherweise begegnen bzw. sie aufgreifen?"*

Anschließend werden die Ergebnisse von jeweils jeder Gruppe präsentiert. Konträre Sichtweisen werden wieder stehen gelassen; diese dürfen einfach nachwirken. Bei den Handlungsstrategien, die von den Gruppen vorgeschlagen werden, sollten Sie diejenigen verbal unterstreichen, auf die Sie nachfolgend vertieft eingehen werden.

In der Besprechung könnten Sie folgendermaßen auf die einzelnen Facetten mit Bezug auf die Aufgabenstellung eingehen:

Zur **1. Facette:** Systemgrenze und Anzahl von vernetzten Elementen
Hier wären konkrete Handlungsstrategien und Methoden zu nennen, zum Beispiel die Projektumfeldanalyse, die Stakeholderanalyse (Dollinger 2014) oder das Soziogramm. Da diese sehr bekannt sind, gehen wir hier nicht verstärkt darauf ein.

Zur **2. Facette:** Offenheit & Varietät
Zu den wichtigen Handlungsstrategien zählen „Feedback einholen" sowie Methoden der Selbstreflexion. Hier können Sie als Trainer darauf hinweisen, dass Sie diese Vorgehensweisen ja schon in unserem Seminar integriert haben, in: „Unsere Feedbacks zu den Reden und den Austausch mit dem Buddy". Und dass Sie hier dranbleiben werden. Was hier zusätzlich wichtig ist, ist der Umgang mit Widersprüchlichkeit (Ambiguität, den Sowohl-als-auch-Aspekten), der im Thema Varietät immer gegeben ist und auch aus den widersprüchlichen Anforderungen des Umfelds (der Kunden) entsteht. Dabei können einige der Kennzeichen von Komplexität auch als Fähigkeiten zum Umgang mit Komplexität gesehen werden, etwa Varietät oder Selbstorganisation.

Zur **3. Facette:** Eigen-Dynamik & Wechselwirkungen

Hier sind Kernstrategien für Handlungen: „Hypothesen bilden", „Ziele definieren" und „Auswirkungen von Interventionen zu überprüfen" – also auszuprobieren, zum Beispiel mittels der systemischen Schleife oder dem „Build-measure-learn"-Prozess (siehe in diesem Buch „Von der Fehlerkultur zur Lernkultur", S. 336).

Zur **4. Facette:** Rückkopplung

Die zuvor genannte systemische Schleife sowie die Kompetenzen „Beobachten und Wahrnehmen" und auch „die Wahrnehmung von Mustern schärfen" gelten als Schlüssel zum Umgang mit Rückkopplung.

Zur **5. Facette:** Intransparenz

Neben den auch bei der Rückkoppelung genutzten Kompetenzen gewinnt beim Umgang mit Intransparenz zusätzlich die Fähigkeit zum Umgang mit Ungewissheit und entsprechende Methoden an Bedeutung. In unserem Buch finden Sie hier zum Beispiel den Ansatz „Das Ungewissheitsprofil" (S. 300).

Zur **6. Facette:** Selbstorganisation

Beim Stichwort „Selbstorganisation" sollten Sie als Trainer mit der Gruppe über entsprechende Erfahrungen sowie Fähigkeiten und notwendige Rahmenbedingungen und Prinzipien sprechen.

Falls Sie wegen einer bestimmten Zielgruppe noch ausführlicher auf die Facetten „Rückkopplung", „Eigendynamik" und „Varietät" eingehen möchten, können Sie dazu zusätzlich auch noch die folgenden Beispielshilfen nutzen.

Rückkopplung: Geringste Marktvorteile in der Anfangsphase (z.B. bessere Beziehungen, politische Situation) können sich im Lauf des Wettbewerbs aufschaukeln und zum Durchbruch eines bestimmten Produkts führen. Entsprechend wird sich z.B. eine Technologie immer leichter und deutlicher durchsetzen, ohne dass diese Entwicklung am Anfang vorausgesagt werden konnte. Beispielsweise hat sich damals bei den Videokassetten VHS gegen das technisch bessere Betamax durchgesetzt, u.a. wegen besserem Marketing und stärkerer Allianzen. Das kann zum Beispiel bedeuten, dass, selbst wenn ein technischer Standard wie z.B. ein Computerbetriebssystem nicht die beste Lösung unter fachlichen Gesichtspunkten war, gewinnt es am Ende global. Tatsächlich bleiben häufig nur diejenigen übrig, bei denen sich kleinste Anfangsvorteile durch günstige Umstände verstärken konnten (vgl. Mainzer 2017).

Mit anderen Worten: Ein nicht lineares Modell zeigt, wie sich der Wettbewerb zwischen zwei konkurrierenden Produkten bei positiver Rückkopplung unter der Bedingung zunehmender Erträge durch zufällige Anfangsfluktuation entscheidet. Formal konkurrieren zwei Ordnungsparameter an einem Instabilitätspunkt.

Wir sollten das wissen, um gleich am Anfang eines Wettbewerbs aufzupassen, kleine Veränderungen der Umstände nicht zu unterschätzen und den Anfängen zu wehren (Mainzer 2017).

Eigendynamik: Die Finanzwelt ist ein komplexes System aus Millionen von Menschen, deren einzelne Reaktionen und Handlungen uns unmöglich alle bekannt sein können. Dennoch erzeugen ihre vielfältigen Wechselwirkungen Effekte, die wir messen und beobachten können. So schlagen sich Veränderungen von Preisen und Börsen in Zeitreihen aus mehr oder weniger schwankenden Zickzack-Kurven nieder. In einer Kausalanalyse könnte man versuchen, die Kurse von Aktien und Anleihen durch Ursache und Wirkung zu erklären: Etwas geschieht, darauf reagieren die Kurse aufgrund des Kaufverhaltens von Millionen von Börsianern, was wiederum Unternehmensentscheidungen beeinflusst, die auf politische Entscheidungen Einfluss nehmen, worauf die Kurse wieder reagieren etc. Der Einzelfall lässt sich aber nicht vorhersagen, da wir nie alle Anfangs- und Nebenbedingungen kennen können (Mainzer 2017).

Varietät: Für das Verständnis von Varietät hilft folgende Überlegung: Wie viele Zustände kann ein Sachverhalt aus Managementsicht maximal enthalten? Mit anderen Worten: Wie viele Zustände (gleich Varietät) muss das Management gleichzeitig handhaben können, um alle Handlungsmöglichkeiten im Blick zu behalten. Anders gesagt: Wie komplex ist die Situation (Lambertz 2016)?

Angenommen, Sie müssten eine Entscheidung treffen, die zehn Bereiche betrifft (Produktion, Marketing, HR, Qualitätskontrolle, Compliance etc.). Und pro Bereich müssten Sie sich mit zwei beteiligten Personen abstimmen, die jeweils zwei unterschiedliche Perspektiven auf eine bereichsspezifische strategische Entscheidung haben. Dann hätten Sie es als Manager mit 1.048.576 möglichen Zuständen im System zu tun (2 hoch 2 hoch 10). Fügt man in diese Kalkulation noch den Kunden ein, der sich heute über das Internet informiert und anspruchsvoller wird und betrachtet zudem, dass diese Entscheidungen von- bzw. miteinander abhängig sind, dann steigt die Anzahl der Möglichkeiten schnell in groteske Höhen.

Während die Gruppen ihre Ergebnisse präsentiert und dabei Handlungsstrategien genannt haben, haben Sie als Trainer einige dieser Handlungsstrategien unterstrichen. Und zwar diejenigen, auf die Sie nun nachfolgend im Training vertieft eingehen werden – um aufzuzeigen, dass es bestimmte Kernkompetenzen braucht, um die Potenziale, die im Thema „Umgang mit Komplexität" stecken, tatsächlich zu schöpfen. Entsprechend könnten Sie auch schon darauf hinweisen, dass sie sich mit diesen Kernkompetenzen im Training weiter befassen werden. Sollten diese Kernkompetenzen sich nicht aus der Präsentation der Gruppen ergeben haben, dann sollten Sie diese verbal ergänzen. Damit haben die Teilnehmer die „Überschriften" schon mal gehört und entwickeln eine Idee, wie es weitergehen wird.

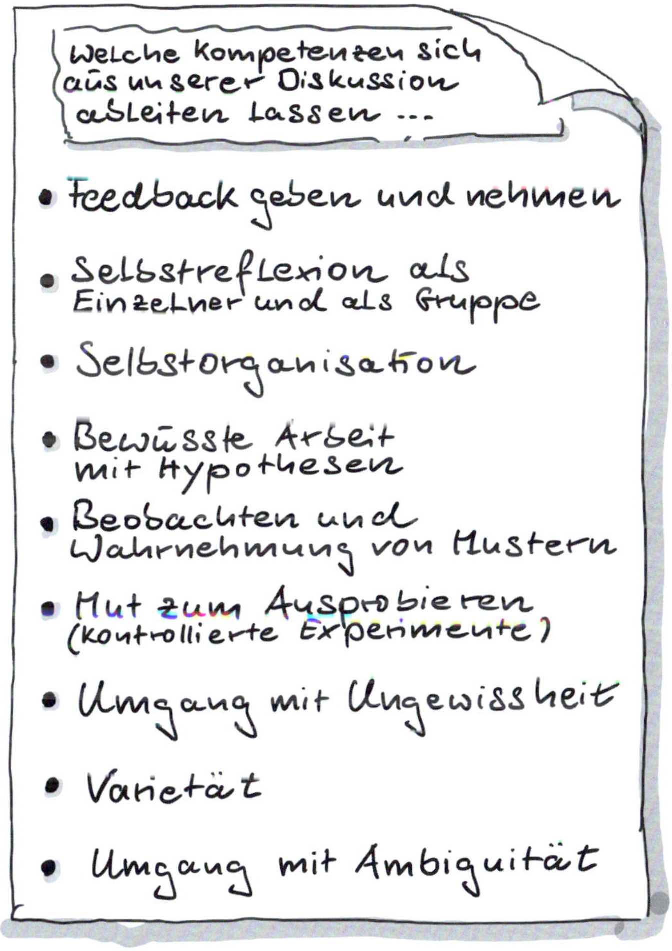

Abb.: Kernkompetenzen für wichtige Handlungsstrategien.

Im Seminar haben wir ja bereits an Kompetenzen zum Umgang mit Komplexität gearbeitet. Nämlich mit den Punkten „Sich Positionieren“ (s. S. 43), „Wirksam werden“ (s. S. 89), „Sich Vernetzen mit WOL“ (s. S. 50 und S. 57) und anderen Methoden. Dies kann man gut aufgreifen. Selbstverständlich kann man als Trainer hier gut variieren und die Kompetenzen auswählen, die für das jeweilige Unternehmen und die jeweilige Gruppe am besten passen (dafür wird im zweiten Teil dieses Buches ab S. 197 auch eine Auswahl an weiteren Übungen vorgestell).

Debriefing

Den Hinweis, dass Sie jetzt mit der Arbeit an den einzelnen Kompetenzen fortfahren werden, können Sie auch gut zum Debriefing nutzen: *„Ein Kernfokus, der sich aus diesen Gruppenarbeiten und Diskussionen ergibt, ist der Blick auf notwendige Komplexitätskompetenzen. Für uns zeigt sich sehr klar, dass alle diese Komplexitätskompetenzen sowie zugehörige Methoden und Vorgehensweisen dazu dienen, die jeweilige Facette von Komplexität in nützlicher Weise aufzugreifen und Steuerungsimpulse in komplexen Systemen zu setzen. Es handelt sich um ‚Metakompetenzen‘, die neben den fachlichen Kompetenzen von Führenden aufgebaut werden sollten.*

In der Studie der Universität St. Gallen und der RWTH Aachen (2015) ‚Komplexitätsmanagement 3.0: Wie Führungskräfte das Thema Komplexität einschätzen und angehen‘ wurde dazu folgender Schluss gezogen: ‚Wenn Komplexitätskompetenzen auf- und ausgebaut werden, ergeben sich für die schnelleren und mutigeren Führungskräfte merkliche Potenziale, sich früh Vorteile zu sichern.‘“

Hier können Sie dann auf eine Zusammenfassung der Komplexitätskompetenzen schauen: „Feedback“, „Selbstreflexion“, „Arbeit mit Hypothesen“, „Beobachten“ (Wahrnehmen von Mustern), „Mut zum Ausprobieren“ (kontrollierte Experimente), „Umgang mit Ungewissheit“, „Selbstorganisation“, „Varietät“ und „Umgang mit Ambiguität“. Und darauf hinweisen, dass dies die Themen sind, die die Teilnehmer nun anpacken werden.

Um wieder ein bisschen Leichtigkeit in die Gruppe zu bringen, können Sie anschließend mit Übungen zur Selbstorganisation weitermachen; als sehr kurze und zugleich lustige Übung könnte man den „Flaschentornado“ (S. 276) einsetzen. Auch das „Ball Point Game“ (S. 264) eignet sich oder, was mehr Zeitbedarf erfordert, auch die „Ja, und-Improvisationsübung“ (S. 293). Die Diskussion der oben vorgestellten Theorien und der Transfer in die Praxis sind durchaus fordernd.

Quellen

- Bandte, H. (2007): Komplexität in Organisationen. Organisationstheoretische Betrachtungen und agentenbasierte Simulation. Wiesbaden: Deutscher Universitäts-Verlag.
- Bick, W. & Drexl-Wittbecker, S. (2008): Komplexität reduzieren. Konzept. Methoden. Praxis. Stuttgart: LOG_X Verlag GmbH.
- Borgert, S. & Oltmann, C. (2015): Die Irrtümer der Komplexität: Warum wir ein neues Management brauchen. GABAL.
- Dörner, D. (2007): Die Logik des Misslingens. Strategisches Denken in komplexen Situationen. Rowohlt Verlag Hamburg.
- Dollinger, A. (2014): Change-Trainings erfolgreich leiten: Der Seminarfahrplan. managerSeminare Verlags GmbH.
- Lambertz, M. (2016): Freiheit und Verantwortung für intelligente Organisationen.
- Mainzer, K. (2017): Komplexität. utb GmbH (Band 3012).
- Pfläging, N. (2015): Komplexithoden: Clevere Methoden zur Wiederbelebung von Unternehmen und Arbeit in Komplexität. REdline Verlag.
- Scheinpflug, R. & Stolzenberg, K. (2016): Neue Komplexität in Personalarbeit und Führung: Herausforderungen und Lösungsansätze. Springer Verlag.
- Schmid, B. (2015): Impulsvortrag: Führung als Systemkompetenz. Führungs-Kongress Führungs-Autorität. Heidelberg.
- Schuh, G., Krumm, S. & Amann, W. (2013): Chefsache Komplexität – Navigation für Führungskräfte. Springer Gabler.
- Steger, U., Amann, W. & Maznevski, M. (2007): Managing complexity in global organizations. Wiley.

Impulse für Führende

Orientierung

Ziele

- Die Teilnehmer für die Selbstorganisation in komplexen Systemen sensibilisieren
- Die Einstellung zur Selbstorganisation reflektieren

Zeit

15 bis 30 Minuten, abhängig davon, wie schnell die Teilnehmer zu einer Lösung kommen und wie viel Dynamik aufkommt

- Erste Aufstellung: 3 bis 10 Minuten

Material

Gegebenenfalls ein Flipchart

Hinweise

Die Gruppe sollte aus mindestens acht und bis zu 15 Teilnehmern bestehen. Bauen Sie gegebenenfalls etwas Zeitpuffer ein, für den Fall, dass viel Dynamik zwischen den Teilnehmern aufkommt

Erläuterung

Diese Übung macht die Möglichkeiten von Selbstorganisation gut erlebbar. Wir haben sie von unserem Kollegen Gerald Singer übernommen. Sie basiert auf der ursprünglichen Übung von Armin Rohm (Rohm 2015). In der vorliegenden Form zielt die Übung auf den Umgang mit Komplexität und Selbstorganisation und geht dabei über die Demonstration von Systemdynamiken deutlich hinaus.

Ursprünglich hat Armin Rohm die Übung „Magische Dreiecke" für den Einsatz in Workshops zum Thema Veränderung beschrieben (Rohm 2015). Ausgangspunkt ist, dass alle Teilnehmer locker durch den Raum schlendern. Dann wird jeder dazu aufgefordert, sich an zwei Kollegen seiner Wahl zu orientieren und mit diesen ein gleichschenkliges Dreieck zu bilden. Die Auswahl der Kollegen und die Aufstellung in Dreiecken erfolgt, ohne zu kommunizieren, das heißt, auch ohne zu erfahren, von welchen Kollegen jeder Teilnehmer „auserwählt" wurde. Bis zwischen den Teilnehmern (die sich natürlich nicht alle jeweils die gleichen beiden Partner aussuchen) der Zustand eines stabilen Gleichgewichts erreicht wird, dauert es in etwa drei bis zehn Minuten.

In dieser Zeit entsteht viel Dynamik und Bewegung in der Gruppe. Ist eine für alle zufriedenstellende Aufstellung gefunden, kann im zweiten Schritt der Trainer intervenieren, zum Beispiel indem er einzelne Personen bewegt oder ganz aus der Gruppe entfernt und somit wieder ein Ungleichgewicht herstellt, das zu einer erneuten Dynamik in der gesamten Gruppe führt. Das Ziel der Übung ist es, den Teilnehmern zu verdeutlichen, dass jedes Handeln und jede Intervention eine Dynamik mit sich bringt und Auswirkungen auf das gesamte System hat. Die Teilnehmer erleben, dass sie in diesem System Ursache und Wirkung zugleich sind. Somit macht diese Übung die Komplexität und Dynamik von Veränderungsprozessen erlebbar.

Im Bereich Komplexitätsmanagement wird diese Übung in einer abgewandelten Form eingesetzt werden. Ziel ist es, die Funktionsweise und die positiven Auswirkungen von sich selbst organisierenden Teams im Umgang mit Komplexität zu verdeutlichen. Zudem ist die Übung ein idealer Einstieg in die Reflexion der eigenen Person. Denn jeder kann sich in der Rolle als Führender und mit seiner eigenen Einstellung zum Thema Selbstorganisation erleben. Dabei können im Anschluss verschiedene Herangehensweisen und Einstellungen verglichen und diskutiert werden.

Vorgehen

Zunächst erklären Sie als Trainer der Gruppe die Aufgabe, die es zu lösen gilt. Dazu bitten Sie die Gruppe, aufzustehen und in den offenen Plenumsraum zu kommen. Dann erfolgt die Instruktion: *„Instruiere bitte deine Kollegen so, dass jede und jeder denselben (räumlichen) Abstand zu zwei Kollegen ihrer beziehungsweise seiner Wahl hat."*

Dabei ist es unbedingt nötig, diese Instruktion auf einem Flipchart zu visualisieren (siehe Abb. auf S. 128).

Manchmal kommen Rückfragen von den Teilnehmern, wie z.B.: *„Was heißt räumlicher Abstand?"* Oder *„Wann muss ich diese zwei Kollegen wählen?"* Bitte antworten Sie hierauf mit Hinweis auf die Instruktion und geben Sie keine zusätzlichen Informationen. Weisen Sie darauf hin, dass erst einmal noch keine Lösungen eingebracht werden sollen, sondern jeder für sich darüber nachdenkt, wie er das Thema anpacken würde. Entsprechend gibt der Trainer der Gruppe einen Moment Zeit, um mögliche Vorgehensweisen als Führender zu überlegen – und zwar ohne darüber mit Kollegen zu diskutieren. Dies dient vor allem dazu, dass jeder seinen eigenen Ansatz und somit seinen Stil einbringen kann, was die Grundlage für die anschließende (Selbst-)Reflexion und Diskussion liefert.

Im nächsten Schritt werden die Teilnehmer gebeten, nacheinander in der Rolle des Führenden ihren Lösungsansatz mit „ihrem Team", also der Gruppe, umzusetzen. Als Trainer übernehmen Sie die Moderation nur insoweit, dass Sie einen ersten „Freiwilligen" erbitten und diesem die Lösung überlassen. Greifen Sie bis zur Lösung – beziehungsweise bis zu dem Moment, an dem der Teilnehmer seinen Ansatz als nicht geeignet einschätzt und die Rolle an einen anderen Teilnehmer abgeben möchte – nicht ein.

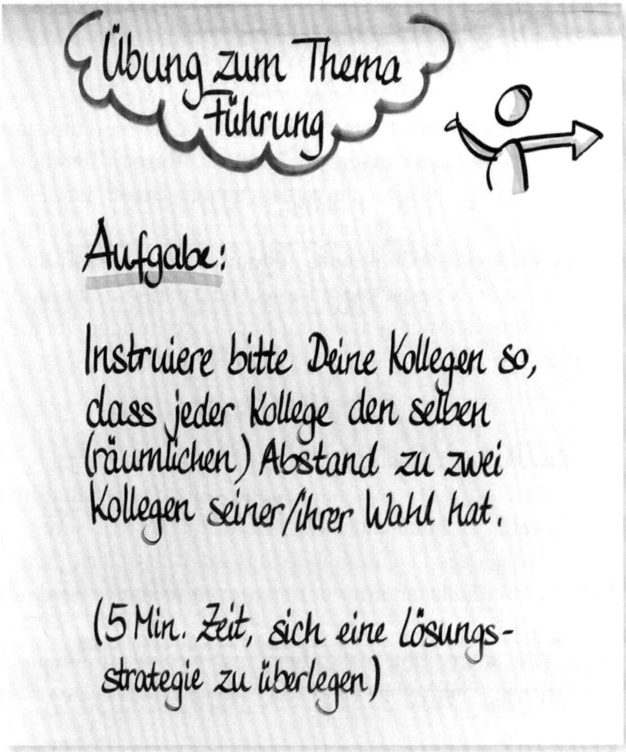

Abb.: Instruktion für die Übung „Magische Dreiecke".

Meist findet die dritte oder vierte Person die Lösung. Falls es nach drei bis vier Versuchen noch keine Lösung gibt, lösen Sie die Aufgabe auf, indem Sie Ihre Teilnehmer bitten, sich selbst zu organisieren.

Auch wenn die Teilnehmer die Übung „Magische Dreiecke" bereits kennen, stellen sie diese Verbindung meist nicht her. Wenn das doch der Fall ist und jemand sagt „Ich kenne die Übung schon", kann man diese Person bitten, als Beobachter zu fungieren.

Debriefing

Zunächst erfolgt eine Auswertung, in der die eigene Rolle reflektiert wird. Die Auswertung der Übung sollte im Anschluss in einer offenen gemeinsamen Diskussion stattfinden, dort, wo man gerade steht. Sinnvoll ist es dabei, die einzelnen Lösungsansätze der Reihe nach kurz durchzugehen und sowohl die Führenden als auch die Teammitglieder zu fragen, wie sie die Situation erlebt haben und wie sie diese Erlebnisse einschätzen. Bei der Reflexion kann eine Auswahl der folgenden Punkte fokussiert werden:

- Wie viel Verantwortung für die Lösung hat der Führende selbst übernommen und wie viel Verantwortung wurde an das Team abgegeben?
- Wurden die Teammitglieder bei der Lösungsfindung oder auf dem Lösungsweg miteinbezogen?
- Wie ging es den Teammitgliedern während der Übung?
- Gab es kritische Momente oder gar Tiefpunkte, in denen die Stimmung gekippt ist?
- Gab es positive Wendungen/Höhepunkte auf dem Weg zur Lösung?
- Wie klar wurden die Aufgabe, das Ziel, der Sinn und der Nutzen der Übung dem Team zu Beginn kommuniziert?
- Wussten die Mitglieder zu jedem Zeitpunkt, was ihre Aufgabe oder Rolle ist?
- Wie viel Vertrauen und Zuversicht hatten die Teammitglieder in den Lösungsansatz ihrer Führungskraft?
- Wie viel Vertrauen hatten die Führenden selbst in ihren Lösungsansatz?
- Wie wurde mit Teammitgliedern umgegangen, die sich kritisch bezüglich des Lösungsansatzes geäußert haben oder Alternativvorschläge eingebracht haben?
- Haben die Teammitglieder die Führenden auf dem Lösungsweg unterstützt oder es diesen eher erschwert, eine Lösung zu finden?
- Was bedeutet die Übung für den Umgang mit Komplexität im Alltag?

Heben Sie als Trainer bei der Auswertung der Übung hervor, dass es dabei nicht um „die eine korrekte Lösung" geht, sondern vor allem darum, die verschiedenen Ansätze und Einstellungen zum Thema Selbstorganisation sowie ihre Auswirkungen im Umgang mit Komplexität zu reflektieren. Wenn man will, kann man diese Facetten zum Beispiel in einer Mind-Map mitvisualisieren.

Quellen

- Rohm, A. (Hrsg.) (2015): Change-Tools. Erfahrene Prozessberater präsentieren wirksame Workshop-Interventionen. managerSeminare.

Selbstorganisation und Komplexität

Orientierung

Ziele

- Grundlagen der Selbstorganisation in komplexen Strukturen verstehen
- Die Bedeutung von Selbstorganisation und Selbstführung verstehen
- Verstehen, dass die Verbesserung der Selbstorganisationsfähigkeit von Unternehmen und Teams immer ein co-kreativer und gemeinschaftlicher Prozess ist.

Zeit

Insgesamt 95 Minuten

- Intro VUCA und Organisationsentwicklung: 10 Minuten
- Gruppenarbeit Teil 1: 20 Minuten
- Präsentation der Ergebnisse: 15 Minuten
- Gruppenarbeit Teil 2: 20 Minuten
- Teilen der Ergebnisse im Plenum & Diskussion: 20 Minuten
- Debriefing: 10 Minuten

Material

Pinnwände

Erläuterung

Wie bereits mit den Teilnehmern diskutiert wurde, ist Selbstorganisation zum einen ein Merkmal komplexer Systeme, ob wir nun von Selbstorganisationsprozessen in den Naturwissenschaften, in unserem Gehirn oder von Unternehmen sprechen. Zum anderen ist Selbstorganisation eine Kompetenz, die im Umgang mit komplexen Systemen erforderlich ist. Selbstorganisation ist zudem eine Antwort auf die Frage nach dem Umgang mit unserer VUCA-Welt der Komplexität und Ungewissheit, der großen Schwankungen und der ausgeprägten Mehrdeutigkeiten. Genau das wird in diesem Baustein thematisiert und mit zwei Übungen bearbeitet.

Intro-Vorschlag

„Es ist interessant zu sehen, dass das VUCA-Konzept in der Praxis zuerst im amerikanischen Militär Fuß gefasst hat. Es wurde übernommen und weiterentwickelt, um ein wirksames Narrativ für die neuen global

entstehenden Kräfteverhältnisse mit multilateralen und asymmetrischen Szenarien zur Verfügung zu haben. Gerade die Führung in militärischen Kontexten, in denen Terrorismus und unvorhersehbare Entwicklungen über Staaten hinweg zunehmend an der Tagesordnung sind, musste sich verändern, um mit diesen Entwicklungen zurande zu kommen.“

Als Beispiel können Sie die Beschreibung der entsprechenden wesentlichen Veränderungen des amerikanischen Militärs aus dem VUCA-Blog von Monika Burg zitieren:

- Das Mantra „VUCA, VUCA, VUCA“ habe „Russia, Russia, Russia“ ersetzt.
- Die Army sei mit der „Operation Absolute Agility“ zur agilen Organisation umgebaut worden.
- Verantwortung sei dezentralisiert worden: Planung und Kontrolle von Aktivitäten seien auf die taktische Ebene der militärischen Organisation, die Squads, übertragen worden. Die Squads als kleinste Kampfeinheiten der Army mit in der Regel neun Personen seien zur Grundlage der agilen Organisation geworden.
- Leadership sei neu definiert worden und neue Skills für die agile Organisation würden auf allen Ebenen trainiert. Squad Leaders würden beispielsweise trainiert im Hinblick auf Urteilsfähigkeit und unabhängige Entscheidungsfähigkeit unter hohem Stress und im Umgang mit Aktionen, die in keinem Handbuch nachzulesen sind. Die Top Level Leaders müssten das Teilen von Verantwortung lernen und klassisches hierarchisches Durchregieren unterlassen. Stattdessen sei eine Atmosphäre geschaffen worden, die zu Initiative und Risikobereitschaft ermutige, auch durch Vorbild.

Diese Aussage könnten Sie auch mit einem PowerPoint-Chart begleiten. Fahren Sie dann fort: *„Soweit die Geschichte. Wenn wir diesen Ausführungen glauben, dann stand die Frage im Mittelpunkt, wie die militärische Organisation den Grad von Selbstorganisation erhöhen kann. Wie können die kleinsten Organisationszellen, die sich an der vordersten Front der Auseinandersetzungen bewegen, autonomer, schneller und adaptiver werden, um auf unvorhersehbare Ereignisse in komplexen Zusammenhängen angemessen zu reagieren? Es ist interessant, dass anscheinend dieses radikale Umdenken in den Achtzigerjahren bei der US-Armee stattfand, einer Organisation, mit der man rigide, hierarchische Top-down-Strukturen verbindet. Der Wechsel von der ‚symmetrischen zur asymmetrischen Kriegsführung‘ war in gewisser Weise eine Vorwegnahme dessen, was die klassischen Unternehmensorganisationen mit dem Aufkommen des Internets ab Mitte der 1990er-Jahre vollziehen mussten. Eine Entwicklung, die bis heute in Gang ist und die auch nicht* *zum Stillstand kommen wird. In den Unternehmen geht es darum, sich in Wertschöpfungs-Zusammenhängen erfolgreich zu bewegen – in enger Verbindung mit dem Kunden bei sich schnell verändernden Kundenbedürfnissen und konkurrierenden Angeboten. Eines der erfolgreichsten Unternehmen der Internetwirtschaft, Spotify, hat sich übrigens an den beschriebenen militärischen Strukturen angelehnt und ihre kleinsten Organisationseinheiten auch ‚Squads‘ genannt.“*

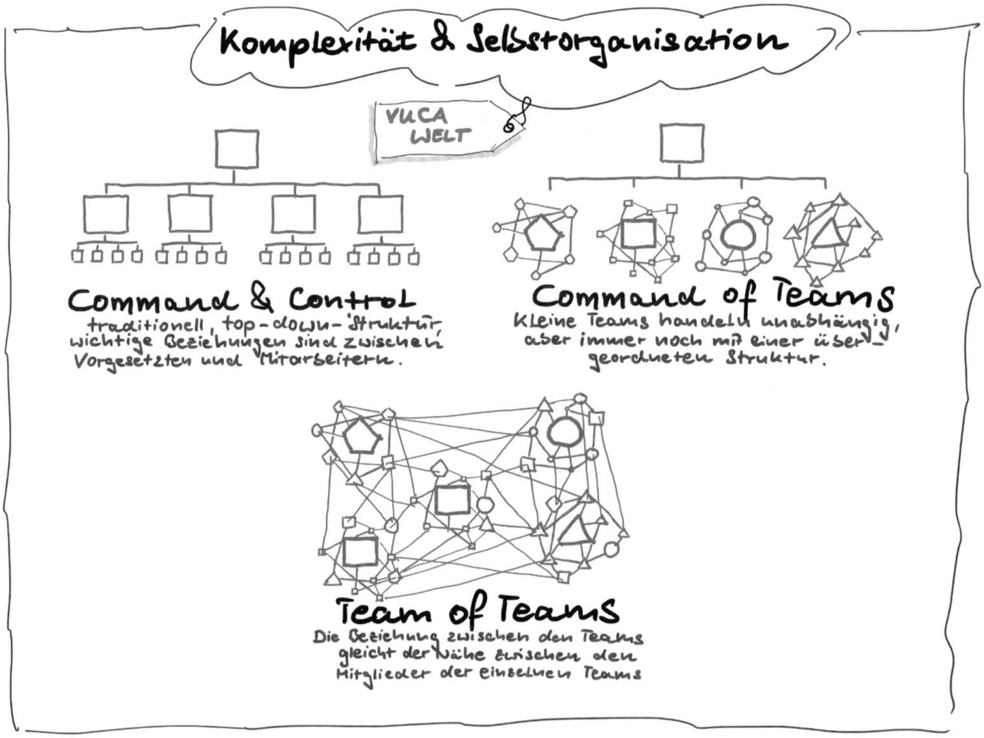

Abb.: „Team of Teams“ – Neue Regeln der Interaktion.

Vorgehen

- Nun erfolgt eine Gruppenarbeit in zwei Teilen. Dazu laden Sie zunächst zu einer weiterführenden Reflexion des Themas Selbstorganisation ein. *„Um Transfermöglichkeiten für die gerade genannten Ansätze zu finden, lade ich euch ein, die nachfolgenden Fragen in Vierergruppen zu diskutieren:*

- *Inwieweit bewegt ihr euch mit bzw. in euren Unternehmen in einem Umfeld, das zunehmend einen schnelleren, flexibleren Umgang mit den Kunden erfordert?*

- *Inwieweit ist eine solche Veränderung zu mehr Selbstorganisation in euren Unternehmen aus eurer Sicht sinnvoll und denkbar?*

- *Was müsste man ändern und welche Glaubenssätze müssten sich im Unternehmen ggf. ändern, um für solch eine Entwicklung offen zu sein?*

Bitte nehmt euch für die Gruppenarbeit 20 Minuten Zeit und visualisiert auch die Kernaussagen zu eurer Diskussion, wie immer ihr das möchtet. Stellt bitte die Ergebnisse anschließend in drei Minuten im Plenum vor."

Hierbei gibt es wiederum kein Richtig oder Falsch. Zentral sind aus unserer Erfahrung die Fragen nach den Glaubenssätzen und dem Thema „Kontrolle behalten". Letzteres spielt die wichtigste Rolle: Wie kann man sich unter VUCA-Bedingungen gemeinsam ausrichten und erfolgreich sein? Hier kann man noch mal auf die Diskussion zu den Unternehmenskulturen vom Vormittag hinweisen, die hierzu Impulse liefern können.

Dann können Sie als Trainer sehr gut zum nächsten Teil der Gruppenarbeit überleiten, der sich mit den „Rahmenbedingungen von Selbstorganisation" befasst.

Bitten Sie die Teilnehmer, dafür neue Gruppen zu bilden. *„Wie ihr nun in euren Diskussionen herausgearbeitet habt, sind bestimmte Rahmenbedingungen hilfreich bzw. auch nötig, um Selbstorganisation in Unternehmen zu fördern und gleichzeitig eine gemeinsame Ausrichtung und Ergebnisorientierung sicherzustellen. Ich möchte euch jetzt bitten, eure Erfahrungen und euer Wissen weiter zu vertiefen und zu diskutieren, welche konkreten Rahmenbedingungen notwendig sind, damit dies gelingen kann. Dabei könnt ihr euch an Unternehmen orientieren, die ihr kennt und in denen Selbstorganisation schon gut gelebt wird, eure eigenen Erfahrungen nutzen, wann Selbstorganisation in euren Unternehmen schon gelungen ist und was dazu beigetragen hat.*

Bitte bildet wieder Vierergruppen, wechselt dazu aber bewusst die Gruppenzusammensetzung, damit ihr möglichst viele Impulse von euren Kollegen hier bekommen könnt. Ihr habt wieder 20 Minuten Zeit für den Gruppenaustausch und die Visualisierung eurer Ergebnisse. Bitte präsentiert diese wieder im Plenum, damit wir voneinander profitieren können. Dafür habt ihr drei Minuten Zeit."

Wie müssen Rahmenbedingungen gestaltet sein, damit Selbstorganisation in Unternehmen erfolgreich funktionieren kann?

- Was wissen wir über Organisationen, die Selbstorganisation befördern und über entsprechende Rahmenbedingungen, unter denen dies gelingt?
- Was sind unsere persönlichen Erfahrungen zu gelungener Selbstorganisation – ggf. auch außerhalb des Unternehmens –, was waren entsprechende Rahmenbedingungen?
- Wenn wir uns zuhören: Aus unserer Sicht formuliert, was könnten „7 Prinzipien der gelingenden Selbstorganisation" sein, worauf sollten wir uns fokussieren?

Debriefing

Es kann sehr spannend werden, die Ergebnisse der Gruppen zu vergleichen. Erfahrungsgemäß liegen diese durchaus dicht beieinander. Der Trainer kann hervorheben, dass nun die Gruppe „Die 7 Prinzipien der gelingenden Selbstorganisation" selbst erarbeitet hat (weil es eine solche Zusammenfassung bisher nicht gibt). Falls Erkenntnisse, Modelle oder Fragen aus der Landkarte „Komplexitätsmanagement" auftauchen, denken Sie als Trainer bitte daran, den Bezug zum Post-it und zum Teilnehmer herzustellen.

Wenn Sie wollen, können Sie mit einer etwas provokativen zusammenfassenden Übersicht abschließen: *„Hier noch ein paar zentrale Erkenntnisse dazu, was Selbstorganisation nicht ist …"*

1. **Missverständnis:** Selbstorganisation in Unternehmen entspricht Selbstorganisation in der Natur
   Selbstorganisation in Unternehmen ist nicht ohne die Existenz einer steuernden Instanz denkbar (zumindest, wenn mehrere Menschen zusammenarbeiten). Dieses gibt es in der Natur nicht. Entsprechend leben und überleben bestimmte Pflanzen oder Tiere eher – oder auch nicht. Die Führenden geben Rahmen und Orientierung mit Blick auf die Ziele und definierten Freiräume. Das heißt, Selbstorganisation geschieht nicht einfach so, sondern wird gemeinsam ausgehandelt. Zudem haben die Führenden meist die Möglichkeit, einzelnen Personen das Recht auf Selbstorganisation zu entziehen, wenn beispielsweise die vorgegebenen Rahmenbedingungen missachtet werden.

2. **Missverständnis:** Selbstorganisation bedeutet Verzicht auf Fremdorganisation
Selbstorganisation setzt, wie unter Missverständnis Nummer 1 beschrieben ist, eine Autorisierung und Rahmensetzung von Führenden voraus und ist somit immer mit einem gewissen Maß an Fremdorganisation verbunden.

3. **Missverständnis:** Selbstorganisation bedeutet Hierarchiefreiheit
Auch wenn Menschen sehr selbstorganisiert arbeiten, gibt es eine Form von Hierarchie. Einzelne Menschen werden demnach nicht mehr von einer Person disziplinarisch geführt, es gibt dann keine Personenhierarchien. Gleichwohl gibt es Teams, die anderen Teams hierarchisch über- bzw. untergeordnet sind (Team- oder Kreishierarchie).

4. **Missverständnis:** Selbstorganisation ist ein Paradies für Mitarbeiter
Auch wenn Selbstorganisation im Team erfolgt, verläuft diese nicht immer konfliktfrei und ist mit Herausforderungen und gruppendynamischen Prozessen verbunden. Erfolgreiche selbstorganisierte Teamarbeit ist keine Frage des Zufalls oder Glücks, sondern bedarf konsequenter Entwicklung, individuell und im Team, und diese ist nicht immer „paradiesisch". Eingeschliffene Muster im Umgang mit sich selbst und anderen (Umgang mit Fehlern, Entscheidungsfindung in der Gruppe) werden bestenfalls in fortlaufenden Lernprozessen und Selbstreflexion durch neue Muster ersetzt.

Ein kleines Beispiel zum Schmunzeln (das Sie vorlesen können)

Doktor zum Patienten: Sie haben VUCA.

Patient: Oje, was bedeutet das für mich?

Doktor: Sie müssen einige Zeit in eine Selbstorganisationstherapie. Dort teilen Sie sich oft mit vielen anderen einen Arbeitsraum, müssen den Verlust von Rechthaben aushalten und zudem methodisch sehr diszipliniert sein.

Patient: Oje, jetzt habe ich erst VUCA, und dann muss ich auch in eine Selbstorganisationstherapie. Jedes für sich ist doch schlimm genug.

Doktor: Ja, aber anders bekommen Sie das nicht in den Griff. In der Selbstorganisationstherapie werden Sie lernen, mit Ihrer VUCA umzugehen. Und nach einiger Zeit wird Selbstorganisation ein ganz normaler Teil Ihres Lebens sein, den Sie sogar nicht mehr missen wollen.

5. **Missverständnis:** Selbstorganisation ist effizienter als Fremdorganisation
Bei selbstorganisatorischen Prozessen verlagern sich die Koordinationsaufgaben in die Teams hinein. Damit ist Selbstorganisation nicht effizienter als Fremdorganisation, sie erhöht jedoch in komplexen Umwelten die Wahrscheinlichkeit, effektiver als Fremdorganisation zu sein. Also Kundenbedürfnisse besser zu verstehen und gezielter und schneller aufzugreifen und zu bedienen, als dies durch Fremdorganisation möglich wäre. Dies kann nur gelingen, wenn ein erheblicher Aufwand in die Befähigung der einzelnen Organisationsmitglieder investiert wird. Selbstorganisation bedeutet, auf einer ewigen Baustelle zu arbeiten. Wer seine Truppe auf eine Bergbesteigung in unbekanntes Gelände schickt, kann diese nicht mit Alltagskleidung ausstatten und sagen „Ich vertraue meinem Team".

Quellen

- Aulinger, A. & Heudorf, M. (2017): Selbstorganisation – ein Organisationsprinzip für Agilität. Steinbeis-Hochschule Berlin, Institut für Organisation & Management (IOM).
- Burg, M. (2017): VUCA verstehen: der Ursprung des Begriffs in der U.S. Army / Essay 3. In: VUCABLOG [Weblog], 4.12.2017, Online-Publikation: *blog.monikaburg.com/2017/12/04/vuca-verstehen-begriff-ursprung-us-army/* – abgerufen am 13.8.2018.

Muster wahrnehmen, ausmustern, verstärken

Orientierung

Ziele

- Wahrnehmung für Denk- und Handlungsmuster schärfen
- Eine Methodik zum Thema Selbstreflexion (in der Gruppe) kennenlernen
- Die eigene Selbstreflexionskompetenz anregen
- Lernen, sich als Team in Kooperation zu beobachten

Zeit

Insgesamt 75 Minuten
- Intro durch den Trainer: 5 Minuten
- Gruppenarbeiten: 20 Minuten
- Auswertung der Gruppenarbeiten: 20 Minuten
- Präsentation der Ergebnisse pro Gruppe: 5 Minuten (20 insgesamt)
- Fazit & Debriefing: 5 Minuten
- Puffer: 5 Minuten

Material

Handout: „Die Besprechung als Hotspot der Unternehmenskultur"; Flipchart mit Instruktion für die Übung (Marshmallow Contest); Flipchart mit Instruktionen zur Selbstreflexion im Team; Pinnwände mit Instruktion; pro Gruppe 40 Spaghetti und 20 Marshmallows fertig greifbar vorbereiten; 1-2 Moderationswände; Post-its; eine große Mülltüte (60 Liter); ein Meterstab; Timer (auf dem Mobiltelefon); Internet – prüfen, ob eine gute Verbindung besteht

Erläuterung

Durch diese Übung möchten wir die eigene Wahrnehmung für Denk- und Handlungsmuster in der Gruppe schärfen und auch eine Methodik zum Thema Selbstreflexion in der Gruppe einführen. Zudem lässt sich anhand der Übung sehr gut zeigen, welche Bedeutung das Thema „Wie wir kooperieren" hat: Weil das Team sich „in Kooperation" beobachtet und dies gut auf die Bedeutung von Besprechungs- und Entscheidungskultur übertragbar ist. Wir sind der tiefen Überzeugung, dass, wenn man Unternehmenskultur verändern will, sich vor allem Besprechungs-

und Entscheidungskultur verändern muss. Denn in diesen Situationen, in diesen „Hotspots", zeigt sich, wer Bedeutungsgebung definiert, wer Macht innehat, welche impliziten und expliziten Regeln in Unternehmen herrschen und wie Führende sich selbst sehen und verstehen (s. Handout: „Die Besprechung als Hotspot der Unternehmenskultur", in den Download-Ressourcen). Wir glauben, dass sich durch den Einsatz von neuen Methoden Veränderungsimpulse für Kulturen setzen lassen. Weil eingeübte Rituale, Routinen etc. durchbrochen und damit Situationen neu definiert werden.

Und auch für diese Übung gilt: Behalten Sie im Auge, ob dabei Erkenntnisse, Modelle oder Fragen aus der „Landkarte Komplexitätsmanagement" auftauchen. In dem Fall sollten Sie als Trainer Bezug zum Post-it und zum Teilnehmer herstellen!

Intro-Vorschlag

Zu Beginn können Sie über das Thema „Muster in Besprechungen" in die Übung überleiten. *„Was haben ein erfahrener Koch (oder ein erfahrener Gerichtsmediziner oder ein erfahrener Feuerwehrmann ...) mit einem erfahrenen Berater gemeinsam? Sie brauchen nur wenige Informationen über den ‚Hotspot' und haben dann schnell eine ziemlich zutreffende Hypothese darüber, ‚was da los ist'. Der Koch sieht an den Augen, dem Glanz der Schuppen und der Reaktion der Körperoberfläche, ob ein Fisch noch frisch ist (der Gerichtsmediziner sieht an der Farbe der Haut, der Starre des Körpers ..., der Feuerwehrmann bemerkt an der Art der Temperatur ...). Der Berater geht in Besprechungen! Das ist der Hotspot im Unternehmen, in dem Kultur kulminiert und sehr schnell klar wird, ‚was da los ist'. Dies geschieht anhand der Muster der Interaktion: Wer redet (zuerst), wann und nach wem, wie lange, wie und worüber (über das Problem, das Ziel, das gewünschte Ergebnis ...).*

Insbesondere in Besprechungs- und Entscheidungssituationen zeigt sich, wer Macht hat. Zum Beispiel Definitionsmacht: Was ist überhaupt ein Problem und was ist keins? Oder Priorisierungsmacht: Was ist wichtig und was ist unwichtig? Und natürlich Entscheidungsmacht (Heintel & Ameln 2016). Diese Handlungsmuster können nützlich und zieldienlich sein oder Veränderung und Wachstum nachhaltig behindern. Je nachdem, ob sie zum Unternehmen und vor allem zum relevanten Kontext des Unternehmens passen oder nicht. Wenn man Unternehmenskultur ändern möchte, muss man Besprechungs- und Entscheidungskulturen und -strukturen ändern, weil diese zuständig für Sinnkonstruktion sind – und damit Orientierung für alle geben." Als Beispiel können Sie hier etwa das Arbeiten mit „Scrum" oder „Holocracy" anführen.

„Das bedeutet, wenn wir uns als Bereich entwickeln, verändern und lernen wollen, sollten wir unsere Aufmerksamkeit auf Kooperation in Besprechungen lenken und beobachten …

- *was gesagt wird, also auf was geschaut wird (auf die konkreten Inhalte) und was ausgeblendet wird,*
- *welche Erklärungen (für Geschehenes) oder Annahmen (für Künftiges) auftauchen,*
- *auf welche Denk- und Verhaltensmuster aus dem Gesagten geschlossen werden könnte.*

Und wir sollten diese Beobachtungen in Selbstreflexionen teilen."

Hierzu können Sie auch das Handout „Die Besprechung als Hotspot der Unternehmenskultur" austeilen, das Sie unter den Download-Ressourcen zu diesem Buch herunterladen können.

Wenn Sie die Einführung in das Thema „Muster" lieber weniger ausführlicher gestalten möchten, können Sie auch mit knappen Worten beginnen: *„Nun möchte ich gerne eine Übung mit euch starten, um eine weitere Methode der Selbstorganisation und der Selbstreflexion im Team auszuprobieren. Wer diese Übung schon kennt, kann gerne noch mal mitmachen. Oder sich einfach für eine Beobachterrolle melden. Ich bitte euch, euch jetzt in Gruppen von vier Personen aufzuteilen."*

Vorgehen Turmbau

Jede Gruppe erhält 40 Spaghetti und 20 Marshmallows. Benennen Sie nun die Teamaufgabe:*„Eure Aufgabe ist: Innerhalb von 20 Minuten …*

- *einen Turm aus den Spaghetti und den Marshmallows zu bauen.*
- *Auf der Spitze des Turmes muss ein ganzes Marshmallow sein.*
- *Der Turm sollte mindestens eine Minute alleine stabil stehen.*
- *Der Turm sollte so hoch wie möglich sein.*
- *Die Gruppe darf zum Bau des Turms keine weiteren Hilfsmittel verwenden (kein Kleber, kein Papier …, auch keine Hände zum Stabilisieren während der Messung).*

Wenn ihr früher fertig seid, ruft mich bitte, sodass ich den Turm messen und die Zeit nehmen kann. Spätestens wird nach 20 Minuten gemessen und die Zeit genommen. Und los geht's."

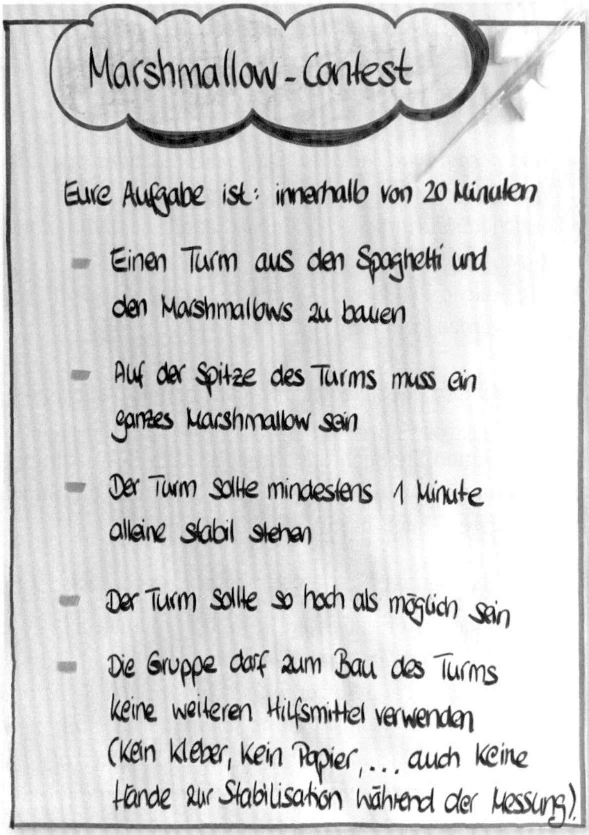

Abb.: Die Regeln des Marshmallow-Contests.

Meist ist eine Gruppe schon früher fertig und baut, nachdem sie die „Sicherheitsvariante“ erstellt hat, noch mal höher! Ich finde das bereits ein sehr spannendes Muster und freue mich immer sehr, wenn es auftritt. Dann lasse ich solche Gruppen auch weiterbauen. Es gibt auch die Gruppen, die Schritt für Schritt vorgehen, den Marshmallow immer an der Spitze. Das ist sehr Erfolg versprechend, weil das Gewicht des Marshmallows die aufgebauten Strukturen stark beeinflusst. Daher kann man bei diesen Gruppen gut auf das Probieren hinweisen: „Try – reflect – adjust.“ Und es gibt die Gruppen, die unbedingt gewinnen wollen und dabei häufig ein (zu) hohes Risiko eingehen. 86 Zentimeter hoch war übrigens der höchste stabile Turm, den ich erlebt habe.

Man könnte hier auch andere Kooperationsübungen wählen: Jede Art von Kooperationsübung im Team wäre möglich (etwa „Ikea-Regal“ oder „Tower of Power“). Wir mögen als Übung den „Marshmallow-Contest“, weil er durch das Material eine wunderbare und nicht voraussehbare Eigendynamik entwickelt, also theoretische Planung wenig brauchbar ist. Man muss einfach probieren und Schritt für Schritt vorgehen und das passt zu Komplexität sehr gut. Und 20 Minuten sind auch eine echt gute (kurze) Zeit für eine Übung!

Außerdem gibt es zum Marshmallow-Contest ein passendes, englischsprachiges Video (Tom Wujec: „Build a tower, build a team"), das die Teilnehmer immer zum Lachen bringt, auch wenn sie selbst „gescheitert" sind. Günstig ist auch, dass es in dem Video ein paar Unterschiede im Material gibt, damit wird man in der Teamleistung nicht so „vergleichbar".

Wenn alle Türme gebaut und vermessen sind, dann zeige ich erst mal das Video von Tom Wujec „Build a tower, build a team" mit dem Hinweis *„Wir können sehen, was andere Gruppen hier erreicht haben und welche Rückmeldungen zu Handlungsmustern es für diese von außen gab. Danach geht es dann in die eigene Selbstreflexion, nach dem Motto: ‚Wir für uns'."*

Erläuterung zur Selbstreflexion

„Bevor wir in die Selbstreflexion zu unserer Übung gehen und uns dazu austauschen, was wir von uns gesehen haben, welche Handlungsmuster wir entdeckt haben und was wir daraus lernen können, möchte ich mit euch noch besprechen, warum solche Selbstreflexion nötig ist – und was daran schwierig ist.

Zu den wichtigsten und potenziell machtvollsten Einsichten der Komplexitätsforschung zählt die Erkenntnis, dass alle Organisationen von wiederkehrenden Mustern geprägt sind. Man spricht von ‚selbstreferenziellen Systemen', in denen alle Elemente sowohl Ursache als auch Wirkung füreinander zugleich sind und miteinander Muster bilden. Solche Muster sind mit relativ andauernder Verlässlichkeit ausgestattet. Durch den Erfolg eines Systems werden sie weiter verstärkt, denn sie haben die Aufgabe, das Überleben des Systems zu sichern und Komplexität zu reduzieren, und in den betreffenden Erfolgssituationen scheinen bestimmte Muster ja bestens zu funktionieren.

Um zu überleben, müssen Organisationen aber auch lernbereit sein, also bereit, sich zu verändern und zu entwickeln. Denn wenn sich das Umfeld ändert, kann Stabilität tödlich sein (Schmid 2015). *Hierzu müssen die bestehenden Muster wahrgenommen und reflektiert werden: Welche scheinen nützlich und zieldienlich und welche limitierend? Dies geschieht, wenn Systeme sich selbst reflektieren sowie wenn sie Informationen bzw. Feedback aus den sie umgebenden Systemen aufnehmen."*

Hier können Sie ein Beispiel anführen: *„Ein Beispiel für ein solches Muster im Team kann das ‚Harmonie-Muster' sein. Das bedeutet, dass in der Gruppe unterschiedliche Meinungen und Sichtweisen möglichst unter den Tisch gekehrt werden und Gruppenmitglieder aufgrund des Harmoniebedürfnisses sich mit von der Gruppenmeinung abweichenden Sichtweisen zurückhalten. Unterschiede in der Gruppe werden also verleugnet anstatt in ihrer Varietät genutzt.*

Es fällt uns weder in unserem Miteinander leicht, unsere Muster (wie das genannte Harmonie-Beispiel) wahrzunehmen und zu reflektieren, noch in unserem Kontext. Weil wir gerade auch in neuem, unbekannten Gelände nach Bekanntem und Vertrautem suchen, um Orientierung herzustellen. So wiegen wir uns in einer Illusion von Sicherheit. Daher brauchen wir gerade in komplexen Umfeldern eine ‚reflexive Systemintelligenz' (Doppler 2017). *Wir müssen dabei lernen, uns selbst als Beobachter beim Beobachten kritisch zu beobachten. Darum geht es uns jetzt hier in der Auswertung unserer Übung."*

Was Sie noch weiter ergänzen könnten: *„Wichtig ist es, die unterschiedlichen und gegensätzlichen Sichtweisen, die in solchen Selbstreflexionssequenzen auftauchen, unbedingt zu würdigen. Denn hier liegt garantiert ein Mehrwert. Gerade, wenn Experten etwas unterschiedlich sehen, dann heißt das nicht, dass der eine ‚blöd ist und es halt noch nicht kapiert hat', sondern dass es hier einen Mehrwert an Wahrnehmungen, Erfahrungen, Haltungen und Bedürfnissen gibt, der uns inspirieren kann. Zum Beispiel weiter zu suchen und eine dritte oder vierte Möglichkeit zu finden. Diese Varietät erschafft den Mehrwert des Teams für viele komplexe Aufgaben. Dieser Mehrwert ermöglicht es uns, in komplexen Situationen Unterschiede zu ‚kapitalisieren'!"*

Erklären Sie, dass wir uns nicht in der Praxis und schon gar nicht im Seminar darauf einigen müssen, was wahrgenommen wurde. Wir lassen Unterschiedlichkeit einfach wirken. (Eine Ausnahme gibt es höchstens, wenn man vor Gericht steht – und da sorgen dann Dritte für Rechtsprechung, das ist was ganz anderes.)

Selbstverständlich sollte sein, dass Beobachtungen entsprechend der Feedback-Regeln gegeben werden müssen. Wahrnehmung heißt: „Ich habe wahrgenommen und beschreibe dies faktisch" und Wirkung heißt: „Auf mich hat das so gewirkt …".

Dann folgt die Instruktion zur Selbstreflexion in den Gruppen. Die Gruppen bleiben dazu in der gleichen Konstellation wie beim Marshmallow-Contest. Wenn ich als Trainer den Eindruck gewinne, dass die genannte Haltung nicht selbstverständlich ist, würde ich die Feedback-Regeln vorher einbringen und um Commitment bitten. Natürlich können auch Erklärungen („Das war nicht nützlich, weil ..."), Annahmen und Glaubenssätze bei solchen Diskussionen auftreten. Das wäre sogar ganz großartig, denn diese können wir

1. als solche benennen und damit Bewusstsein schaffen und
2. dann einfach auch wirken lassen.

Als Erstes stellen Sie als Trainer die Methode zur Selbstreflexion vor, beispielsweise anhand eines Handouts oder PowerPoint-Charts:

Die Methode zur Selbstreflexion (BeBeVeVe)

Beobachten: Was sind für euch wichtige Wahrnehmungen?

Bewerten: Welches Verhalten hat aus eurer Sicht zieldienlich und nützlich gewirkt? Welches weniger?

Verwerten: Was wollt ihr in vergleichbaren Situationen entsprechend wieder oder mehr tun und was neu ausprobieren?

Verstärken: Was kann euch in vergleichbaren Situationen künftig entsprechend unterstützen, eure Vorhaben umzusetzen? Wie können wir uns gegenseitig dabei unterstützen, wenn wir feststellen, dass wir in alte Muster zurückfallen?

„Bitte bearbeitet nun die Fragen zur Selbstreflexion in euren Guppen. Visualisiert eure Ergebnisse so, wie ihr möchtet und präsentiert diese anschließend gemeinsam im Plenum. Wenn ihr unterschiedliche Sichtweisen habt, bitte nehmt diese unbedingt auf. Darüber können wir nach den Präsentationen im Plenum diskutieren. Für die Gruppenarbeit habt ihr jetzt 20 Minuten Zeit, für die anschließende Präsentation im Plenum drei Minuten."

Wenn die Teilnehmenden aus demselben Unternehmen kommen, kann für das Training noch folgende Frage sehr nützlich und erhellend sein: *„Inwieweit spiegelt das hier im Seminar Wahrgenommene unsere Hand-*

lungsmuster im täglichen Miteinander wieder?“. Weil dies dann zum Beispiel eine konkrete gemeinsame Beobachtungsstrategie zur Folge haben kann. Wenn alle Teilnehmer aus unterschiedlichen Unternehmen kommen, dann kann man die Fragen auf das ICH fokussieren, also: „Was kann ich künftig …?“

In der Praxis wird es dann oft besonders bei dem Punkt „Verwerten“ spannend. Hier kann es sein, dass man sich einigen muss. Zum Beispiel, wenn die Selbstreflexion für die eigenen Besprechungen durchgeführt wurde und es darum geht, wie man Besprechungen künftig durchführen will. Gleichwohl zeigt die Erfahrung, dass, wenn Wahrnehmungen wirken dürfen und nicht wegdiskutiert werden müssen, die Einigungen viel leichter möglich werden. Auf die Themen „Entscheidungen in Gruppen treffen“ und „Einigung in Gruppen herstellen“ werden wir später noch detailliert eingehen (s. S. 264, 172 und 215 ff).

Debriefing

Zunächst bitten wir nach den Präsentationen der Gruppen noch einmal um eine Gesamtresonanz. Hier kommen dann weitere Aspekte (siehe auch oben) wie *„Wie können wir das im Unternehmen nutzen?“* oder *„Inwieweit ist es wichtig, dass …?“* oder *„Was ist mit ‚Ehrenrunden in alten Mustern‘ gemeint?“* ins Plenum. Oder auch die Frage *„Kann man so etwas tatsächlich aus solchen spielerischen Übungen herauslesen?“*

Hierauf ist meine Antwort: *„Ja und nein. Die einzigen, die entscheiden können, wieweit die hier erlebten Muster etwas mit ihren Alltagsmustern zu tun haben, seid ihr.“*

Die Fragen *„Was kann euch in vergleichbaren Situationen künftig entsprechend unterstützen, eure Vorhaben umzusetzen?“* und *„Wie können wir uns gegenseitig dabei unterstützen, wenn wir feststellen, dass wir in alte Muster zurückfallen“* haben wir von unserem Kollegen Gunther Schmidt übernommen. Gunther spricht gerne von „Ehrenrunden in alten Mustern“, die Menschen, Teams und auch Unternehmen drehen und die es zu würdigen gilt. Einmal, weil die Wahrscheinlichkeit hoch ist, in solche Muster zurückzufallen – das kennen wir schließlich alle von Vorsätzen wie „Mehr Sport machen“, „Medien fasten“ – und auch, weil diese Strategien einmal sinnvoll, nützlich und gangbar waren. Alles, was gewürdigt wird, kann viel leichter losgelassen werden.

Oft kommt nach der Gruppenarbeit zudem die Frage auf, was denn eigentlich der Unterschied zwischen dem typischen „Lessons learned“-Prozess und dieser Methode der Selbstreflexion ist. Diese Frage kann man als Trainer durchaus auch selbst aktiv einbringen. Aus unserer Sicht beschreiben diesen Unterschied vor allem drei Kriterien:

1. Erstens gehen wir nicht vertieft in die Vergangenheit, um zu fragen, wer irgendetwas verursacht hat.

2. Zweitens suchen wir nicht (und schon gar nicht aktiv) nach linear-kausalen Zusammenhängen – wir fragen noch nicht einmal danach, was wir künftig nicht mehr tun wollen. Wir schenken dieser Facette des Themas keine weitere Aufmerksamkeit mehr, sie wird stillschweigend ausgemustert.

3. Und drittens: Selbstreflexion wird nicht nach einer langen Phase des Handelns, etwa als Lessons Learned am Ende eines Projekts durchgeführt (in dieser Form wird nicht gelernt, das wird in vielen Unternehmen anhaltend bewiesen), sondern in regelmäßigen, kurzen Zeitabständen. So findet organisationales Lernen in komplexen Wellen statt und in einem Umfeld der psychologischen Sicherheit. Also getragen von Anerkennung der Unterschiedlichkeit und Wertschätzung der Person.

Schließen Sie die Übung nun ab mit: *„Solche Selbstreflexionen mit ‚BeBeVeVe' und anderen Methoden auch sehr regelmäßig nach Besprechungen zu machen, ist sehr förderlich für die Entwicklung und das Lernen. Scrum & Co. zeigen dies klar. Gleichwohl ist es durchaus anspruchsvoll, eigene Denk- und Handlungsmuster zu überarbeiten. Weil es eben nicht trivial ist, sich selbst zu beobachten, insbesondere, wenn wir gegebenenfalls an den Grundfesten unserer Überzeugungen rütteln. Hier ist ein behutsames Vorgehen notwendig. Wir sollten uns zudem immer bewusst sein, dass es nicht darum geht, das Muster eines Teams oder Unternehmens zu ‚entlarven'! Eine solche Haltung wäre katastrophal. Schlimmstenfalls käme der Gedanke auf: ‚Wir haben Schuldige entdeckt.' Diese Haltung würde mit Sicherheit dazu führen, dass das System nicht lernt, sondern eher Reaktanz entwickelt. Es geht darum, gemeinsam zu entdecken, was wir gemeinsam an Mustern entwickelt haben, wie wir diese weiterentwickeln und für unseren Erfolg nutzen können."*

Wenn Sie es als Trainer als passend empfinden oder die Teilnehmer das möchten, kann man hier gut auch noch eine Reflexionssequenz zum Thema „Beobachten, Selbstreflexion & Varietät im Team" mit dem Seminar-Buddy anschließen. Nennen Sie den Buddies folgende Fragen:

- Was war hier für mich besonders wichtig?
- Was nehme ich mir vor, in meinem Bereich zu beobachten?
- Was nehme ich mir vor, konkret auszuprobieren? Welchen Nutzen könnte das für mich haben?

Man könnte auch hervorragend mit Übungen zum Thema „Entscheidungsfindung in Gruppen" fortfahren, zum Beispiel mit der Übung „Entscheidungen als Produktentwicklungsprozess" (S. 235).

Quellen

- Doppler, K. (2017): Change. Wie Wandel gelingt. Frankfurt/New York: Campus Verlag.
- Heintel, P. & Ameln, F. (2016): Macht in Organisationen. Denkwerkzeuge für Führung, Beratung + Changemanagement. Schäffer Poeschel Verlag.
- Schmid, B. (2015): Impulsvortrag: Führung als Systemkompetenz. Führungs-Kongress Führungs-Autorität. Heidelberg.
- Wujec, T.: Build a tower, build a team) – *www.ted.com/talks/tom_wujec_build_a_tower#t-277308* – abgerufen am 9.9.2018.

Wrap-up mit Poll Everywhere

Orientierung

Ziele

- Feedback der Teilnehmer einholen
- Mit dieser neuen, digitalen Methode die Teilnehmer zum Feedback animieren

Zeit

Insgesamt 15 Minuten

- Umfrage: 10 Minuten
- Konkret nachfragen und Rückfragen bearbeiten: 5-10 Minuten

Material

„Poll Everywhere“ (*www.polleverywhere.com*), dazu einen Account und entsprechende Blitzlicht-Fragen im Vorfeld anlegen; die Teilnehmer benötigen Smartphones; die Website „Poll Everywhere“ mit der jeweiligen Umfrage über Beamer zeigen (so kann auch das Antwortmuster live verfolgt werden)

Hinweise

„Poll Everywhere“ ist kostenfrei bis zu 25 Antworten bzw. Teilnehmern pro „Poll“.

Erläuterung

Nun bietet es sich zum Abschluss des zweiten Seminartages an, ein „Wrap-up“ zu machen. Dazu schlagen wir zwei Schritte vor:

1. Ergänzen Sie die Komplexitätslandkarte nach dem Motto „Was habe ich neu gelernt?“ und „Welche weiteren Fragen sind aufgetaucht?“. Dies kann jeder Teilnehmer, der möchte, tun, indem er weitere Post-its schreibt (ggf. auch vorstellt) und anklebt.

2. Führen Sie ein kurzes Blitzlicht durch, um zu erfahren, wie es den Teilnehmern geht und was Sie ggf. als Trainer wissen sollten.

Dies kann man wunderbar mithilfe von online-basierten Umfragetools machen. Wir benutzen dafür „Poll Everywhere“. Hierfür brauchen Sie als Trainer einen Account beim Anbieter, den Sie sich kostenlos anlegen können. Im Vorfeld des Seminars legen Sie zudem die von Ihnen gewünschten Abschlussfragen bei „Poll Everywhere" an (Beispiel unten). Die Fragen können in unterschiedlicher Form gestellt werden. Das Programm bietet eine gute Übersicht über die Fragetypen mit jeweiligen Beispielen an. Wir nutzen gerne die Word-Cloud oder das Diagramm. Die Teilnehmer können über die Website und/oder per SMS antworten (unter „Einstellungen" vorher festzulegen). Wir empfehlen die Abstimmung über die Website, da sie für die Teilnehmer einfacher zu handhaben ist. Außerdem ist es hilfreich, unter Optionen einzustellen, wie oft ein Teilnehmer maximal pro Frage antworten darf (wir stellen hier meist „zweimal" ein, falls Kollegen über ein Endgerät abstimmen).

Im Seminar aktiviert man die Poll (dauert 30 Sekunden) über den Button „Activate". Dann können die Teilnehmer antworten. Wir zeigen die Umfrage direkt über den Beamer, so sieht man live, wie sich das Antwortmuster entwickelt. Die Antworten sind anonym.

Vorgehen

Hier ein Text zur Anmoderation: *„Zum Abschluss unseres zweiten Seminartages bitte ich euch wiederum um Feedback. Um voneinander zu hören, wie es uns am Ende des zweiten Seminartages geht und was ihr euch für morgen im Besonderen wünscht …*

Ich schlage euch vor, dass wir das heute digital machen – und zwar mittels der Plattform ‚Poll Everywhere'. Dazu bitte ich euch, euer Smartphone zu aktivieren. Wenn jemand kein Smartphone hat, dann wäre es schön, wenn ihr gemeinsam das des Nachbarn nutzt. Ihr braucht keine Sorgen haben, dass ihr ab jetzt Werbung bekommt und ihr könnt die Beantwortung der Fragen auch anonym durchführen."

Über die Website müssen die Teilnehmer die individuelle Adresse eingeben, die oberhalb jeder Umfrage angezeigt wird, wenn die Umfrage aktiviert wurde, dann werden sie automatisch zu der gerade aktuellen Umfrage geleitet. Per SMS sendet der Teilnehmer einen Aktivierungstext an eine Mobil-Nummer (ebenfalls in jeder Umfrage angezeigt).

„Ihr gebt die Website-Adresse, die ihr hier seht, in euren Web-Browser ein. Anschließend werdet ihr zu unserer Umfrage weitergeleitet und könnt dort euren Vornamen oder auch nur eure Initialen eingeben."

Erklären Sie den Teilnehmern, dass ihnen danach das Antwort-Feld offen steht. Sie können nun ihre Antworten eingeben oder anklicken (je nach Word-Cloud oder Diagramm). Soll mit einer Textnachricht geantwortet werden, dann senden die Teilnehmer den Text an die Nummer, die oberhalb der Umfrage angezeigt wird. (Bei der Word-Cloud wird mit Schlagworten gearbeitet, bei Diagramm-Umfragen kann mit dem jeweiligen Buchstaben A, B, C geantwortet werden.)

Je nach eingestelltem Antwortformat ist es sinnvoll, wenn Sie als Trainer die „Poll Everywhere" vorher einmal selbst beantwortet haben, um das Vorgehen gut erklären zu können.

Bei Antworten über die Word-Cloud ist es außerdem hilfreich, den Teilnehmern zu sagen, dass sie immer nur ein Schlagwort schreiben können. Möchten sie einen Satz schreiben, dürfen sie die einzelnen Wörter nicht durch Leerzeichen trennen, da sonst die Wörter einzeln erscheinen. Sie können die einzelnen Wörter jedoch beispielsweise folgendermaßen trennen: So-schreibt-man-einen-Satz-in-die-Word-Cloud.

Soll die zweite Frage beantwortet werden, aktivieren Sie als Trainer diese. Die Teilnehmer werden über die Website automatisch zur neuen Frage geleitet. Auch bei der Teilnahme über SMS bleibt die Umfrage weiterhin freigeschaltet. Das heißt, die Teilnehmer können, sobald Frage 2 aktiviert wurde, diese direkt beantworten, indem sie eine SMS mit der Antwort senden.

Die Fragen

- Wie geht es mir heute Abend am Ende des zweiten Seminartages?

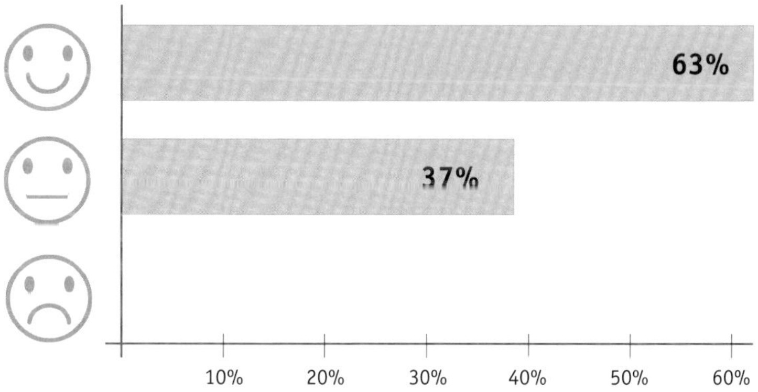

Abb.: Ergebnisdarstellung der Stimmungsabfrage.

Abb.: Word-Cloud; Darstellung von Schlagwörtern, die häufig zur Seminarcharakterisierung verwendet wurden.

- Wie kann ich den heutigen Tag für mich mit einem Schlagwort bezeichnen …? (s. Abb. oben)
- Was wünsche ich mir für morgen? (z.B. ebenfalls mit einer Word-Cloud)

Debriefing

Abschließend lohnt es sich, noch einmal „reinzuhören“, vor allem was das „Schlagwort für den heutigen Tag“ sowie die „Wünsche für morgen“ betrifft und hier konkrete Rückfragen zu stellen. Das kann auch am kommenden Morgen passieren.

Die Ergebnisse aus der Poll-Everywhere-Abfrage kann man als Screenshot sehr gut ins digitale Fotoprotokoll einfügen. Wenn es positive Rückmeldungen sind, freuen Sie sich! Wenn es Verbesserungswürdiges gibt, so greifen Sie dieses am nächsten Tag morgens auf!

Quellen

- *www.polleverywhere.com.*

Der dritte Seminartag

Seite	Thema/Übung	Dauer	Uhrzeit
152	Alles Musterbrecher, oder was?	50 Minuten	8.30 bis 9.20 Uhr
157	Gewinnen Sie so viel wie möglich	80 Minuten	9.20 bis 10.40 Uhr
	Pause	15 Minuten	10.30 bis 10.45 Uhr
164	Unterschiede kapitalisieren: Kooperation & Kollaboration als Erfolgsfaktor in komplexen Systemen	75 Minuten	10.55 bis 12.10 Uhr
172	Ambiguität & Ambivalenz nutzen: Tetralemma als Entscheidungshilfe (Teil 1: Theorie-Input)	15 Minuten	12.10 bis 12.25 Uhr
	Mittagspause	60 Minuten	12.00 bis 13.00 Uhr
177	Ambiguität & Ambivalenz nutzen: Tetralemma als Entscheidungshilfe (Teil 2: die praktische Übung)	75 Minuten	13.15 bis 14.30 Uhr
	Pause	15 Minuten	16.30 bis 16.45 Uhr
180	Das Agilitätsprofil: Definieren, evaluieren und entwickeln	100 Minuten	14.45 bis 16.25 Uhr
191	Unsere „Landkarte Komplexitätsmanagement" weiter ergänzen	25 Minuten	16.25 bis 16.50 Uhr
194	Feedback 4.0	30 Minuten	16.50 bis 17.20 Uhr
	Auch dieses Ende ist ein Anfang: Ende des Trainings		17.20 bis 17.30 Uhr

Alles Musterbrecher, ... oder was?

Orientierung

Ziele

- Genau wahrnehmen, wann und woraus sich neue Chancen der Entwicklung und Veränderung ergeben
- Diskutieren, wieweit diese Veränderungen und Entwicklungen in der eigenen Organisation genutzt werden bzw. genutzt werden könnten
- Bewusst machen, was man selbst zu Musterwechseln beitragen kann

Zeit

Insgesamt 50 Minuten

- Intro durch den Trainer: 5 Minuten
- Gruppenarbeiten: 30 Minuten
- Präsentation der Ergebnisse pro Gruppe bei 3 Gruppen: 3 Minuten (10 gesamt)
- Fazit & Debriefing: 5 Minuten

Material

„Pillen" mit Sprüchen („Glück in kleinen Dosen"); für drei Gruppen drei Moderationswände; Video-Ausschnitt „Das Leben des Brian: Always look at the bright side of life"

Intro-Vorschlag

Für diesen Morgen legen Sie im Seminarraum „Pillen" aus (siehe Abbildung). Erklären Sie dazu, dass alle ja jetzt schon zwei anstrengende Tage hinter sich haben und dass Sie den dritten nun ein wenig mit „Doping" unterstützen wollen. Und gleich dazu können Sie mitteilen: *„Bitte nicht schlucken. Diese ‚Pillen' finden wir inspirierend, weil sie Sprüche beinhalten – Glaubenssätze – die Spaß machen. Und, wenn man den einen nicht mag, gibt´s auf der Rückseite noch einen anderen!"*

Fahren Sie fort: *„Denkt um die Ecke, verlasst Routinen, experimentiert, werft eingefahrene Denkweisen über Bord, wagt Neues ..., das sind die sogenannten ‚Musterbrecher', die in vielen Unternehmen jetzt so herbeigebetet werden.*

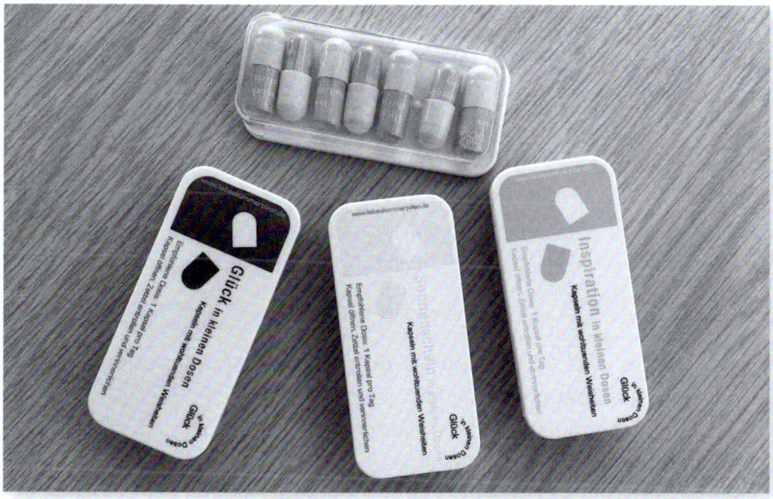

Abb.: „Glück in kleinen Dosen" – Pillen mit Sprüchen darin.

Aber Musterbrecher haben es nicht immer einfach. Ihre Ideen werden nicht immer sofort begeistert aufgenommen. Im Gegenteil, man könnte sogar sagen ‚Musterbrecher leben kürzer', oder? In unserer abendländischen Geschichte gibt es eine ganze Reihe von Musterbrechern, die es alle, nun sagen wir mal, nicht ganz einfach hatten."

Hier könnte man sehr gut einen Video-Ausschnitt aus „Das Leben des Brian: Always look at the bright side of life" zeigen. *„Das war also der Blick in das neue Testament: Dass er die Pharisäer aus dem Tempel vertrieb, die Kinder und die Sünder zu sich holte, das ist ihm nicht gut bekommen."*

Sie können nun noch mehr Beispiele geben: *„Giordano Bruno wurde Ende des 16 Jh.s durch die Inquisition der Ketzerei und Magie für schuldig befunden und vom Gouverneur von Rom zum Tod auf dem Scheiterhaufen verurteilt. Bruno hatte die Unendlichkeit des Weltraums postuliert und die ewige Dauer des Universums. Damit stellte er sich der damals herrschenden Meinung einer in Sphären untergliederten geozentrischen Welt entgegen. Am 12. März 2000 erklärte Papst Johannes Paul II. nach Beratung mit dem päpstlichen Kulturrat und einer theologischen Kommission, die Hinrichtung sei nunmehr auch aus kirchlicher Sicht als Unrecht zu betrachten."*

Ein weiteres Beispiel: *„Der Flugpionier Otto Lilienthal stürzte am 9. August 1896 vor den Augen seines Publikums aus 15 Metern Höhe ab und zog sich schwere Verletzungen zu, denen er wenige Tage später erlag. ‚Opfer müssen gebracht werden', soll er auf dem Sterbebett gesagt haben."*

Damit leiten Sie in das eigentliche Thema über: *„Offensichtlich gehört es zur Geschichte der Menschheit, dass immer wieder Weltbilder – und Glaubenssätze – in Frage gestellt und damit entscheidende Schritte in die Zukunft getan wurden. Häufig gehen diese Entwicklungen entweder mit technologischen Sprüngen* (wie etwa unsere Flipped Learning Offer) *und/oder gesellschaftlichen Veränderungen einher. Immer aber offensichtlich auch mit Konflikten, Widersprüchen und Opfern. Der Begriff ‚Disruption‘ kennzeichnet das Thema ‚Musterbrecher‘ insbesondere für unsere Zeit.“*

Erklären Sie, dass eine disruptive Technologie bzw. Innovation ein bestehendes Produkt oder eine bestehende Dienstleistung möglicherweise vollständig verdrängt. Und dass die so entstehenden neuen Märkte für etablierte Anbieter in der Regel vollkommen unerwartet auftauchen. Denn meist sind es zunächst kleine Kundensegmente oder Volumen, die hier bespielt werden, die aber über den Zeitverlauf ein starkes Wachstum aufweisen. Für etablierte Anbieter sind diese Entwicklungen meist schwer erkennbar, weil sie selbst dazu tendieren, weiter an Produktverbesserungen oder Qualitätssteigerungen zu arbeiten.

Vorgehen

Nennen Sie zunächst die zwei wichtigsten Kriterien von Disruption:

- Die Entwicklung findet in einem Nischenmarkt statt und
- sie bietet einen technologischen Kostenvorteil.

Und geben Sie dazu Beispiele: *„Uber, Tesla, Airbnb oder Netflix könnten als solche disruptiven Unternehmen gesehen werden. Noch disruptiveres Potenzial haben möglicherweise die Firmen Quantum Systems, die senkrecht startende Propellermaschinen entwickeln oder Ascending Technologies (jetzt Intel), die Drohnen bauen, oder Firmen wie Atheer, die Augmented-Reality-Technologie nutzen. Die unvorstellbaren Möglichkeiten, die in diesen Technologien stecken, werden wir erst in Teilen in der Zukunft sehen.“*

Bei Bedarf können Sie auch für gesellschaftliche Veränderung noch ein Beispiel mit Unternehmensbezug nennen: Der Anbieter für Talentmanagement-Lösungen Haufe Umantis ließ 2014 alle Führungskräfte zur Wahl stellen. 120 Mitarbeiter wählten für 21 Stellen unter 25 Kandidaten, darunter CEO, COO sowie Leader und Manager aus zehn Teams. Dabei wurden elf Vorgesetzte in ihrer Position bestätigt, sieben Mitarbeiter in das Management befördert. Drei Stellen wurden extern besetzt und eine Führungskraft wurde abgewählt.

Nach den Beispielen stellen Sie Bezug zu den Erfahrungen der Teilnehmer her: *„Um uns diese Thematik bewusst vor Augen zu führen, bitte ich euch nun, euch über solche ‚Musterbrecher'-Beispiele von und aus Unternehmen auszutauschen und anschließend ein Fazit zu ziehen."*

Bilden Sie drei Gruppen. Diese haben nun 30 Minuten Zeit für eine Analyse zum Thema „Musterbrecher". Dazu beantworten sie folgende Fragen (die auf einem Handout, einem Flipchart oder einer PowerPoint-Folie stehen):

- Welche „Musterbrecher"-Beispiele von und aus Unternehmen fallen uns ein, die sich in den vergangenen Jahren als erfolgreich erwiesen haben?
- Woraus haben sich die neuen Entwicklungen und Veränderungen dieser Unternehmen gespeist, wodurch sind sie möglich geworden?
- Wieweit wurden diese Möglichkeiten in der eigenen Organisation bisher genutzt bzw. wofür könnten sie genutzt werden?
- Was können wir ganz persönlich aufgreifen/tun, um innovative Impulse zu setzen?

Die Ergebnisse werden visualisiert, anschließend pro Gruppe drei Minuten lang im Plenum präsentiert. Wenn es den Teilnehmern schwerfällt, Beispiele für erfolgreiche Musterbrecher zu benennen und zu diskutieren, könnten Sie als Trainer entweder ein paar inspirierende Tipps geben oder im Plenum sammeln oder die Teilnehmer in kleinen Gruppen auch im Internet recherchieren lassen. Dann muss man die Zeit auf wenigstens 45 Minuten verlängern und auch in der gesamten Zeiteinteilung unterstützen, z.B. 15 Minuten für Recherchieren, 20 Minuten für die Auswertung und 10 fürs finale Visualisieren.

Behalten Sie während des Moduls im Auge: Sollten Erkenntnisse, Modelle oder Fragen aus der „Landkarte Komplexitätsmanagement" auftauchen, stellen Sie als Trainer Bezug zum Post-it und zum Teilnehmer her.

Debriefing

Häufig wird sehr klar, dass ein Haupttreiber für Innovationen die Digitalisierung im weitesten Sinn ist; sowohl für gesellschaftliche Veränderungen (Social Media) als auch für die Wirtschaft (Plattform-Kapitalismus). Nun könnte man annehmen, dass das für alle sowieso glasklar ist. Erfahrungsgemäß wird es aber durch die Übung erst richtig bewusst! Und auch, wie wenig manche Unternehmen das Thema „Komplexität – Digitalisierung – neue Wege – Musterbrecher" gezielt angehen. Entsprechend wichtig ist der Fokus auf „Was kann ich tun/

aufgreifen?", weil sich oft zeigt, dass eben auch in der Haltung, der Beobachtung und Handlung des Einzelnen Chancen liegen. Und, dass wir hier manchmal nicht nur blinden Flecken, sondern regelrechten Sonnenfinsternissen erliegen.

Oder wie das ein Kollege beschreibt: „In jedem unreflektierten Muster-Automatismus lauert die Gefahr, dass unsere Denk- und Verhaltensmuster sich verselbstständigen und uns gefangen halten, nach dem Motto: ‚Wir basteln unsere Gefängnisse selbst und ziehen noch eigenständig Gitterstäbe in die Fenster ein, die aus unseren individuellen und kollektiven Glaubenssätzen bestehen" (Franz Friczewski).

Quellen

- Friczewski, F. (2016): *www.das-muster-das-verbindet.de/kybernetik-zweiter-und-dritter-ordnung/zwischen-skylla-und-charybdis-warum-krisen-uns-gewöhnlich-von-hinten-anfallen/* – abgerufen am 24.9.2018.
- Video-Ausschnitt „Das Leben des Brian: Always look at the bright side of life" – *www.youtube.com/watch?v=SJUhlRoBL8M* – abgerufen am 19.9.2918.
- Die „Pillen" mit Sprüchen kann man als „Glück in kleinen Dosen" etwa bei Amazon kaufen.

Gewinnen Sie so viel wie möglich

Orientierung

Ziele

- Sich in schwierigen Situationen in der Kooperation mit anderen erleben
- Die Bedeutung von Kooperationsstrategien in komplexen Handlungsfeldern herausarbeiten
- Die eigene und die Ambiguitätstoleranz anderer reflektieren
- Die Fähigkeit zum Umgang mit Ambiguität ausbauen

Zeit

Insgesamt 80 Minuten

- „Gewinnen Sie so viel wie möglich"-Übung: 35 Minuten inkl. Intro
- Selbstreflexion zur Übung im Plenum: 30 Minuten
- Theorie-Input: 15 Minuten

Material

Spielkarten, um die Gruppenzusammensetzung zu losen; Beispielkarten, gefaltet, außen steht A oder B, C, D, die Innenseite ist leer (denn hier wird ja dann ein x oder ein y gesetzt); Flipchart mit Gewinnkonstellationen; Instruktionsblätter mit Gewinnkonstellationen und Ablaufschema analog der TN-Zahl; Stoppuhr mit Timer; Ablaufschema auf einer Pinnwand; gleichfarbige Moderationskarten, pro Gruppe 10 Stück; Papiereimer neben der Pinnwand; Mind-Map mit Überschrift zur Selbstreflexion

Hinweise

Die Übung kann sehr „heiß" werden und zu Konflikten unter den Teilnehmern führen, daher bitte gut vorbereiten und einführen. Das heißt auch, dass die Gruppenzusammensetzung (es müssen vier Gruppen sein) unbedingt gelost werden sollte und die Gruppengröße insgesamt mindestens 8 Teilnehmer, höchstens aber 16 Teilnehmer umfassen sollte.

Der „Kern" der Übung ist, dass der Arbeitsauftrag mehrdeutig, also ambig formuliert ist. Damit die Übung gelingen kann, ist es für den Trainer extrem wichtig, sich genau an die Instruktion zu halten.

Erläuterung

In diese Übung, die der Erfahrung von Ambiguität dient, steigen Sie als Trainer sehr direkt ein. Sagen Sie nicht, dass es unter anderem um das Thema „Umgang mit Ambiguität" geht, sonst würden Sie nicht die gewünschte Dynamik in der Übung bekommen. Sie sollten aber unbedingt betonen, dass alles, was in dieser Übung geschieht, innerhalb der Übung bleibt und nicht in den Seminarkontext oder auf Personen übertragen wird.

Intro-Vorschlag

Führen Sie in die Übung ein: *„Wir gehen nun weiter mit einer Übung, die ‚Gewinne so viel wie möglich' heißt. Dazu werdet ihr per Los in vier Gruppen aufgeteilt. Also bitte jetzt Karten ziehen und dann finden sich die Könige, die Damen, die Asse und die Zehner jeweils zu einer Gruppe zusammen."*

Nachdem die Gruppen gelost wurden, bitten Sie diese, sich in die vier Ecken des Raumes zu verteilen, nicht mehr miteinander zu sprechen und erst die Instruktion zur Übung abzuwarten.

Stellen Sie die Übung „Gewinne so viel wie möglich" vor: *„Das Spiel wird über sieben Runden gespielt. In jeder Runde wird pro Gruppe eine Entscheidung getroffen. Und zwar die Entscheidung, ob die Gruppe ein X oder ein Y setzt. Diese Entscheidung wird von jeder Gruppe immer verdeckt getroffen. Dazu schreibt ihr außen den Gruppennamen (jetzt A, B, C oder D – die jeweils den gelosten Königen, Damen usw. entsprechen) auf die Karte und tragt innen die Gruppenentscheidung ein, also X oder Y."* Gehen Sie herum, teilen Sie jeder Gruppe klar mit, welche Gruppe sie ist (Gruppe A, Gruppe B etc.) und verteilen Sie die Moderationskarten und das Instruktionsblatt namens „Gewinnliste" (s. rechts).

„Hier nun das Gewinnschema: Wenn sich alle Gruppen für ein ‚Y' entschieden haben, dann gewinnt jede Gruppe 100 Punkte. Wenn sich eine Gruppe für ein ‚X' entschieden hat, dann verliert jede Gruppe mit dem ‚Y' 100 Punkte, während die Gruppe mit dem ‚X' dann 300 Punkte gewinnt …" Gehen Sie bitte das gesamte Gewinnschema exakt durch und nutzen Sie – damit hier kein Zweifel aufkommt – wirklich immer die Begriffe „gewinnt" und „verliert".

Gewinnliste	
Konstellation	Gewinnpunkte
YYYY	+ 100
YYY X	- 100 + 300
YY XX	- 200 + 200
Y XXX	- 300 + 100
XXXX	- 100

Abb.: Das Gewinnschema für das XY-Spiel.

Jede Gruppe entscheidet sich im Team über sieben Runden hinweg für jeweils X oder Y. Die Zeit für die Entscheidung beträgt jeweils zwei Minuten. Für jede Entscheidung bekommen die Gruppen in Abhängigkeit von der Entscheidung der anderen Gruppen Punkte entsprechend der Gewinnliste. Anhand des Ablaufschemas auf der Pinnwand erklären Sie nun die Regeln für die einzelnen Runden.

Ablaufschema												
Runde	Entscheidung				Punkte				Summe			
	A	B	C	D	A	B	C	D	A	B	C	D
1												
2												
3 (zweifach)												
4												
5 (fünffach)												
6												
7 (zehnfach)												

Abb.: Das Ablaufschema für das XY-Spiel.

Nur in den Runden 3, 5, und 7 können sich die Gruppen mit den anderen Teams absprechen. Diese gemeinsame Besprechungszeit beträgt dann insgesamt vier Minuten. Dann geht jeder wieder in sein Team und visualisiert die Entscheidung in der Entscheidungskarte. Hierfür haben die Gruppen wieder zwei Minuten Zeit. In den Runden 3, 5, und 7 vervielfachen sich die Gewinne entsprechend den Kriterien im Ablaufschema. In der Runde 3 verdoppelt sich der Gewinn, ebenso wie der

Verlust. In der Runde 5 verfünffacht sich der Gewinn, ebenso wie der Verlust und in der Runde 7 verzehnfacht sich der Gewinn, ebenso wie der Verlust.

Fügen Sie schließlich noch hinzu: *„Alles, was in dieser Übung geschieht, bleibt bitte innerhalb der Übung und wird nicht in den Seminarkontext oder auf Personen übertragen. Bitte trefft nun in eurer Gruppe eure erste Entscheidung."*

Vorgehen

Stoppen Sie als Trainer die Zeit (die Teilnehmer sollten den Timer möglichst hören, das vereinfacht die Situation) und holen Sie sich die Entscheidungskärtchen ab.

Dann zeigen Sie das jeweilige Kärtchen und lesen laut die Entscheidung vor: *„Die Gruppe A hat ein ‚Y'! Die Gruppe B hat ein …"* usw. Tragen Sie die Entscheidungen in die entsprechenden Felder des Ablaufschemas ein. Die Kärtchen werfen Sie danach gleich in den Papierkorb, da sonst die Tendenz besteht, einfach noch mal die gleiche Entscheidung zu treffen – und das wäre nicht nützlich. Dann schreiben Sie die Gewinn- bzw. Verlustpunkte in die entsprechenden Punktefelder und lesen dabei wieder laut vor: *„Die Gruppe A hat nun … Punkte, die Gruppe B hat …"* Abschließend verkünden Sie in jeder Runde den Punktestand: *„Die Gruppe A hat nun in Summe … Punkte, die Gruppe B hat nun in Summe …"* Nun fordern Sie die Gruppen auf, in die nächste Entscheidungsrunde zu gehen.

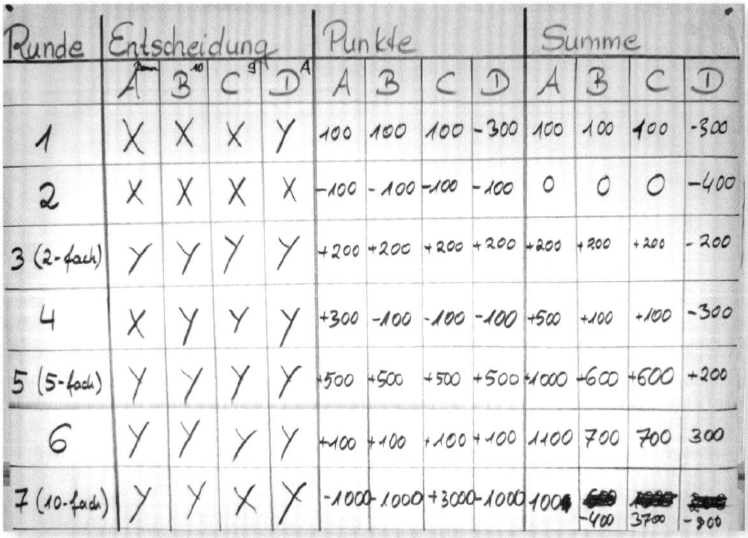

Runde	Entscheidung				Punkte				Summe			
	A	B	C	D	A	B	C	D	A	B	C	D
1	X	X	X	Y	100	100	100	-300	100	100	100	-300
2	X	X	X	X	-100	-100	-100	-100	0	0	0	-400
3 (2-fach)	Y	Y	Y	Y	+200	+200	+200	+200	+200	+200	+200	-200
4	X	Y	Y	Y	+300	-100	-100	-100	+500	+100	+100	-300
5 (5-fach)	Y	Y	Y	Y	+500	+500	+500	+500	+1000	+600	+600	+200
6	Y	Y	Y	Y	+100	+100	+100	+100	1100	700	700	300
7 (10-fach)	Y	Y	X	Y	-1000	-1000	+3000	-1000	100	-400	3700	-800

Abb.: Beispielhafter Punktestand.

Das Vorgehen wird pro Runde 1 bis 7 so fortgeführt. Vor den Runden, in denen sich der Gewinn vervielfacht, sagen Sie als Trainer dies laut und deutlich und ergänzen Sie jeweils: *„Ihr dürft jetzt miteinander sprechen“* bzw. *„Bitte geht jetzt wieder in eure Ursprungsteams und tragt eure Entscheidung in die Karten ein“*. Kündigen Sie auch jeweils klar an, wenn die Gruppen nicht miteinander sprechen dürfen.

Jedes Mal, wenn wir diese Übung durchgeführt haben, kamen die Fragen (manchmal gleich zu Beginn, manchmal später) *„Worum genau geht es denn? Soll man miteinander gewinnen oder soll jede Gruppe für sich handeln?“*. Diese Fragen beantworten wir immer mit: *„Das liegt bei euch.“* Meist reagieren die Teilnehmer auf diese Antwort etwas unzufrieden: Klar, da ist Mehrdeutigkeit drin und das lieben wir nicht unbedingt. Noch dazu, wenn man klären will, aber Klärung nicht durch „Hierarchie“ erfolgt. In 60 Prozent aller Fälle wird die Frage in der Gruppe nicht offen diskutiert, in weiteren Fällen einigt sich die Gruppe nicht (die Zeit ist ja auch immer begrenzt) oder die Gruppen halten sich nicht an Einigungen.

Der generelle Verlauf des Spiels kann sehr unterschiedlich ausfallen. Es gibt Gruppen, die einigen sich vor der dritten Runde und spielen ab da immer „Y“! Das sind aber die wenigsten. Selbst wenn einzelne Teilnehmer die Übung bereits kennen, geschieht das nicht. Meist werden diese Teilnehmer initiativ oder versuchen, ein gemeinsames Verständnis herzustellen und darauf zu drängen, sich auf ein gemeinsames Zielverständnis zu einigen. Sie werden eher selten gehört. Auch deswegen nicht, weil sie sich häufig nur an einzelne Teilnehmer wenden und weil sie den Nutzen einer Einigung für die Gruppen nicht hervorheben und mögliche Optionen, Auswirkungen und Ergebnisse nicht offen und gemeinsam durchleuchten. Klar, die Zeit ist immer sehr begrenzt, interessant ist jedoch zu sehen, wofür die Zeit verwendet wird.

Einzelne Gruppen klagen andere an, dass sie das Spiel nicht verstanden hätten, dass sie keine Teamplayer wären, sich unfair und entgegen Absprachen verhalten hätten oder Egoisten wären usw. Oder sie werfen dem Trainer vor, dass dies eine doofe Übung ist. Wir bleiben gelassen und freuen uns auf die Selbstreflexion und Auswertung.

Debriefing

Zur Auswertung nutzen wir gerne eine Mind-Map, bei der in der Mitte die Überschrift „Auswertung & Selbstreflexion der XY-Übung“ steht. Für die Äste eignen sich folgende Fragen:

- **Beobachten:** Was sind unsere zentralen Wahrnehmungen?
- **Erklären:** Was sind unsere Erklärungsmodelle für das Geschehen?
- **Verwerten:** Was wollen wir künftig in vergleichbaren Situationen entsprechend wieder oder mehr tun und was neu ausprobieren?
- **Verstärken:** Wie können wir (wer oder was kann) uns künftig in vergleichbaren Situationen erinnern, was hier nützlich zu tun scheint? Wie können wir uns gegenseitig dabei unterstützen, wenn wir feststellen, dass wir in alte Muster zurückfallen?

Abb.: Auswertung mithilfe einer Mind-Map.

Was die Teilnehmer einbringen, wird für alle sichtbar mitgeschrieben. Ganz sicher werden solche Aussagen gemacht werden wie

- „mehr Klärung zu Beginn der Zusammenarbeit“ (hier übernehmen Sie als Trainer natürlich einen Teil der Verantwortung und sprechen das sehr deutlich an, dass Sie das ja bewusst nicht wollten, um die Vieldeutigkeit im Spiel zu haben),
- „sich auf ein gemeinsames Zielverständnis einigen“,
- „jeden Einzelnen ansprechen und einbeziehen“,
- „gemeinsame, für alle sichtbare Diskussion“ (also auch visualisieren) und
- „hörbar über mögliche Auswirkungen von Optionen, Strategien und Ergebnisse nachdenken“. Über den konkreten Nutzen sprechen, wenn man sich auf eine gemeinsame Strategie einigt oder eben auch die möglichen Kosten, wenn nicht.

Das sind natürlich sehr schöne Erkenntnisse, mit denen sich sehr gut zu den Komplexitätskompetenzen überleiten lässt: Vom „Umgang mit Unsicherheit“ bis hin zum Thema „Zusammenarbeit“. Sie können somit als Trainer dann mit den zwei Kernthemen anschließen, die in dieser Übung stecken: Mit dem Thema „Kooperation“ und dem Thema „Ambiguität“.

Quellen

Den ursprünglichen Autor der XY-Übung kennen wir nicht. Wir nutzen die Übung seit vielen Jahren immer mal wieder und haben sie im Laufe der Zeit etwas modifiziert.

Unterschiede kapitalisieren: Kooperation & Kollaboration als Erfolgsfaktor

Orientierung

Ziele

- Reflektieren, was Kooperation und Kollaboration in komplexen Systemen bedeutet
- Herausarbeiten, welche Rahmenbedingungen es braucht, damit Kollaboration und Kooperation bestmöglich gelingen
- Prinzipien für Kollaboration und Kooperation definieren

Zeit

Insgesamt 75 Minuten

- Theorie-Input: 15 Minuten
- Gruppenarbeiten: 30 Minuten
- Präsentation der Ergebnisse & Diskussion: 20 Minuten
- Theorie-Input & Debriefing: 10 Minuten

Material

PowerPoint-Charts bzw. Flipcharts mit folgenden Angaben: Definition We-Q; Was als gesichert gilt; Kategorien von diversen Teams; Prinzipien für diverse Teams; der Arbeitsauftrag auf Flipchart oder Chart; Pinnwände für die Gruppenarbeiten

Erläuterung

Der US-Wirtschaftswissenschaftler Clayton Christensen betont bei seinen Forschungsergebnissen immer wieder, dass die Prinzipien „Kooperation" und „Kollaboration" die zentralen Erfolgsfaktoren sind, um in einer disruptiven Welt zu überleben: „Nutze die Kompetenzen Deiner Mitarbeitenden", heißt seine Kernregel. Denn dieser komplexen Welt zu entsprechen, kann nur mit großer Vielfalt von Wissen und Erfahrungen im Team gelingen. Offensichtlich hängt unser Erfolg künftig mehr denn je davon ab, wie gut wir mit einander kooperieren und kollaborieren. Insofern ist es fast schon erwartet, dass plötzlich der an IQ und EQ angelehnte Terminus „We-Q" auftaucht (Brandes 2016).

Von wem dieser Begriff ursprünglich eingeführt wurde, wissen wir definitiv nicht: er schien irgendwie in der Luft zu sein. 2015 tauchte er das erste Mal in unseren Charts auf und wir beschrieben damit die Fähigkeit eines Teams, sein unterschiedliches Wissen und seine unterschiedlichen Erfahrungen wirklich für die Ergebnisse und den Erfolg des Teams zu nutzen. Damit ist der We-Q sozusagen der „Nachfolger 3.0", der auf dem Intelligenzquotienten IQ und auf dem Emotionalen Quotienten EQ aufbaut. IQ und EQ beziehen sich beide klar auf das Individuum. Während der We-Q als Systemkompetenz ein zentraler Erfolgsfaktor im Umgang mit Komplexität ist.

Intro-Vorschlag

Erklären Sie Ihren Teilnehmern, dass mit We-Q die Fähigkeit eines Teams gemeint ist, sein unterschiedliches Wissen und seine unterschiedlichen Erfahrungen wirklich umfassend für die Ergebnisse und den Erfolg des Teams zu nutzen. Diese Begriffserklärung können Sie begleitend per Flipchart oder PowerPoint visualisieren. Fahren Sie fort: *„Dass es insbesondere jüngeren Generationen gut gelingt, Wissen und Erfahrungen zu teilen, davon zeugen unzählige Plattformen und Netzwerke wie Twitter, Instagram, Pinterest, Flickr, YouTube, Tumblr, Facebook u.v.m.*

Und gleichzeitig fällt es uns allen offensichtlich immer wieder schwer, unseren We-Q wirklich zu schöpfen. Also uns einer Perspektivenvielfalt zu stellen, den Mehrwert von Unterschiedlichkeit zu erfassen und so ein umfassendes Verständnis für komplexe Zusammenhänge zu gewinnen. Alles in allem, ‚Unterschiede zu kapitalisieren'." Die hier verwendete Formulierung wurde sehr bewusst gewählt: Um ein wenig zu provozieren, um die Erinnerung und den Fokus auf diese zentrale Metakompetenz zu lenken und um hervorzuheben, dass es klar auch um den wirtschaftlichen Erfolg in der Zukunft geht.

Einer unserer Auftraggeber hat uns kürzlich gebeten, in unserer Zusammenarbeit von einigen Studien zu berichten, die „glasklar" zeigen, dass „diverse Teams" erfolgreicher sind als „homogene Teams". Wir haben lange und intensiv recherchiert, doch wies das Ergebnis nicht so glasklar wie erwartet auf den Erfolg diverser Teams hin. Wir erklären uns das damit, dass dieses Thema bisher noch nicht so im Zentrum der Aufmerksamkeit der Wissenschaft stand, weil es erst mit dem Thema Globalisierung und Digitalisierung richtig Fahrt aufgenommen hat.)

Es gibt zwei umfangreiche McKinsey-Studien (Hunt, Layton, & Prince 2014), die besagen, dass diverse Teams erfolgreicher sind als homogene. Im Detail zeigt sich, Diversität bezieht sich in diesen Studien

- entweder auf Frauen im Unternehmen und vor allem im Vorstand – solche Unternehmen sind offensichtlich auch global erfolgreicher, was schon mal sehr gut ist, bestätigt zu bekommen –

- oder auf kulturelle Diversität im Vorstand. Das heißt, wenn die Vorstände eines globalen Unternehmens aus den verschiedensten Kulturen der Welt stammen, dann sind diese Unternehmen erfolgreicher! Auch das ist gut zu hören.

Im Bezug auf „normale“ Teams sind sich die Studien, die wir gefunden haben, einig darin, dass „diverse“ Teams großes Potenzial haben, zu High-Performance-Teams zu werden. Denn sie können durch kollektive Informationsverarbeitung von ihrer Unterschiedlichkeit profitieren. Dieses Potenzial zu schöpfen gelingt besonders gut, wenn die Führungskraft wenig Kategorisierungstendenzen, also wenig Schubladendenken sowie eine hohe Wertschätzung von Diversität (Pro-diversity Beliefs) zeigt (Boerner, Hüttermann & Reinwald 2017). Als gesichert gilt zudem, dass der Grad an Vertrauen, der im Team herrscht, ausschlaggebend für die Teamleistung ist. Dies wurde neben der bereits erwähnten Untersuchung von Google (Bock 2013) auch von anderen bestätigt. Als wichtig für High Performance Teams stellen sich zudem klar Feedback und Selbstreflexion heraus.

Sind Sie auf die Fazits der Studien zu sprechen gekommen, könnten Sie mit Bezug darauf betonen: *„Allerdings wird hier dann wieder von ‚High-performance-Teams' gesprochen. Also ‚glasklar' bezüglich Diversität ist da noch nichts. Was für die ‚High-performance-Teams' wiederholt bestätigt wird, ist, dass der Faktor ‚Vertrauen' einen entscheidenden Einfluss auf die Teamleistung hat.“*

Die einzige Studie, die wir als „Beweis“ dafür gefunden haben, dass diverse Teams tatsächlich bessere Leistungen erbringen können als homogene Teams, stammt von den Organisationsforschern Joseph DiStefano und Martha Maznevski (2000). Diese bestätigt, dass es kulturell diverse Teams gibt, die erfolgreicher sind als kulturell homogene Teams. Doch das gilt bei Weitem nicht für alle kulturell diversen Teams. Laut dieser Studie ist die Mehrzahl der kulturell diversen Teams weniger erfolgreich als kulturell homogene Teams, weil die Zusammenarbeit nicht adäquat vorbereitet wurde.

Erläutern Sie die Studie. Als Intro könnten Sie sich bei den Inhalten der etwas umfangreicher ausgefallenen Einführung bedienen.

Vorgehen

Nachdem Sie klargestellt haben, dass diverse Teams nicht automatisch besser performen als homogene Teams, nennen Sie die Bedingungen, die das Klima der Zusammenarbeit prägen. Die Studie von DiStefano und Maznevski teilt kulturell diverse Teams nach ihrem Klima in drei Gruppen ein, die sie etwa per PowerPoint-Folie visualisieren können.

a. Das Klima der Zusammenarbeit wird beschrieben als „gekennzeichnet" von gegenseitigem Misstrauen und der Zurückhaltung von Informationen.

b. Das Klima der Zusammenarbeit wird beschrieben als „gekennzeichnet" von gegenseitiger Zurückhaltung; Unterschiedlichkeit wird unterdrückt, um Prozesse zu erleichtern.

c. Das Klima der Zusammenarbeit wird beschrieben als „gekennzeichnet" von gegenseitiger Anerkennung und Förderung der Unterschiedlichkeit, die Expertise des anderen wird anerkannt.

Ziehen Sie das Fazit: *„Der Schlüssel für die ‚Kapitalisierung von Unterschiedlichkeit' liegt in den Interaktionsprozessen der Teams (wie sie ihre Unterschiedlichkeit wahrnehmen, bewerten und damit umgehen).*

Das Fazit dieser Studie deckt sich mit den Erkenntnissen zum Thema ‚Vertrauen und psychologische Sicherheit', was wir bereits am Anfang in der Übung ‚2+1 Wertschätzungs-Dialog' dargestellt haben."

Leiten Sie nun zur Aufgabenstellung über: *„Wir möchten euch jetzt einladen, eure Erfahrungen zum Thema Kooperation und Kollaboration auszutauschen. Wir haben ja auch vorher in der XY-Übung hier selbst einige konkrete und aktuelle Wahrnehmungen diesbezüglich in Erinnerung* (s. S. 157). *Ziel dieses Austausches ist es, Prinzipien zusammenzutragen, die es uns ermöglichen, eine Basis zum Beispiel der psychologischen Sicherheit aufzubauen, die gegenseitige Anerkennung zu stärken und Mehrwert aus der Unterschiedlichkeit zu schöpfen. Denn wenn wir diese Prinzipien bewusst vor Augen haben, dann können wir diese auch in unser tägliches Miteinander einbringen."*

Der folgenden Arbeitsauftrag geht nun an die Teilnehmenden: *„Bitte teilt euch in drei Gruppen auf. Wer möchte, berichtet von einer positiven oder schwierigen Erfahrung der Zusammenarbeit im Team. Bitte visualisiert eure Erkenntnisse und gestaltet dazu ein entsprechendes ‚Poster'. Ihr habt dafür 30 Minuten Zeit, die Präsentationszeit pro Gruppe beträgt drei Minuten.*

Arbeitet heraus, was es entweder gebraucht hätte, um den We-Q des Teams besser zu schöpfen oder, im positiven Fall, was die Prinzipien, Regeln oder auch Rahmenbedingen der Zusammenarbeit waren, die es dem Team ermöglicht haben, umfassend die Erfahrungen, Expertise und Kompetenzen des Teams in Arbeitsergebnisse einfließen zu lassen.

Bitte achtet darauf, dass ihr hinsichtlich der Prinzipien oder Rahmenbedingungen sehr konkret seid: Zum Beispiel haben wir ja ‚Wertschätzung‘ und ‚Vertrauen‘ als zentrale Kriterien immer wieder gehört, was aber konkret können wir tun, damit diese gedeihen?

Bitte visualisiert eure Ergebnisse so konkret wie möglich auf der Moderationswand. Dann habt ihr auch im Nachklang, wenn ihr in unserem digitalen Fotoprotokoll nachblättert, den größten Nutzen davon.“

So könnten Sie die Aufgabenstellung für die Teams auf Flipchart oder PowerPoint-Folie visualisieren:

Prinzipien, um den Mehrwert in Unterschiedlichkeit zu schöpfen

- In „schwierigen“ Fällen: Was konkret hätte es an Prinzipien, Regeln oder Rahmenbedingungen (mehr) gebraucht, um den We-Q des Teams besser zu schöpfen?
- In „positiven“ Fällen: Was waren die Prinzipien, Regeln oder auch Rahmenbedingen der Zusammenarbeit, die es dem Team ermöglicht haben, umfassend die Erfahrungen, Expertise und Kompetenzen des Teams in Arbeitsergebnisse einfließen zu lassen? Wie konnte dies gelingen?

Debriefing

Den Erkenntnissen der Teilnehmer könnten Sie abschließend noch ein zusammenfassendes und abgleichendes PowerPoint-Chart mit den folgenden Anregungen an die Seite stellen. Das bestätigt und verstärkt die Teilnehmer in ihrem Wissen und ihren Erfahrungen und gibt ihnen noch die eine oder andere Anregung. Wichtig ist, in jedem Fall zu unterstreichen, dass solche Prinzipien bestenfalls zu Beginn einer Zusammenarbeit gemeinsam im Team erarbeitet werden sollten.

Ein paar Anregungen für Prinzipien zur Zusammenarbeit – um Unterschiede zu kapitalisieren

- Dafür sorgen, dass Informationen ausgetauscht werden
- Sich an Aussagen über Persönliches erinnern

- Alle Mitglieder des Teams regelmäßig persönlich nach ihren Sichtweisen und Meinungen fragen
- Immer wieder zu Feedback, „Voicing“ und Selbstreflexion einladen
- Immer wieder zu Widerspruch und zum Gegenhalten einladen
- Die Weisheit von Minderheiten nutzen
- Unterschiede bewusst und positiv ansprechen und den Mehrwert aktiv und gemeinsam suchen
- Allen Aussagen respektvoll begegnen
- Ehrlich entschuldigen, wenn etwas „danebenging“
- Einen passenden „Herzschlag“ für das Team definieren
- Systematische Methoden der Konflikt-, Problemlösung und Entscheidungsfindung nutzen

Einige dieser Prinzipien sind selbsterklärend bzw. erklären sich auch durch das vorab Besprochene. Zu den Prinzipien „Immer wieder zu Feedback, Voicing und Selbstreflexion einladen“, „Immer wieder zum Widerspruch und zum Gegenhalten einladen“ und zu „Einen passenden ‚Herzschlag‘ für das Team definieren“ können Sie als Trainer noch ergänzen, was dabei wichtig ist:

„Entsprechend der empirischen Ergebnisse, die wir gesehen haben, ist nachvollziehbar, dass das Prinzip ‚Immer wieder zu Feedback, ‚Voicing‘ und Selbstreflexion einladen‘ wichtig ist. Was ist mit dem Begriff ‚Voicing‘ gemeint? Gerade Menschen aus Kulturen, in denen es als unangemessen gilt, offenes Feedback zu geben, müssen behutsam an das Thema Feedback herangeführt werden.

Vielleicht fragt ihr euch jetzt: ‚Wirklich? Müssen?‘ – Ich denke schon. Denn Menschen, die aus einem Kulturkreis stammen, in dem es nicht angemessen ist, offenes Feedback zu geben, haben selbstverständlich auch ihre Feedback-Systeme, die Menschen aus wiederum anderen Kulturkreisen nicht lesen können, wenn sie diese nicht kennen. Um allen Teamkollegen zu signalisieren, dass ihre Meinung und Eindrücke wichtig sind, dass ihre Bedürfnisse und Ideen zählen, ist erst einmal eine bewusste Einladung dazu notwendig. Das Ziel ist, Signale und Rückmeldungen, also ein ‚Voicing‘ zu bekommen, um zu wissen, was anderen wichtig ist, um sich besser zu verstehen (vgl. Hildebrandt, Jehle, Meister & Skoruppa 2014). *Und letztlich natürlich besser zusammenzuarbeiten. Dafür kann man als Führungskraft durchaus werben.“*

Zum Punkt „Immer wieder zum Widerspruch und zum Gegenhalten einladen“ können Sie Niels Pflägings Aussage aufgreifen, dass in komplexen Situationen Konflikte geradezu eine Notwendigkeit sind. Auch weil in manchen Unternehmen das Prinzip gute Deckung wichtiger sei als gute Sicht. Daher ist die Aufforderung zum Widerspruch ein Erfolgsfaktor (Pfläging 2015), damit wir nicht alle miteinander blind für Komplexität werden. Dieser Aspekt zielt auch auf das nächste Prinzip, „Die Weisheit von Minderheiten nutzen". Gerade aus der Entscheidungsforschung wissen wir, dass es eine Reihe von gruppendynamischen Faktoren gibt, die ziemlich bescheidene Entscheidungen auslösen können. Dem kann man mit den zwei eben erwähnten Prinzipien gut entgegensteuern.

Was bedeutet das Prinzip „Einen passenden ‚Herzschlag' für das Team definieren"? Untersuchungen von DiStefano & Maznevski besagen, dass Gruppen, die einen passenden „Herzschlag" für ihr Team haben, mit höherer Wahrscheinlichkeit erfolgreicher sind als Gruppen, die den „Fire Fighting Meeting"-Modus pflegen. Erklären können Sie das etwa so: *„Der ‚Herzschlag' eines Teams beschreibt dessen ganz eigenen Besprechungsrhythmus, der gemeinsam vom Team festgelegt wird: Also: ‚Wann, regelmäßig, entsprechend den Bedarfen dieses Teams, tauschen wir uns systematisch zu welchen Themen aus?'. Etwa wie bei Scrum, wo es definierte Zeiten für das ‚Daily Stand-up', das ‚Sprint Planning Meeting', das ‚Sprint Review Meeting' usw. gibt."*

Ich möchte das aus meiner Praxiserfahrung heraus unterstreichen. Teams, die sich nur zu Fire-Fighting-Meetings austauschen bzw. treffen, haben nachvollziehbarerweise wenig Lust auf diese Art von Besprechungen. Gleichwohl machen auch „Laberrunden" weder Sinn noch Spaß. Den teamspezifischen „Herzschlag" erarbeitet man am besten gemeinsam im Team."

Quellen

- Boerner, S., Hüttermann, H. & Reinwald, M. (2017): Effektive Führung heterogener Teams. Gruppe. Interaktion. Organisation. Zeitschrift für Angewandte Organisationspsychologie (GIO) 48:1, 41-51.
- Brandes, N. (2016): WE-Q: Wir-Intelligenz. Warum wir ohne sie untergehen und mit ihr wirklich erfolgreich werden. Europa Verlag.
- De Jong, B. A., Dirks, K. T. & Gillespie, N. (2016): Trust and team performance: A meta-analysis of main effects, moderators, and covariates. Journal of Applied Psychology, Vol 101(8), 1134-1150.
- Distefano, J. J. & Maznevski, M. L. (2000): Creating value with diverse teams in global management.Organizational Dynamics, 29(1), 45-63.
- Hildebrandt, M., Jehle, L., Meister, S. & Skoruppa, S. (2014): Closeness at a Distance-Leading Virtual Groups to High Performance: A Virtual Performance Improvement Product. Libri Publishing.

- Hunt, V., Layton, D. & Prince, S. (2014): Diversity matters. New York: McKinsey & Company. *www.mckinsey.com/~/media/mckinsey/business%20functions/organization/our%20insights/why%20diversity%20matters/diversity%20matters.ashx* – abgerufen am 07.08.2018.
- Konradt, U., Schippers, M. C., Garbers, Y. & Steenfatt, C. (2015): Effects of guided reflexivity and team feedback on team performance improvement: The role of team regulatory processes and cognitive emergent states. European Journal of Work and Organizational Psychology,24(5), 777-795.
- Pfläging, N. (2014): Organisation für Komplexität: Wie Arbeit wieder lebendig wird. Redline Verlag.

Ambiguität & Ambivalenz nutzen: Das Tetralemma als Entscheidungshilfe

Orientierung

Ziele

- Entscheidungen unter Mehrdeutigkeit und Ungewissheit erleichtern
- Mit dem Tetralemma ein Entscheidungsmodell mit hohem Entlastungspotenzial vorstellen
- Die Notwendigkeit digitaler Ja-Nein-Entscheidungen im Organisationsalltag in Frage stellen und eine Alternative anbieten

Zeit

Insgesamt (Teil 1 und 2) 90 Minuten

- Intro: 15 Minuten
- Gruppenarbeit: 45 Minuten
- Auswertung und Learnings im Plenum: 30 Minuten

Material

Moderationswand, Karten, Klebezettel; Visualisierung des Modells mit Beschreibung der fünf Positionen; Visualisierung der hilfreichen Fragen; vorbereitete Bodenanker

Hinweis

Dieser Baustein sollte mit ausreichend Zeit und einem Puffer ausgestattet sein, um je nach Intensität der Gruppenarbeit noch Luft in der Seminargestaltung zu haben.

Erläuterung

Die folgende Übung ist eine Aufstellungsarbeit. Das bedeutet, es wird mit Bodenankern gearbeitet, die für verschiedene Facetten einer Situation stehen. Durch intuitive und persönliche Resonanz wird wahrgenommen und es wird erkannt, was ist und was sein könnte. Durch die umfassende Wahrnehmung werden Impulse zum Handeln gesetzt; Probehandeln wird möglich. Das Tetralemma ist ein Modell des konstruktiven Ambivalenz- und Konfliktmanagements. Die hier vorgestellte darauf basierende Technik erlaubt uns, neue, bisher möglicherweise übersehene Perspektiven zu konstruieren. Gerade auch in Situationen, in denen wenig Informationen vorliegen, Alternativen mehrdeutig erscheinen und eine hohe Ungewissheit herrscht.

Bitte denken Sie daran, einen Blick auf die „Landkarte Komplexitätsmanagement“ zu werfen: Wieweit sind zu diesen Aspekten vorab Kenntnisse und Themen der Teilnehmer gekommen? Stellen Sie den Bezug her!

Das Tetralemma kann sowohl mit Raum- bzw. Bodenankern, die für verschiedene Facetten einer Situation stehen, als auch mit tatsächlich Betroffenen einer Organisation in Befragungs- und Dialog-Zyklen durchgeführt werden. Es kann aber auch – und diese Version haben wir hier gewählt – ein Selbstversuch mit dem Spiel von Gedanken und Gefühlen sein, der alleine oder in einer vertrauten Gruppe durchgeführt wird. Im Ergebnis entsteht normalerweise immer sehr schnell das Gefühl, deutlich mehr Handlungs- und Gestaltungsspielräume zu haben als gedacht. Dieses Gefühl von Entlastung führt dann auch dazu, dass Blockaden von Gedanken und Gefühlen zügig verschwinden können und sehr schnell verschüttete Ressourcen für neue Lösungen auftauchen.

Nach der vorliegenden Agenda führen wir den Theorie-Input zur Übung vor dem Mittagessen durch und das konkrete Ausprobieren nach dem Mittagessen. Es ist durchaus nützlich, das aufzusplitten, weil so den Teilnehmern mehr Zeit bleibt, sich zu überlegen, welches Entscheidungsthema sie einbringen möchten. Das kann man als Trainer auch sehr gut genau so vor dem Mittagessen ansprechen.

Intro-Vorschlag

Sie könnten das Thema mit einer Geschichte einleiten: *„Wir verweilen beim Thema ‚Ambiguität‘ und ‚Ambivalenz‘. Lasst mich mit einer kurzen Geschichte beginnen: Zu König Salomon, dem Richter, dessen Weisheit sprichwörtlich war, kamen zwei Nachbarn, die miteinander im Streit lagen. Der erste trug seinen Standpunkt vor. Der Richter hörte aufmerksam zu. Als er alles gehört hatte, sagte er zu ihm: ‚Da hast du recht.‘ Dann hörte er den anderen an, der alles ganz anders beschrieb. Er hörte auch ihm aufmerksam zu und sagte auch zu ihm, als er alles gehört hatte: ‚Du hast du recht.‘ Der Wesir, der das Ganze mit Interesse verfolgt hatte, konnte nicht mehr an sich halten. Er sprach dem König leise ins Ohr: ‚Die Aussagen der beiden widersprechen sich doch völlig. Sie können doch überhaupt nicht beide recht haben!‘ Da wandte sich der König ihm zu, lächelte und sagte: ‚Da hast du recht.‘ Wir freuen uns an dieser Geschichte, weil sie zeigt, dass unterschiedliche Realitäten zu unterschiedlichen Wahrnehmungen führen. Das haben wir in Teilen gemeinsam vorher erlebt.“*

Eine gute Einführung in die Tetralemma-Technik ist auch die folgende Abbildung (Sie erhalten die Abbildung unter den Download-Ressourcen zu diesem Buch). Sie ist ein weiteres anschauliches Beispiel für Mehrdeutigkeit und unterschiedliche Realitäten: *„Zwei Personen streiten, ob sie drei oder vier Balken sehen. Und eine Entscheidung ist schwierig. Man kann sagen, die Person links hat recht mit der Perspektive ‚vier Balken‘, man kann sagen die Person rechts mit ‚drei‘ hat recht, oder man könnte auch sagen: ‚Beide haben recht.‘“*

Abb.: Beispielgrafik für unterschiedliche Realitäten.

Zu entscheiden, wer jetzt recht hat, führt dann zu einem Dilemma, einer Zwickmühle (s. auch „Ambiguität und das kontinuierliche Zwickmühlen-Management“, S. 287). Die Teilnehmer haben vorher erlebt, dass Ambiguität Stress auslösen kann. Zeigen Sie jetzt mit der nachfolgenden Übung, dass Ambiguität auch Chancen aufzeigt und zu neuen Ideen und Lösungen führen kann.

„In Entscheidungssituationen ist man also häufig in einer Zwickmühle. Dieser Zwickmühle zu entkommen und mehr Entscheidungsfreiheit zu gewinnen, darauf zielt das Tetralemma-Entscheidungsmodell ab. Dabei werden die Entscheidungsmöglichkeiten von zwei auf vier erhöht.

Das Tetralemma wurde von Matthias Varga von Kibéd und Insa Sparrer (2000) auf Basis der Gedanken fernöstlicher Rechtsprechung entwickelt. Dieses Modell beschreibt entsprechend Kategorien für verschiedene Standpunkte, die ein Richter in einem Streitfall zwischen zwei Parteien einnehmen sollte: Wenn Kontrahenten im Streit liegen, sind die möglichen Optionen, dem einen oder dem anderen oder beiden oder keinem von beiden Recht zu geben. Das sind die vier Positionen, die im Tetralemma-Entscheidungsmodell bewusst als Optionen erweiternd eingeführt werden. Ergänzend kann auch noch eine fünfte Position hinzugefügt werden, die Negation all dieser Positionen. Damit lassen sich dann fünf Positionen beschreiben." Die folgenden fünf Positionen sollten für die Teilnehmer visualisiert sein, beispielsweise auf einem Handout.

Erklären Sie, was die Wirkung ist, wenn man sich dieser Positionen bewusst wird: *„Man tritt sozusagen aus dem bisherigen Denksystem noch weiter heraus und sucht bewusst, den gegebenen Rahmen zu verlassen. Im Ergebnis entsteht normalerweise sehr schnell das Gefühl, deutlich mehr Handlungs- und Gestaltungsspielräume zu haben als gedacht. Dieses Gefühl von Entlastung führt dann auch dazu, dass Blockaden von Gedanken und Gefühlen zügig verschwinden können und sehr schnell verschüttete Ressourcen für neue Lösungen auftauchen.*

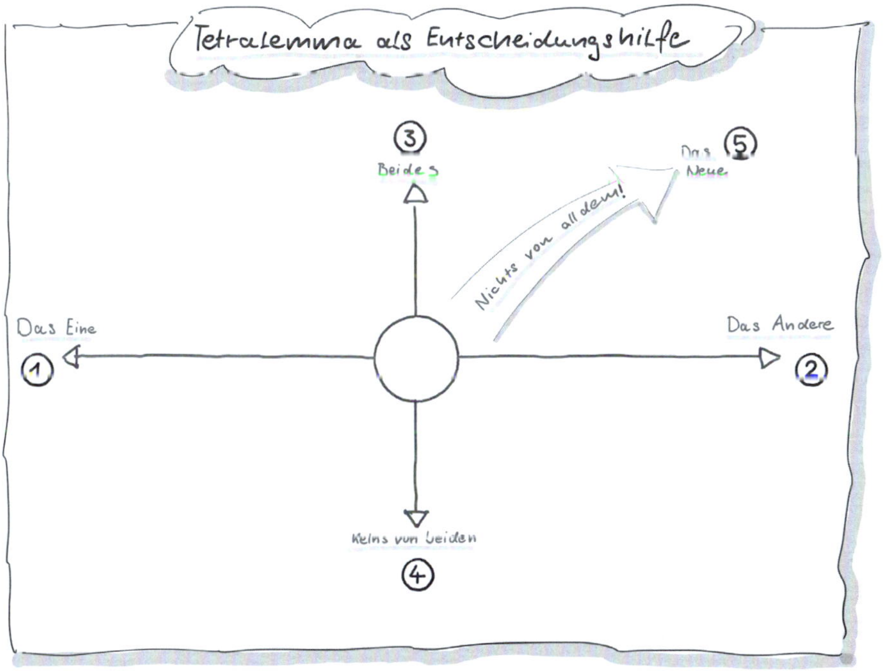

Abb.: Das Tetralemma als Entscheidungshilfe.

1. Position „Das Eine"
   Die eine Partei, eine Seite in einem Streit oder einer inneren Zwickmühle, die wahrgenommen werden kann.

2. Position „Das Andere"
   Die andere Partei, die andere Seite, die andere Perspektive, die in einer Entscheidungssituation wahrgenommen werden kann. Auch diese wird als Realität, Möglichkeit oder Wahrheit definiert.

3. Position „Beides"
   Diese besagt, dass es eine Möglichkeit geben muss oder gibt, in der zum Beispiel beide Sichtweisen richtig sind, die Verbindung beider Sichtweisen möglich ist. Dass es Möglichkeiten gibt, zwei unterschiedliche Perspektiven bzw. Positionen kreativ miteinander zu verbinden. Diese könnte auch eine Position der Iteration sein, bei der mehrfach Schleifen zwischen dem Einen und dem Anderen gedreht werden.

4. Position „Keines von Beiden"
   Keine der Sichtweisen ist richtig, beide Perspektiven entsprechen nicht der Realität, beide Möglichkeiten dienen nicht wirklich den gewünschten Zielen, erfüllen nicht wirklich den Anspruch. Hier findet bereits ein Schritt eines (inneren) Beobachters in Richtung einer Metaebene statt.

5. Position „All dies nicht und auch das nicht – nichts von alledem"
   Dies ist eine weitere Negation von allem bisher Durchschrittenen: Es muss etwas außerhalb des Bisherigen auf einer anderen Lösungsebene gesucht werden.

Entsprechend ist die Anwendung dieses Modells häufig mit einem hohen Entlastungspotenzial verbunden: Man schüttelt die binäre Zwangsjacke einer Ja/Nein- oder Schwarz/Weiß-Entscheidung ab." Falls Sie es noch nicht gemacht haben, können Sie zugleich mit Ihren Erklärungen auch Bodenanker auslegen, die die Positionen im Raum markieren (s. Abb. rechts).

Nachdem Sie die Theorie erklärt haben (15 Minuten), folgt erst die gemeinsame Mittagspause. Sie können als Trainer eben jetzt bereits darauf hinweisen, dass nach der Mittagspause anhand konkreter Entscheidungsanliegen von einzelnen Teilnehmern weitergearbeitet wird. Und, dass die Teilnehmer sich bitte überlegen sollen, wer an einem seiner Anliegen arbeiten möchte. Danach geht es weiter mit der praktischen Übung, die etwa 75 Minuten dauert.

Abb.. Das Tetralemma mit Bodenankern.

Vorgehen

„Je mehrdeutiger eine Entscheidungssituation ist, desto offener sollte die Entscheidung gestaltet sein. Mehrdeutigkeit ist immer auch ein Mangel an eindeutigen Informationen. In solchen Situationen spricht vieles dafür, keine Schwarz-Weiß-Entscheidungen zu treffen zwischen Position 1 und Position 2, sondern weitere Möglichkeiten in Erwägung zu ziehen. Das Gedankengerüst der fünf Positionen hilft, vollständig neu über das Ganze nachzudenken."

Fahren Sie also fort: *„Ich möchte euch jetzt gerne einladen, in Vierergruppen zusammenzuarbeiten. Dabei wäre es besonders hilfreich, wenn ein Gruppenmitglied vor bzw. in einer konkreten Entscheidungssituation steht und diesen Fall auch schildern mag.*

In der Gruppe solltet ihr dann alle fünf Möglichkeiten durchgehen. Jede Position wird zu ihrem Lösungspotenzial ‚befragt'. Besonders hilfreich ist es, wenn ihr dazu die Bodenanker nutzt und der Anliegengeber, also der, der bereit ist, über seine Entscheidungssituation zu sprechen, sich auf die jeweiligen Bodenanker stellt, während er von der Gruppe zu dem jeweiligen Punkt befragt wird. Wer von euch wäre bereit, Anliegengeber zu sein und von einem Wandern über die Möglichkeiten zu profitieren? Oder anders ausgedrückt: sich im Dienste der Gruppe mit seinem Entscheidungsthema einzubringen?"

Wenn es nur eine Person gibt, die ihr Anliegen zur Verfügung stellen will, lässt sich diese Übung auch gut im Plenum durchführen. Man sollte dann aber achtsam sein, dass der Anliegengeber nicht mit Fragen „überfallen" wird, was leider schon vorgekommen ist, oder, noch schlimmer, dass er irgendwie in eine Verteidigungs- und Rechtfertigungshaltung fällt, weil die Gruppe mit den Fragen Druck aufbaut, nach dem Motto „Warum hast du dich noch nicht entschieden – weißt du eigentlich selbst, was du willst?". Das können Sie als Trainer auch noch in der Anmoderation sagen, wenn Sie die Befürchtung haben, dass das passieren könnte. Der Anliegengeber muss sich keineswegs zu allen Fragen äußern, nur wenn etwas „wie von selbst" auftaucht. Die Übung wirkt und arbeitet sowieso von selbst weiter.

Stellen Sie die unten aufgeführten Fragen den Teilnehmern zur Verfügung: *„Bitte geh einfach mal zu der Position, wo es dich jetzt spontan als Erstes hinzieht. Wenn du da so stehst …*

- *Welche Überlegungen, Gedanken tauchen bei dir auf, wenn du auf dieser Position bist? Welche noch?*
- *Welche Emotionen tauchen auf? Was genau ist das?*
- *Welche Bewegungsimpulse tauchen auf?*
- *Was ist hier besser? Schlechter?*
- *Welche Vorteile hat die Position?*
- *Welche Nachteile hat die Position?*
- *Was könnte das Gute im Schlechten sein?*
- *Was könnte das Schlechte im Guten sein?*
- *Was sind eventuell nicht sichtbare Vorteile?*
- *Was sind eventuell nicht sichtbare Nachteile?*
- *Welche Risiken gibt es eigentlich?"*

Und bei den Positionen 4. und 5. können Sie ergänzend fragen:

- *„Was könnte Verbindungen erleichtern?*
- *Welche Gegensätze sind besonders schwer zu überwinden?*
- *Wenn wir die verschiedenen Positionen anschauen, worum könnte es dann noch gehen?*
- *Was macht gerade die freie und radikale 5. Position?*

Wenn die Positionen so durchgegangen sind, ladet ihr den Anliegengeber ein, sich einmal ins Zentrum seiner möglichen Positionen und Lösungen zu stellen und zu erfühlen, wie sich die verschiedenen Richtungen anfühlen, wo er welche Lösung im Körper spürt, ob es schon eine neue Präferenz gibt und in welche Richtung es ihn oder sie zieht."

Wenn das Vorgehen so abgerundet wurde und man als Trainer den Eindruck hat, dass die Gruppe achtsam und wertschätzend unterwegs ist, können Sie auch die Gruppenwahrnehmungen und das Gruppenfeedback nutzen. Das kann noch mal sehr interessante weitere Impulse für den Anliegengeber bieten. Meist kommen Beobachtungen, wie sich Mimik, Gestik, Körperhaltungen verändert haben, die Durchblutung und Aktivierung im Gesicht und Ähnliches.

Fragen könnten hier lauten:

- Was uns an dir auf den verschiedenen Positionen aufgefallen ist ...
- Was sich aus meiner Sicht bei Position x verändert hat ...
- Mir ist aufgefallen, ...

Debriefing

Zum Debriefing gehen Sie wieder zur Methode selbst zurück und fragen nach:

- Wie findet ihr die Methode?
- Was könnten Fallstricke in der Anwendung sein?
- Was denkt ihr, worin der größte Nutzen der Methode besteht?

Quellen

- Kleve, H. (2017): Das Tetralemma. *www.researchgate.net/publication/316016588_Das_Tetralemma* – abgerufen am 26.8.2018.
- Kleve, H. (2007): Postmoderne Sozialarbeit. Ein systemtheoretisch-konstruktivistischer Beitrag zur Sozialarbeitswissenschaft. VS Verlag für Sozialwissenschaften.
- Kleve, H. (2007): Ambivalenz, System und Erfolg. Provokationen postmoderner Sozialarbeit. Carl-Auer Verlag.
- Oswald, M.; Müller, Ch. (2000): Zum konstruktiven Umgang mit Widersprüchen und Paradoxien – Das Tetralemma. *studylibde.com/doc/6316335/das-tetralemma* – abgerufen am 26.8.2018.
- Varga von Kibéd, M. & Sparrer, I. (2000): Ganz im Gegenteil. Tetralemmaarbeit und andere Grundformen systemischer Strukturaufstellungen – für Querdenker und solche, die es werden wollen. Carl-Auer Verlag.

Das Agilitätsprofil: Definieren, evaluieren und entwickeln

Orientierung

Ziele

- Das angemessene Agilitätsprofil für sich selbst (oder das eigene Team) definieren und diskutieren
- Das eigene Agilitätsprofil bewerten (im Feedback durch andere oder im eigenen Team)
- Maßnahmen zum Erhalt bzw. zum Ausbau des Agilitätsprofils definieren

Zeit

Insgesamt 95 Minuten

- Intro/Theorie-Input: 15 Minuten

Arbeiten mit individuellen Profilen:

- Erarbeiten des individuellen Profils: 15 Minuten
- Einschätzung durch den Seminar-Buddy: 15 Minuten
- Gegenseitige Besprechung der Feedback-Ergebnisse mit dem Seminar-Buddy: 20 Minuten pro Person, insgesamt 40 Minuten
- Debriefing: 10 Minuten

Arbeiten mit Gruppenprofilen:

- Erarbeiten eines Team-Profils im Team: ca. 1,5 bis 3 Stunden
- Einschätzungen durch die Teammitglieder: 15 Minuten
- Besprechung der Feedback-Ergebnisse im Team: 4–6 Stunden

Material

Fragebogen zur Definition und Evaluierung des Agilitätsprofils; Visualisierung der Bedeutung des Wortes VUCA; Abbildung der Agilitätszwiebel; Darstellung der 7 Dimensionen der Agilität

Hinweise

Die Definition und Evaluierung des Agilitätsprofils kann sowohl für eine einzelne Person als auch für ein Team durchgeführt werden. Im Team beansprucht dies natürlich deutlich mehr Zeit. Gerade für Teams hat sich die Arbeit mit dem TAE, dem Team-Agilitätsrofil, als sehr nützlich und motivierend erwiesen.

Erläuterung

Das Konzept der Agilität ist seit den 1950er-Jahren aus der Systemtheorie von Organisationen bekannt. Unter anderem hat der amerikanische Soziologe Talcott Parsons vier Funktionen identifiziert, die jedes System erfüllen muss, um seine Existenz zu erhalten. Die Fähigkeit,

- der **A**daption (die Fähigkeit eines Systems, auf die sich verändernden äußeren Bedingungen zu reagieren)
- Ziele zu definieren und diese zu verfolgen (**G**oal Attainment),
- Kohäsion (Zusammenhalt) und Inklusion (Einschluss) herzustellen und abzusichern (**I**ntegration) und
- grundlegende Strukturen und Wertmuster aufrechtzuerhalten (**La**tency).

Aus den Anfangsbuchstaben dieser vier Funktionen ergibt sich das bekannte AGIL-Schema (Fischer 2016).

Hier kommen vorab häufig Fragen oder Themen und Modelle vonseiten der Teilnehmer – bitte stellen Sie gegebenenfalls den Bezug zum Post-it und zum Teilnehmer her!

Intro-Vorschlag

„Wir haben ja gestern schon einmal auf dieses Konzept der Agilität geschaut. Ich würde das gerne zum Abschluss des Seminars hin mit euch vertiefen, weil es alle Komplexitätskompetenzen zusammenfassend aufgreift und ihr damit auch ein individuelles Fazit ziehen könnt. Dabei beantwortet ihr euch die Fragen: ‚Was ist hier wichtig für mich?', ‚Wo stehe ich?', ‚Woran will ich weiterarbeiten bzw. was weiter vertiefen?'

Wir verstehen unter Agilität das Merkmal einer Organisation, eines Teams oder einer Person, schnell, initiativ und anpassungsfähig zu agieren, um in einem komplexen Umfeld Wettbewerbsvorteile zu erlangen. Dies zeigt sich in einem entsprechenden Mindset, den spezifischen Komplexitätskompetenzen ebenso wie in der Nutzung agiler Werkzeuge."

Stellen Sie das Agilitätsprofil-Instrument vor, mit dem Sie jetzt arbeiten werden: *„Das hier vorgestellte Agilitätsprofil ‚Team Agility Evaluation' unterstützt Führende und Teams in ihrem Prozess hin zum agilen Mindset und agilem Handeln. Der Fragebogen wurde auf Basis einer Metaanalyse verschiedenster anderer Agilitätstests und Profile sowie verschiedenster Veröffentlichungen zum Thema Agilität entwickelt."*

Erklären Sie, dass bei diesem Test anhand von sieben Dimensionen und jeweils sieben zugehörigen Fragen zunächst mit der Definition des Agilitätsprofils für die einzelne Person oder das Team begonnen wird.

Denn es hat sich in empirischen Untersuchungen gezeigt, dass es klar Unterschiede in den Agilitäts-Anforderungen zwischen verschiedenen Funktionen und Bereichen gibt (Harvard Business Review 2018). So wird beispielsweise im Bereich Controlling eine andere Art von agilem Mindset und Handeln erforderlich sein als in HR.

Im zweiten Schritt wird das definierte Profil evaluiert: Für die einzelne Person kann dies mittels einer Einschätzung durch eine oder mehrere andere Person/en geschehen. Im Team können jedes Teammitglied und auch andere Mitglieder im Netzwerk ein Feedback zu dem definierten Team-Agilitätsprofil geben.

Dieses standardisierte Instrument bietet den einzelnen Personen oder Teammitgliedern die Möglichkeit, Erwartungen hinsichtlich der erstrebenswerten Agilität im Team strukturiert auszutauschen und zu einer entsprechenden Synchronisation zu kommen. Dies stärkt die gemeinsame Ausrichtung des Teams bezüglich des eigenen Agilitätsselbstverständnisses und fördert die gemeinsame Entwicklung im Team. Bestenfalls entsteht ein andauernder Prozess, der die gemeinsame Energie aller Teammitglieder hin auf ein agiles Team-Mindset und entsprechendes Handeln aktiviert.

Im Folgenden ist nun ein Vorgehen beschrieben, bei dem Gruppenprofile für Teams erstellt werden, nicht für Einzelpersonen. Ist ein Teamprofil erwünscht, dann sollten Sie deutlich mehr Zeit einplanen als bei den zuvor beschriebenen Einzelprofilen (s. Zeitangaben auf S. 180) Wenn Sie das Agilitätsprofil für Teams nutzen möchten, könnten Sie so in die Übung einführen: *„‚Agilität ausbauen', das ist die Antwort der Unternehmen auf die Herausforderungen der VUCA-Welt. Lasst uns zum Abschluss auf diese Herausforderungen schauen (bzw. ‚noch mal schauen' – wenn die Trainer die FLO genutzt haben): Was ist gemeint?"*

„Wie bereits angesprochen, setzt sich VUCA als Akronym aus den vier Begriffen Volatilität, Ungewissheit, Komplexität und Ambiguität zusammen." Die Begriffe sollten Sie visualisieren, Beispielsweise auf einem PowerPoint-Chart. So können sich die Teilnehmer während Ihrer Erklärung besser orientieren.

*„**Volatilität** beschreibt die Schwankungsintensität von bestimmten Faktoren über einen zeitlichen Verlauf hinweg."* Als Beispiel können Sie etwa Aktienkurse nennen, bei denen dies leicht erkennbar ist: Innerhalb eines kurzen Zeitraums schwanken Aktienkurse stark und zeigen „scharfe Zacken" im Verlaufs-Chart. Je höher die Volatilität, desto stärker und „zackiger" die Ausschläge.

Das hängt auch mit dem Faktor **Ungewissheit** zusammen, auf den Sie als Nächstes zu sprechen kommen: *„Wir müssen uns eingestehen, dass wir in bestimmten, vor allem auch marktwirtschaftlichen Zusammenhängen niemals alle einflussnehmenden Variablen kennen können. Mit Blick auf den Brexit beispielsweise werden diese ‚unknowns' mehr als deutlich. Führende müssen in solchen Kontexten, die von hoher Ungewissheit geprägt sind, entscheiden."*

Der Buchstabe C steht für den Begriff der **Komplexität** (engl.: Complexity). Man spricht von einem komplexen System, wenn die Anzahl der Einflussfaktoren in einem System hoch und die Art der gegenseitigen Einflussnahme der Faktoren in Teilen unbekannt und nicht stabil ist. Betonen Sie: *„Die Zusammenhänge in solchen Systemen sind nicht linear. Das heißt, es gibt keine eindeutigen Ursache-Wirkungs-Zusammenhänge. Entsprechend lassen sich Auswirkungen von Entscheidungen bzw. von bestimmten Maßnahmen und Eingriffen nicht vorhersagen."*

Das A steht für das Wort **Ambiguität** und für die Vieldeutigkeit und Widersprüchlichkeit, mit der wir uns in unseren Wirtschaftssystemen zunehmend konfrontiert sehen. Erklären Sie: *„Ein Management des ‚Sowohl als auch' ist gefordert. Ein fortwährendes Handeln und Entscheiden in Dilemmata-Situationen und Welten der Gegensätze. Die Forderungen lauten ‚Kürzere Entwicklungszeiten bei gleichzeitig hoher Qualität der Ergebnisse' oder ‚Geschwindigkeit und gleichzeitig Zuverlässigkeit' oder ‚Standardisierung bei gleichzeitig maximaler Individualisierung'.*

Wie kann es gelingen, sich auf die komplexen Anforderungen dieses Umfelds gemeinsam einzustellen? Indem wir als gesamtes Unternehmen ein agiles Mindset entwickeln."

Damit kommen Sie auf Forschungsergebnisse zu sprechen, die in der Harvard Business Review 2018 dargestellt sind. Die Untersuchungen zeigen, dass Unternehmen sich aktuell mit einer „agilen Unternehmenskultur" deutlich Marktvorteile verschaffen können, einem Mindset, welches den Ausbau der Komplexitätskompetenzen befördert. Viele der jungen Marktplayer, Unternehmen wie Spotify, Netflix oder Google sind aus einem solchen Mindset heraus entstanden.

Fragen Sie weiter: *„Wie aber gelingt es etablierte Unternehmen, eine Kultur der schnellen, flexiblen und intelligenten Marktanpassung herzustellen? Was sicher keinen Sinn macht, ist, jede Funktion und jeden Bereich mit agilen Methoden und Prozessen zu beglücken. Was in Bereichen wie Produktentwicklung oder der IT hervorragend funktionieren mag, wird im Einkauf oder im Controlling auf weniger fruchtbaren Boden fallen. Trotzdem ist erkennbar, dass agile Teams stark beeinträchtigt werden, wenn andere Bereiche weiter an Standardprozessen und bürokratischen Vorgehensweisen festhalten. Daher arbeiten zunehmend mehr Unternehmen daran, in allen Teams agile Werte und Prinzipien zu verankern* (HBR 2018). *Denn Agilität umfasst nicht nur die Konzepte und Werkzeuge des agilen Arbeitens. Das Bild der ‚Agilitätszwiebel' veranschaulicht das …"*

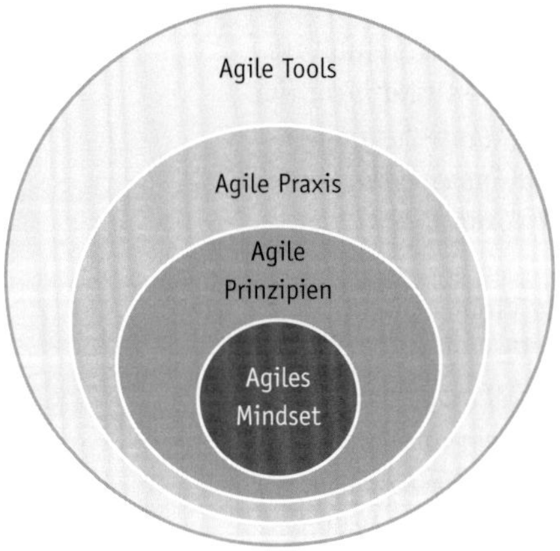

Definition von Agilität:
Agilität ist das Merkmal einer Organisation, eines Teams oder einer Person, schnell, initiativ und anpassungsfähig zu agieren, um in einem komplexen Umfeld Wettbewerbsvorteile zu erlangen.

Dies zeigt sich in einem entsprechenden Mindset ebenso wie in der Nutzung agiler Werkzeuge.

Abb.: Die „Agilitätszwiebel".

Erläutern Sie das Schaubild der „agilen Zwiebel": Und visualisieren Sie ebenfalls die dort stehende Definition von Agilität. Diese Definition bezieht sich im Kern auf ein agiles Mindset, eine Haltung, die in einer ‚agilen Praxis' sichtbar wird.

„Als ‚agile Prinzipien' könnte man zum Beispiel diejenigen betrachten, die im Agilen Manifest formuliert sind (vgl. S. 207 ff.) *oder auch jede Art von Leitsätzen, die zu diesem Thema durch Unternehmen formuliert wurden* (HBR 2018). *Etwa die der Robert Bosch GmbH."*

Abb.: Die Robert Bosch GmbH arbeitet parallel zum digitalen Wandel an einem Wertewandel im Unternehmen.

Fahren Sie fort: *„Die Werkzeuge beziehen sich dann auf ganz konkrete standardisierte Vorgehensweisen vom ‚Sprint Planning Meeting' über die ‚Daily Meetings' bis hin zum ‚Sprint Review' inklusive der obligatorischen Retrospektive."* Warnen Sie, dass die Top-down-Einführung einer agilen Kultur eher nicht gelingt (vgl. HBR 2018). Der Einführungsprozess verspricht, in „agiler Praxis" die größten Früchte zu tragen: in einem selbstorganisierten, selbstreflexiven und dialogischen Prozess. Dieser kann in Sequenzen verknüpft mit Selbstorganisation und den jeweiligen individuellen Möglichkeiten und Initiativen eines Teams vorangebracht werden (HBR 2018).

Betonen Sie, dass für die agile Praxis zentral ist, *„dass vorab gewünschte Ergebnisse umfassend diskutiert und besprochen und entsprechende Erfolge schnell kommuniziert werden! SAP hat hierzu sogenannte ‚Results Tracker' kreiert, die sich um diese Kommunikation kümmern, um so mehr ‚Pull' aus der Organisation herauszubekommen. Gleichzeitig gilt auch hier: Ein ehrlicher Austausch, Feedback und Selbstreflexion über Entwicklungen und Ergebnisse zu betreiben, ist Pflicht. Und an den Themen dranzubleiben. Sonst entfacht man lediglich ein Strohfeuer, das negative Rückkopplungseffekte mit sich bringt."*

Damit haben Sie für die Teilnehmer den Einsatzrahmen des Instrumentes umrissen, das sie jetzt kennenlernen. *„Das Instrument, das ich jetzt vorstelle, ist also bestenfalls in eine Strategie der Organisationsentwicklung eingebettet, wird eigeninitiativ von Teams genutzt und gesteuert und dafür ist es auch entwickelt. Es zielt aufs Reflektieren der eigenen agilen Haltung, wie sie in Verhalten, in der agilen Praxis, sichtbar wird. Gleichwohl spricht nichts dagegen, mit dem Agilitätsprofil in unserem Seminar zu arbeiten oder es für eine Teamentwicklung zu nutzen."*

Der „Team Agility Evaluation (TAE)"-Fragebogen wurde auf Basis einer Metaanalyse diverser anderer Agilitätstests und Profile sowie verschiedenster Veröffentlichungen zum Thema Agilität entwickelt. Wie auf den ersten Blick zu erkennen ist, spielen die diskutierten Komplexitätskompetenzen hier wieder eine wichtige Rolle. Alles andere wäre ja auch seltsam. Das Agilitätskonstrukt beinhaltet folgende Dimensionen, die Sie am besten per PowerPoint darstellen:

Die 7 Dimensionen der Agilität

1. **Kollaboration und Vertrauen:** Wir nutzen Unterschiedlichkeit und begegnen uns mit Wertschätzung und Vertrauen.
2. **Erfolgsorientierung und Synchronisation:** Wir nutzen konsequent alle Rückmeldungen und verfügbaren Daten, um unsere Maßnahmen zur Zielerreichung bzw. Erfolgssicherung weiterzuentwickeln.
3. **Transparenz:** Wir teilen unser Wissen, unsere Erfahrungen und Informationen auch über unsere Teamgrenzen hinaus.
4. **Innovation:** Wir sehen in Mehrdeutigkeit und Widersprüchlichkeiten in unserem Kontext Chancen für Innovationen.
5. **Reflektieren und Lernen:** Feedback und Selbstreflexion sind für den Handlungserfolg in komplexem Umfeld extrem wichtig.
6. **Anpassungsfähigkeit und Schnelligkeit:** Rollen, Themen und Prioritäten können und müssen sich in einer VUCA-Welt ständig ändern.
7. **Erfolgsorientierung und Synchronisation:** Alle am Prozess Beteiligten organisieren sich flexibel und gemeinsam entlang der durch sie gestalteten Regeln – entsprechend der Bedürfnisse der internen wie externen Kunden.

Vorgehen

Hier finden Sie nun das Vorgehen für Einzelpersonen wie für Teams gleichermaßen dargelegt. In beiden Fällen werden die zuvor genannten sieben Dimensionen von Ihnen als Trainer mit den Überschriften und mehreren Hauptpunkten bzw. Ankerkriterien beschrieben. Dabei können Sie auch gut den Fragebogen zum Agilitätsprofil an Ihre Teilnehmer austeilen. So können diese sich schon mal einlesen. Immer wieder taucht die Aussage auf, dass die Teilnehmer manche Ankerkriterien unter dem jeweiligen Oberbegriff nicht erwartet hätten. Ja, diese sind nicht zwingend so zuzuordnen. Gleichwohl braucht es aus unserer Sicht ein annähernd logisches Ordnungssystem, und das ist aus unserer Sicht gegeben. Den Fragebogen und seine Auswertung können Sie unter den Download-Ressourcen zu diesem Buch herunterladen.

Wie bereits dargestellt, macht es wenig Sinn, jede Funktion und jeden Bereich agil gleichzuschalten (das wäre bereits in der Begrifflichkeit ein Widerspruch). Daher empfehlen wir, wie folgt vorzugehen: Im ersten Schritt definiert die einzelne Person – oder das Team – ein Agilitätsprofil für sich. Das Agilitätsprofil soll beschreiben, wie viel und was an Agilität es in einer bestimmten Funktion – oder aber in einem bestimmten Team – braucht.

Sollen die Teilnehmer das Agilitätsprofil für sich selbst als Einzelperson erstellen, erklären Sie den Teilnehmern, dass sie den Fragebogen unter folgender Perspektive ausfüllen: „Wie wichtig ist dieses Verhalten in meiner Funktion aus meiner Sicht?“ Erklären Sie, dass im Fragebogen als Ansprache das „Wir“ gewählt ist, weil er auch für Teams gedacht ist, und sie die Ansprache für sich durch „Ich“ und „Du“ ersetzen sollen.

Soll ein Teamprofil erarbeitet werden, könnten Sie die Arbeit mit dem Fragebogen so einleiten: *„Tauscht euch zunächst im Team über diese Dimensionen aus und darüber, inwiefern diese für euren Bereich und euren Erfolg wichtig sind. So könnt ihr dann das Agilitätsprofil für und mit eurem Team erstellen. Was euch das bringt? Auf jeden Fall wird das Bewusstsein im Team für die Themen ‚VUCA‘ und ‚Agilität‘ geschärft. Und gegebenenfalls eine Einstellungs- und Verhaltensänderung angeregt. Diese kann insbesondere auch im Rahmen eines Organisationsentwicklungsprozesses sehr hilfreich sein.“*

Erklären Sie, dass der Fragebogen alle sieben genannten Dimensionen der Agilität abdeckt. Zu jeder Dimension werden einzeln die Ankerkriterien abgefragt. Der mehrseitige Fragebogen kann unter den Download-Ressourcen heruntergeladen werden.

Die Teams erstellen mithilfe dieses Fragebogens für sich zunächst ein Soll-Profil. Dafür stellen sie sich zu jedem Ankerkriterium drei Fragen und visualisieren ihre Antworten.

1. Auf einer Skala von 0 bis 5 – wie wichtig findet ihr diesen Aspekt für unseren Bereich und den Erfolg unseres Bereichs?

2. Wie wichtig findet ihr das jeweilige Handlungsbeispiel im Fragebogen für uns?

3. Und welches Beispiel habt ihr dafür, dass dieses auf einer Skala von höchst unwichtig = 0 bzw. höchst wichtig = 5 ist oder auch einen anderen Wert für unser Team annehmen sollte?

4. Visualisiert die Bewertungen und notiert auch eure eigenen Beispiele, damit ihr diese später für weitere Diskussionen wieder heranziehen könnt.

Die Teilnehmenden werden für den gesamten Prozess vermutlich 90 Minuten bis drei Stunden Zeit brauchen. Je nach Diskussionsfreudigkeit des Teams. In unserer Praxis hat sich gezeigt, dass dieser Prozess selbst für ein Team bereits sehr positive Effekte zeigt. Wenn das Team anhand der sieben Dimensionen und der zugehörigen Fragen die Möglichkeiten und Erwartungen hinsichtlich der erstrebenswerten Agilität im Team diskutiert, stärkt dieser Synchronisationsprozess die gemeinsame Ausrichtung des Teams. Und bildet damit den ersten Schritt in die gemeinsame Entwicklung. Bestenfalls entsteht so ein anhaltender Prozess der Selbstreflexion, der in positiven Ergebnissen der Zusammenarbeit mündet.

Im nächsten Schritt wird das definierte Profil evaluiert. Hat eine Einzelperson (nicht das Team) den Fragebogen ausgefüllt, dann kann die Evaluierung bzw. Bewertung mittels einer Einschätzung durch den Buddy oder durch mehrere andere Personen geschehen. Der Buddy soll/muss das definierte Agilitätsprofil natürlich kennen.

In einem Team evaluiert jedes Teammitglied das Profil nun nach dem Motto: „Wieweit leben wir dieses Profil aktuell?" Es können auch weitere Nahtstellen- und Netzwerkpartner in diese Evaluierung mit einbezogen werden. Ein solches Feedback „von außen" kann durchaus weitere interessante Perspektiven liefern.

Im letzten Schritt bespricht man die erhaltene Einschätzung im Sinne von: „Wo bin ich schon gut unterwegs?“, „Wo kann ich mich verbessern?“ Und schließlich: „Was will ich ausbauen?“

Wird ein Partnergespräch mit dem Seminar-Buddy durchgeführt, kann dabei durchaus auch das definierte Profil kritisch hinterfragt werden, ganz nach dem Motto: „Das hätte ich eher anders erwartet, weil ...“ Auch darin könnte ein Mehrwert an Erkenntnis stecken.

In einem Partnergespräch sollten hauptsächlich die folgenden Aspekte reflektiert werden. Die Partner nehmen sich für den dritten Schritt und die Besprechung der Ergebnisse je Partner jeweils 20 Minuten Zeit.

- Was ich wahrnehme, was deine besonderen Stärken im Profil sind ...
- Woran mache ich fest, dass ...
- Was ich mir vorstellen könnte, dass dich voranbringt, wenn du ... ausbaust
- Welche Prioritäten sollten gewählt werden?
- Wie könnten die Kompetenzen verstärkt eingesetzt bzw. ausgebaut werden?
- Wer oder was könnte dabei unterstützen?

Die Besprechung der Teamergebnisse dauert natürlich deutlich länger: unserer Erfahrung nach je nach Intensität der Diskussion zwischen vier bis sechs Stunden.

Im Workshop diskutieren Teammitglieder schließlich gemeinsam mit der Führungskraft die Ergebnisse der Team-Evaluation. Im Teamworkshop sollten hauptsächlich folgende Aspekte reflektiert werden:

- Wo sind wir schon gut unterwegs? Wo liegen unsere Stärken?
- Welche Beispiele haben wir dafür?
- Wo können wir uns verbessern? Woran machen wir das fest?
- Welche Prioritäten wollen wir setzen? Was würde uns das bringen?
- Welche Maßnahmen wollen wir definieren? Welche priorisieren und committen wir?
- Was kann uns in vergleichbaren Situationen künftig entsprechend unterstützen, unsere Vorhaben umzusetzen?
- Wie können wir uns gegenseitig dabei unterstützen, wenn wir feststellen, dass wir in alte Muster zurückfallen?

Debriefing

Für den Teamworkshop: Das Team sollte zudem unbedingt festlegen, wann gemeinsam auf die entsprechenden Umsetzungsergebnisse geschaut wird und auch einen entsprechenden Zeitrahmen festlegen. Der TAE kann auch im Rahmen einer Teamentwicklung genutzt werden. Ein möglicher abschließender Text: *„Was bedeutet das, was bringt es, die eigene Agilität auszubauen? Der Ökonom und Philosoph Prof. Birger Priddat hat das einmal ganz wunderbar so formuliert: ‚... wenn in Zukunft etwas passiert, das man nicht erwartet hat, dennoch handeln zu können. Und zwar so, als ob man es eigentlich schon immer erwartet hat'. Damit man erfolgreich bleibt."*

Quellen

- Fischer, S. (2016): Agilität als höchste Form der Anpassungsfähigkeit. *www.haufe.de/personal/hr-management/agilitaet/definition-agilitaet-als-hoechste-form-der-anpassungsfaehigkeit_80_378520.html* – abgerufen am 24.9.2018.
- Rigby, D. K., Sutherland, J. & Noble, A. (2018): Agile at Scale: How to create a truly flexible organization. In: Harvard Business Review Mai-Juni 2018, S. 90-96.

Unsere „Landkarte Komplexitätsmanagement“ weiter ergänzen

Orientierung

Ziele

- Sichtbar machen, wieweit die Fragen und Themenwünsche der Teilnehmer bearbeitet wurden
- Sehen, welche neuen Fragen aufgetaucht sind und würdigen, dass weitere Fragen aufgetaucht sind
- Die (Er-)Kenntnisse & Erfahrungen der Teilnehmer zum Thema „Umgang mit Komplexität“ sichtbar machen und damit die Erinnerung stärken

Im Übergang zum Abschluss-Feedback

- Sichtbar machen, wieweit die generellen Erwartungen der Teilnehmer erfüllt sind

Zeit

25 Minuten

Material

Gelbe Post-its für Themenwünsche und Fragen (3 pro Person) und man kann abgeben und tauschen; hellgrüne Post-its für Modelle & (Er-)Kenntnisse, (3 pro Person) – man kann abgeben und tauschen

Hinweis

Wenn die Landkarte schon sehr voll ist, kann man einfach eine zweite daneben aufstellen.

Intro Vorschlag

Erläutern Sie als Trainer die Aufgabe: *„So, nun kommen wir langsam zum ‚Wrap-up‘, zum Zusammenfassen, Sichten der Ernte und Abschied nehmen. Ich würde das gerne in zwei Schritten mit euch tun.*

Im ersten Schritt möchte ich euch einladen, unsere Landkarte zum Thema ‚Umgang mit Komplexität‘ zu finalisieren. Für heute. Vorläufig. Es geht mir erstens darum, für uns sichtbar zu machen, welche Fragen und Themenwünsche bearbeitet wurden. Auch um unsere gemeinsame Arbeit zu würdigen. Dafür bitte ich euch, die entsprechenden Post-its zu sichten und zu überlegen, an welche ihr einen Haken machen könntet.

„Dann bitte ich euch zweitens, zu überlegen, welche neuen Fragen aufgetaucht sind! Denn das wäre klasse, wenn das der Fall wäre.“ Ein schönes Zitat hierzu ist: *„Je mehr ich an Erkenntnissen gewinne, umso mehr entdecke ich, was ich nicht weiß. Das ist wie mit dem Aufblasen eines Luftballons: Das Innere ist mein Wissen, das wächst. Die äußere Hülle und Fläche dehnt sich aber zugleich aus: diese steht für die Fläche des Nicht-Wissens, die eben immer mitwächst. Was ist das Gute daran? Zu erkennen, dass es unendlich viel zu entdecken gibt. Also, lernen wir, frei nach Rilke, die Fragen zu lieben und uns an diesen zu erfreuen … Bitte schreibt die neu aufgetauchten Fragen wieder auf die gelben Post-its.*

Und drittens bitte ich euch, zu ergänzen, was für euch jetzt die drei wichtigsten Erkenntnisse (im weitesten Sinn) waren: bitte diese auf den hellgrünen Post-its festhalten. Bitte nehmt euch für diese drei Aspekte ein paar Minuten Zeit und präsentiert diese dann im Plenum.“

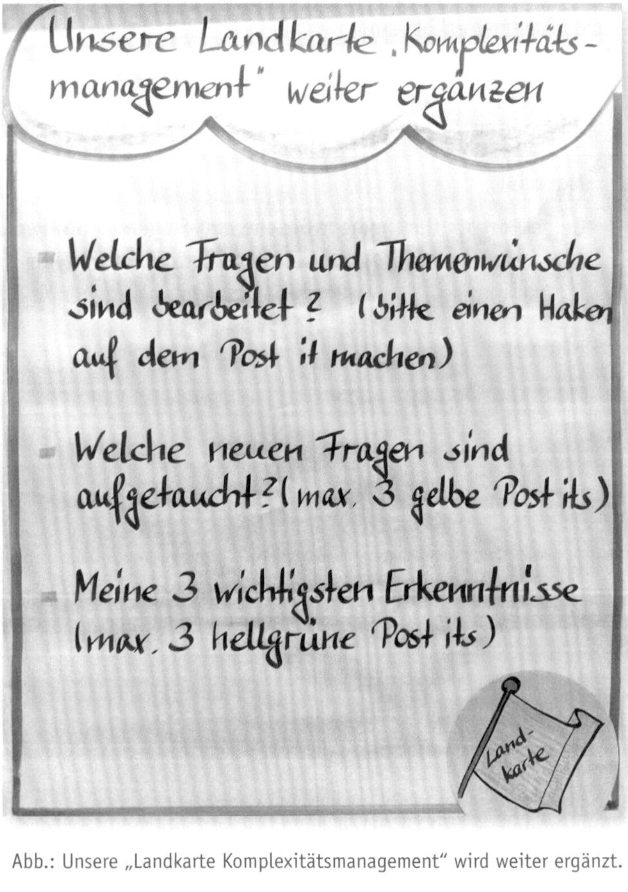

Abb.: Unsere „Landkarte Komplexitätsmanagement“ wird weiter ergänzt.

Vorgehen

Die Aufgabenstellung können Sie auch visualisieren:
- Welche Fragen und Themenwünsche sind bearbeitet – bitte einen Haken auf dem Post-it machen
- Welche neuen Fragen sind aufgetaucht? (max. 3 gelbe Post-its)
- Meine drei wichtigsten Erkenntnisse (max. 3 hellgrüne Post-its)

Jeder einzelne Teilnehmer geht dann los, setzt seine Haken und stellt abschließend seine Kärtchen vor.

Debriefing

Die Bearbeitung der Landkarte ist der Übergang zum Abschluss-Feedback. So könnten Sie Ihre Teilnehmer darauf einstimmen:

„Das war unser fachlich-inhaltlicher Blick auf unsere drei Seminartage: Nun kommen wir zum zweiten abschließenden Schritt – dem Abschluss-Feedback! Dem beziehungsorientierten-emotionalen Blick auf die Seminartage. Verbunden mit einem bewusst Sichverabschieden von der Gruppe und von diesem Ort, damit wir gut aufgestellt und energievoll zurück in unsere Systeme gehen. Wenn ihr euch zu Working-Out-Loud-Gruppen finden wollt, dann organisiert euch hierzu bitte selbst weiter."

Unterschiedlichkeit nutzen: Feedback 4.0

Orientierung

Ziele

- Sich bewusst von der Gruppe verabschieden
- Emotionen aussprechen, damit man sie gut sein lassen kann
- Mit einem beziehungsorientierten-emotionalen Blick auf die Seminartage schauen und uns dazu mitteilen
- Das Thema Komplexität mit den anwesenden Menschen verbinden in unterschiedlichen Perspektiven

Zeit

30 Minuten

Material

Als Grafiken: Glaskugel, 3-D-Brille, TV-Bildschirm-Rahmen (gebastelt), große Wolke; vorgeschriebene Plakate für die Ecken; Instruktion für die 4-Ecken-Perspektiven

Intro-Vorschlag

Das Feedback 4.0 ist der abschließende Baustein dieses Trainings. Ein letztes Mal können die Teilnehmenden auf das Seminar zurückblicken und sich verabschieden. Diesen Baustein könnten Sie wie folgt anmoderieren: *„Also, wie gesagt, kommen wir zum abschließenden Schritt! Sich bewusst von der Gruppe verabschieden, Emotionen aussprechen, damit man sie gut sein lassen kann. Genießen, was gut ist, hinter sich lassen und hier lassen, was vielleicht irritiert hat und sich ein virtuelles Geschenk mitgeben. Ich möchte mit euch mit dem generellen abschließenden Blick auf das Fachliche beginnen."*

Vorgehen

An jeder der vier Ecken des Raums haben Sie eine beschriftete Wolke bzw. ein Plakat angebracht. In den vier Raumecken steht dann:

1. Wolke # sehr gut
2. Wolke # mittel
3. Wolke # nicht gut
4. Wolke # will oder kann mich dazu nicht äußern

Nun stellen Sie als Trainer nacheinander diese drei Fragen dazu:

1. Wieweit fühle ich mich in den fachlichen Themen gestärkt?
2. Wie habe ich mich in der Gruppe gefühlt?
3. Wie geht es mir am Ende der drei Tage?

Dazu lesen Sie zunächst die erste Frage vor und sagen dann: *„Findet euch bitte an der Stelle in der Ecke ein, in der die für euch zutreffende Antwort visualisiert ist. Wenn ihr dort seid, bitte ich euch, wer mag, seinen Standpunkt noch ein wenig zu erklären."*

Das gleiche Vorgehen findet pro Frage wieder statt. Die Teilnehmer begeben sich dann an die jeweilige Stelle, wechseln also gegebenenfalls den Standort bzw. die Ecke. Wir empfehlen, dass Sie jedes Mal nachfragen: *„Wer möchte mehr zu seinem Standpunkt sagen?"* Dies ohne weitere Kommentare oder Diskussion.

Im nächsten Schritt sollten Sie die Texte in den Ecken des Raumes etwas verändern, beispielsweise indem Sie Plakate ergänzen oder austauschen. Nun zeigen die vier Raumecken folgende Fragestellungen:

Plakat 1 - Glaskugel

Komplexität und Zukunft.
Was ich für unsere Gruppe hier in der Zukunft sehe …

Plakat 2 – Bild für aktuelle Nachrichten des Tages

Komplexität & heute.de.
Unsere Gruppe: Was von uns in Zusammenhang mit dem Thema Komplexität wahrzunehmen ist …

Plakat 3 – Virtual-Reality-Brille

Zukunft und Komplexität.
Was ich aus der Zukunft heraus für unsere Gruppe sehe ...

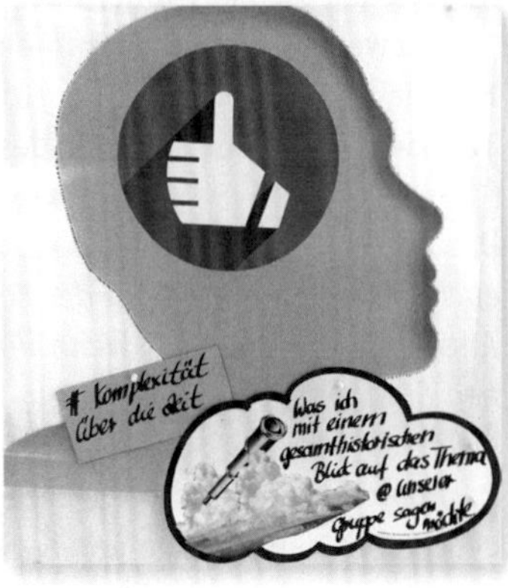

Plakat 4 – Wolke mit Fernrohr

Komplexität über die Zeit.
Was ich mit einem gesamthistorischen Blick auf das Thema unserer Gruppe sagen möchte ...

Nach dem Anbringen der Motive und Instruktionen beauftragen Sie die Teilnehmenden noch einmal mündlich: *„Bitte schaut euch die Bilder bzw. Perspektiven an und lasst euch von diesen ziehen. Geht zu dem Plakat, das euch spontan anspricht und zu dem ihr spontan Ideen habt. Dann bitte ich euch, entsprechend eine Botschaft aus dieser Perspektive zu senden: zwei, drei oder vier Sätze, was immer ihr mögt.*

Das wird dann das abschließende Feedback zu unserem Seminar sein! Wenn ihr einverstanden seid, mache ich von jedem, während er spricht, ein Foto, das wir in unser Fotoprotokoll einfügen ...“

Debriefing

Schließlich bedanken Sie sich bei Ihren Teilnehmenden und verabschiedeten sich, wenn Sie mögen, mit Ihrem Lieblings-Komplexitätsspruch. Einer unserer Lieblingssprüche ist zum Beispiel der von Steve Jobs: „Managt Organisationen durch Ideen, nicht über Hierarchien.“ Gut ist auch der Hinweis: „Auch dieses Ende ist ein Anfang ... von allem, ab sofort!“

Teil 2

Baukasten für Komplexitätstrainings

Um Ihr Komplexitätstraining flexibel auf spezifische Ziele und Bedarfe anpassen zu können, steht Ihnen in diesem Buch ein zweiter Teil mit themensortierten Modulen zur Verfügung.

Damit passen Sie Ihr Training nach dem Baukastenprinzip an und setzen spezifische Schwerpunkte. Wir empfehlen, dabei den zuerst vorgestellten Themenbereich Kultur/Haltung besonders zu berücksichtigen.

Kultur zum Umgang mit Komplexität umbauen

Seite	Thema/Übung	Dauer
200	Ansatzpunkte zur Kulturveränderung	60 Minuten
207	Das Agile Manifest: Eine Standortbestimmung	80 Minuten

Ansatzpunkte zur Kulturveränderung

Orientierung

Ziele

- Sich der möglichen unterschiedlichen Ansatzpunkte im Veränderungsprozess bewusst werden
- Ansatzpunkte der Veränderung zum Thema „agile Unternehmenskultur" und „Umgang mit Komplexität" diskutieren und dabei auch provozieren
- Die Ansatzpunkte zum Transformationsprozess für ein konkretes Veränderungsvorhaben andiskutieren

Zeit

Insgesamt 60 Minuten

- Intro: max. eine Minute
- Bodenarbeit mit Diskussion der Matrix: ca. 30 Minuten
- Abschließende Auswertung: ca. 20 bis 30 Minuten

Material

Tesakrepp, um die Felder der Change-Matrix zu markieren; beschriftete Kärtchen zur Change-Matrix; PowerPoint-Folie oder Flipchart mit der Abbildung der Matrix

Erläuterung

In diesem Modul und mit dieser Übung geht es mir darum, gemeinsam mit den Teilnehmern zu diskutieren, wie Organisationskulturen verändert werden können. Dabei ist mir völlig bewusst, dass es hierzu natürlich enorm viele Veröffentlichungen, organisationstheoretische Schulen und Praxisansätze gibt. Ich selbst habe hierzu 2016 in meinem Buch „Change-Trainings erfolgreich leiten" einiges an aus unserer Sicht erprobten und Erfolg versprechenden Praxisansätzen zusammengetragen. Ich will keinesfalls den Anspruch erheben, dass wir das Thema „Kulturveränderung" in 60 Minuten abschließend bearbeiten können. Es geht mir darum, zu sensibilisieren und auch ein bisschen zu provozieren.

Das geschieht letztlich mit dem Ziel, gerade in unserem VUCA-Umfeld einige Überzeugungen, Alltagsroutinen und Antworten ein wenig durchzurütteln, um neue und vielleicht auch alte Fragen aufzuwerfen. Dabei soll aus meiner Sicht auch Ambivalenz und Ambiguität sichtbar werden, denn ich glaube, dass genau dies der notwenige Zustand ist, aus dem heraus Neues entstehen kann. Die vorliegende Übung kann sehr gut mit dem nachfolgenden Tool „Das Agile Manifest: eine Standortbestimmung“ verknüpft werden (S. 207). Das Kernmodell zum Einstieg in eine Diskussion ist meine „Change-Matrix“.

Intro-Vorschlag

„Ganz sicher hat jeder von euch hier Erfahrungen zum Thema ‚Veränderungen in Organisationen‘. Egal ob 3 oder 30 Jahre im Unternehmen. Und ganz sicher auch Meinungen und Ideen, wie man Veränderungen am besten gestaltet und wie Ziele einer Transformation bestmöglich realisiert werden können. Diese eure Perspektiven würde ich jetzt erstens gerne sichtbar machen und zweitens mit euch diskutieren. Gerade weil unsere VUCA-Welt viele Veränderungen mit sich bringen und damit auch viele Veränderungen auslösen wird. Dazu bitte ich euch jetzt hier nach vorne ins Plenum“.

Vorgehen

Abb.: Darstellung der Change-Matrix im Raum (vgl. S.204).

Im Plenum ist die Change-Matrix mit den Achsen und Feldern per Tesakrepp dargestellt (vgl. Abb. auf S. 204): *„Hier habe ich für euch die sogenannte Veränderungsmatrix aufgeklebt. Die Felder der Matrix werden durch ihre Achsen bestimmt. Hier auf der vertikalen Achse findet ihr die zwei Perspektiven ‚individuelle Ansätze‘ und ‚kollektive Ansätze‘ aufgetragen* (Kärtchen auf die Achsen legen). *Auf der horizontalen Achse findet ihr für das eine Feld die ‚subjektiven‘ oder auch sogenannten ‚weichen Ansätze‘ sowie die ‚strukturellen faktenbezogenen Ansätze´ markiert. Dadurch werden vier Quadranten gebildet, denen man bestimmte Ansatzpunkte im Transformationsprozess zuordnen kann. Ich beginne hier links oben, in dem Quadranten, der durch individuelle und subjektive Ansätze gebildet wird. Welche Art von Vorgehensweisen kann man aus eurer Sicht hier einordnen?“*

Meist kommen Vorschläge von den Teilnehmern, die man mitschreiben kann. Ich finde es immer praktisch, auch schon vorbereitete Vorschläge zu haben: Also zum Beispiel den Vorschlag „Einzelgespräche, um für den Sinn und die Notwendigkeit der Veränderung zu werben". Ich gehe übrigens selbst wirklich in die Felder hinein. Aus meiner Sicht wirkt das einladend auf die Teilnehmer, die ich ja später auffordere, sich selbst in diese Felder zu begeben.

„Dann gehe ich weiter zum Feld links unten, das durch die Begriffe ‚Kollektive Ansätze' und ‚subjektive weiche Ansätze' gebildet wird: Welche Ansatzmöglichkeiten und Vorgehensweisen zum Initiieren oder Stärken eines Transformationsprozesses könnte man aus eurer Sicht hier einordnen?". Es kommen immer Vorschläge wie „Workshops zum Austausch durchführen", „Großgruppenveranstaltungen zur Information und Diskussion durchführen" ... – ich lege die entsprechenden Kärtchen ab.

Dann geht es weiter zum Quadranten „individuelle Ansätze" und „strukturellen faktenbezogenen Ansätze" rechts oben. *„Welche Ansatzpunkte in Form von individuellen strukturellen Regelungen oder Vorgaben fallen euch hier ein?"* (Die individuellen Zielvorgaben kommen immer).

Dann bleibt noch rechts unten der Quadrant „Kollektive Ansätze" und „strukturelle Fakten-bezogene Ansätze": *„Welche konkreten strukturellen Maßnahmen fallen euch hier ein?"* Die Vorschläge wie „Regeln und Prinzipien für ... ändern", „Aufbauorganisationen oder Ablauforganisationen ändern", „Arbeiten mit Anreizsystemen" kommen nahezu immer. Ich füge hier immer noch die „Büroraumgestaltung" hinzu – weil vielerorts gerade Büroräume umgebaut werden, und auch den Ansatzpunkt „die Gestaltung von Besprechungen und Besprechungsstrukturen" und das Thema „Entscheidungsprozesse definieren". Das tue ich erst einmal ohne weiteren Kommentar.

Dann bitte ich die Teilnehmer, sich in der Matrix in den Quadranten zu stellen, der aus ihrer Sicht den *„größten Hebel für die Umsetzung von Veränderungen darstellt"*. Hier gibt es manchmal ein paar Nachfragen – etwa was mit dem „größten Hebel" gemeint ist. Hier kann ich nur das Gleiche noch mal in anderen Worten anbieten, also frage danach, welche Art von Ansatz aus Sicht der Teilnehmer die größte Wirksamkeit zur Umsetzung von gewünschten Veränderungen hat? Erfahrungsgemäß verteilen sich die Menschen dann über alle vier Quadranten.

Manche stellen sich auch zwischen zwei Felder oder auch in die Mitte aller vier Quadranten. Wenn die Teilnehmer sich positioniert haben, bitte ich sie, individuell darzustellen, warum sie sich in ein bestimmtes Feld gestellt haben. Es macht Sinn, zuerst die zu hören, die sich klar in einem Feld positioniert haben. Man kann mit jedem Feld beginnen; dabei ist darauf zu achten, dass man alle Teilnehmer in einem Feld wenigstens kurz befragt. Die, die auf zwei Feldern oder in der Mitte der Matrix stehen, bieten meist eine Zusammenfassung aller Perspektiven aller Teilnehmer aus den anderen einzelnen Quadranten.

Dabei provoziere ich bewusst bei jedem Quadranten ein bisschen. Zum Beispiel, wenn wir über subjektiv weiche Faktoren sprechen. Hier zitiere ich gerne den Nobelpreisträger Daniel Kahnemann, der sagt, dass Menschen sich sehr schwer damit tun, ihre Ansichten und Überzeugungen zu ändern (vgl. Kahnemann 2012). Beispiele wie: „Kaffeeküche sauber halten – funktioniert oft nur bei klaren Regelungen"; „Pünktlichkeit bei Meetings – wenn es ein „5-Euro-Schwein" gibt" ... sind sehr hilfreich, um eine kontroverse Diskussion mit den Teilnehmern anzuregen. Auch bei dem Quadranten der „kollektiven Ansätze" und „strukturellen, faktenbezogene Ansätze" kann man das tun und zum Beispiel darüber sprechen, dass Sicherheitsvorschriften oft nicht eingehalten werden. Erst dann, wenn die Menschen den Sinn wirklich verstehen, folgen sie solchen Regelungen.

Letztlich ist das Ergebnis dieser Diskussion häufig, dass man Ansätze in allen vier Feldern definieren sollte, wenn man eine nachhaltige Veränderung will. Als Nächstes werden dann zusammenfassend in einer Matrix die verschiedenen Ansatzpunkte kurz vorgestellt, etwa per PowerPoint, vgl. S. 204.

Dann präsentiere ich die folgenden Prinzipien und Überzeugungen. Ich mache transparent, dass dies meine Überzeugungen sind, die auch wissenschaftlich hinterlegt sind. Dass es dazu jedoch durchaus auch widersprüchliche und völlig anders lautende Ansichten gibt:

- Prinzipiell kann man alleine über die Diskussion und Definition von Werten, Leitbildern und des Unternehmensselbstverständnisses keine Kulturveränderung erzeugen, zum Beispiel im Sinne von mehr Eigenverantwortung oder Agilität des Einzelnen.

- Prinzipiell kann man allein mit der Änderung von formalen Strukturen – auch wenn dies noch so häufig ein Sehnsuchtsziel und die Idee sehr bestechend ist – nicht die gewünschten Veränderungen herbeiführen.

- Wenn wir die Eigenverantwortung oder Agilität des Einzelnen stärken wollen, dann sind vor allem die Besprechungskultur und die Entscheidungsprozesse ein wichtiger Ansatzpunkt und Hebel zur Veränderung.

	SUBJEKTIVE ‚WEICHE ANSÄTZE'	OBJEKTIVE STRUKTURELLE ANSÄTZE
INDIVIDUELLE	**In Einzelgesprächen ...** - den Sinn einer Veränderung darstellen, das Wofür aufzeigen (zielt auf Einsicht und Verstehen). - die Notwendigkeit der Veränderung darstellen (zielt auf Einsicht und Verstehen). - sich den individuellen Fragen stellen. - Prozess-Sicherheit geben & Ambivalenz ansprechen. **Coaching,** um individuelle Fähigkeiten & Kompetenzen zu stärken und aufzubauen.	- über Plattformen werden konkrete Möglichkeiten des Mitwirkens ausgeschrieben (Aufgaben, Projekte ...). - Mitarbeiter werden anhand definierter Anforderungen & Tests ausgewählt. - Individuelle Ziele/OKR werden definiert. - Jobprofile werden definiert. - ...
KOLLEKTIVE	**In Großgruppenformaten, Workshops & Seminaren ...** - den Sinn einer Veränderung darstellen, das Wofür aufzeigen (zielt auf Einsicht und Verstehen). - die Notwendigkeit der Veränderung darstellen (zielt auf Einsicht und Verstehen). - stellt sich die Hierarchie den relevanten Fragen und diskutiert Ambivalenzen sowie notwendige Fähigkeiten & Kompetenzen. - werden Themen und Fragen mit anderen kollektiv reflektiert. - werden gemeinsam Gestaltungs- und Handlungsmöglichkeiten ebenso wie Werterahmen ... diskutiert und verabschiedet.	- Definition von Aufbau-/Ablauf-Organisationen. - Definition von Projektplänen. - Arbeiten mit Lean-Management-Systemen. - Arbeiten mit agilen Methoden. - Arbeiten mit Lean Six Sigma. - Gestaltung von Arbeitsräumen (Großraum, Einzelbüros ...). - Gestaltung von Anreizsystemen. - Gestaltung von Besprechungen und Besprechungstrukturen. - Gestaltung von Entscheidungen und Entscheidungsprozessen. - ...

Abb.: Change-Matrix inklusive beispielhafter Vorgehensweisen.

Laut Stefan Kühl, Professor für Organisationssoziologie an der Universität Bielefeld, haben Projekte zur Entwicklung einer Organisationskultur, bei denen nicht systematisch auch die Formalstruktur in Frage gestellt wird, „bestenfalls kosmetische Effekte". Faktisch führen sie in der Organisation nicht zu grundlegenden Veränderungen (vgl. Kühl 2018). Er ist der Meinung, die ich teile, dass, wenn in Unternehmen Projekte zur Entwicklung der Organisationskultur aufgelegt werden und die „Formalstruktur nicht angetastet werden darf", man davon ausgehen kann, dass diese Projekte oder Programme weitgehend wirkungslos bleiben.

Prinzipiell kann man allein mit der Änderung von formalen Strukturen nicht die gewünschten Veränderungen herbeiführen – auch wenn dies noch so häufig ein Sehnsuchtsziel und die Idee sehr bestechend ist.

Ein steuerungsbegeistertes Management mag sich das wünschen, dass mit der Verkündung der Veränderung der formalen Struktur gleichzeitig die passende Veränderung der Organisationskultur mit angeregt wird (vgl. Kühl 2018). Aber wie jeder Praktiker beobachten kann, wird jede Veränderung der formalen Strukturen jede Menge nicht vorhersehbare und auch nicht unbedingt gewollte Nebenwirkungen mit sich bringen (siehe auch „Wandel garantiert Widerstand", Dollinger 2016). So werden die Feinheiten der Organisationskultur erst deutlich und aus meiner Sicht dann auch im Sinne der Organisationsentwicklung nutzbar.

Wenn wir die Eigenverantwortung oder Agilität des Einzelnen stärken wollen, dann sind vor allem die Besprechungskultur und die Entscheidungsprozesse ein wichtiger Ansatzpunkt und Hebel zur Veränderung. Weil gerade die Art und Weise, wie Besprechungen durchgeführt werden umfassende Informationen darüber gibt, was im Unternehmen wem wichtig ist und wer im Unternehmen Macht worüber hat. Das kann zum Beispiel ein neues Mitglied einer Organisation beobachten oder ein externer Beobachter, sofern er genügend Distanz bewahrt. Die Besprechung ist der „Hot Spot" der Unternehmenskultur (vgl. S. 138), der wie unter einer Lupe zeigt, was im Unternehmen wichtig ist. Das Gleiche gilt für den Entscheidungsprozess.

Aufschlussreiche Fragen sind hier unter anderem:

- Welche Themen werden in welchem Besprechungskreis besprochen und entschieden?
- Welchen Entscheidungsthemen wird wie viel Zeit gewidmet?
- Welche Entscheidungen werden nicht offiziell besprochen?
- Wieweit werden welche Entscheidungen partizipativ getroffen?
- Welche Entscheidungen werden wie oder auch nicht erklärt?
- Wer entscheidet welche Fragestellungen?
- Wie werden Entscheidungen herbeigeführt?

Soll die Besprechungskultur als „Hebel der Veränderung" dienen, können Sie auch auf folgende Sammlung verweisen, die Methoden und Mindset für Meetings mit Partizipation und Eigenverantwortung aufzeigt: Tanja Föhr: Moderationskompetenz für Führungskräfte (2018).

„Vor 50 Jahren, vor 30 und vor 20 Jahren war Hierarchie gleichzusetzen mit Macht, vor allem mit der Macht zu entscheiden. Der Zauber aller Führung war ‚entscheiden dürfen'. Doch diese Zeit ist vorüber, denn hoch qualifizierte Wissensarbeiter können und müssen in einem dynamischen Umfeld sowohl fachliche als auch koordinative Entscheidungen selbst treffen. Um schnell und angemessen auf Veränderungen und Entwicklungen reagieren zu können. Und gerade in einem VUCA-Umfeld sind Entscheidungsprozesse umso erfolgreicher, je mehr unterschiedliche Logiken und Erfahrungen nutzbar gemacht werden. Die Art und Weise wie offen und beeinflussbar, wie dialogisch Entscheidungen getroffen werden, setzt stärkere Impulse zur Entwicklung einer Unternehmenskultur als jedes Mitarbeiterevent ..."

Debriefing

In der Arbeit mit der Change-Matrix und bei der Vorstellung der Prinzipien können immer wieder Diskussion stattfinden.

Diese kleine Übung zur Change-Matrix ist eine gute Basis, um mit den verschiedensten Methoden der Co-Kreation von Entscheidungen fortzufahren. Auch die kritische Diskussion der eigenen Besprechungs- und Entscheidungskultur wäre eine mögliche Fortsetzungsarbeit. Gleichwohl kann man zum Beispiel auch ein ganz konkretes Change-Projekt anhand der Matrix reflektieren oder auch erste Ansätze für Maßnahmen für ein Transformationsprojekt entwerfen. Hierfür hat es sich sehr bewährt, pro Quadrat eine Gruppe zu bilden, die sich mit den betreffenden Möglichkeiten auseinandersetzt.

Quellen

- Dollinger, A. (2016): Change-Trainings erfolgreich leiten. managerSeminare Verlag.
- Föhr, T. (2018): Moderationskompetenz für Führungskräfte. managerSeminare Verlag.
- Kühl, S. (2018): Organisationskulturen beeinflussen: Eine sehr kurze Einführung. Springer Verlag.
- Kahnemann, D. (2012): Schnelles Denken, langsames Denken. Siedler Verlag.

Das Agile Manifest: Eine Standortbestimmung

Orientierung

Ziele

- Das Konzept der „Agilität" und seinen Ursprung verstehen
- Das Thema „Menschenbild" als essenziellen Kern der agilen Werte und Prinzipien begreifen
- Den eigenen Standpunkt zum „Agilen Manifest" reflektieren
- Den Standpunkt des eigenen Unternehmens zum „Agilen Manifest" reflektieren

Zeit

Insgesamt 80 Minuten

- Intro: 20 Minuten
- Gruppenarbeit: 40 Minuten
- Auswertung und Learnings im Plenum: 20 Minuten

Material

Visualisierung der Werte und Prinzipien (etwa als PowerPoint-Charts); Flipcharts oder Moderationswände; Arbeitspapier „Agiles Manifest" (Download-Ressource)

Hinweise

Das in diesem Baustein erläuterte „Agile Manifest" bildet eine wesentliche Grundlage für das Verständnis von Agilität. Er eignet sich gut zu Beginn eines Seminars, kann aber auch sehr vielseitig sinnvoll eingesetzt werden; er würde sich sogar als Ausgangspunkt für ein selbstorganisiertes Format eignen.

Erläuterung

Das sogenannte „Agile Manifest" bildet eine wesentliche Grundlage für das Verständnis von Agilität. „Mit diesem Baustein kann man gut in das Seminar einsteigen und ihn zum Beispiel auch als „Vorspann" zur Einführung der Team-Agilitäts-Evaluierung nutzen. Er befasst sich detailliert mit den vier Werten des Agilen Manifests und einigen der Prinzipien, die sich daraus ableiten.

Man könnte die Übung auch sehr gut als Ausgangspunkt dafür nehmen, das Seminar teilweise oder komplett als selbst gesteuertes und selbst organisiertes Format durchzuführen. Das würde uns tatsächlich sehr gefallen. Der Trainer könnte dann zu Beginn mit der Komplexitätslandkarte an dieses Modul anschließen und aus dieser heraus gemeinsam mit den Teilnehmern eine (bis dahin völlig offene) Agenda für das Training erstellen. Das bedeutet, auch der Trainer würde seine Themenvorschläge, Konzepte, Modelle und Tools in die Komplexitätslandkarte einbringen. Alle miteinander müssen dann deutlich mehr zu ihren Themenpunkten sagen bzw. erklären und es müsste ergänzend priorisiert und ausgehandelt werden, welche Themen wann in die Agenda aufgenommen werden. Dieser Prozess würde ein offener Prozess bleiben, d.h., nach jedem abgeschlossenen Modul kann neu verhandelt und eine Selbstreflexion im Team durchgeführt werden.

Wir schlagen vor, dieses Modul mit einer Geschichte zu beginnen, die immer wieder von „Agilitäts-Evangelisten" erzählt wird. Ziel der Geschichte ist es, auf Missverständnisse bei der Nutzung von agilen Methoden hinzuweisen. Vorab ein Wort zur Einstiegsgeschichte: Die Geschichte ist wahr. Details über den Cargo-Kult sind bei Wikipedia zu finden: *wikipedia.org/wiki/Cargo-Kult*. Das Konzept, die Story des Cargo-Kults als Beispiel zu nutzen für Verhaltensweisen, die zwar formale Anforderungen erfüllen (wie z.B. eine Retrospektive), aber nicht die notwendige Haltung beziehungsweise Integrität aufweisen, ist nicht neu. Der Cargo-Kult wurde in diesem Zusammenhang erstmals vom legendären amerikanischen Physiker und Nobelpreisträger Richard Feynman benutzt: *wikipedia.org/wiki/Cargo-Kult-Wissenschaft*.

Intro-Vorschlag

„Es gibt eine Inselgruppe, die Melanesien genannt wird. Sie liegt nahe des Äquators, nördlich des australischen Kontinents. Zu dieser Inselgruppe gehören u.a. die Fidschi-Inseln, Neuguinea und Neukaledonien. Im Zweiten Weltkrieg spielte die Region eine wichtige strategische Rolle für die Japaner und Amerikaner. Hier wurden große Mengen von Versorgungsmaterial aus der Luft abgeworfen. An Fallschirmen vom Himmel schwebend, erreichten Kleidung, Medikamente, Konservendosen, Zelte und Waffen die Erde. Auf diese Weise kamen auch die Ureinwohner mancher Inseln mit diesen Produkten in Berührung, die bis zu dieser Zeit nie in Kontakt mit westlicher Zivilisation waren.

Nach dem Ende des Kriegs gaben die Militärs die Militärbasen auf den Inseln auf. Keine Fracht, ‚no more cargo', kam vom Himmel. Bei den Ureinwohnern verfestigte sich danach die Idee, die Frachten wären Gaben ihrer Vorfahren gewesen und wenn sie das Verhalten der Militärs imitieren, würden neue Pakete vom Himmel schweben. Der ‚Cargo-Kult' entstand. Die Ureinwohner rodeten Flächen in Wäldern, die die Form von

Landebahnen hatten, sie imitierten die Beleuchtung der Landebahnen mit Feuerstellen, kleideten sich wie Soldaten, trugen Kokosnuss-Hälften als Kopfhörer und imitierten mit Holz Gewehre. Flugzeuge wurden aus Stroh nachgebaut. Nun warteten die Melanesier auf die Resultate und den Analogie-Zauber ihrer Praktiken, ohne dass sich die Wirkung einstellte."

Bieten Sie eine Interpretation der Geschichte an: *„Diese Geschichte über den Cargo-Kult wird immer wieder gerne von ‚Agilitäts-Evangelisten' erzählt, um auf die Missverständnisse bei der Nutzung von agilen Methoden hinzuweisen. Die Kernbotschaft lautet: Es genügt nicht, Meetings einfach in ‚Stand-ups' umzubenennen oder Managementrückblicke in ‚Retrospectives' umzutaufen. Das ist ‚agiler Cargo-Kult'. Die gewünschte Wirkung wird sich nicht einstellen. ‚Agil' bedeutet eben nicht, eine Ansammlung von Werkzeugen und Methoden einzusetzen. Agilität umfasst bestimmte Werte und Prinzipien, die von einer bestimmten Haltung zeugen und in bestimmtem Ver-Haltensweisen sichtbar werden."*

Vorgehen

Kommen Sie auf die Geschichte der „Agilitäts-Bewegung" zu sprechen, um nachher das Agile Manifest vorstellen zu können. *„Die Agilitäts-Bewegung nahm ihren Anfang in der Softwareentwicklung. Im Februar 2001 wurden von ‚Software-Aktivisten' in einem Ski Ressort in Utah an einem Vormittag die vier Werte und die dahinterstehenden zwölf Prinzipien eines agilen Manifests aufgeschrieben. Ken Schwaber und Jeff Sutherland, die Mitglieder dieser Truppe waren, entwickelten auf Basis dieses Manifests später die ‚Scrum Methode'.*

Was also ist agil? ‚Agil' ist keine Methode, keine Prozessvorgabe und keine Gebrauchsanweisung für Softwareentwicklung. ‚Agil' ist eine Zusammenstellung von Werten und Prinzipien. Und mit welchem Ziel? Mit dem Ziel, in einem schnell sich verändernden und komplexen Umfeld eine wirksame Grundlage für Entscheidungen und selbst organisierte Zusammenarbeit in Teams zur Verfügung zu stellen. Dies entsprach dem Bedarf der Softwareentwickler. Denn nach starren Plänen und Vorgaben monate- und jahrelang weiterzuentwickeln, hatte sich klar als ‚nicht markttauglich' erwiesen."

Erklären Sie, dass das Agile Manifest vier Werte und zwölf Prinzipien umfasst, die auch nach bald 20 Jahren nichts an ihrer Aktualität eingebüßt haben. Nicht nur in der Softwareentwicklung. Sie haben die Art und Weise, wie in Unternehmen zusammengearbeitet wird, maßgeblich revolutioniert: Bei der Gründung von Start-ups, der Produktentwicklung und bei unternehmerischem Handeln generell.

„Nun möchte ich mit euch, auch wenn ihr diese Werte und Prinzipien bereits kennt, diese gemeinsam genauer anschauen. Damit wir das Konzept vertieft miteinander diskutieren und auch von diesem profitieren können." Teilen Sie nun das Arbeitspapier „Agiles Manifest" mit den Werten und allen Prinzipien aus. Sie erhalten es in den Download-Ressourcen zu diesem Buch. Kommentieren Sie zunächst die angegebenen Werte: *„Das wunderbare bei den Werten ist, dass in versöhnlicher Art und Weise immer zwei nebeneinander gestellt werden. Es wird nicht entwertet, sondern klar priorisiert."*

Die Verfasser des agilen Manifests halten fest:

Wir bewerten

- **Individuen und Interaktionen** höher als Prozesse und Werkzeuge
- **Funktionierende Software** höher als umfassende Dokumentation
- **Zusammenarbeit mit Kunden** höher als Vertragsverhandlungen
- **Reagieren auf Veränderungen** höher als das Befolgen eines Plans

„Das Revolutionäre wird im Agilen Manifest klar sichtbar. Plakativ auf den Punkt gebracht, sagen die Teilnehmer in der Skilodge in Utah: Wir pfeifen auf schwerfällige Dokumentationen, unendliche Vertragsverhandlungen und das Befolgen eines Plans, der unter hoher Komplexität und Innovationsdynamik morgen sowieso schon überholt sein wird. Uns ist die schnelle Auslieferung funktionierender Produkte wichtiger. Produkte, die in engster Zusammenarbeit mit Kunden, entsprechend der Wünsche der Kunden flexibel und innovativ erarbeitet wurden. Aber natürlich sind Prozesse und Werkzeuge auch wichtig, genauso wie Dokumentation, Verträge und Pläne."

Hier hält der Trainer in jedem Fall inne, holt Fragen, Überlegungen und Anmerkungen der Teilnehmer ab und diskutiert diese. Anschließend sollte man noch auf einige der Prinzipien eingehen, um das Konzept vertieft zu verankern. Diese Prinzipien beschreiben etwas ausführlicher, wie die Werte umgesetzt werden sollen. Sie sollen helfen, ein einheitliches Verständnis für die Handlungsausrichtung zu gewinnen.

Auch diese Prinzipien werden manchen Teilnehmern durchaus bekannt sein. Daher kann man hier gut auf das Vorwissen der Teilnehmer bauen und diese aktiv miteinbeziehen.

„Hinter den vier Werten stehen zwölf Prinzipien, wie auch in dem vorliegenden Arbeitspapier ersichtlich ist. Nachstehend sind alle Prinzipien aufgeführt. Die besonders generischen und wegweisend über die Softwareentwicklung hinausreichenden Prinzipien sind besonders kommentiert."

Die 12 Prinzipien des Agilen Manifests

1. **Prinzip**: Es ist unsere höchste Priorität, den Kunden durch frühe und kontinuierliche Auslieferung wertvoller Software zufriedenzustellen.

   Dahinter steht eine Revolution: Der Abgesang auf das sogenannte Wasserfall-Modell. Im Wasserfall-Modell hat jede Phase vorab eindeutig definierte Ergebnisse, die immer bindende Vorgaben für die nächste Phase darstellen. Dahinter steht ein Pflichtenheft, in dem alle Anforderungen definiert sind.

   Agiles Vorgehen heißt, Aufträge und Produktentwicklungen in kleinstmögliche Einheiten aufzuteilen und mit dem Kunden Schritt für Schritt zu gehen. Gemeinsam entwickeln, testen, fertigstellen. Und dann kommt der nächste kleinstmögliche Schritt, der dann wiederum gemeinsam mit dem Kunden festgelegt wird.

2. **Prinzip**: Heiße Anforderungsänderungen sind selbst spät in der Entwicklung willkommen. Agile Prozesse nutzen Veränderungen zum Wettbewerbsvorteil des Kunden.

   Durch die Unterteilung des Entwicklungsprozesses in kleinstmögliche Einheiten oder Schritte, sogenannte „User Stories", wird eine Co-Kreation gemeinsam mit dem Kunden und hoher Flexibilität möglich. Gleichzeitig wird das Risiko, an den Kundenbedürfnissen vorbeizuentwickeln, reduziert. Deshalb gibt es die „User Stories", durch die das Entwicklungsteam immer mit dem Anwendungsnutzen für die Kunden verbunden ist und nicht eine abstrakte Entwicklungsarbeit leistet.

3. **Prinzip**: Liefere funktionierende Software regelmäßig innerhalb weniger Wochen oder Monate – wir bevorzugen die kürzeren Zeiträume.

4. **Prinzip**: Geschäftsleute und Entwickler müssen täglich im Projekt zusammenarbeiten.

5. **Prinzip**: Baue Projekte rund um motivierte Individuen. Gib ihnen das Umfeld und die Unterstützung, die sie benötigen und vertraue darauf, dass sie die Aufgabe bestens erledigen.

   Aus dem Prinzip fünf wird klar: Bei Agilität geht es ganz wesentlich um die Frage des Menschenbilds in Organisationen. Menschen, Individuen, kann etwas zugetraut werden. Sie sind kompetent und entscheidungsfähig und können zieldienlich zusammenarbeiten, wenn sie motiviert sind und die Ziele verstehen. Dafür brauchen sie angemessene Unterstützung und auch Freiräume von Führenden.

6. **Prinzip**: Das persönliche Gespräch ist die effizienteste und effektivste Art, Informationen an und innerhalb eines Entwicklungsteams weiterzugeben.

   Das sechste Prinzip hängt eng mit dem fünften Prinzip zusammen und fordert dazu auf, persönlich und gezielt miteinander zu reden. Das ist die Basis für den Erfolg der Zusammenarbeit in Teams.

7. **Prinzip**: Funktionsfähige Software ist das wichtigste Maß für Fortschritt.

8. **Prinzip**: Agile Prozesse fördern nachhaltige Entwicklung. Auftraggeber, Entwickler und Nutzer sollten in der Lage sein, dauerhaft ein gleichbleibendes Tempo einzuhalten.

9. **Prinzip**: Agilität wird durch kontinuierliche Sorgfalt bezüglich technischer Exzellenz und gutem Design verbessert.

10. **Prinzip**: Einfachheit – als Kunst des Weglassens – ist essenziell.

11. **Prinzip**: Die besten Architekturen, Anforderungen und Designs entstehen in selbstorganisierten Teams.

    Dieses Prinzip birgt eine weitere revolutionäre Idee: Teams können selbstorganisiert arbeiten und das sogar besser als mit einem Vorgesetzten, der dem Team sagt, was zu tun ist.

Dieses Prinzip eröffnet ein Universum von Fragen: Wie kann das gelingen? Was heißt das für Organisationen? Was bedeutet das für Führende? Fragen, auf die es keine einfachen Antworten gibt.

12. **Prinzip**: In regelmäßigen Abständen reflektiert das Team, wie es effektiver werden kann und passt sein Verhalten entsprechend an.

    Im zwölften Prinzip steckt die Forderung nach der permanenten Selbstreflexion des Teams und dem Teamlernen als einem weiteren essenziellen Erfolgsfaktor.

Um eine vertiefte, persönliche Auseinandersetzung mit dem „Agilen Manifest" anzuregen, kann der Trainer mit verschiedensten Arbeitsfragen fortfahren. Wir arbeiten mit den folgenden Fragenkomplexen, um das Agile Manifest zu reflektieren:

Teil 1

- *„Wenn ihr euch die Aussagen des ‚Agilen Manifests' aus der Perspektive & Brille eines Mitarbeiters ohne Führungsfunktion anschaut, was gehen euch für Gedanken durch den Kopf? Welche Gefühle tauchen auf?*
- *Wenn ihr euch die Aussagen des ‚Agilen Manifests' aus der Perspektive & Brille einer Führungskraft anschaut, was gehen euch für Gedanken durch den Kopf? Welche Gefühle tauchen auf?*
- *Welches Fazit könnte ihr bezüglich dieser zwei Fragen ziehen?"*

Teil 2

- *„Auf einer Skala von 0 bis 10, wobei 0 bedeutet ‚überhaupt nicht' und 10 bedeutet ‚durchgängig und stets', was würdet ihr sagen, inwieweit die Inhalte des ‚Agilen Manifests' in eurem Unternehmen gelebt werden?*
- *Wenn sich eure Einschätzung in der Realität um zwei bis drei Skalenpunkte erhöhen würde, welche Auswirkungen hätte das im Unternehmen?*

Bitte visualisiert, was immer ihr als wichtig findet zu teilen, und stellt dies anschließend im Plenum vor." Insgesamt haben die Teilnehmenden dafür eine Reflexionszeit von 40 Minuten.

Debriefing

Je nachdem, wo und wie der Trainer die Übung einbaut, können die Ergebnisse der Teilnehmer als Brücke zu einem nächsten Schritt im Seminar genutzt werden. Die Übung ist so weit angelegt, dass unterschiedlichste Perspektiven auftauchen können und eine gute Anschlussfähigkeit gegeben ist.

Auch macht es bezüglich der Ergebnisse und deren gemeinsamer Reflexion natürlich einen Unterschied, ob die Teilnehmer alle aus einem Unternehmen kommen oder aus unterschiedlichen. In jedem Fall kann man abschließend darauf fokussieren, was jeder Einzelne tun kann, um den Mehrwert einer agilen Organisation zum Tragen zu bringen.

Quellen

Cargo Kult:

- *skepticalagile.com/cargo-cult-agile-23340e0647ae* – abgerufen am 17.8.2018.
- *de.wikipedia.org/wiki/Cargo-Kult* – abgerufen am 8.9.2018.
- *de.wikipedia.org/wiki/Cargo-Kult-Wissenschaft* – abgerufen am 8.9.2018.

Agiles Manifest

- *agilemanifesto.org/* – abgerufen am 17.8.2018.
- Video: „Agility": *getpocket.com/redirect?url=https%3A%2F%2Fyoutu.be%2FZ9QbYZh1YXY&formCheck=bd7a7e774a0129822fe5348f3698c66d* – abgerufen am 17.8.2018.

Entscheidungen vergemeinschaften

Seite	Thema/Übung	Dauer
216	Entscheidungen: System 1 und System 2 nutzen	115 Minuten
230	Co-Kreation von Entscheidungen	30 oder 70 Minuten
235	Entscheidungen als Produktentwicklungsprozess	100 Minuten
245	Die Pugh-Matrix und die Co-Kreation der Entscheidungskriterien	60 Minuten
252	Slackline	100 Minuten
257	Scrum-Poker	60 Minuten

Entscheidungen: System 1 und System 2 nutzen

Orientierung

Ziele

- Verstehen, wie das eigene intuitive Entscheidungsverhalten zustande kommt
- Einerseits Vertrauen in das eigene intuitive Entscheidungsverhalten aufbauen sowie andererseits dessen Verführbarkeiten kennen
- Eine Methode zur Optimierung des Entscheidungsverhaltens kennenlernen und ausprobieren

Zeit

Insgesamt: 105-115 Minuten

- Intro: 20 Minuten
- Aufwärmübung: 30 Minuten
- Auswertung: 10 Minuten
- Leitfaden „System 1 und System 2 nutzen" durcharbeiten: 30 bis 40 Minuten
- Auswertung: 15 Minuten

Material

Es bieten sich PowerPoint-Folien oder Flipcharts an mit der „Gegenüberstellung Autopilot oder Pilot?" (S. 220); den Schlagworten zu den „Verführbarkeiten" (S. 221) sowie einer Visualisierung des „Leitfadens, um System 1 und System 2 zu nutzen" (S. 223). Gegebenenfalls ebenso eine Visualisierung der Fragen zur Warm-up-Übung (S. 226) und des Debriefings (S. 227).

Erläuterung

Die grundlegenden Modelle, die wir hier vorstellen, orientieren sich sehr stark an den Arbeiten von Maja Storch und Daniel Kahnemann. Den Leitfaden zum Selbst-Coaching beziehungsweise (Team-)Coaching haben wir selbst entwickelt. Ziel dieses Modul ist es, vor allem stark analytisch geprägten Menschen (Führungskräften/Managern) zu zeigen, wie wichtig es ist, auch unsere intuitiven Entscheidungsmöglichkeiten zu nutzen. Dabei möchten wir einerseits das Vertrauen in das eigene „Bauchgefühl" ausbauen, aber andererseits auch auf dessen Verführbarkeiten hinweisen. Zudem wollen wir eine Vorgehensweise vorstellen, wie in Entscheidungssituationen das Bauchgefühl mit analytischen Entscheidungsgrundlagen gekoppelt werden kann. Der Psychologe Daniel Kahnemann nennt das Bauchgefühl „System 1“ und die analytischen Entscheidungsgrundlagen „System 2“. Die Koppelung der Systeme hat großen Nutzen für bestmögliche Entscheidungen in komplexen Situationen – sowohl für Einzel- als auch für Teamentscheidungen. Erklären Sie gegebenenfalls, dass zum Zweck dieser Übung nicht zwischen „intuitivem Entscheiden“, „Entscheiden anhand von somatischen Markern“ oder dem „emotionalen Erfahrungsgedächtnis“ unterschieden wird. Wir verwenden diese Begriffe gleichbedeutend.

Als Metapher im Intro für dieses Modul nutzen wir gerne den „Vulkanier-Gruß“. Das macht uns und den Teilnehmern Spaß. Manche unserer Kollegen und auch ich, wir kleben uns dazu ein kleines Stück Tesakrepp zwischen die Finger. Damit das auch funktioniert und „anhält“. Und wir zeigen dazu gerne eine PowerPointfolie mit dem Foto von Mister Spock, erst einmal ohne Text.

Intro-Vorschlag

„Warum sind Menschen eigentlich bessere Entscheider als Vulkanier?“ Lassen Sie nach dieser Frage eine Pause, hören Sie sich Ideen an … *„Tja, letztlich, weil wir zwei Entscheidungssysteme haben. Wir haben neben unserem analytischen Verstand auch unser emotionales Erfahrungsgedächtnis. Alle unsere Erfahrungen sind auch körperlich gespeichert und aufgrund dieser Erfahrungen können Menschen klügere Entscheidungen treffen als ein Vulkanier, der nur auf seinen Verstand zurückgreift* (vgl. Storch 2013). *Das emotionale Erfahrungsgedächtnis oder auch ‚das Bauchgefühl' wie unsere Omas das nennen würden, hilft uns dabei, täglich unendlich viele schnelle Entscheidungen zu treffen, ohne lange Analysen durchführen zu müssen. Und ich werde euch gleich eine Geschichte erzählen, die zeigt, dass die Omas mit ihrem Hinweis ‚Hör auf dein Buchgefühl' durchaus recht hatten. Denn wissenschaftlich ist bewiesen, dass dieses ‚Bauchgefühl' – oder professionell ausgedrückt, ‚unsere somatischen Marker' – eine enorme Weisheit in sich tragen. Eine Weisheit, die mehr leisten kann, als der analytische Verstand dies alleine könnte. Daniel Kahnemann, der 2002 den Nobelpreis für seine Forschungen zu dem Thema ‚Entscheidungsverhalten' bekam, hat das in seinen wissenschaftlichen Ausführungen nachgewiesen. Dass diese ‚somatischen Marker' oder Bauchgefühle auch trügerisch sein und uns verführen können, das hat er ebenfalls belegt, doch dazu kommen wieder später.“*

Fahren Sie fort mit einer Geschichte von Kahnemann zum Thema „Entscheidungsverhalten und System 1“: *„Kahnemann hat immer wieder Menschen interviewt, um zu verstehen, wie Menschen Entscheidungen* *treffen. In einem seiner Bücher berichtet er von folgender Situation: Er interviewte den Leiter eines Feuerwehreinsatzes, der bei einem Einsatz mittels seiner Intuition seiner Mannschaft das Leben gerettet hatte. Die Feuerwehr war zu einem Brand in einem Haus gerufen worden. Kaum war die Mannschaft in das Haus gestürmt, rief der Einsatzleiter ‚Sofort alle raus hier'. Und kaum hatte die Mannschaft das Haus verlassen, stürzte das Haus ein. Es wären wohl alle Feuerwehrleute ums Leben gekommen, wenn sie nicht sofort das Haus wieder verlassen hätten. Kahnemann interviewte den Einsatzleiter und befragte ihn, woher dieser wusste, dass der Einsatz gefährlich war. Anfangs konnte der Interviewte die Frage nicht beantworten. Schließlich sagte er ‚Meine Ohren waren zu heiß für das, was ich sah'. Seine somatischen Marker, sein körperliches Erfahrungsgedächtnis, das viele Feuerwehreinsätze in Erinnerung hat, hatte ihm ein klares Signal gegeben und er hörte darauf, ohne Zeit für lange Analysen zu verbrauchen."*

Kommen Sie nun auf die Auslegung dieser Geschichte zu sprechen: *„Was kann uns diese Geschichte sagen? Und wie funktioniert dieses emotionale Erfahrungsgedächtnis?*

Wir treffen jeden Tag tatsächlich Hunderte wenn nicht Tausende Entscheidungen. Die meisten werden über ‚Routinen' getroffen und sind uns nicht als Entscheidungsprozesse bewusst. Beispielsweise die Entscheidungen eines Alltags: ‚Stehe ich direkt auf, wenn der Wecker klingelt, oder bleibe ich noch einige Minütchen liegen?', ‚Setzte ich mich in der Bahn neben jemanden oder bleibe ich lieber stehen?', ‚Nehme ich noch einen Löffel mehr von der Suppe oder ...?'

Unser Gehirn trifft solche Entscheidungen mit einem sehr geringen Energieaufwand. Das Bauchgefühl sagt, ob wir die Situation mögen oder nicht, das eine lieber haben als das andere, eine Situation für uns gefährlich ist oder nicht und so fort. Wir entscheiden intuitiv und diese Entscheidungen basieren auf all den Erfahrungen, die wir bisher gemacht haben. Solche, ‚inneren Filme' laufen blitzschnell ab: es wird auf eine Sammlung an früheren Erfahrungen zurückgegriffen. Die Bewertungen laufen nicht über den bewussten Verstand beziehungsweise bewusste Analysen, sondern die erinnerten Szenarien lösen Körpersignale aus, sogenannte somatische Marker" (vgl. Damásio 1994).

Schildern Sie den Seminarteilnehmern eine Beispielssituation: *„Stellt euch vor, ihr fahrt abends mit dem Auto nach Hause. Ich bin sicher, jeder von euch kennt die Situation. Man ist in Gedanken nicht ganz bei der Sache. Trotzdem, intuitiv, bedient ihr das Steuer. Und stellt euch vor, ganz plötzlich käme etwas von der rechten Seite auf euch zugeschossen.*

Intuitiv würdet ihr das Steuer in die richtige Richtung reißen. Das ist nicht der bewusst analytische Verstand, der hier die Situation analysiert und dann zu einer Entscheidung kommt. Das würde viel zu lange dauern – mit Blick auf unsere Entwicklungsgeschichte gesagt, viel zu lange dauern, um zu überleben. Unsere Erfahrungen als Autofahrer haben uns zu einer schnellen und richtigen Reaktion verholfen.

*Und diese Reaktion war nicht ‚zufällig'. Kahnemann hat dies mit den Forschungen, die er in seinem Buch ‚Schnelles Denken, langsames Denken' beschreibt, bewiesen. Er zeigt auf, dass wir über zwei Entscheidungssysteme verfügen: das intuitive Erfahrungsgedächtnis, das er ‚**System 1**' nennt und den analytischen Verstand, den er als ‚**System 2**' bezeichnet. Er benennt diese beiden Systeme abstrakt, weil nicht völlig klar und eindeutig ist, welche Areale unseres Gehirns bei den jeweiligen Entscheidungsprozessen eine Rolle spielen."*

Hier können Sie bei Bedarf weiter ausführen, dass es sicher ist, dass ein Teil des emotionalen Erfahrungsgedächtnisses, des Systems 1, im Frontallappen unseres Gehirns lokalisiert werden kann. Das wurde von dem Neurowissenschaftler Antonio Damásio, von dem auch der Begriff des „Somatischen Markers" stammt, bestätigt (Damásio 1994). Als „Schlüsselerfahrung" berichtet er von einem Arbeitsunfall, bei dem ein Stahlstab den Frontallappen des Gehirns eines Menschen durchstoßen hatte. Der Mann erholte sich körperlich vollständig von diesem Unfall, jedoch konnte er anschließend die einfachsten persönlichen Entscheidungen nicht mehr treffen. Er verbrachte zum Beispiel Stunden damit, sich einen Radiosender auszuwählen, ohne sich letztlich entscheiden zu können. Diese Krankheitsgeschichte zeigt, dass ein Teil des Systems 1, des schnellen intuitiven Erfahrungsgedächtnisses, im Frontallappen unseres Gehirns gespeichert ist.

„Lasst mich euch den Unterschied der beiden Systeme, wie ihn Kahnemann beschreibt, fokussiert darstellen. Kahnemann bezeichnet das intuitive Erfahrungsgedächtnis, das System 1 übrigens auch als ‚Autopilot' und das analytische System 2 auch als ‚Pilot'".

Charakteristika	**„Autopilot“**: Intuitives Entscheiden = **System 1**	**„Pilot“**: Analytisches Entscheiden = **System 2**
Arbeitstempo	Schnell	Langsam
Energieaufwand	Niedrig	Hoch
Kompetenzen	Pragmatisch handelnd, energisch, effizient	Querdenken, reflektieren und hinterfragen, analytisch exakt, innovativ
Bewusstsein	Implizit, geringe Aufmerksamkeit, gewohnheitsmäßig	Explizit, hohe Aufmerksamkeit, achtsam
Qualität	Routinen, Erfahrungswissen nutzen, bewahren	Neues entwickeln, verändern, lernen
Entscheidungssituation	Einfache & wenig komplizierte Themen; wichtiger „Signalgeber“ für komplexe Situationen	Komplizierte & komplexe Themen, bei hohem Risiko und/oder großer Tragweite

Abb: Gegenüberstellung „Pilot“ oder „Autopilot“.

Vorgehen

Präsentieren Sie eine solche Gegenüberstellung, etwa per PowerPoint oder Flipchart. Bei dieser Gegenüberstellung kann man immer wieder die Teilnehmer einbeziehen und nach Beispielen fragen – oder auch selbst Beispiele einfließen lassen, analog den Beispielen, die wir oben genannt haben, von Autofahren bis Essensauswahl. Bei den Pilot-Themen eigenen sich alle Analysemethoden von Unternehmenskauf bis Kundenfeedback und die entsprechenden Bewertungsmethoden.

Fahren Sie fort mit: *„Wie die Gegenüberstellung von Kahnemann zeigt, ist es gerade in komplexen Situationen äußerst nützlich, über beide Systeme zu verfügen. Denn komplexe Situationen vollständig analytisch zu erfassen ist,* (wie wir in unserem Buch mehrfach angesprochen haben), *weder inhaltlich möglich noch von einer Zeitachse her betrachtet, sinnvoll. Für komplexe Entscheidungssituationen ist unser intuitives System enorm hilfreich als ‚Signalgeber'. Gleichwohl ist unser intuitives Erfahrungsgedächtnis durchaus störanfällig. Eben dann, wenn wir uns in unsere Ideen verlieben, ohne sie zum Beispiel mit Kunden zu reflektieren.“*

Um die Stärken von System 1 und System 2 zu betrachten, kommen Sie nun auf einige unserer intuitiven „Verführbarkeiten“ zu sprechen, die in System 1 eine Rolle spielen (unter anderem nach Kahnemann). Die vier Schlagworte dazu könnten Sie auf Flipchart oder PowerPoint visualisieren.

Intuitive Verführbarkeiten

- **Verfügbarkeitsverzerrung/Verfügbarkeitsheuristik:** Das bedeutet, dass Sichtweisen oder Themen, die sehr häufig oder sehr prominent in den Medien bespielt werden, die Wahrnehmung von Menschen drastisch verzerren (Kahnemann 2012). Befragungen zeigen klar, dass wir der Überzeugung sind, dass Filmstars oder Ärzte viel häufiger geschieden werden als andere Personengruppen. Das ist tatsächlich nicht der Fall. Je leichter also eine Information aus dem Gedächtnis abgerufen werden kann (je verfügbarer sie ist) desto wahrscheinlicher wird sie eingeschätzt. Ein weiteres Beispiel: Wenn Menschen befragt werden, welche Tiere für Menschen am gefährlichsten sind, rangiert der (weiße) Hai ganz vorne, gefolgt von Tigern, Alligatoren und Schlangen. Menschen fürchten sich vor großen Tieren grundsätzlich mehr, als vor kleinen Tieren. Dies ist eine völlig verzerrte Wahrnehmung. Denn während pro Jahr etwa 10 Menschen von Haien getötet werden, sterben an den Stichen der Anophelesmücke, die Malaria überträgt, jährlich mindestens 1 Million Menschen (vgl. Walz 2013).

- **Status-quo-Tendenz:** Menschen bevorzugen den Status-quo: Sie gehen sogar höhere Risiken ein und akzeptieren höhere Kosten, um diesen zu erhalten. Unsere Überzeugung scheint zu sein „Die aktuelle Situation habe ich im Griff bzw. kann ich bewältigen – wer weiß, was die zukünftige bringt und ob ich diese bewältigen kann". Davon profitieren viele Unternehmen. Beispielsweise verbleiben Menschen eher bei ihrem jetzigen Mobilfunk-Vertrag bzw. Anbieter, da sie einen Wechsel mit diffusen Risiken und Ängsten verbinden, obwohl andere Verträge objektiv günstiger sind.

- **Ankerheuristik:** Eine einmal gemachte oder gehörte Aussage (Anker) beeinflusst die Entscheidungs- und Urteilsbildung enorm. Hierzu gibt es unendlich viele Experimente und Beispiele auch in dem Buch von Daniel Kahnemann „Schnelles Denken, langsames Denken", die mich tatsächlich sehr erschütterten: Zum Beispiel diese, dass eine zufällig gewürfelte Zahl die Freiheitsstrafe, die die (deutschen!) Richter im Falle eines Ladendiebstahls aussprachen, deutlich beeinflusste: Der Ankereffekt betrug 50 Prozent. Menschen beziehen sich in ihren Entscheidungen auf die erste Information, die sie in diesem Zusammenhang erhalten oder die verfügbar ist, die möglicherweise noch nicht einmal in direktem Zusammenhang mit der zu entscheidenden Situation steht. In einem weiteren Experiment wurden Menschen gebeten „einen Spendenbeitrag zu benennen, der der Höhe der Intensität ihres Mitgefühls entspräche". Wenn keine Ankerfrage gestellt wurde, betrug die durchschnittliche

Spendenbereitschaft 64 Dollar. Wenn die Ankerfrage gestellt wurde „Wären Sie bereit, 5 Dollar zu bezahlen?“ betrug der durchschnittliche Spendenbetrag 20 Dollar. Wenn die Ankerfrage lautete „Wären Sie bereit, 400 Dollar zu bezahlen?“ betrug der durchschnittliche Spendenbetrag 143 Dollar.

- **Bestätigungsfehler:** Menschen neigen dazu, Informationen so auszuwählen und so zu interpretieren, dass sie die eigenen Überzeugungen und Erwartungen bestätigen. Nur was man gerade weiß (und sieht), zählt. Statt die Frage zu stellen „Was müsste ich wissen, um eine bestmögliche Entscheidung zu treffen“ suchen wir nach weiteren Informationen, um unsere Vorurteile und Überzeugungen zu bestätigen. Um ein triviales Beispiel zu benennen: Wenn man der Meinung ist, dass Frauen nicht Auto fahren können, wird man eher Beispiele sehen und im Gedächtnis behalten, die diese Überzeugung bestätigen.

Hier kann man immer wieder nachfragen, welche Beispiele solcher Verführbarkeiten und Entscheidungs-Bias die Teilnehmer noch kennen und diese gemeinsam diskutieren.

Nun arbeiten Sie mit den Teilnehmenden mit einem „Leitfaden, um System 1 und System 2 zu nutzen“. Dieser Leitfaden kann als Handout ausgeteilt oder als PowerPoint visualisiert werden. Wir haben diesen Leitfaden auch schon Einzelpersonen und Teams ohne weitere Erklärungen zugesandt, und diese sind gut damit zurechtgekommen.

Um mit den Leitfaden arbeiten zu können, arbeiten wir im Seminar immer mit Anliegengebern. Das heißt, wir bitten die Teilnehmer, in Gruppen an aktuellen Anliegen eines einzelnen Teilnehmers pro Gruppe zu arbeiten.

In einem solchen Team-Coaching kann ein Teilnehmer während des Prozesses eine ausführlichere Visualisierung übernehmen (was für den Anliegengeber sehr schön und nützlich ist), während ein anderer den Anliegengeber anhand des Leitfadens begleitet bzw. coacht. Das bedeutet, dass die Gruppen mindestens vier Teilnehmer umfassen sollten. Dann können sich die Gruppenmitglieder in ihren Rollen abwechseln oder ergänzen. Der Anliegengeber bleibt die ganze Zeit über Anliegengeber.

Wie bei allen „hinterfragenden Übungen“ ist es sehr wichtig, dass eine wertschätzende Teamatmosphäre aufgebaut ist. Gegebenenfalls sollte der Trainer dies auch nochmals explizit ansprechen. Ich habe schon erlebt, dass die gesamte Übung in eine Art „Verhör" übergegangen ist nach dem Motto „Wieso hast du immer noch keine Entscheidung getroffen?". Solche Muster sollten sofort unterbrochen werden; das wäre eine absolute katastrophale, weil abwertende Haltung, und ganz bestimmt nicht hilfreich oder förderlich. Weder für die Qualität der Entscheidung noch für künftige „vergemeinschaftete Entscheidungen".

Der Trainer sollte darauf hinweisen, dass der Leitfaden auch besonders dazu genutzt werden kann, offensichtliche Konflikte zwischen System 1 und System 2 zu bearbeiten. Also wenn das intuitive System und das analytische System sehr unterschiedliche Entscheidungen präferieren. Dann würde der Punkt „Verhandlungsführung mit sich selbst" noch größeres Gewicht bekommen.

Leitfaden, um System 1 und System 2 zu nutzen

1. Fokussieren auf das Ziel, das erreicht werden soll
   - Was genau willst du mit deiner Entscheidung erreichen?
   - Was genau ist dir dabei wichtig? Warum ist es wichtig? Wozu?
   - Woran könntest du im Nachhinein sehen, dass es die richtige Entscheidung war?

2. ... dann auf die Informationen der eigenen somatischen Markern (System 1) konzentrieren:
   - Wie fühlen sich die verschiedenen Entscheidungsoptionen gerade an?
   - Was fühlst du? Wo fühlst du das?
   - An welche Situation erinnert dich diese aktuelle Situation? Was war/ist passiert? Wie alt warst du in dieser Situation? Was ist jetzt anders? Was hast du aus dieser Situation gelernt? Wie könnten deine Erkenntnisse für die aktuelle Situation genutzt werden?
   - Wie fühlen sich die verschiedenen Entscheidungsoptionen an?
     1. Möglichkeit: Auf einer Skala von 0 bis 10 ... wo stehst du jetzt?
     2. Möglichkeit: Auf einer Skala von 0 bis 10 ... wo stehst du jetzt?

3. Gehe jetzt zur kognitiven Seite (System 2):
   - Wie bewertest du die verschiedenen Optionen aus einer rein analytischen Sicht?

- Mit Blick auf deine Ziele ...
  1. Möglichkeit: Vorteile und Nachteile/Risiken definieren
  2. Möglichkeit: Vorteile und Nachteile/Risiken definieren

4. Fragen zur „Verhandlungsführung" (mit sich selbst) einsetzen:
   - Befrage zuerst das System 1, das System des emotionalen Erfahrungsgedächtnisses/der somatischen Marker
   - Mit Blick auf die Aussagen und Präferenzen des Systems 2, wo decken sich die Tendenzen? Wo widersprechen sie sich?
   - Unter welchen Bedingungen würde sich die Lösung 1/2/3 besser anfühlen ...? Was müsste geändert werden?
   - Befrage dann das System 2, die analytischen Aussagen:
   - Wie könnten die Risiken aus der Entscheidung 1/2/3 verringert werden ..."
   - „Wie könntest du die Erfolgschancen von Entscheidung 1/2/3 erhöhen ...?"

5. Lenke deine Aufmerksamkeit jetzt nochmals zu den somatischen Markern ...
   - Was hat sich verändert?
     1. Möglichkeit: Auf einer Skala von 0 bis 10 ... wo stehst du jetzt?
     2. Möglichkeit: Auf einer Skala von 0 bis 10 ... wo stehst du jetzt?

   Fokussiert:
   - Zu welcher Entscheidung tendiert das System 1?
   - Zu welcher Entscheidung tendiert das System 2?

6. Wenn keine gemeinsame Tendenz erkennbar ist, beginne den Prozess wieder von vorne, fokussiert auf die beiden Hauptentscheidungsrichtungen ...

Manchmal taucht in unseren Seminaren die Frage auf, warum man die folgenden Fragen im Leitfaden nutzt:

- „An welche Situation erinnert dich diese aktuelle Situation? Was war/ist passiert? Wie alt warst du in dieser Situation? Was ist jetzt anders? Was hast du aus dieser Situation gelernt? Wie könnten deine Erkenntnisse für die aktuelle Situation genutzt werden?"

Falls Interesse daran besteht und man das als Trainer erklären soll oder möchte, hier unser Hintergrund. Wir haben immer wieder in Entscheidungssituationen beim Nachfragen erlebt, dass, wie das auch Kahnemann beschreibt, vergangene Erfahrungen prägend für das aktuelle Entscheidungsverhalten sind. Das kann zum Beispiel bedeuten, dass man eine Chance nicht wahrnimmt, dass man ein Risiko unter- oder überschätzt oder eine aktuelle Situation sehr verzerrt erlebt. Verbunden damit, dass die Person sich nicht entscheiden kann oder eben im Konflikt zwischen System 1 und 2 stecken bleibt. Maja Storch erklärt dies auch mit bestimmten erlernten Haltungen von Personen, die beispielsweise externe Maßstäbe als eigene verinnerlicht haben. Solche Menschen können schwer fühlen, was sie wirklich wollen und brauchen, und treffen dann auch Entscheidungen, die sich gegen eigene lebendige Interessen richten. („Sie kaufen Kleider, die sie sich nicht leisten können, um Menschen zu gefallen, die sie nicht mögen.")

Wir haben an die Methode des „Bridging" des Traumatherapeuten Kai Fritzsche angeknüpft, wonach eine sehr bewusste Reflexion der eigenen Emotionen eingeleitet werden kann durch die Fragen: „An welche Situation erinnert Sie das?", „Was war damals?", „Wie alt waren Sie damals?", „Was haben Sie damals aus dieser Situation gelernt?", „Wie (oder auch nicht) können diese Erkenntnisse für die aktuelle Situation genutzt werden?" Diese Reflexion und vor allem die Zuordnung zu einer bestimmten Alterserfahrung (Regression) hat sich oft als sehr nützlich für die aktuelle Entscheidungsfindung erwiesen. Im Sinne dessen, dass die Menschen zum Beispiel sagen „Wenn ich so darüber nachdenke, dann stelle ich fest, dass die aktuelle Situation mit der damaligen … nichts, folgendes, viel … gemeinsam hat und schließe daraus …". Daher haben wir diese Fragen mit in den „Leitfaden System 1 und 2 nutzen" aufgenommen.

Ein alternatives Vorgehen

Wenn man als Trainer den Eindruck hat, dass die Gruppe sich mit dem Thema „Emotionales Erfahrungsgedächtnis" beziehungsweise „Somatische Marker" noch etwas schwertut und sich das Thema nicht so einfach erschließt, kann man zuerst eine „Aufwärmübung" mit dem Seminar-Buddy anbieten. Ziel dieser Aufwärmübung ist es, sich der eigenen somatischen Marker bewusst zu werden und, dass die meisten Menschen auch im Management solche Körpersignale mehr oder weniger bewusst immer auch nutzen. Hier kann man zum Beispiel nach der Art, wie Führungskräfte ihre Mitarbeiter auswählen, fragen: Denn aus unserer Erfahrung spielt hierbei immer auch das „Bauchgefühl" eine entscheidende Rolle.

Wenn die Teilnehmer mit dieser Warm-up-Selbstreflexion beginnen, dann können sie eine aktuelle oder auch eine Entscheidungssituation aus der Vergangenheit wählen. Zum Beispiel Situationen wie „Stelle ich den Mitarbeiter ein oder nicht?", „Nehme ich die intern angebotene Position an oder nicht?", „Bleibe ich oder gehe ich?". Das alles sind komplexe Entscheidungssituationen, in denen immer auch das Bauchgefühl mit im Spiel ist. Hier nun die Aufgabenstellung für die Warm-up-Übung.

Warm-up-Übung

Bearbeitet gemeinsam mit dem Seminarpartner die nachfolgenden Fragen. Für jeden Partner sollten etwa 20 Minuten verwendet werden, die unten aufgeführten Fragen durchzugehen:

1. Bitte beschreibt eine Situation aus eurem Leben (privat oder geschäftlich), in der es schwer für euch war oder ist, eine Entscheidung zu treffen. (15 Minuten)

   Der Seminarpartner fragt:
   - Was waren deine Entscheidungskriterien
   - Was waren deine Gedanken bezüglich der jeweiligen Entscheidungsoptionen?
   - Wie haben sich die jeweiligen Entscheidungsoptionen angefühlt?
   - Wo hast Du das gefühlt?

2. Dann spiegelt der Seminarpartner seine Beobachtungen und Eindrücke wider, die er während der Beschreibung hatte (5 Minuten).

   - Wieweit habt ihr „System 1" und „System 2" einbezogen?
   - Was fällt euch über euer System 1 und eure somatischen Marker auf? Wo fühlt ihr, was sich gut, weniger gut anfühlt?
   - Wieweit erscheint dieses Entscheidungsmuster für euch persönlich typisch?

3. Zieht gemeinsam eine Schlussfolgerung
   - Was kennzeichnet den persönlichen Entscheidungsstil?
   - Welches sind die persönlichen spezifischen somatischen Muster?

Bitte weisen Sie dazu als Trainer nochmals explizit darauf hin, dass es bei der Warm-up-Übung nicht darum geht, eine Entscheidung zu finden oder eine Entscheidung der Vergangenheit zu bewerten. Es geht darum, den eigenen Entscheidungsstil in komplexen Situationen zu reflektieren. Es geht darum, zu erfassen, wieweit das intuitive Erfahrungsgedächtnis im eigenen Entscheidungsstil eine Rolle spielt und welches die maßgeblichen eigenen somatischen Marker sind. Also wie und wo genau man (das ist ja bei jedem Menschen etwas anders) die intuitiven Körpersignale empfängt. Diese Sensibilisierung in der Warm-up-Übung hilft uns in komplexen Entscheidungssituationen, die eigenen somatischen Marker bewusster wahrzunehmen und sie gezielter mit den analytischen Erkenntnissen zu verbinden.

Debriefing

Haben Sie die Aufwärmübung mit dem Seminar-Buddy durchfgeführt, eignen sich dazu diese Auswertungsfragen zum Thema „Entscheidungsstil und somatische Marker“:

- Was habt ihr über euren Entscheidungsstil entdeckt?
- Was fällt euch bzgl. System 1 und eure somatischen Marker auf?
- Was ist euer Fazit zum Thema?

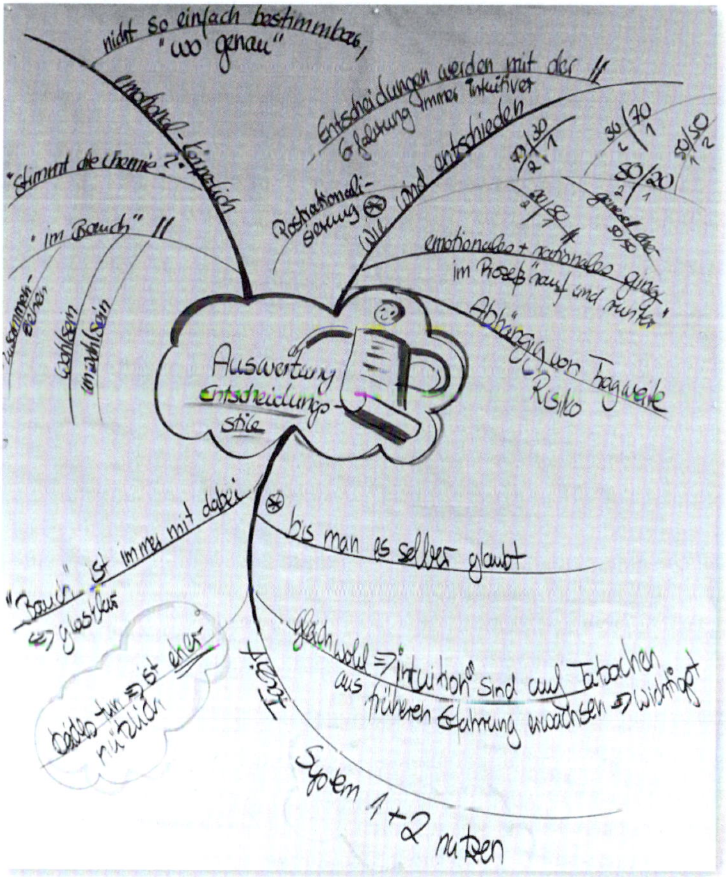

Abb.: Beispielhafte Auswertung der Entscheidungsstile.

Abrunden kann der Trainer hier mit den zwei folgenden Beispielen. *„Von einigen der typischen Entscheidungssituationen, in die Menschen immer wieder kommen, würde ich gerne abschließend noch berichten. Um zu verdeutlichen, wie wichtig es für bestmögliche Entscheidungen ist, tatsächlich beide Systeme bewusst zu nutzen.*

In meinem ersten Beispiel geht es um den Autokauf. Vielleicht kennt ihr das auch. Wir machen uns eine Liste der Entscheidungskriterien von der Größe des Kofferraums bis … natürlich zu den diversen Kosten. Und dann stellt man fest: Das Fahrzeug, dass sich nach der Analyse rein rational anbietet, … hmmm! Das wollen wir nicht. Wir merken es an unseren somatischen Markern ganz genau. Es entfacht keine Begeisterung. Und nach und nach gewichten wir die Entscheidungskriterien etwas anders. Wir drehen und priorisieren, bis sich schließlich das gewünschte Fahrzeug als beste Entscheidung erweist! So etwas nennt man Postrationalisierung in der Entscheidungsfindung. Und ein solcher Prozess ist nicht allzu selten."

Wie oben angesprochen, spielt das „Bauchgefühl" bei Einstellungsentscheidungen durchaus eine prominente Rolle. Wenn wir dieses Bauchgefühl intensiv hinterfragen (siehe oben), dann kommen wir immer wieder zu Aussagen wie „Diese Person erinnert mich an …" und macht damit deutlich, dass das Bauchgefühl einem kraftvollen Bias unterliegt.

Es gilt als wissenschaftlich gesichert, dass diese „Bauchentscheidungen" in Einstellungssituationen nur sehr begrenzt valide sind. Das bedeutet, dass man auch hier das „System 2" miteinbeziehen sollte: *„Das Bauchgefühl hilft, unter den grundsätzlich geeigneten Kandidaten diejenigen mit dem besten ‚Cultural Fit' auszuwählen. Es sollte jedoch unbedingt mit einem wissenschaftlich gesicherten, eignungsdiagnostischen Verfahren kombiniert werden, um eine valide und damit bestmögliche Entscheidung zu treffen. Denn diese Entscheidung betrifft eine hochkomplexe Situation und hat weitreichende Konsequenzen"* (Gantner 2018).

Auswertung der Arbeit mit dem Leitfaden

Der Trainer sollte die abschließende Auswertung des Leitfadens in zwei Richtungen anlegen: In die Richtung, wieweit der Anliegengeber vorangekommen ist und was hilfreich und nützlich dabei war und in Richtung Auswertung der Methode. Die Auswertung sollte mit dem/n Anliegengeber/n beginnen und dann sich an die Gruppe bzgl. der Methode wenden.

- Inwieweit bist du durch die Arbeit mit dem Leitfaden vorangekommen?
- Was war nützlich bei dieser Arbeit?
- Was hättest du evtl. noch gebraucht?
- Was fandet ihr am Leitfaden hilfreich und nützlich?
- Was war weniger günstig?
- Was nehmt ihr entsprechend mit: Wann und für welche Situationen könnte der Leitfaden für euch hilfreich sein?
- Und was ist wichtig bei der Anwendung zu beachten?

Quellen

- Damásio, A. (1994): Descartes' Irrtum. Fühlen, Denken und das menschliche Gehirn. München: List.
- Fritzsche, Kai (2018): Einführung in die Ego-State-Therapie. Carl-Auer Verlag.
- Galinsky, A. D., & Mussweiler, T. (2001): First offers as anchors: The role of perspective-taking and negotiator focus. Journal of Personality and Social Psychology, 81(4), 657-669.
- Gantner, N. (2018): Vortrag am 15. Juni 2018 in Leonberg.
- Kahnemann, D. (2012): Schnelles Denken, langsames Denken. Siedler Verlag.
- Storch, M. (2003): Das Geheimnis kluger Entscheidungen – von somatischen Markern, Bauchgefühl und Überzeugungskraft. Zürich: Pendo.
- Walz, H. (2013): Einfach genial entscheiden. Die 50 wichtigsten Erkenntnisse für Ihren beruflichen Erfolg. Haufe Lexware.

Co-Kreation von Entscheidungen

Orientierung

Ziele

- Es wird verdeutlicht, dass die Co-Kreation von Entscheidungen in komplexen Situationen äußerst hilfreich und nützlich ist
- Es werden Entscheidungssituationen reflektiert, die mehr oder weniger für co-kreative Prozesse geeignet sind
- Erkenntnisgewinn durch die gemeinsame Diskussion

Zeit

1. Variante: Einführung in das Thema „Entscheidungen vergemeinschaften" – insgesamt ca. 20 bis 30 Minuten

2. Variante: – mit Gruppenarbeit und Vertiefung – insgesamt: ca. 70 Minuten

- Vorstellung des Modells inklusive Zeit zum Nachfragen: 10 Minuten
- Zeit für Gruppenarbeit: ca. 30 Minuten
- Vorstellen der Ergebnisse der Gruppenarbeit: ca. 20 Minuten (pro Gruppe 2 Minuten sowie ca. 5 Minuten Diskussion)
- Fazit im Plenum: 5 Minuten

Material

Eine Darstellung des Stufenmodells (beispielsweise als PowerPoint-Folie); für die Gruppen-/Partnerarbeit zur Diskussion der „Stufen der Partizipation": die Arbeitsfrage zu jeder „Stufe" auf eine Wolke schreiben und eine Pinnwand pro Gruppe zur Visualisierung der Ergebnisse bereitstellen

Erläuterung

Dieses Modell kann man als Trainer durchaus als „Eingangsmodell" nutzen, wenn zunächst das Thema „Co-Kreation von Entscheidungen" in den Mittelpunkt der Diskussion gestellt werden soll. Bevor man dann konkrete „co-kreative" Entscheidungsprozesse und Werkzeuge miteinander ausprobiert. Der Trainer kann das Modell aber auch in einer vertieften Weise zur Bearbeitung anbieten. Die Varianten werden in dem Schritt „Vorgehen" beschrieben.

Intro-Vorschlag

Erklären Sie zunächst, warum die Themen „Problemlösen" und „Entscheiden" untrennbar zusammenhängen, gerade, wenn es um „echte Entscheidungen" geht. Solche, die der Kybernetiker Heinz von Foerster wie folgt beschreibt: „Nur die Fragen, die prinzipiell unentscheidbar sind, können wir entscheiden." (1993). Im besten Fall gibt es in einer bestimmten Situation, die auch als Problem bezeichnet werden kann, einige Lösungsvorschläge, die mit bestimmten Zielstellungen verknüpft sind und daher eine Entscheidung erfordern. Was unser aktuelles Umfeld und unsere wirtschaftlichen Entwicklungen betrifft, kann man ohne Zweifel heute in solchen Situationen stets von „schlecht strukturierten Problemen" sprechen:

- Die Probleme sind nicht vollständig durchschaubar und bergen immer einen Anteil an Ungewissheit
- Die Märkte befinden sich in einem ständigen interdependenten Entwicklungsprozess, der schwer zu interpretieren und nicht prognostizierbar ist
- Entscheidungen müssen einer Vielfalt von Logiken folgen: ökonomischen, ökologischen, steuerrechtlichen, rechtlichen usw.
- Traditionelle Managementmethoden greifen nicht mehr, weil mehr und detaillierte Analysen nicht mehr Erkenntnisgewinn versprechen

Fahren Sie fort: *„Lange Zeit haben viele Führungskräfte solche Probleme behandelt, als stünden sie vor eindeutig lösbaren Aufgaben und damit vor eindeutig-bestmöglichen Entscheidungen. Nach und nach wird uns klar, dass unser Wissen immer kontextgebunden erworben, vergangenheitsbezogen und damit immer relativ ist. Was bedeutet das für unsere Entscheidungen?*

Entscheidungen in pluralistischen, dynamischen Kontexten brauchen eine Vielzahl von Perspektiven und Erfahrungen, um einen umfassenden Blick auf komplexe Zusammenhänge zu ermöglichen. So erhöhen wir die Varietät des Systems (s. Ashby's Law, S. 116). *Entsprechend wird die ‚Co-Kreation von Entscheidungen' künftig immer wichtiger werden.*

Entscheidungen, die komplexe Themenstellungen betreffen, sind somit bestenfalls das Ergebnis eines gemeinsamen dialogischen Prozesses, der stets offen und relativ bleiben muss, wenn wir uns den jeweiligen aktuellen Kontextentwicklungen stellen wollen. Wie ausgeprägt solche partizipativen dialogischen Prozesse sein können, das zeigt das nachfolgend präsentierte Modell von Peter Senge auf, einem Vordenker der Lernenden Organisation. Diese Stufen der Co-Kreation beschrieb er bereits 1997 im ‚Fieldbook zur fünften Disziplin'."

Vorgehen

Je nach verfügbarem Zeitbudget gehen wir in unterschiedlicher Weise vor, wenn es um die „Co-Kreation von Entscheidungen" geht:

- Zum Ersten können Sie das im folgenden dargestellte Modell der „Stufen der Partizipation" **als „Eingangsmodell" nutzen**, um zunächst das Thema Co-Kreation von Entscheidungen einzuleiten und danach Ihre Teilnehmer co-kreative Entscheidungsprozesse und Werkzeuge miteinander ausprobieren zu lassen. Zum Beispiel kann man die oben beschriebenen Zusammenhänge als Intro nutzen, das Modell der „Stufen der Partizipation" im Entscheidungsfindungsprozess dann vorstellen und anschließend vertieft mit der Methode „Entscheidungen als Produktentwicklungsprozess" arbeiten (s. S. 235).

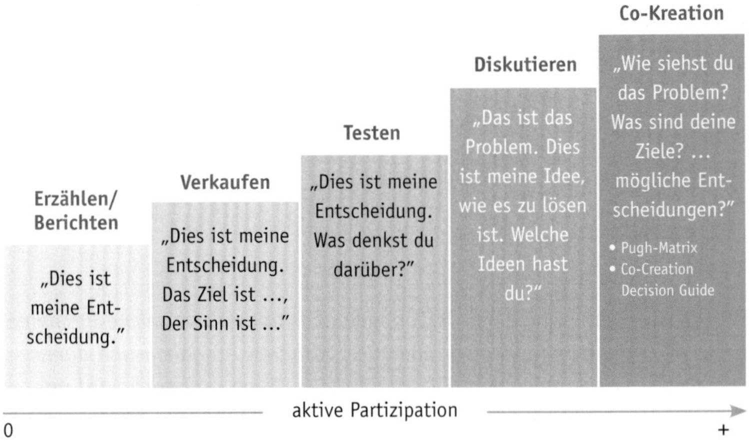

Abb.: Stufen der Partizipation – Entscheidungsfindung als Führungskraft (Senge 2006).

- Zum Zweiten können Sie Ihren Teilnehmern dieses Modell aber auch zur **vertieften Diskussion und Reflexion** bezüglich der partizipativen Entscheidungsfindung anbieten. Wenn man das Modell als „Intro" für die vertiefte Arbeit mit einem weiteren Verfahren zur Co-Kreation von Entscheidungen nutzt, dann wird man jede Stufe vor dem Hintergrund „Welche Art von Entscheidungen würden Sie auf dieser Stufe treffen?" kurz diskutieren.

Dazu bildet man Gruppen (oder auch Paare), die jeweils eine Stufe und die folgenden Arbeitsfragen diskutieren und die Ergebnisse visualisieren:

- Für welche Entscheidungssituationen ist dieses Vorgehen aus unserer Sicht geeignet/nicht geeignet?
- Welche konkreten Beispielsituationen fallen uns ein?
- Bezogen auf diese Entscheidungssituationen/Beispielsituationen: Was spricht dafür? Was dagegen?

Achtung, weisen Sie als Trainer darauf hin, dass unterschiedliche Sichtweisen und Meinungen in den Gruppen bzw. Paaren bitte unbedingt aufgenommen werden sollen – denn das wird hier mit Bestimmtheit der Fall sein.

Das funktioniert gut, wobei die Teilnehmer (auch als Führungskräfte aus einem Unternehmen kommend) erfahrungsgemäß hier sehr unterschiedliche Ansichten haben. Um nur zwei Beispiele zu geben, die nahezu immer auftauchen:

- Neue Büroraumgestaltung und Sitzplan – Manche Führungskräfte finden, dass es prinzipiell nicht möglich ist, diese Entscheidung in ein Team zu geben, dass dies (erfahrungsgemäß!) nur Konflikte im Team produziere.

- Die „strategische Ausrichtung eines Bereichs" – Auch hier entsteht häufig eine höchst kontroverse Diskussion. Wieweit kann und soll man unterschiedliche Hierarchieebenen in die strategische Ausrichtung eines Unternehmens einbeziehen?

Erklären Sie Ihren Teilnehmern daher vorher, dass unterschiedliche Meinungen besonders interessant und wichtig sind. Unser Argument hierfür ist immer, dass, wenn Experten unterschiedlicher Meinung sind, das ein Moment ist, in dem man Erkenntnisgewinne realisieren kann. Die Abwertung einer Meinung nach dem Denkmuster „Der hat's halt noch nicht kapiert" oder „Der ist halt ..." – das ist „alte Welt" und nicht „New Work" und schon gar nicht Leadership 4.0. So eine Haltung entspricht auch nicht einem professionellen Umgang mit Komplexität.

Übrigens, unsere Ansicht zur Einbeziehung unterschiedlicher Hierarchieebenen ist: Wenn es Entscheidungen für VUCA-Kontexte betrifft, immer! Und das wäre auch bei einer strategischen Entscheidung der Fall, wie bei unserem obigen Beispiel. Dies ist für uns aber nicht gleichbedeutend damit, dass wir „aus dem Stand" mit einer Gruppe von Menschen in die Phase der Entscheidungsfindung starten. Das wäre unsinnig und würde auch nicht den wissenschaftlichen Untersuchungen bzw. Anforderungen entsprechen, um in Gruppen zu bestmöglichen Entscheidungen zu kommen. Die besagen, dass es eines strukturierten und gut moderierten Prozesses bedarf, wenn Gruppen zu bestmöglichen Entscheidungen kommen sollen (vgl. „Entscheidungen als Produktenwicklungsprozess", S. 235). Denn bevor wir in diese Phase starten, sollten wir ein umfassendes Bild über unterschiedliche Perspektiven, Logiken und Hypothesen entwickeln. Damit wir Varietät nutzen können (s. „Entscheidungen als Produktentwicklungsprozess" S. 235) und zu aktuell bestmöglichen Entscheidungen kommen, bieten wir die in diesem Buch vorgestellten Methoden und Verfahren der co-kreativen Entscheidungsfindung an.

Debriefing

Wir lassen die Gruppen ihre Ergebnisse präsentieren und die Gesamtgruppe diskutieren, wir moderieren und mischen uns inhaltlich wenig ein. Letztlich muss ein solches partizipatives Vorgehen zum Gesamtentscheidungsstil und zur Haltung und den Werten eines Führenden passen, andernfalls wird es wenig Erfolg versprechend angewendet werden. Zudem haben wir in unserem Intro (siehe oben) meist schon klar für ein co-kreatives Vorgehen geworben.

Quellen

- Peter, S. (1996): Das Fieldbook zur Fünften Disziplin. Stuttgart: Klett-Cotta.
- Von Foerster, H. (1993): Kybernetik der Kybernetik. In: ders. (1993). KybernEthik, Berlin: Merve Verlag, S. 84-91.

Entscheidungen als Produktentwicklungsprozess

Orientierung

Ziele

- Komplexitätsreduzierung durch die Zerlegung einer Entscheidung in verschiedene Phasen und Schritte
- Die Nützlichkeit einer iterativen Vorgehensweise im Rahmen von Entscheidungsprozessen wird deutlich
- Der Prozesscharakter von Entscheidungen und die Wichtigkeit der einzelnen Phasen wird sichtbar
- Zeigen, wie durch einen co-kreativen und iterativen Prozess ein gemeinsamer Erkenntnisgewinn entsteht

Zeit

Insgesamt 100 Minuten

- Vorstellung des Modells: ca. 30 Minuten (inklusive Zeit zum Nachfragen)
- Zeit für Gruppenarbeit: ca. 30 Minuten
- Vorstellen der Ergebnisse der Gruppenarbeit: ca. 20 Minuten (abhängig von Anzahl der Gruppen)
- Auswertung der Methode: 20 Minuten

Material

Eine visualisierte Landkarte mit den verschiedenen Phasen als Übersicht; Übersichten mit den Fragen zur Reflexion zu jeder Phase; für die Gruppenarbeit: die verschiedenen Phasen auf Wolken schreiben (z.B. „Land der Suche“, „Quellgebiet“,...) und jeder Gruppe eine Pinnwand zur Verfügung stellen, ggf. die Download-Ressource „Entscheidungsvorlage“ ausdrucken und verteilen.

Hinweise

Das Modell und die Idee, den Entscheidungsprozess als Landkarte mit verschiedenen Territorien darzustellen, ist aus dem Sammelband der Autoren Sutrich, Opp et al. (2016) übernommen. Die Idee, Entscheidungen als Produktentwicklungsprozess zu sehen, haben wir von dem Psychologen Daniel Kahnemann (2016).

Erläuterung

Immer wieder zeigen Studien, dass partizipativ geführte Unternehmen erfolgreicher sind. Denn gerade die „Weisheit der vielen", die Schwarmintelligenz, lässt erwarten, dass eine adäquate Antwort auf den Umgang mit Ungewissheit und Komplexität gefunden wird. Dies ist nicht „automatisch" der Fall. Wie viele Studien durchaus auch zeigen, können Gruppenentscheidungen unter bestimmten Umständen zu katastrophalen Ergebnissen führen. Dietrich Dörner beschreibt dies in seinem Buch „Die Logik des Misslingens", in dem er unter anderem analysiert, wie es zur Katastrophe von Tschernobyl kam. Gruppendenken, Gruppendruck, Allmachtsfantasien - viele gruppendynamische Phänomene können hier Raum greifen und zu schlechtestmöglichen Entscheidungen verleiten.

Die hier vorgestellte Form des Entscheidungsprozesses ist sehr umfangreich. Sie ist etwa für die Entwicklung von neuen Strategien in den Bereichen „Produkt" oder „Service" nützlich oder auch für den Aufbau von neuen Geschäftsbereichen oder Organisationsstrukturen. Also für Situationen, die von hoher Komplexität und Ungewissheit gekennzeichnet sind.

Intro-Vorschlag

„Derzeit ist viel von Schwarmintelligenz die Rede, wenn es um die Bewältigung von komplexen Situationen und den Umgang mit Ungewissheit geht. Doch viele Untersuchungen zeigen, dass der Schwarm, die Meinung von vielen, nicht immer zu klugen Entscheidungen oder klugem Vorgehen führt." Als Beispiel können Sie hier Veröffentlichungen nennen wie „So dumm sind wir nur gemeinsam" (Dueck 2015) oder „ Gemeinsam sind wir blöd - Die Intelligenz von Unternehmen, Managern und Märkten" (Simon 2013). *„Was sind dann aber die Rahmenbedingungen, die nötig sind, damit Gruppenentscheidungen wirklich klüger sind als die Einzelentscheidung eines der ‚Klügsten' aus der Mitte der Gruppe? Die nachfolgend aufgeführten Kriterien gelten als erfolgsentscheidend:*

1. *Es gibt einen klar strukturierten Prozess des Vorgehens und entsprechende moderative Kompetenz*
2. *Alle Beteiligten können ihre Meinung frei einbringen (es herrscht ein Klima der psychologischen Sicherheit)*
3. *Es gibt sowohl breite fachliche und als auch unterschiedliche Erfahrungshorizonte im Themenbereich."*

Nachfolgend stellen Sie eine Methode vor, die eine solche klar strukturierte Vorgehensweise bietet. Die Methode trägt nach dem Psychologen Daniel Kahnemann die Überschrift „Entscheidungen als Produktentwicklungsprozess". Das Vorgehen entspricht der oben genannten

Forderung zu Punkt 1. Die Punkte 2. und 3. der soeben genannten Anforderungen für einen gelingenden co-kreativen Prozess sind in der jeweiligen Situation zu berücksichtigen.

Das hier vorgestellte Vorgehen ist sehr umfangreich, es beinhaltet sogar den Schritt der Implementierung der Entscheidung, der in vielen Fällen in einem entsprechenden Transformationsprozess münden kann. Im Rahmen des Komplexitätstrainings werden diese Aspekte der Implementierung und Transformation nicht im Detail betrachtet (das wäre dann das Seminar Change-Management). Erklären Sie zu dem Modell also, dass Sie den Fokus auf die Problemdefinition und die eigentliche Entscheidungsfindung legen.

Vorgehen

Erklären Sie zunächst das Modell „Entscheidungen als Produktionsentwicklungsprozess". Nutzen Sie dazu eine Visualisierung des Modells.

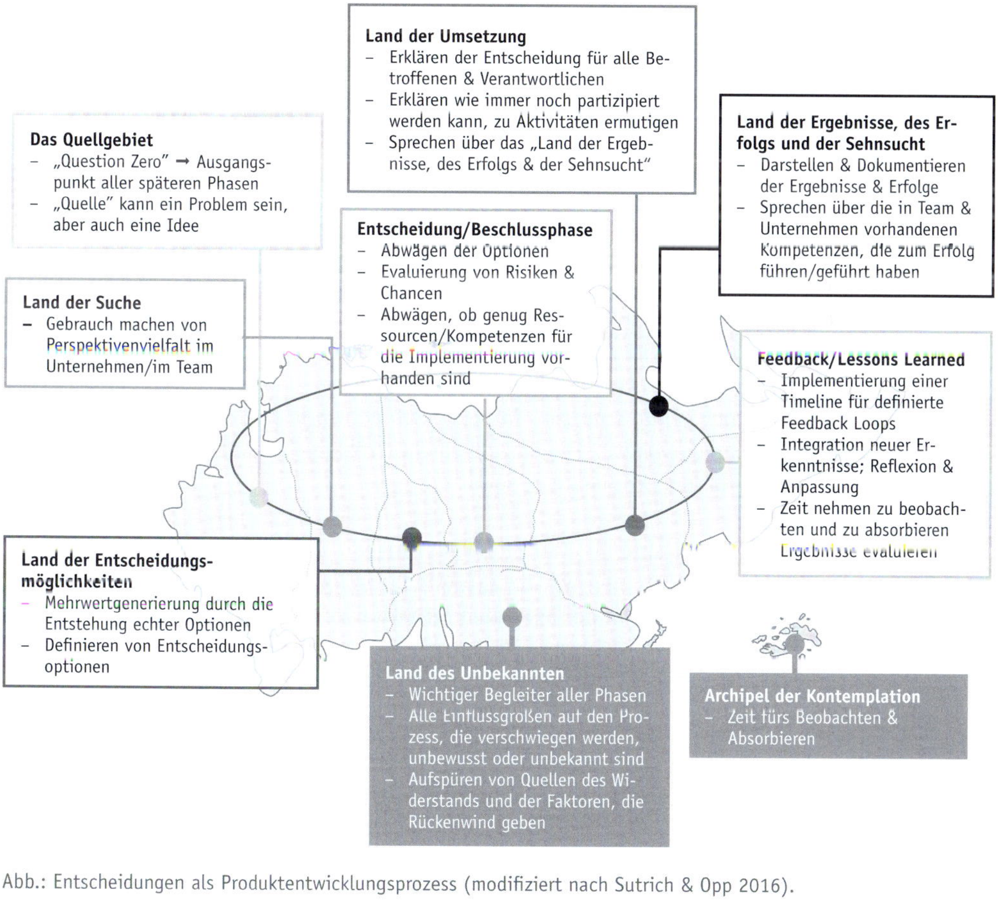

Abb.: Entscheidungen als Produktentwicklungsprozess (modifiziert nach Sutrich & Opp 2016).

„Um uns den einzelnen Phasen eines Entscheidungsprozesses detaillierter zu widmen und gleichzeitig das große Ganze im Blick zu behalten, werden wir uns nun den Entscheidungsprozess als Landkarte mit den verschiedenen Stationen genauer anschauen. Dabei will ich gleich noch vorausschicken, dass im Entscheidungsprozess zwischen den einzelnen Landkartenteilen ‚gesprungen' werden kann. Man könnte zum Beispiel nach dem ‚Quellgebiet' direkt das Land der ‚Ergebnisse, des Erfolgs und der Sehnsucht' aufsuchen. Und natürlich im Entscheidungsprozess einzelne ‚Landstriche' wiederholt begehen oder auch nur bestimmte einzelne ‚Länder' auswählen, je nachdem, in welcher Entscheidung man wo gerade unterwegs ist."

Stellen Sie dann kurz die einzelnen Phasen – bzw. Länder – vor.

Das Quellgebiet: *„Hier wird das Thema der Entscheidung sozusagen ‚geboren'. Ausschlaggebend kann ein Problem sein, oder aber auch eine (innovative) Idee. Etwa eine Idee, wie man Kunden an bestimmten Stellen einer ‚Customer Journey' das Leben leichter machen kann. Diese Ursprungsidee oder Ursprungsfrage wird auch als ‚Question Zero' bezeichnet.*

Die ‚Geburtsstunde' eines Entscheidungsprozesses für ein neues Logistiksystem könnte also beispielsweise eine Beschwerde aus der Produktion oder die eines Kunden über ein fehlendes Teil zum veranschlagten Zeitraum sein.

In dieser Quell-Phase steckt die Chance, innovative Produkte und Verbesserungen zu initiieren und dadurch Wettbewerbsvorteile zu schaffen. Die Phase des ‚Probleme-Findens um Probleme zu lösen', kann man gar nicht hoch genug schätzen. Impulse können von überall aus dem Unternehmen kommen." Fragen, um solche Probleme gezielt und strukturiert zu erfassen, können z.B. sein:

- Was sind die Kernprobleme (unserer Kunden), die wir lösen wollen?
- Wie können wir die aktuelle Situation weiter verbessern?
- Was ist an der aktuellen Situation mühsam und nervend?

„Gleichzeitig wird nicht aus jedem Kohlestückchen ein Diamant. Das heißt, es gilt unter ökonomischen Gesichtspunkten abzuwägen, welche Probleme beziehungsweise Ideen es wert sind, angepackt zu werden."

Das Land der Suche: *„In der zweiten Phase geht es darum, den Blick zu weiten. Intelligente Unternehmen nutzen die Varietät des Unternehmens bzw. Teams und bringen bewusst verschiedene Blickwinkel und Er-*

fahrungen zusammen. Wichtig dabei ist, ein Klima der psychologischen Sicherheit zu schaffen. Die Bedeutung der Perspektiven darf nicht abhängen von der hierarchischen Position oder dem zugeschriebenen Status innerhalb des Unternehmens sein. Innerhalb dieser Phase können durch das Sammeln von Hypothesen bisher verborgene Aspekte des Problems ans Licht gebracht und neue Optionen generiert werden." Hilfreiche Fragen während dieser Phase könnten sein:

- Wie ist das Problem zu erklären (Hypothesen)?
- Was würde einen Unterschied machen?
- Was wurde schon probiert, um das Problem zu lösen?

Das Land der Entscheidungsmöglichkeiten: *„In dieser Phase geht es nun unter anderem darum, konkrete Problemlösungsideen, also Entscheidungsoptionen festzulegen. Antworten auf die Fragen ‚Was könnte eine mögliche Lösung sein?', ‚Was noch und was noch?' sind zu finden. Eine Vielfalt an Möglichkeiten kann als reiche Ernte im Land der Suche betrachtet werden. Bezüglich der Bewertung der Möglichkeiten können weitere ‚klassische' Vorgehensweisen wie eine Risiko-Analyse oder eine SWOT-Analyse herangezogen werden.*

Zudem sollten die Fragen nach den notwendigen Ressourcen, dem Budget und den geforderten Kompetenzen, die für die Umsetzung gebraucht werden, besprochen werden.

In dieser Phase werden auch die Entscheidungskriterien diskutiert und festgelegt. Hierfür ist es nützlich (sofern dies nicht schon früher erfolgt ist), einen Schritt ins ‚Land der Ergebnisse, des Erfolgs und der Sehnsucht' zu tun." Folgende Fragen liefern mindestens Hinweise, wenn nicht sogar direkt konkrete Entscheidungskriterien. (Wie dies im Einzelnen funktionieren kann, dafür gibt die Übung zur „Pugh-Matrix" Anregungen (s. S. 245).

- Welche konkreten Ziele bzw. Ergebnisse wollen wir mit der Maßnahme erreichen?
- Was wird das Ergebnis des Erfolgs sein?
- Was wird uns begeistern, wenn wir das Land der Ergebnisse, des Erfolgs & der Sehnsucht erreicht haben?

Das Land der Entscheidung (Beschlussphase): *„Diese Phase ähnelt am ehesten dem klassischen ‚Beschluss'. Hier kommt häufig Hierarchie ins Spiel. In vielen Fällen fließen die Ergebnisse der Vorarbeiten zur Entscheidungsfindung in einer Entscheidungsvorlage zusammen."* (Die

Entscheidungsvorlage können Sie unter den Download-Ressourcen zu diesem Buch herunterladen.) Wenn solch eine Entscheidungsvorlage genutzt werden soll, kann der Trainer diese auch schon zu Beginn der Präsentation austeilen. So können die Teilnehmer verfolgen, wie die Ergebnisse der Arbeit aus den einzelnen „Landstrichen" in die Entscheidungsvorlage einfließen können. Die Schritte dieser Entscheidungsvorlage können auch sehr gut als Schritte einer PowerPoint-Präsentation genutzt werden.

Das Land der Umsetzung: *„Jede noch so gut vorbereitete Entscheidung kann in der Umsetzung scheitern. Je größer die Zahl der Betroffenen, umso wichtiger ist es, dem ‚Land der Realisierung' genügend Aufmerksamkeit und Zeit zu widmen."* Entscheidend sind Fragen wie:

- Wann werden wir die Entscheidung kommunizieren?
- Wer wird die Entscheidung kommunizieren?
- Wie wird die Entscheidung erklärt?

„Die Change-Formel (vgl. Dollinger 2016) *liefert hier äußerst nützliche Ansatzpunkte, um Menschen in der Organisation für die Entscheidung bzw. Veränderung zu gewinnen und sie von der Sinnhaftigkeit der Entscheidung zu überzeugen. Dabei sollte unbedingt auch dem Aspekt ‚Ambivalenz' Rechnung getragen werden. Das bedeutet, dass wir offen über Alternativen sprechen, die ja nicht nur im Entscheidungsprozess bedacht wurden, sondern die auch immer in den Köpfen der betroffenen Menschen sind. Dass wir diese Alternativen würdigen nach dem Motto ‚Ja, das wäre auch eine Möglichkeit gewesen' und gleichzeitig für die Unterstützung der letztlich getroffenen Entscheidung werben. Denn es ist klar, wenn die Umsetzung der Entscheidung erfolgreich verlaufen soll, dann brauchen wir das Wissen, die Energie und die Tatkraft aller."*

Feedback & Lessons Learned: *„Hier geht es darum, die Entscheidung, ihre Wirkung sowie Umsetzung zu monitoren und einen fortlaufenden Lernprozess zu initiieren. Die Implementierung einer systematischen Timeline und die Definition entsprechender ‚Loops' hilft, neue Erkenntnisse zu integrieren, nachzujustieren und organisationales Lernen zu ermöglichen."* (Siehe v.a. die Bausteine zu Agilen Methoden wie „Das Agile Manifest" S. 207). Hilfreiche Fragen können sein:

- In welchen zeitlichen Abständen wird es Feedback-Schleifen geben?
- Welche Methoden wollen wir für die Gewinnung von Feedback einsetzen?
- Wie können wir unsere Lernsequenzen möglichst motivierend und zieldienlich gestalten?

Das Land der Ergebnisse, des Erfolgs und der Sehnsucht: *„Enorm motivierend für die Umsetzung einer Entscheidung ist eine attraktive Vision. Dabei ist nicht nur gemeint, aufzuzeigen, wie sich die Entscheidung bestenfalls positiv auf die Unternehmensentwicklung auswirkt. Sondern auch, welcher Nutzen sich aus der Entscheidung für Kunden und Mitarbeitende ableiten lässt."* Zentrale Fragen zur Vorbereitung eines Entwurfs von Vision, Zweck und Nutzen sind zum Beispiel:

- Was ist der Nutzen, was wird besser sein und einen Mehrwert für unsere Kunden/unsere Organisation/für Mitarbeiter schaffen?
- Woran im Detail werden wir merken, wie sich eine Lösung des Problems positiv auswirkt?
- Wie können wir unsere Nachhaltigkeit hierbei erhöhen?

Neben diesen beschriebenen „Landstrichen" gibt es zwei weitere Territorien auf der Landkarte, die auf den ersten Blick vielleicht irritieren: Das „**Land des Unbekannten**" und der „**Archipel der Kontemplation**". Diese können Sie folgendermaßen erklären:

„Auf die Themen ‚Unbekanntes' und ‚Ungewissheit' stoßen wir im Kontext von ‚Umgang mit Komplexität' immer wieder. Dieses ‚Territorium' zu benennen, ist wichtig: Es erinnert daran, dass es Einflussfaktoren geben wird, die wir im Vorfeld nicht betrachtet haben, die im Vorfeld unbekannt waren oder nicht existierten. Einflussfaktoren, die, sobald sie uns bewusst werden, aufmerksam beobachtet werden müssen. Solche Einflussfaktoren können auch Quellen des Widerstands sein, Ursachen für Fehlschläge, mangelnde Erfolge und vieles andere mehr. Auch positive Einflussfaktoren – wie plötzlicher Rückenwind durch Marktentwicklungen oder Keyplayer –, sind wichtig zu beobachten. Es gilt, Muster zu erfassen, Hypothesen über mögliche Entwicklungen zu formulieren und die Auswirkungen unserer Steuerungsimpulse zu überprüfen. Um das hinzubekommen, braucht es Phasen des Innehaltens und des bewussten Wahrnehmens: Es braucht den Archipel der Kontemplation."

Hier hält der Trainer inne und gibt Zeit für Fragen, Anmerkungen und Diskussion. Anschließend sollten einige „Landstriche" bewusst besucht und bearbeitet werden.

Aus unserer Erfahrung gibt es immer Teilnehmer, die sich gerade in einem Entscheidungsprozess befinden. Daher fragen wir die Teilnehmer nach entsprechenden freiwilligen Anliegengebern. Je nachdem, wo sich die Anliegengeber im Entscheidungsprozess befinden, können wir einsteigen. Es gibt Personen, die schon im „Land der Ergebnisse, des Erfolgs und der Sehnsucht" waren und sich nochmals gemeinsam im „Land der Entscheidungsmöglichkeiten" umschauen wollen. Oder auch das „Quellgebiet" und das „Land der Suche" gemeinsam mit den anderen betrachten möchten. Den Möglichkeiten sind hier nur durch das Modell Grenzen gesetzt. Wir würden trotzdem nicht empfehlen, in einem Seminar alle Felder der Landkarte zu durchlaufen – denn das gründlich zu tun, braucht Zeit (je nach Komplexitätsgrad der Entscheidungssituation zwischen 30 Minuten oder auch 4 Stunden und mehr pro „Landstrich"). Für das Seminar bietet sich die Bearbeitung von zwei „Landstrichen" in jeweils ca. 15 Minuten an. Das reicht prima, um die Methode zu verstehen und kennenzulernen.

Was sehr interessant sein kann, ist, die Bearbeitung von zwei „Ländern" parallel in zwei Gruppen durchzuführen, wenn zwei Anliegengeber im gleichen Entscheidungsprojekt arbeiten. In diesem Fall werden zwei Gruppen gebildet: jeweils eine um jeden der beiden Anliegengeber. Dann können die Ergebnisse der beiden Gruppen verglichen werden. Der mögliche Ergebnisunterschied zeigt auf, wo es Klärungsbedarf gibt und wo weitere Ideen oder Fragen generiert werden können.

Entscheidend für den Erfolg der Methode ist aus unserer Sicht, dass das Bearbeiten des jeweiligen „Landstrichs" sehr fokussiert anhand von vorgeschlagenen und weiteren entsprechenden Fragen erfolgt. Die Gruppenmitglieder agieren einerseits aus der Rolle eines Coachs heraus, der kluge Fragen stellt, um dem Anliegengeber zu helfen, den jeweiligen „Landstrich" möglichst gut zu erforschen. Hierfür kann der Fragenkatalog („Entscheidungsvorlage", unter den Download-Ressourcen zu diesem Buch) genutzt werden. Andererseits agieren sie auch als Impuls- und Ideengeber. Ein Gruppenmitglied sollte die Rolle eines Moderators einnehmen. Das sollte nicht der Anliegengeber sein, der sollte „nur" denken müssen. Der Moderator achtet auf eine wertschätzende, nicht wertende Arbeitsatmosphäre (Brainstorming-Regeln einhalten) und visualisiert die Ideen mit. Alle Ideen werden aufgenommen und nicht bewertet (auch nicht durch den Anliegengeber). Die Entscheidung, was hilfreich und nützlich ist, verbleibt nach Abschluss der Aufgabe immer beim Anliegengeber und implizit. Der Seminarleiter sollte dies alles bei der Instruktion berücksichtigen und betonen.

Die Instruktion für die Gruppenarbeit kann folgendermaßen visualisiert werden. Achten Sie darauf, dass die Teilnehmer die jeweiligen Kernfragen zu den einzelnen Landstrichen sehen können.

- Gruppen von ca. 5-8 Gruppenmitgliedern zusammenstellen; dazu können die Anliegengeber ihr Entscheidungsthema in 3-4 Sätzen vorstellen und die Teilnehmer ordnen sich zu
- Die Gruppen haben 30 Minuten Zeit zur Verfügung
- Es werden pro Gruppe zwei Felder aus der Landkarte bearbeitet
- Die Ergebnisse werden von der Gruppe/vom Moderator mitvisualisiert
- Die Visualisierung wird nach Abschluss der Gruppenarbeit kurz vom Anliegengeber vorgestellt

Debriefing

Der Trainer bedankt sich nach der Präsentation der Ergebnisse sowohl bei der Gruppe als auch beim Anliegengeber. Dieser hat der Gruppe ermöglicht, die Methode auszuprobieren und das ist immer enorm hilfreich für die Gruppe (und den Trainer!). Prinzipiell kann es auch sehr interessant sein, den Anliegengeber zu fragen, wieweit ihn die Gruppenarbeit in seinem Entscheidungsthema vorangebracht hat – gerne mittels einer Skalierungsfrage. Dabei als Trainer aber bitte immer darauf achten, dass nicht einzelne Ideen gelobt werden. Erstens sind diese immer auch ein Ergebnis des gesamten Gruppenprozesses und zweitens wirkt das schnell demotivierend auf die, deren Ideen nicht erwähnt wurden. Das wäre für solche Prozesse weder in Übungssituationen noch in der Praxis hilfreich.

Dann geht es weiter mit der spezifischen Auswertung der Methode. Diese kann gut gemeinsam im Plenum stattfinden. Als nützlich haben sich für uns folgende Fragestellungen erwiesen:

- Für welche Entscheidungssituationen erscheint dieser Entscheidungsprozess stimmig?
- Was hat mich ggf. überrascht/erstaunt/irritiert?
- Was muss aus meiner Sicht beachtet werden, damit der Entscheidungsprozess gelingen kann?
- Worauf möchte ich bei zukünftigen Entscheidungsprozessen verstärkt achten?

Verweisen Sie als Trainer immer wieder auf den partizipativen Charakter dieser Übung und dessen Nutzen für komplexe Entscheidungssituationen. Erst, wenn über die verschiedenen Phasen hinweg eine Auswahl an unterschiedlichen Personen und ihre Sichtweisen einbezogen werden, kommt der Nutzen der Vorgehensweise besonders zum Tragen.

Zudem ist wichtig zu betonen, dass immer wieder iterativ der Bezug zu den verschiedenen Landstrichen („Quellgebiet", „Land der Sehnsucht", ...) hergestellt werden soll und dass auf diese Weise Entscheidungen auch weiterentwickelt und modifiziert werden. Auch weil sich in „unbekannten Territorien" fortwährend neue Entdeckungen machen lassen.

Quellen

- Dollinger, A. (2016). Change-Trainings erfolgreich leiten. managerseminare Verlag.
- Dörner, D. (1989). Die Logik des Misslingens: Strategisches Denken in komplexen Situationen. Reinbeck: Hamburg Google Scholar.
- Dueck, G. (2015): Schwarmdumm. So blöd sind wir nur gemeinsam. Campus Verlag.
- Kahnemann, D. (2016). Intelligent Decision Making. *www.youtube.com/watch?v=-GfhKlFML_o* – abgerufen am 18.8.2019.
- Seliger, W. (2006): In: managerSeminare, Heft 100, Juli 2006.
- Senge, P. M. & Kleiner, A. (1997). In: Smith Bryan; Roberts Charlotte; Ross Richard (Hrsg.) Das Fieldbook zur Fünften Disziplin. Stuttgart: Klett-Cotta.
- Simon, F. B. (2009). Gemeinsam sind wir blöd!? Die Intelligenz von Unternehmen, Managern und Märkten. Carl-Auer Verlag.
- Sutrich, O.; Opp, B. et al. (2016). Wie Unternehmen gut entscheiden. Haufe.

Die Pugh-Matrix und die Co-Kreation der Entscheidungskriterien

Orientierung

Ziele

- Eine Methode der Co-Kreation für das „Land der Entscheidungsmöglichkeiten" kennenlernen und ausprobieren
- Eine vergleichsweise einfache Methode für eine effiziente Beschlussphase im Entscheidungsprozess kennenlernen
- Sichtbarmachen unterschiedlicher Sichtweisen, Perspektiven und Präferenzen in einer Gruppe/im Team
- Synchronisation bezüglich der Entscheidungskriterien innerhalb einer Gruppe

Zeit

Insgesamt ca. 70 Minuten
- Vorstellen der Methode (inklusive Zeit für Rückfragen):
- 20-30 Minuten
- Gruppenarbeit mit anschließender Präsentation: 30 Minuten
- Auswertung der Methode: 15 Minuten

Material

PowerPoint-Folien/Handout vorbereiten

Erläuterung

Wie in dem Modul „Entscheidung als Produktentwicklungsprozess" (s. S. 235) angesprochen, sollten wir in die Phase der Beschlussfassung keinesfalls damit starten, dass man die verschiedenen Ideen, Lösungsvorschläge bzw. Entscheidungsalternativen vorstellt und dann in eine partizipative Abstimmung geht. Wie unsere Praxiserfahrung und auch empirische Untersuchungen zeigen, wird dies nicht zu bestmöglichen Entscheidungen führen, sondern eher wenig hilfreichen gruppendynamischen Prozessen Vorschub leisten und unkonstruktive andauernde Diskussionen auslösen.

Wir beginnen daher in der Begleitung solcher Prozesse stets damit, die möglichen Anforderungen für eine Lösung bzw. Entscheidung gemeinsam zu sammeln. Diese Anforderungen können auch sehr gut aus „dem Land der Ergebnisse, des Erfolgs und der Sehnsucht" gewonnen werden (vgl. S. 237 ff.).

Das bedeutet, dass wir zuerst intensiv gemeinsam Fragen wie:

- Welche konkreten Ziele bzw. Ergebnisse wollen wir mit der Maßnahme erreichen,
- was wird das Ergebnis des Erfolgs sein,
- was wird uns begeistern, wenn wir das „Land der Ergebnisse, des Erfolgs und der Sehnsucht" erreicht haben

diskutieren und dann weiter fragen: *„Welche Anforderungen müssen wir entsprechend an unsere Lösungsideen (Entscheidungsalternativen) stellen, um diese Ziele aus dem ‚Land der Ergebnisse, des Erfolgs und der Sehnsucht' zu realisieren?"*

Manchmal erscheint dieses Vorgehen den Teilnehmern ein wenig „doppelt gemoppelt" – es hat sich aber stets als hilfreich und nützlich erwiesen.

Intro-Vorschlag

„Entscheidungsfindung in Gruppen wird in der Realität oft als schwierig erlebt. Das Risiko der ‚unendlichen Diskussionen', der Entstehung von Machtkämpfen, des permanenten Wiederöffnens oder Nicht-Umsetzens ist stets gegeben. Doch dieses Risiko ist auch bei Einzelentscheidungen durch Hierarchie vorhanden. Welches sind also Erfolg versprechende und weniger Erfolg versprechende Vorgehensweisen? Welche Erfahrungen habt ihr hier gemacht?"

Fragen Sie also nach den Erfahrungen der Teilnehmer: *„Inwieweit kennt ihr dieses Spannungsfeld aus eurem beruflichen Alltag?"* Oder: *„Was tut ihr konkret, um in diesem Spannungsfeld zurechtzukommen?"*

Dann können Sie hervorheben, was sich empirisch als nicht besonders hilfreich erwiesen hat. Probleme können beispielsweise dadurch verursacht werden, dass direkt mit der Phase der Beschlussfassung gestartet wird, indem man die verschiedenen Ideen bzw. Lösungsvorschläge bzw. Entscheidungsalternativen vorstellt und dann in eine Abstimmung geht. So ein Vorgehen leistet gruppendynamischen Aspekten wie Machtspielen Vorschub, zum Beispiel, weil dies die verschiedenen „Verführbarkeiten des Systems 1" begünstigt (vgl. S. 221). Erklären Sie, was sich stattdessen als Erfolg versprechend erwiesen hat: nämlich gemeinsam aus den Zielen die Anforderungskriterien ableiten.

Den Zweck der Methode – gemeinsam aus den Zielen die Anforderungskriterien ableiten – haben Sie somit erklärt. Nun stellen Sie die Methode der Co-Kreation mithilfe der Pugh-Matrix vor.

„Die Pugh-Matrix ist nicht mehr ganz jung (aus dem Jahr 1991) und wird vielen von euch wahrscheinlich grundsätzlich vertraut sein, auch wenn ihr vielleicht bisher den Namen der Methode nicht gekannt habt. Denn sie wird in vielen Unternehmen verwendet. Sie ist eine Methode, die Phase der Beschlussfassung im Entscheidungsfindungsprozess möglichst effektiv und strukturiert zu gestalten. Sie ist deswegen so akzeptiert, weil sie sich stark den ‚Anstrich' des Analytischen gibt. Dabei sind alle Kriterien, die hier zur finalen Entscheidungsfindung genutzt werden, wie z.B. die Gewichtung, natürlich hochsubjektiv und von den Sichtweisen und Bewertungen der beteiligten Personen abhängig.

Das Ziel der Methode ist, eine offensichtlich klare und schnell zu treffende Entscheidung herzustellen. Konkurrierende Realisierungskonzepte werden gegenübergestellt und anhand festgelegter Kriterien bewertet. Dies findet meistens in Tabellenform statt. Das Erstellen einer solchen Tabelle erfolgt in sechs Schritten. Die präsentiere ich euch jetzt erst mal kurz."

1. Kriterien	Welche Kriterien sind für die Entscheidung wichtig? Diese sind aufzulisten und zu definieren.
2. Gewichtung	Hier können individuelle Präferenzen berücksichtigt werden.
3. Entscheidungsmatrix	In die Spalten werden alle relevanten Alternativen eingetragen. In die Zeilen schreibt man jeweils ein Kriterium und die entsprechende Gewichtung.
4. Referenzkonzept	Zusätzlich kann ein bestehendes Referenzkonzept eingebracht werden.
5. Bewertung	Bewertung aller Kriterien für jeweils alle Konzepte. Die Feststellungsmethode ist vorab zu bestimmen.
6. Auswertung	Unter Berücksichtigung der Gewichtung wird die Gesamtsumme für jedes Konzept bestimmt. → Detaillierte Abstufung der einzelnen Konzepte.

Abb.: 6 Schritte zur Erstellung einer Pugh-Matrix.

*„Ich möchte aber gleich vorneweg betonen, dass es mir im Schwerpunkt nicht um diese sechs Schritte geht. Es geht mir primär um den **ersten Schritt**. Diesen ersten Schritt ausführlich, methodisch stimmig und cokreativ zu gestalten, ist aus meiner Sicht der Schlüssel für bestmögliche und partizipativ getragene Entscheidungen."* Nun stellen Sie ein Beispiel vor, etwa mithilfe einer PowerPoint-Folie.

Kriterien	Punkte		
	Projekt 1	Projekt 2	Projekt 3
Wettbewerbsvorteil	+	0	+
Kundenzufriedenheit	0	0	+
Geschätzte Kosten	+	-	0
Geschätzter Umsatz	0	0	+
Aufwand der Einführung	-	+	-
Summe +	2	1	3
Summe -	1	1	1
Summe 0	2	3	1
Gesamt	1	0	2

Abb.: Eine beispielhaft simple Pugh-Matrix mit Kriterien.

„Im Beispiel sehen wir die Entscheidung zwischen drei alternativen Projekten. Im ersten Schritt wurden zunächst Kriterien festgelegt, die sind nun in der ersten Spalte zu finden. In den übrigen Spalten finden wir die relevanten Alternativen, die jetzt zur Diskussion stehen. Nun wurde für jede Alternative bewertet, wie gut sie jedes Kriterium erfüllt. Bei Bedarf könnten dabei auch besonders wichtige Kriterien mehrfach gewertet werden. Es können auch mehrere Werte entsprechend der Anzahl der Gruppenmitglieder sein: Dann wird ein Mittelwert ermittelt. Die Bewertung wird dann zu einem Punktestand für jede Alternative zusammengerechnet. Anhand der letzten Zeile unten lässt sich schließlich eine zumindest scheinbar klare Präferenz ableiten. In unserem Beispiel erhält Alternative 3 die höchste Gesamtpunktzahl und ist somit die bevorzugte Option.“ Halten Sie für Fragen inne, dann geht's weiter. Achtung! Investieren Sie für diesen Teil nicht zu viel Zeit (2 Minuten), denn er ist in der Regel sowieso den meisten Teilnehmenden bekannt und damit nichts Neues.

„Für eine nachhaltig getragene und bestmögliche Entscheidungsfindung besonders wichtig ist der erste Schritt. Zum einen legt er die Basis für die Qualität der Entscheidung. Zum anderen kann dieser besonders integrierend wirken und stärkt aufgrund dessen die Umsetzung der Entscheidung. Er beinhaltet aus meiner Sicht eine Nutzung der Mehrwerte von ‚System 1' und ‚System 2' (vgl. S. 216 ff.), *weil er in Teilen analytisch und dabei sehr zielbezogen fokussiert und zugleich unterschiedliche Perspektiven und Erfahrungen nutzt.“*

Vorgehen

Erläutern Sie zunächst, wie die Kriterien für die Entscheidungsfindung festgelegt werden, danach führen die Teilnehmenden das beschriebene Vorgehen selber aus. Betonen Sie, dass es hierbei zwingend ist, zuerst gemeinsam auf die Ziele zu schauen, die mit der Entscheidung erreicht werden sollen. Am besten geschieht dies (nochmals – da diese meist schon besprochen wurden) mittels eines Brainstormings. Eine einleitende Aussage wie *„Lasst uns zuerst noch mal auf die Ziele schauen, die wir mittels unserer Entscheidung erreichen wollen"* oder *„Lasst uns noch mal schauen, was für uns hier die wichtigsten Ergebnisse sein sollen und diese eben nochmals visualisieren"* ist enorm hilfreich!

Dann geht es damit weiter, aus den Zielen dezidiertere Entscheidungskriterien abzuleiten. Dazu sind die folgenden Fragen nützlich:

- *„Woran werden wir merken, dass wir die Zielsetzungen erfolgreich realisiert haben?"* und
- *„Was konkret werden dann sichtbare Ergebnisse und Rückmeldungen sein?"*

Man kann auch noch weitere Fragen aus dem „Land der Ergebnisse, des Erfolgs und der Sehnsucht" wählen (s. S. 241), je nachdem, wie emotional berührend das Vorgehen für die Zielgruppe sein darf, damit dies noch anschlussfähig ist. Machen Sie Ihren Teilnehmern also deutlich, dass Ziele und gewünschte Ergebnisse unbedingt noch einmal betrachtet werden müssen, um anschließend gemeinsam die maßgebliche Conclusio zu ziehen: *„Mit Blick auf diese Überlegungen, welche Kriterien sollten wir in den Katalog unserer Entscheidungskriterien aufnehmen?"*

Erst dann werden die Entscheidungskriterien gesammelt. Diese werden von den Beteiligten auf Kärtchen geschrieben und vorgestellt. Jeder Teilnehmer stellt reihum immer nur ein Kriterium vor. Der Moderator achtet auf diese Vorgehensweise; so gibt es bestenfalls keine Doppelnennungen und es nennt auch nicht ein Beteiligter sofort alle wichtigsten Kriterien. Zudem achtet der Moderator darauf, dass alle einander zuhören und dass immer der Bezug zu den oben genannten Fragen hergestellt wird. Dazu fragt er gegebenenfalls nach: *„Für welche Zielaspekt genau findest du das wichtig?"*, *„Wie genau hängt das aus deiner Sicht zusammen?"*

Prinzipiell gibt es keine Limitierung der Anzahl an Kriterien. Wenn Kriterien nahe beieinander liegen, kann der Moderator diese auch gleich clustern. Dazu muss der Moderator jedoch immer bei den Beteiligten nachfragen, wieweit die Cluster, die er sortiert hat, für sie passen. Erst wenn dieser Prozess abgeschlossen ist, werden Gewichtungen durch die Teilnehmer vorgenommen. Dies kann durch ein einfaches Vergeben von Klebepunkten oder durch das Benennen eines Wertes auf einer Skala geschehen, zum Beispiel mit Werten von 1 bis 5. Aus unserer Sicht ist aber zu diesem Zeitpunkt der Schlüsselprozess der Entscheidungsfindung schon gelaufen und es gibt nicht mehr so gewaltige Unterschiede. *„Diesen Prozess der Definition von Entscheidungskriterien würde ich euch jetzt anbieten, auszuprobieren. Dazu bräuchte ich ein bis zwei Personen, die bereit sind, ihre Entscheidungssituation hier einzubringen und gemeinsam zu betrachten".*

Dazu visualisieren Sie am besten die Schritte in einer Übersicht für Ihre Teilnehmer.

1. Ein kurzer Blick auf die mittels der Entscheidung zu realisierenden Ziele.
2. Woran werden wir merken, dass wir die Zielsetzungen erfolgreich realisiert haben?
3. Was konkret werden dann sichtbare Ergebnisse und Rückmeldungen sein?

Conclusio: Welche Kriterien sollten wir in den Katalog unserer Entscheidungskriterien aufnehmen?

Ziel der Übung ist es, den Prozess der Findung der Kriterien zu erleben. Für diese Erfahrungen reichen 30 Minuten für die Gruppenarbeit üblicherweise aus.

Aus unserer Erfahrung können solche Anliegen sehr gut im Plenum mit zum Beispiel 12 Personen bearbeitet werden. Auch zwei Gruppen à 6 Personen funktionieren prima. Kleinere Gruppen haben aus unserer Sicht nicht genügend unterschiedliche Ideen und Sichtweisen.

Nachdem Gruppen gebildet wurden, stellt jeweils ein Anliegengeber seine Entscheidungssituation vor. Ein Moderator sollte dabei mitvisualisieren. Die Teilnehmer agieren aus zwei Rollen heraus:

1. Einer nachfragenden Rolle, um die Situation gut genug für die Fragen 1–3 zu verstehen.

2. Einer „vorschlagenden" Rolle, um weitere Ideen für Kriterien zu liefern.

Debriefing

Das Vorgehen zur Auswertung der Methode findet wiederum in zwei Phasen statt. Zunächst wird nach der Resonanz der Anliegengeber gefragt:

- Wie ist es mir mit der Methode ergangen?
- Wieweit bin ich grundsätzlich mit meinem Thema vorangekommen?
- Was bräuchte ich jetzt noch?

Dann werden auch die restlichen Teilnehmer im Plenum anhand folgender oder ähnlicher Fragen einbezogen:

- Für welche Situationen kann die Methode für mich nützlich sein?
- Was hat mich ggf. überrascht/irritiert/erstaunt?
- Worauf sollten wir achten, wenn wir die Methode nutzen?
- Welche alternativen Methoden könnte man eventuell auch für solche Situationen verwenden?

Quellen

- Cervone, H. F. (2009): Applied digital library project management: Using Pugh matrix analysis in complex decision-making situations. OCLC Systems & Services: International digital library perspectives,25(4), 228-232.
- Jain, A.: Using a Criteria-Based Matrix to Prioritize IT Projects. *www.isixsigma.com/operations/information-technology/applying-criteria based matrix-prioritize-it-projects/* – abgerufen am 14.9.2018.
- Pugh, S. (1991): Total Design. Integrated Methods for Successful Product Engineering. Addison-Wesley, Reading, MA.

Slackline

Orientierung

Ziele

- Eine Methode zur Reflexion der eigenen Problemlösungen bzw. Entscheidungen kennenlernen
- Sich selbst in einer kritisch-wohlwollenden Befragung erleben und entsprechend eigene Muster reflektieren. Das gilt sowohl für die Anliegengeber als auch für die gesamte Gruppe

Zeit

Insgesamt: Ca. 100 Minuten

- Intro: 10 Minuten
- Befragung des Anliegengebers und Empfehlungen: zwischen 40 und 60 Minuten
- Resonanz des/der Anliegengeber zur „Slackline": 15 Minuten
- Reflexion und Learnings im Plenum: 15 Minuten

Material

PowerPoints oder Flipcharts, die die Fragen für die Teilnehmenden visualisieren

Hinweis

Die Methode lehnt sich an den „konsultativen Einzelentscheid" an, der zum Beispiel bei der Drogeriekette „dm" genutzt wird.

Intro-Vorschlag

„,Wie entscheide ich mich' ist in der Welt der Führenden das Dauerthema, das viel Energie kostet und Stress verursacht. Gerade weil Führende vor allem mit sogenannten ‚prinzipiell unentscheidbaren Fragen' konfrontiert sind: Gebe ich eher Problemlösung A oder Problemlösung B den Vorrang? Setze ich eher auf Termintreue oder auf Qualität? Konzentrieren wir uns eher auf die Probleme der Kundengruppe X oder die der Kundengruppe Y?

‚Nur die Fragen, die im Prinzip unentscheidbar sind, können wir entscheiden. Jede echte Entscheidung ist objektiv unentscheidbar', betont der Physiker und Konstruktivist Heinz von Förster. Das mutet zunächst paradox an, verweist aber darauf, dass Entscheidungen, die sich auf die

Zukunft beziehen, stets unter Ungewissheit getroffen werden. Genau das sind die herausfordernden Entscheidungen, die wir als FührendeR treffen müssen."

Fahren Sie fort: *„Damit solche ‚prinzipiell unentscheidbaren Entscheidungen' mit mehr Perspektiven hinterlegt werden, haben Unternehmen verschiedenste Methoden entwickelt."* Als Beispiel können Sie etwa das Drogerieunternehmen „dm" nennen; Hier gibt es das Konzept des „konsultativen Einzelentscheids" (das wissen wir durch persönliche Mitteilung). Das bedeutet, wenn ein Mitarbeiter eine Idee hat, und eine Entscheidung über seine Idee herbeiführen will, muss er zunächst die Methode des konsultativen Einzelentscheids einsetzen. Dazu muss er einigen Kollegen seine Idee vorstellen und sie zu deren Meinung befragen. Diese Meinungen und Perspektiven der Befragten sind keine Vorgaben, an denen er sich orientieren muss. Er muss sie aber dokumentieren und so in den Entscheidungsprozess einbringen. *„Eine solche Methode, die eigenen Ideen und Entscheidungen kritisch-wohlwollend hinterfragen zu lassen, möchte ich euch jetzt vorstellen."*

Die Methode, die wir mit „Slackline" betitelt haben, haben wir aus der Praxis heraus für die Praxis entwickelt und damit sehr positive Erfahrungen gemacht. Wie die gleichnamige Sportart steht sie dafür, sich sozusagen auf einem unsicheren Pfad ein wenig „durchschaukeln" zu lassen. Mit dem Ziel, durch die Perspektiven und das Hinterfragen der Kollegen einen Erkenntnisgewinn zu verbuchen und zum gewünschten Ziel zu kommen.

Vorgehen

„Ich würde euch jetzt gerne die Methode ‚Slackline' vorstellen und anschließend zwei, drei oder mehr Kollegen aus unserer Gruppe bitten, als Anliegengeber ihre Ideen und Vorhaben ein wenig ‚schaukeln' zu lassen. Es hat sich gezeigt, dass ihr davon in jedem Fall einen Erkenntnisgewinn haben werdet, weil ihr neue Perspektiven bekommt. Ziel ist ja, euer Vorhaben ‚wasserdichter' zu machen und damit die Erfolgswahrscheinlichkeit zu erhöhen."

Im Allgemeinen finden sich immer Führende, die Lust haben, sich ein wenig „schaukeln zu lassen". Am besten findet die Übung in Vierergruppen statt. Wenn sich wirklich nur ein Anliegengeber einbringen will, kann man das Ganze durchaus auch im Plenum machen. *„Die Fragen zu den Anliegen möchte ich euch jetzt vorstellen ..."*

Abb.: Slackline – die Fragen.

- Was ist die Idee? Was soll getan werden?
- Was sind die Probleme, die du dadurch lösen möchtest? Welche noch? Welche noch?
- Welche Faktoren spielen bei der Realisierung deiner Ideen eine Rolle: Was muss gegeben sein, damit deine Idee greift? Was noch? Was noch? Was sind mögliche Risiken, die du siehst? Welche noch? Welche noch?
- Welche vergleichbaren Ideen bzw. Lösungen haben andere schon umgesetzt? Welche noch? Welche noch? Mit welchem Ergebnis bzw. Erfolg?
- Wenn du dir selbst zuhörst, während du uns deine Punkte vorstellst, was fällt dir auf? Was noch? Was noch?

„Ihr seht, dass es darum geht, an manchen Stellen ‚bohrend' nachzufragen und dicht am Thema dranzubleiben. Dabei ist es extrem wichtig, dass ihr immer, trotz intensivem Hinterfragen, wertschätzend und in einer würdigenden Haltung bleibt. Sonst würde die Kreativität und die Lust von jedem, auch von euch, künftig etwas Neues anzupacken, kom-

plett zerstört. Ihr als Sparringspartner hört nur zu und kommentiert oder bewertet die Antworten in keiner Weise. Es werden nur Fragen gestellt, um tief in die Idee einzutauchen."

Nachdem die Anliegengeber ausführlich befragt wurden, beantworten die Sparringspartner jeder für sich vier Fragen zu den ihnen vorgebrachten Anliegen. Ihre Antworten schreiben sie auf Kärtchen. Visualisieren Sie diese vier Fragen für die Sparringspartner, beispielsweise auf einem Flipchart.

Empfehlungen der Sparringspartner

1. Nicht machen, weil ...
2. Modifiziert machen: Deine Idee könnte funktionieren, wenn ...
3. Um deine Idee umzusetzen, solltest du noch folgende Fragen beantworten ...
4. Mach einfach die Schritte ... und schau, was bei ... passiert.

Man sollte die Anliegengeber vorher fragen, ob sie von allen anderen Teilnehmern Kärtchen mit Antworten haben möchten (das kann zum Beispiel bei elf weiteren Teilnehmern hilfreich und inspirierend sein, aber auch ein wenig überfordernd), ob sie sie vorgelesen und besprochen haben möchten oder einfach verdeckt mitnehmen wollen.
Bitte achten Sie als Trainer darauf, dass eine höchst wertschätzende und unterstützende Atmosphäre in der Gruppe herrscht.

Falls die Sparringspartner ihre Antworten nacheinander öffentlich vorstellen, darf und soll der Anliegengeber gerne nachfragen, um zu verstehen. Grundsätzlich bleiben die Antworten aber ebenso wie die Idee des Anliegengebers stehen und werden nicht „zerdiskutiert".

Debriefing

Die oder der Anliegengeber werden gebeten, zu berichten:

- Wie ist es mir bei der Befragung ergangen und wieweit habe ich Wohlwollen erlebt?
- Was hätte ich entsprechend noch gebraucht, um mehr Wohlwollen zu verspüren?
- Wieweit bin ich mit meiner „Idee" vorangekommen? (Hierzu kann man als Trainer auch sehr gut eine Skala anbieten.)
- Wie ging es mir damit, Feedbacks zu meiner Idee zu bekommen, welche Muster habe ich gegebenenfalls dabei bei mir selbst entdeckt?

Gegebenenfalls haben die Teilnehmer durch die Befragung und das Feedback der Kollegen etwas über sich selbst und ihre Verhaltensmuster und Glaubenssätze entdeckt – und das ist manchmal nicht einfach anzunehmen. Denn es ist nicht immer leicht, „Kritik" oder kritisches Hinterfragen der eigenen Idee (des eigenen „Babys") auszuhalten. Damit hier wirklich persönliche Entwicklung möglich ist, braucht es unbedingt ein **wohlwollendes** Hinterfragen durch die Gruppe. Entsprechend kann durch diese Rückmeldung auch die Gruppe noch etwas über sich lernen. Abschließend sollte noch eine kurze Reflexion der gesamten Gruppe zur Methode erfolgen:

- Für welche Situationen kann die Methode für mich nützlich sein?
- Worauf sollten wir achten, wenn wir die Methode nutzen?
- Welche alternativen Methoden könnte man eventuell auch für solche Situationen verwenden?

Quelle Wenn die Zeit und die Englischkenntnisse der Teilnehmenden es zulassen, ist die Erklärung des Rabbiners und Psychiaters Abraham Twerski: „How to Make the right Decisions" eine sehr schöne Bereicherung des Moduls zu dem Thema: *www.youtube.com/watch?v=vn2twFwjNQE* – abgerufen am 18.8.2018.

Scrum-Poker

Orientierung

Ziele

- Einen ersten Überblick zu Scrum erhalten und die Methode Scrum-Poker zur Aufwandsschätzung kennenlernen
- Nutzen der Methode für die Aufgabenverteilung und Bewältigung im Team verstehen und wissen, dass diese für eine entsprechende Umsetzungsmotivation sorgt
- Systematik und Transparenz in schwierige Entscheidungsprozesse bringen
- Teammitglieder aktiv in Aufgabengestaltungen einbinden

Zeit

Insgesamt: Ca. 60 Minuten

- Intro: 15 Minuten
- Gruppenarbeit: 20 Minuten
- Debriefing: 20 Minuten

Material

Ausreichend „Poker-Karten" mit Skalenwerten vorbereiten (z.B. Moderationskarten); ein Flipchart mit der Instruktion für die Gruppenarbeit

Hinweise

Der Trainer kann die Scrum-Poker-Karten selbst beschriften, beispielweise nach der Systematik „einfach – mittel – schwer – extrem schwer" oder „1 Stunde, 1/2 Tag, 1 Tag, 1/2 Woche, 1 Woche, 2 Wochen, 4 Wochen". Oder er kann natürlich auch die Scrum-Poker-Karten käuflich erwerben.

Das in der Übung geschilderte Vorgehensmuster kann man zum Beispiel auch für das Thema „Delegationspoker" wählen (vgl. *management30.com*).

Intro-Vorschlag

„Jeder von euch hat sicherlich schon von ‚Scrum' gehört. Der eine mehr, der andere weniger. ‚Scrum', die derzeit wohl bekannteste agile Methode zum Projektmanagement, stammt ursprünglich aus der Softwareentwicklung. Das gesamte Framework bzw. einzelne Elemente können jedoch auf

viele andere Entwicklungs- und Organisationsaufgaben im Unternehmen übertragen werden. Die Erfahrungen der letzten Jahrzehnte zeigen" (wie in diesem Buch bereits erwähnt), *„dass die Komplexität in unseren Organisationen und insbesondere auch im Projektmanagement enorm gestiegen ist. So werden Produktlebenszyklen immer kürzer und gleichzeitig steigt die Vernetzung der Produkte und Services an. Häufig ist zu Projektbeginn zwar eine (klare) Vision der Lösung des Produkts bekannt, die konkreten Anforderungen und mögliche Lösungsansätze sind jedoch unvollständig. Das klassische Projektmanagement, das auf einem vollständig fertigen Plan auch hinsichtlich der Anforderungen und der Vorgehensschritte beruht, stößt hier an seine Grenzen. Unklarheit von Umfeldentwicklungen und fehlende Erfahrungswerte stehen einer vollumfänglich fest definierten Planung entgegen."*

Fahren Sie fort: *„Genau hier setzt das Grundprinzip von ‚Scrum' an. Scrum eignet sich insbesondere für Aufgabenstellungen mit unklaren und sich ändernden Kontextbedingungen, denn das Projektteam verfeinert dabei sukzessive eine Lösung bzw. ein Produkt in vielen kleinen Schritten, sogenannten ‚Sprints'. Das Vorgehensmodell beruht also auf einzelnen, meist vierwöchigen Sprints, in denen schrittweise fertige Teillösungen bzw. -produkte erstellt und am Sprintende im Rahmen eines ‚Sprint-Reviews' dem Kunden bzw. Auftraggeber vorgestellt werden. Der Prozess ist wiederkehrend, denn jedes Mal wird in einer abschließenden Retrospektive der Umfang der Lösung, die Anforderungen und das Vorgehen überprüft und gegebenenfalls in einem nächsten Sprint weiterentwickelt oder verändert und angepasst."*

„Jeder Sprint startet mit einem ‚Sprint Planning', in dem das Projektteam zwei Fragen beantwortet:

- *Was soll und kann im nächsten Sprint entwickelt werden?*
- *Welche Aufgaben müssen dazu erledigt werden?*

Ziel des ‚Sprint Plannings' ist es, dass alle Teammitglieder ein gemeinsames Verständnis über das angestrebte Sprintergebnis und den Weg dahin entwickeln. Neben der detaillierten Beschreibung der notwendigen Arbeitsaufgaben und -inhalte im Rahmen eines Sprints ist eine möglichst

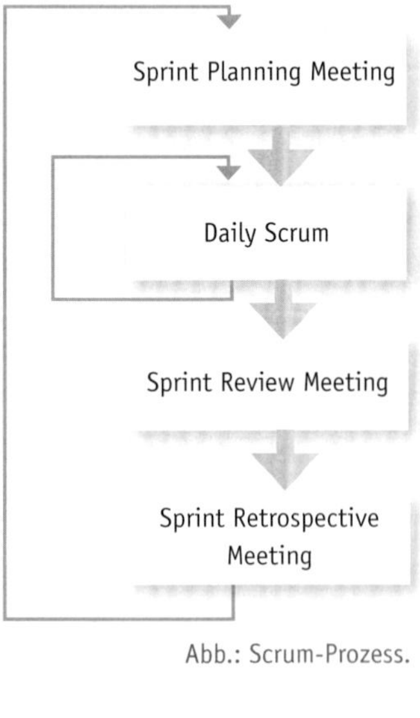

Abb.: Scrum-Prozess.

genaue Aufwandsabschätzung Grundvoraussetzung, damit es nicht zu über- oder unterdimensionierter Schätzung der Ressourcen kommt, was die Planungen weiter erschwert oder gar zunichte macht.“ Damit kommen Sie auf den Kern der Übung in diesem Modul zu sprechen: *„Immer wieder ist nicht nur in Projektteams zu beobachten, dass sich die Mitglieder des Teams scheuen, eine Schätzung darüber abzugeben, wie lange eine Aufgabe dauern und wie viel Aufwand sie verursachen wird. Diese Unsicherheiten treten insbesondere dann auf, wenn die Realisierbarkeit der angestrebten Lösung noch nicht sicher ist, die Themenstellungen neu oder sehr komplex sind und nicht komplett durchschaut werden können.*

Und genau hier kommt ‚Scrum-Poker', auch ‚Planning Poker®' genannt, zum Einsatz. Welchen Nutzen kann es haben, im Team Scrum-Poker zu spielen? Der größte Nutzen ist es, dass die Methode bei der Aufgabenverteilung und Bewältigung für eine entsprechende Umsetzungsmotivation bei den einzelnen Teammitgliedern sorgt.“

Gegebenenfalls können Sie auch die folgenden Vorteile der Methode im Einzelnen erläutern:

- **Strukturierter Ablauf:** Durch die Unterstützung eines Moderators wird sichergestellt, dass die Diskussionen über einen Zeitbedarf für eine Aufgabe im Zeitrahmen bleiben und Aufwände für Einzelaufgaben nicht zerredet werden.

- **Unabhängige Expertenmeinungen:** Beim Scrum-Poker bildet sich zunächst jeder Teilnehmer eine eigene Meinung über den zu erwartenden Aufwand. Erst danach werden im wahrsten Sinne des Wortes die Karten offengelegt und diskutiert. Somit umgeht man, dass sich Teilnehmer unbewusst von bereits genannten Zahlenwerten beeinflussen lassen.

- **Gemeinsame Schätzungen:** Das Ergebnis des Scrum-Pokers ist nicht die Schätzung eines einzelnen Experten, sondern die eines Teams, das zudem gemeinschaftlich zu diesem Ergebnis gekommen ist; was wiederum dem Scrum-Wert „Commitment“ Rechnung trägt. Das erhöht einerseits die Qualität der Schätzung und andererseits die Akzeptanz derer, die die Aufgaben umsetzen werden.

- **Wissensverbreitung im Team:** Nach jeder Schätzung wird diskutiert und begründet. Diese Diskussionen steigern das Expertenwissen des gesamten Teams, weil neue Zusammenhänge bewusst und bisher unbekannte Informationen bekannt werden.

- **Einbindung aller Teammitglieder:** Beim Scrum-Poker werden alle Teammitglieder eingebunden und sind verpflichtet, ihre Schätzungen abzugeben und sie zu begründen. Somit wird verhindert, dass sich Teilnehmer verstecken bzw. dass Meinungen untergehen oder nicht berücksichtigt werden.

- **Spaß haben:** Wie das Wort „Poker" schon vermuten lässt, wird beim Scrum-Poker gespielt. Und zwar mit Karten. Der Gamification-Ansatz allein verspricht schon jede Menge Spaß.

Vorgehen

Der Trainer stellt den folgenden Ablauf vor. Die einzelnen Schritte werden dazu am besten auf einem Flipchart oder auf einer PowerPoint-Folie visualisiert. So kann die Gruppe immer wieder das genaue Vorgehen nachlesen.

Der Ablauf des Scrum-Pokers:

1. Der Moderator stellt eine Aufgabe vor, bei der es entweder den Zeitaufwand oder die Komplexität zu schätzen gilt.

2. Das Team stellt gegebenenfalls Verständnisfragen zum Inhalt und Umfang der Aufgabe an den Moderator (max. 1 Minute).

3. Jedes Teammitglied wählt aus einer Skala eine Karte, die seiner Ansicht nach dem Komplexitätsgrad – alternativ dem für die Aufgabe erforderlichen Zeitaufwand – entspricht und legt diese verdeckt auf den Tisch.

4. Alle decken ihre Karten gleichzeitig auf.

5. Die Teammitglieder mit der niedrigsten und der höchsten Schätzung erklären ihre Beweggründe.

6. Anschließend diskutiert das gesamte Team die Komplexität bzw. den Zeitaufwand, bis ein Konsens gefunden ist (max. 3 Minuten).

7. Das Spiel wird wiederholt, bis alle Aufgaben geschätzt sind

Insgesamt wird ca. 20 Minuten gespielt, je nach Anzahl der Themen, welche die Gruppe bearbeiten will. Der Trainer sammelt nun Vorschläge, zu welchen Aufgaben die Gruppe Scrum-Poker spielen möchte. Aufgabenstellungen können zum Beispiel sein: Ein digitales Fotoprotokoll vom Seminar erstellen, ein dreigängiges Menü für das gesamte Team kochen, ein Team-Event für das gesamte Team für einen Abend/einen Tag organisieren u. Ä. Die Seminarteilnehmer können weitere Vorschläge selbst einbringen und entscheiden, ob sie zu denselben oder unterschiedlichen Aufgabenstellungen Scrum-Poker spielen wollen.

Wenn mehrere Gruppen gebildet werden, können alle Aufgabenvorschläge für die Gruppen unterschiedlich sein. Sehr spannend ist es aber auch, wenn mehrere Gruppen die gleichen Aufgabenstellungen wählen und nach Abschluss der Pokerrunden ihre Ergebnisse vergleichen.

Der Trainer kann die Teilnehmer beispielsweise zwei Gruppen zulosen. Pro Gruppe sollten es sechs bis maximal acht Teilnehmer sein. Die Gruppen benennen jeweils einen Moderator, der selbst nicht mitspielt. Um Klarheit herzustellen, wiederholt der Trainer nochmals kurz die Aufgabe, die der Gruppenmoderator zu erfüllen hat. Der Moderator stellt die Inhalte der Aufgabe (Task) vor, beantwortet ggf. Rückfragen des Teams, moderiert die Diskussion nachdem die Teammitglieder ihre Aufwandsschätzungen abgegeben haben und ist insgesamt für das Zeitmanagement verantwortlich (pro Aufgabe/Task 3 bis 5 Minuten).

Die Teilnehmer erhalten jeweils Spielkarten, welche mit Schwierigkeitsgraden oder/und mit konkreten Zeitaufwänden beschriftet sind. Mit diesen Karten bewertet jeder Teilnehmer entweder die Komplexität oder den Zeitaufwand, der für die gewählte Aufgabe erforderlich ist. Die Karten sind dabei zum Beispiel nach den folgenden Systematiken beschriftet:

- einfach mittel schwer extrem schwer
- 1 Stunde, 1/2 Tag, 1 Tag, 1/2 Woche, 1 Woche, 2 Wochen, 4 Wochen

Auf gekauften Scrum-Poker-Karten steht oft die Fibonacci-Zahlenfolge (1, 2, 3, 5, 8, 13, 21, 34 ...), um mit den größer werdenden Sprüngen der zunehmenden Unsicherheit bei der Schätzung schwererer Aufgaben gerecht zu werden.

Wenn alles so weit verstanden worden ist, können die Gruppen damit beginnen, rund 20 Minuten lang Scrum-Poker zu spielen.

Debriefing

Schließlich wird im Plenum ausgewertet:

- Welche Erkenntnisse kann ich aus der Übung ziehen?
- Wofür scheint mir diese Methode hilfreich und nützlich?
- Was fand ich interessant, überraschend, irritierend?
- Auf welche Themenstellungen können wir diese Methode übertragen?

Die Ergebnisse des Debriefings können in einer Mind-Map mitvisualisiert oder per Kärtchen-Abfrage erfasst werden.

Quellen

- Planning Poker® is a reg. trademark of Mountain Goat Software, LLC *www.mountaingoatsoftware.com/agile/planning-poker* – abgerufen am 20.08.2018.
- *www.scrumalliance.org/* – abgerufen am 20.08.2018.
- *en.wikipedia.org/wiki/Planning_poker* – abgerufen am 20.08.2018.

Spielen mit Organisation und Agilität

Das Ball Point Game

Orientierung

Ziele

- Den Teilnehmern wird ein erster Kontakt und das intensive Erleben agiler Methoden ermöglicht (Plannings, Retrospektiven ...)
- Die Teilnehmer erfahren in einer kurzen Zeit intensiv und verdichtet das Zusammenarbeiten in hierarchiefreien Teams

Zeit

Insgesamt ca. 80 Minuten

- Instruktion: 10 Minuten
- Spielzeit: zwischen 30-50 Minuten
- Auswertung der Übung: 20 Minuten

Material

Mind. 100 Bälle (z.B. aus Bälle-Bädern für Kinder); Stoppuhr; eine freie Fläche; ein Flipchart mit Tabelle (siehe unten)

Erläuterung

Das „Ball Point Game“, erfunden von Boris Gloger (2008), ist ideal, um die Teilnehmer den Vorteil von schnellen Feedback-Zyklen gegenüber einem perfekten Projektplan erleben zu lassen, das heißt, agile Prozesse und deren Wirkungsweise. Die Übung eignet sich besonders für Gruppen mit mehr als sechs Personen, je mehr Mitspieler, umso besser. Das Spiel zeigt den Teilnehmern sechs agile Prinzipien auf:

1. Vertrauen (ins Team und in jeden Einzelnen),
2. Selbstorganisation (kein Management von außen),
3. Reflect & Adjust (Reflektieren und Anpassen der Vorgehensweise),
4. schrittweises Arbeiten (iteratives Einschätzen, Planen, Verbessern der Prozesse),
5. agile Methoden (Sprint, Retrospektive, Planning, Estimation) und
6. Lernen (schnelle Erfolge).

Intro-Vorschlag

„In diesem Spiel könnt ihr agile Prozesse und Prinzipien (wie Sprints, Scrum-Meetings) hautnah erleben. Ihr habt als Team die Aufgabe, so viele Bälle wie möglich in einer bestimmten Zeit durch euer System zu

schleusen. Ihr müsst euch dazu selbst organisieren und den für euch besten Weg zum Erfolg finden. Dabei gelten diese Regeln:

1. Alle agieren als ein Team
2. Der Ball muss am Ende wieder bei der Person landen, die den Ball ins Spiel gebracht hat.
3. Der Ball darf nicht direkt zu dem rechts oder links neben dir stehenden Nachbar gereicht werden
4. Bei der Übergabe von einem Teilnehmer zu einem anderen muss der Ball kurz in der Luft sein („Air-time") (...damit einfache Lösungen verhindert werden)
5. Der Ball muss von jedem Teammitglied berührt werden (Berühren symbolisiert die Mitarbeit an einem Projekt oder im Betrieb)
6. Ein Durchgang dauert zwei Minuten
7. Die Retrospektive dauert drei Minuten
8. Insgesamt gibt es fünf Durchgänge/Iterationen

Vorgehen

„Vor jedem Sprint (Durchgang) habt ihr die Aufgabe, zu schätzen, wie viele Bälle ihr durch euer System transportieren könnt. Dann erfolgt der zweiminütige Durchgang und anschließend habt ihr die Chance einer Feedback-Runde bzw. Retrospektive, um euer Vorgehen zu evaluieren und gegebenenfalls anzupassen. Nach diesem Schema werden fünf Runden gespielt, immer mit: Schätzung – Spiel – Retrospektive." Das Vorgehen können Sie wie abgebildet auf einem Flipchart darstellen.

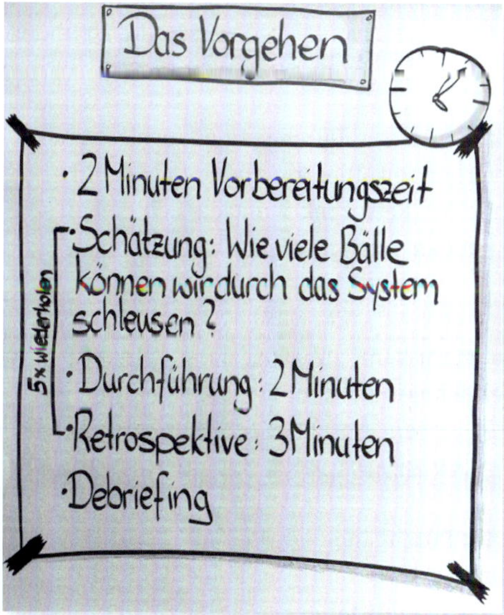

Abb.: Das Vorgehen beim Ball Point Game.

„Bevor ihr beginnt, habt ihr nun zwei Minuten Zeit, um euch vorzubereiten. Daraufhin könnt ihr die erste Schätzung abgeben: Wie viele Bälle können wir durch das System ‚jonglieren'? Diese Schätzung sowie die pro Runde erzielten Ergebnisse können in der Tabelle auf dem Flipchart protokolliert werden." Das dazugehörige Flipchart sieht folgendermaßen aus, „Done" steht dabei für die durchgereichten Bälle. Heruntergefallene Bälle könnten zudem zusätzlich auch noch als Fehler gezählt werden.

Danach erfolgen der erste Durchgang sowie die erste Feedback-Runde bzw. Retrospektive, eine erneute Schätzung für den nächsten Durchgang, der anschließend direkt durchgeführt wird usw.

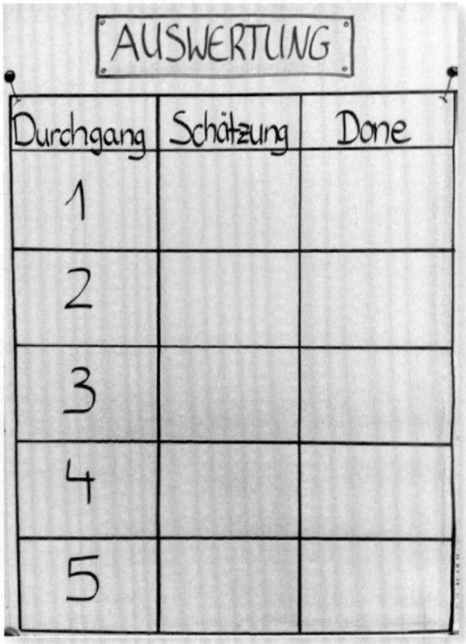

Abb.: Auswertung.

Wenn ein Team nach ein paar Runden aufgeben möchte, weil es der Meinung ist, sich nicht mehr weiter steigern zu können, kann ein „Scrum Master" ernannt werden. Dieser beobachtet das Spiel von außen und gibt in der Retrospektive sowohl Feedback zur Übung als auch zum Kommunikationsstil in der Retrospektive selbst.

Es kann auch vorkommen, dass in einem Durchgang ein schlechteres Ergebnis erzielt wird als im vorherigen. Dies kann ebenfalls einen effektiven Lernprozess in Form einer Retrospektive nach sich ziehen. Die Teilnehmer können so viele Runden spielen, wie sie wollen!

Debriefing

Im Debriefing mit den Teilnehmern kann zunächst darauf eingegangen werden, wie zufrieden die Teilnehmer mit dem Ergebnis sind und ob sie das so am Anfang erwartet hätten. Anschließend können folgende Fragen diskutiert werden:

- Was haben wir während der Durchgänge erlebt?
- Wann/wo haben wir einen „Flow" gespürt, im Sinne der systemischen Schleife (Try, Reflect, Adjust)?

- Welche Erfahrungen waren für uns nützlich und wertvoll?
- Was nehmen wir jetzt für unseren Unternehmensalltag mit?

Quellen

- Gloger, B. (2016): Ball Point Game. Feel the SCRUM Flow. *borisgloger.com/wp-content/uploads/2016/08/Ball_Point_Game.pdf* – abgerufen am 27.08.2018.
- Steinbrecher, W. (2016): Spielerisch lernen, was „agil" bedeutet. Das Ball Point Game. *www.teamworkblog.de/2016/03/spielerisch-lernen-was-agil-bedeutet.html* – abgerufen am 27.08.2018.
- Tarnowski, M. (2017): Ball Point Game – Intoducing Agile By The Fun Way. *www.plays-in-business.com/ball-point-game-introducing-agile-by-the-fun-way/* – abgerufen am 27.08.2018.
- Video: #play12 2nd. ed. – Ball Point Game. *www.youtube.com/watch?v=7vnHeFs71hE* – abgerufen am 27.08.2018.
- *scrumology.com/from-the-archives-the-ball-point-game/* – abgerufen am 27.08.2018.

Arbeiten mit dem Cynefin-Modell

Orientierung

Ziele

- Die Teilnehmer lernen das Cynefin-Modell von David Snowden kennen
- Vier der fünf Dimensionen des Cynefin-Modells werden spielerisch erlebt
- Es werden erste Ansätze diskutiert, wie mit den verschiedenen Dimensionen von Situationen und Handlungsansätzen zieldienlich und sinnvoll umgegangen werden kann

Zeit

Variante ohne Lego-Spiel: insgesamt ca. 55 Minuten

- Intro und Erklären des Modells: 15 Minuten
- Reflexion des Modells: 40 Minuten

Variante mit Lego-Spiel: insgesamt 120 Minuten

- Erklären des Modells und Instruktion des Spiels: ca. 20 Minuten
- Spielzeit: max. 60 Minuten; Aufgabe 1: 5 Minuten, Aufgabe 2: 10 Minuten, Aufgabe 3 und 4: je 15 Minuten
- Reflexion: 40 Minuten

Material

Flipchart mit Cynefin-Model; Flipchart oder PowerPoint für die Visualisierung der Fragen; Metaplanwände für die Reflexion

Zusätzlich bei der Variante mit Lego-Spiel:
Flipchart oder PowerPoint für die Visualisierung der Vorgehensweise zum Spiel; ca. 200 Legosteine pro Gruppe in 6-10 verschiedenen Farben und verschiedenen Größen, pro Gruppe einige Legosteine mit speziellen Formen (Blumen, ...)

Hinweis

Das Cynefin Lego Game ist Bestandteil des „Agile 42's Management Training for the Agile Management Framework" und steht unter einer Creative Commons Lizenz.

Erläuterung

Das „Cynefin Framework“ ist eines der bekanntesten Modelle, um Probleme, Situationen und Systeme zu klassifizieren. Es wurde von David Snowden, einem Experten für Wissensmanagement, 1999 entwickelt. Snowden definiert vier verschiedene Kategorien und zusätzlich eine fünfte Gruppe:

- einfache Probleme,
- komplizierte Probleme,
- komplexe Probleme und
- chaotische Probleme beziehungsweise Situationen beziehungsweise Systeme

Der Begriff „Probleme“ wird synonym für Situationen und Systeme gebraucht. In die fünfte Gruppe werden alle Probleme eingeordnet, deren Klassifikation unklar ist.

Aus unserer Sicht ist der große Verdienst von Snowden, dass er die Dimensionen von Problemen einfach beschreibt und somit Komplexität reduziert; auch indem er zugleich Handlungsanweisungen vorgibt, wie mit den verschiedenen Klassifikationen von Problemen bzw. Systemen zu verfahren ist. Die nachfolgende Übung basiert auf dem Modell von Snowden und kann gut für eine Einführung in die Welt der Komplexität genutzt werden.

Intro-Vorschlag

„Derzeit scheint ‚agil' die Antwort auf alle Fragen und Problemlösungen zu bieten: ‚agile Methoden', ‚agile Teams', ‚agiles Mindset' …! Wie erlebt ihr das?“ Lassen Sie eine Pause, um die Teilnehmer einzubeziehen … *„Wofür scheint agiles Vorgehen aus eurer Erfahrung heraus eher sinnvoll zu sein und wofür weniger?“* In den meisten Fällen unterscheiden die Teilnehmer hier sehr klar zwischen „gut strukturierten bekannten Problemen“ und „weniger gut strukturierten, unbekannten Problemen“. Das kann man als Trainer dann prima aufgreifen und zum Cynefin-Modell von Snowden überleiten.

„David Snowden, Gründer der Managementberatung Cognitive Edge, spezialisiert auf Komplexität, hat sich mit der gleichen Fragestellung befasst und ein Modell entwickelt, das euren Gedanken durchaus entspricht. Er bezeichnet dieses Modell als das ‚Cynefin Framework'. Anhand dieses Modells lässt sich gut nachvollziehen, wofür sich agile Methoden der Problemlösung gut eignen und wofür weniger. ‚Cynefin' bedeutet so etwas wie ‚Lebensraum'. Snowden möchte damit ausdrücken, dass zwischen Personen und ihren Umwelten immer vielfältige unterschiedlichste Beziehungen existieren, die gewissermaßen Handlungsräume eröffnen.

Er definiert fünf verschiedene Kategorien von Problemen (an dieser Stelle kann man den Teilnehmern eine entsprechende PowerPoint-Folie zeigen). Wobei der Begriff ‚Probleme' synonym für Situationen und Systeme gebraucht wird: einfache Probleme, komplizierte Probleme, komplexe Probleme und chaotische Probleme beziehungsweise Situationen beziehungsweise Systeme und solche, die verwirrend unklar sind."

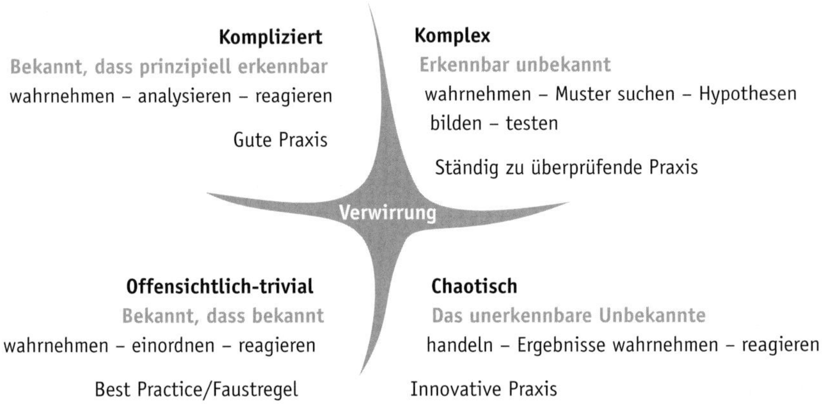

Abb.: Das Cynefin-Modell (David J. Snowden 2015).

Fahren Sie fort: *„Snowden erklärt, woran man jeweils erkennt, um welche Art von System es sich handelt: Bei einfachen, ‚offensichtlich trivialen Problemen' kennt man die Ursache der Situation ebenso direkt wie Lösungswege. Eine gute Praxis genügt, um das Problem zu lösen. Die Elemente einfacher Systeme sind geordnet und bestehen aus einfachen Ursache-Wirkungs-Beziehungen. Snowdens Handlungsempfehlung zum Umgang mit diesen Systemen lautet: wahrnehmen, einordnen, reagieren.*

In komplizierten Systemen bestehen, wie in einfachen Systemen, klare Ursache-Wirkungsbeziehungen zwischen einzelnen Elementen. Jedoch sind diese nicht sofort erkennbar. Ein Beispiel für ein solches kompliziertes System wäre ein Auto. Wenn es Probleme gibt, wissen wir, dass es klare ursächliche Zusammenhänge geben muss, auch wenn wir diese nicht sofort erkennen und durchschauen. Snowden charakterisiert es so: ‚Es ist bekannt, dass das Problem prinzipiell erkennbar ist.' Oft bedarf es eines speziellen Wissens … der ‚richtige' Umgang mit solchen Systemen ist: wahrnehmen, analysieren, reagieren. Die Handlungsempfehlung lautet, sich an Faustregeln und Best Practices zu halten."

Nun kommen Sie auf komplexe Systeme zu sprechen. Der Unterschied zwischen komplizierten und komplexen Systemen wurde im Rahmen dieser Trainingsagenda bereits am zweiten Tag vermittelt (s. S. 111). Hier wiederholen Sie, was dort schon erläutert wurde. Dass komplexe Systeme in ihren Beziehungen nicht linear-kausal geordnet sind, es aber Muster gibt: Rückkopplungsmuster, zeitverzögerte Wirkungen und vielfältige unbekannte Zusammenhänge.

Fahren Sie fort: „*Diese Zusammenhänge, hier sprechen wir am besten von Mustern, sind nicht einfach zu erkennen und bestenfalls im Nachhinein zu erklären. Snowden fasst dies zusammen in der Aussage ‚Das Problem ist erkennbar unbekannt'. Die Vorgehensempfehlung ist: wahrnehmen, Muster suchen, Hypothesen bilden, testen. Dieses Vorgehen erinnert an die vielleicht schon als ‚klassisch' zu bezeichnende ‚Start-up-Lösung' des ‚Try-Reflect-Adjust' oder ‚Build-Measure-Learn'* (vgl. S. 343). *Genau hier werden also agile Methoden hilfreich und nützlich sein. Chaotische Systeme charakterisiert Snowden mit der Aussage ‚wir erkennen, dass uns das Ganze unbekannt ist und unbekannt bleiben wird'. Und er empfiehlt ‚Sei innovativ, probier einfach aus und handle, schau, was dann passiert und handle wieder'. Auch dies kann im weitesten Sinn unter ‚agile Praxis' eingeordnet werden. ‚The unknown Unknown' – die Strategie lautet ‚Disrupt' – bring das Ganze kräftig durcheinander!*“

Erklären Sie, dass Verwirrung dann besteht, wenn nicht klar ist, um welche Art von System es sich handelt und wenn die Fragen zur Klassifikation keine direkte Antwort geben.

Vorgehen

An dieser Stelle hält der Trainer inne und bittet die Teilnehmer, erst einmal das Modell zu reflektieren: „*Wenn ihr auf dieses Modell schaut, wieweit empfindet ihr es auf den ersten Blick als hilfreich, ein solches Modell zu kennen? … die Fragen zur Klassifikation von Problemen zu kennen?*“

Nun können Sie als Trainer je nach Zeitrahmen zwischen zwei Alternativen wählen. Die erste ist die direkte, anschließende Reflexion des Cynefin-Modells, bei der zweiten werden verschiedene Arten von Problemen „erlebt".

1. Variante: Direkte anschließende Reflexion des Cynefin-Modells

Je nach Diskussionsfreude und Erfahrung der Gruppe bietet es bereits viel Raum für Erkenntnisse, das Modell einfach direkt zu reflektieren. Dazu bittet der Trainer die Teilnehmer, sich in drei Vierergruppen aufzuteilen und anhand der konkreten Erfahrungen der Teammitglieder die vier Klassifikationen zu diskutieren. Folgende Arbeitsfragen haben sich als nützlich erwiesen, bitten Sie die Teilnehmer, ihre Überlegungen dazu zu visualisieren (Zeitrahmen 40 Minuten):

- Bitte sucht gezielt Probleme (Situationen) aus eurem täglichen Tun, die ihr jeweils einem der vier Felder zuordnen könnt. Versucht, Problembeispiele für jedes Feld zu finden.

- Reflektiert dann, wie weit ihr zur Bearbeitung dieser Probleme dem Vorgehensvorschlag von David Snowden zur Bearbeitung der Probleme folgen könnt:
  - Welche Ansätze findet ihr stimmig?
  - Wo würdet ihr etwas anderes empfehlen?

- Zieht schließlich ein Fazit, wieweit und wofür es für euch nützlich sein könnte, dieses Modell und seine Vorgehensvorschläge zu kennen.

Anschließend sind die Teilnehmer gebeten, ihre Beispiele, Überlegungen und ihr Fazit im Plenum vorzustellen. Dazu haben sie pro Gruppe acht Minuten Zeit. Das ist relativ viel, es hat sich aber gezeigt, dass dies sinnvoll ist und dass so die Gruppen sehr voneinander profitieren können.

2. Variante: Erleben der verschiedenen Situationen bzw. Arten von Problemen

„Um dieses Modell und die unterschiedlichen Probleme/Aufgabenstellungen zu erleben, schlage ich euch jetzt vor, die sogenannte Cynefin-Lego-Übung durchzuführen. Diese Übung zielt darauf, die verschiedenen Problemtypen vor allem spielerisch zu durchlaufen, um sie emotional zu durchleben, bevor man die Dimensionen analytisch betrachtet."

Visualisieren Sie das Vorgehen für Ihre Teilnehmer, beispielsweise per PowerPoint. Die Cynefin-Lego-Übung wird in Gruppen zu fünf Personen durchgeführt. Jede Gruppe spielt an einem Tisch. Die Gruppen bekommen nacheinander vier Aufgaben gestellt. Die Teams dürfen während den Durchführungen nicht sprechen! Es gibt pro Team einen Regelwächter, der darauf achtet, dass alle Regeln eingehalten werden.

Die Übung verläuft in vier Phasen, die den vier Problemtypen entsprechen sollen. Erklären Sie die Regeln der einzelnen Aufgaben gerne so lange, bis es keine Fragen mehr gibt.

1. Aufgabe - Einfaches System: *„Sortiert die Legosteine so schnell wie möglich nach Farben. Sortiert die „speziellen" Legosteine in einen extra Stapel – dabei entscheidet ihr selbst, welche Legosteine „speziell" sind. Gewinner ist das Team, das am schnellsten alle Farben sortiert hat. Zeitrahmen: 5 Minuten."*

2. Aufgabe – Kompliziertes System: *„Baut ein Bauwerk, das mindestens 20 Legosteine hoch ist und einem regelmäßigen Farbmuster folgt. Außerdem darf jeder Legostein, den ihr auf das Bauwerk baut, nicht größer sein, als der Legostein unter ihm. Gewinner ist das Team, das nach 10 Minuten die meisten Legos verbaut hat."*

3. Aufgabe – Komplexes System: *„Entscheidet innerhalb von 30 Sekunden, ob ihr ein Fahrzeug oder ein Tier bauen wollt. Anschließend geben die Regelwächter ein Signal und die Teams fangen an zu bauen. Das Objekt, das ihr baut, muss wieder einem regelmäßigen Farbmuster folgen. Außerdem darf jede Farbe von Legosteinen immer nur von einer Person im Team berührt werden. Immer nach 2 Minuten müsst ihr die Tische mit den anderen Teams tauschen und euer Objekt (aber nicht eure Legosteine) mitnehmen. Gewinner ist das Team, bei dem nach 15 Minuten der Regelwächter das Objekt erkennt und gleichzeitig die meisten Legos verbaut hat."*

4. Aufgabe – Chaotisches System: *„Es gelten dieselben Regeln wie beim komplexen System. Nun müsst ihr jedoch ein Gebäude bauen. Außerdem werde ich in unregelmäßigen Abständen einem Teammitglied auf die Schulter tippen und es zu einem anderen Tisch verweisen, damit es dort mitarbeitet. Gewinner ist das Team, bei dem nach 15 Minuten der Regelwächter das Objekt erkennt und das gleichzeitig die meisten Legos verbaut hat."*

Wenn alle Teams alle Aufgaben gelöst haben, findet in den Kleingruppen die Reflexion der Übung statt, beispielsweise anhand folgender Fragen.

- Wie hat sich die **Aufgabe 1** angefühlt?
- Wie sind wir zur Bewältigung der Aufgabe vorgegangen? Was war dabei
  - Hilfreich & zieldienlich
  - Nicht hilfreich
  - Was hätten wir noch tun können?
- Fazit: Was lernen wir, wie diese Art von Problemstellung am besten anzupacken ist?
- Wie hat sich die **Aufgabe 2** angefühlt?
- Wie sind wir zur Bewältigung der Aufgabe vorgegangen? Was war dabei
  - Hilfreich & zieldienlich
  - Nicht hilfreich
  - Was hätten wir noch tun können?
- Fazit: Was lernen wir, wie diese Art von Problemstellung am besten anzupacken ist?
- Wie hat sich die **Aufgabe 3** angefühlt?
- Wie sind wir zur Bewältigung der Aufgabe vorgegangen? Was war dabei
  - Hilfreich & zieldienlich
  - Nicht hilfreich
  - Was hätten wir noch tun können?
- Fazit: Was lernen wir, wie diese Art von Problemstellung am besten anzupacken ist?
- Wie hat sich die **Aufgabe 4** angefühlt?
- Wie sind wir zur Bewältigung der Aufgabe vorgegangen? Was war dabei
  - Hilfreich & zieldienlich
  - Nicht hilfreich
  - Was hätten wir noch tun können?

- Fazit: Was lernen wir, wie diese Art von Problemstellung am besten anzupacken ist?

Die Gruppen stellen die Flipcharts mit ihren Erkenntnissen an einer Wand aus. Die Fazits stellen sie einander vor und kleben diese in das Cynefin-Flipchart, das rechts beispielhaft zu sehen ist.

Dann werden die gefundenen Handlungsmuster mit den Empfehlungen von Snowden abgeglichen.

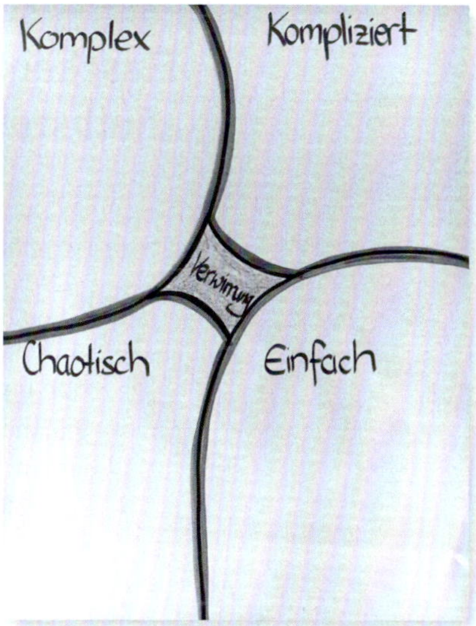

Abb.: Vorlage für die Ergebnispräsentation.

Debriefing

Beenden Sie die Übung mit einer Abschluss-Reflexion zum Cynefin-Modell. Der Trainer kann dieses Fazit mitvisualisieren. Oder es auch einfach so stehen und wirken lassen. *„Mit Blick auf unsere Erfahrungen im Cynefin-Lego-Spiel und unsere täglichen Erfahrungen in der Praxis:*

- *Wieweit können wir den Vorgehensvorschlägen von Snowden zustimmen?*
  - *Welche Ansätze finden wir stimmig?*
  - *Wo würden wir etwas anderes empfehlen?*

- *Welches Fazit ziehen wir, wieweit und wofür es für uns nützlich sein könnte, dieses Modell und seine Vorgehensvorschläge zu kennen."*

Quellen

- *www.agile42.com/en/training/cynefin-lego-game/* – abgerufen am 17.08.2018.
- Video: The Cynefin Framework. *www.youtube.com/watch?v=N7oz366X0-8* – abgerufen am 17.08.2018.
- Video: Cynefin-Framework Introdction. *cognitive-edge.com/videos/cynefin-framework-introduction/* – abgerufen am 17.08.2018.

Flaschentornado: Eine Übung zum Thema „Selbstorganisation“

Orientierung

Ziele

- Mit einem kleinen Energizer die Prinzipien von Selbstorganisation und agilem Arbeiten erleben
- Die Themen Selbstorganisation und agiles Arbeiten kennenlernen
- Zu verschiedenen Aspekten von Selbstorganisation „übergeleitet“ werden

Zeit

15 Minuten

Material

Pro Zweier-Team zwei Glas- oder Plastikflaschen (0,7 oder 1 Liter); jeweils zwei Flaschen mit einem Adapter verbinden (zu bestellen bei *www.betzold.de*)

Erläuterung

Die „Flaschentornado“-Übung ist ein kurzes Experiment zur Einstimmung in die Themen „Selbstorganisation“ und „Agilität“. Sie ist auch als Übergang zur Besprechung von verschiedenen Facetten der Selbstorganisation geeignet sowie zwischendurch als Energizer. Unsere „Kollegin-Kundin“ Carola Müller hat sie uns geschenkt. Danke schön dafür!

Die Übung zeigt auf, welche Energie in selbstorganisiertem Arbeiten steckt und dass man, bevor man Selbstorganisation initiiert, erst einmal beobachten sollte, wie das System sich „von sich aus verhält“. Dann kann man zum Beispiel als FührendeR das verstärken, was man hilfreich findet.

„Flaschentornado“ lässt sich sehr schön in Zweier-Teams spielen. Für jedes Team füllen Sie vorher jeweils eine große 0,7/1-Liter-Flasche (Glas oder Plastik) mit Wasser auf und verbinden diese anhand eines „Adapters“ (siehe Foto) mit einer weiteren gleichen Flasche, die jedoch leer ist.

Verbindung von voller & leerer Flasche

Intro-Vorschlag

„Nun habe ich ein kleines Experiment für euch vorbereitet. Ihr seht, in dieser einen Flasche ist Wasser, in der daran angeschlossenen Flasche nicht. Eure Aufgabe ist es, das Wasser so schnell wie möglich von der einen Flasche in die andere zu bekommen. Ihr habt jetzt eine Phase von fünf Minuten, um auszuprobieren, wie das funktionieren kann. Dann stellen sich alle Paare nebeneinander und führen das Experiment zur gleichen Zeit durch. Das Paar, das die Aufgabe zuerst gelöst hat, gewinnt. Versucht, während ihr das ausprobiert, euch und den Prozess zu beobachten."

Vorgehen

Viele Teilnehmer versuchen dann, das Wasser mit viel Druck in die andere Flasche zu pressen oder sehr stark zu schütteln. Das funktioniert irgendwie, erfordert aber viel Aufwand und dauert länger, da die Luft in der anderen Flasche einen Widerstand bildet. Interessant ist, diesen Prozess als Trainer zu beobachten und später zu spiegeln. Oft gehen die Teams nach ersten Versuchen dazu über, zu beobachten, was mit dem Wasser in der Flasche bei ihren verschiedenen Aktionen passiert. Sie probieren verschiedene Vorgehensweisen aus und tasten sich so an die Lösung heran.

Die Lösung ist, die Flaschen in großen Kreisbewegungen zu drehen, sodass ein Strudel („Tornado") entsteht. So fließt das Wasser ganz einfach und recht schnell in die andere Flasche, da gleichzeitig die Luft aus der unteren Flasche in die obere aufströmt. Nach der Wettbewerbsrunde wird bzw. werden das/die Siegerpaar/e geehrt und gemeinsam wird anschließend die Übung ausgewertet.

Achtung: Das Ganze kann durchaus feucht werden, daher am besten im Freien durchführen.

Debriefing

Eine Reflexion kann anhand der folgenden Fragen stattfinden:

- *„Wie seid ihr vorgegangen, um herauszufinden, wie ‚es' am besten funktioniert? Was waren die einzelnen Schritte?*
- *Wann hat es ‚Klick' gemacht? Und was hat dazu beigetragen?*
- *Was können wir aus dieser Übung möglicherweise für unseren Alltag mitnehmen?"*

Diese Fragen werden im Plenum diskutiert. Oft kann der Bezug auf das Vorgehen „Try – Reflect – Adjust" hergestellt werden. Auch die thematische Brücke zu sich selbstorganisierenden Teams kann gut hergestellt werden: Die Lösung liegt eben nicht darin, alle in eine Richtung zu pressen und Druck auszuüben, sondern die „Muster des Teams" zu beobachten und es selbstorganisiert „in Schwung kommen zu lassen".

Quellen

- *www.betzold.de/prod/97455/* – abgerufen am 16.08.2018.
- Video: Der Flaschentornado – Haus der kleinen Forscher. *www.youtube.com/watch?v=gvS1Qf2LPrw* – abgerufen am 16.08.2018.

Unsicherheit und Ambiguität nutzen

Start-up als Lösungsprinzip

Orientierung

Ziele

- Einen ersten Einblick in ein paar grundlegende Konzepte aus dem Start-up-Bereich bekommen
- Verstehen, wie die Arbeit von Start-ups für die Reduktion von Komplexität und Ungewissheit hilfreich sein kann
- Start-up-Lösungsprinzipien für die Anwendbarkeit auf die eigene Arbeit als Führende bei Selbstführung und Führung reflektieren
- Für die eigenen Herausforderungen konkret ins Handeln kommen

Zeit

Insgesamt: 105 Minuten

- Intro: 30 Minuten
- Gruppenarbeit: 45 Minuten
- Auswertung und Learnings im Plenum: 30 Minuten

Material

Flipcharts und Moderationswände; Visualisierung der Lösungsprinzipien sowie der Fragen zur Gruppenarbeit.

Intro-Vorschlag

Für den Umgang mit Komplexität und Ungewissheit können wir viel von Start-up-Unternehmen lernen. Eric Ries (2011), der Verfasser des Standardwerks „The Lean Start-up" , definiert solche Unternehmen wie folgt:

> „Ein Start-up ist eine menschliche Einrichtung mit dem Ziel, ein neues Produkt oder eine neue Dienstleistung unter den Bedingungen extremer Ungewissheit zu entwickeln."

Solch ein Start-up-Unternehmen war „Better Place", das von Shai Agassi 2007 gegründet wurde. Und mit der Geschichte von Agassis Start-up können Sie gut in das Thema einführen. Shai Agassi galt als brillanter

Softwarefachmann und Unternehmer. Seit 2002 war er Mitglied des Vorstands von SAP. Er wurde dort bereits als neuer Vorstandsvorsitzender gehandelt. 2003 wurde Agassi vom TIME Magazin und von CNN zu einem der 20 einflussreichsten Geschäftsleute der Welt gewählt. Trotz großartiger Aussichten und eines Vertrages bis 2010 verließ er 2007 die SAP, um in Palo Alto die Firma Better Place zu gründen. Mit Better Place wollte er eine weltweit flächendeckende Lade-Infrastruktur für Elektroautos aufbauen. 2009 verkündete er: „Ich bin das Ende des Öls." Renault und andere staatliche und private Geldgeber investierten über 800 Millionen Dollar in Better Place. 2011 wurde das Unternehmen mit 2,25 Milliarden Euro bewertet. 2012 trat Agassi von allen Ämtern zurück, die Insolvenz folgte 2013. Petter Place hatte nur 750 Kunden. Die „Reste" des Unternehmens wurden für 450.000 Dollar verkauft.

Wie konnte das geschehen? Agassi hat entgegen grundlegenden Empfehlungen für Start-ups gehandelt. Drei davon, gegen die er verstoßen hat, werden nun gezeigt.

Empfehlungen für Start-ups

- **Verliebe dich in das Problem, nicht in die Lösung.** „Fall in love with the problem not the solution, and the rest will follow." Das sagt Uri Levine, dessen Start-up Waze 2013 für 1,1 Milliarden US-Dollar von Google erworben wurde. Das heißt noch mal anders ausgedrückt „Befasse dich von Anfang an nur mit dem Kunden und seinen Problemen". Nur daraus entstehen die Lösungen. Shai Agassi war aber vom Start an in seine Lösung verliebt: Elektroautos, bei denen die komplette Batterie zum Laden ausgetauscht wird. Er entwickelte zuerst das Produkt und suchte dann nach den Kunden. Als er 100.000 Elektroautos bei Renault 2009 bestellte, gab es eine Menge nicht validierter Annahmen und Hypothesen über Kunden, aber kein getestetes Geschäftsmodell. Shai Agassi hat nicht hauptsächlich, eng und fokussiert an den Problemen der Kunden gearbeitet, sondern wollte direkt die ganz große Lösung. So reduziert man keine Ungewissheit oder Komplexität, so erhöht man sie.

- **Mache Sachen nicht direkt auf der großen Skala**: „Do things that don't scale." Das ist eine Empfehlung von Paul Graham, dem Gründer des Y Combinator, einem der erfolgreichsten Brutstätten für Start-ups in Mountain View im Silicon Valley. Start-ups wachsen nicht einfach so schnell von selbst. Sie werden langsam von den Gründern entwickelt. Die Airbnb-Gründer Brian Chesky, Nathan Blechasczyk und Joe Gebbia sind lange in New York selbst von Tür zu Tür gegangen und haben Klinken geputzt, um Wohnungseigentümer von ihrer Idee der Vermietung ihres Schlafzimmers zu überzeugen – eine unschätzbare Kundenerfahrung. Der Schuhverkäufer Zappos hat am Anfang das Schuhregal eines existierenden Ladens auf seiner Webseite nachgebaut, um zu sehen, ob Kunden bestellen. Bei jeder Bestellung sind die Gründer dann in den Laden gegangen, haben die Schuhe dort gekauft und an ihre Kunden verschickt. Und auch Jeff Bezos hat alles am Anfang alleine gemacht und die Bücher mit seinem alten Chevy zur Post gefahren. Shai Agassi wollte zu schnell gleich die ganz große Nummer.

- **Es gibt keine Fakten im Gebäude, geht raus!** „There are no facts inside the building so get the heck outside". Das ist der berühmte Satz von Steve Plank, Serien-Gründer und Professor, der die Lean-Start-up-Bewegung ins Leben gerufen hat. Nochmals anders ausgedrückt heißt das, „Wir arbeiten nur auf Basis unserer Annahmen und Hypothesen, lasst uns Fakten finden". Lean Start-up, das heißt kleine Schritte machen, etwas bauen, es mit Kunden evaluieren, daraus lernen, nächsten Schritt machen, etwas Weiteres bauen, mit Kunden evaluieren, daraus lernen und so weiter. Better Place wollte sofort weltweit aktiv werden und hat dadurch zu wenig Zeit auf die detaillierte Zusammenarbeit mit den Kunden verwendet. Dadurch wurden nicht genügend Lernmöglichkeiten geschaffen. „Wenn Shai am Anfang nur 50 Millionen Dollar anstatt 200 Millionen Dollar Venture Capital bekommen hätte, hätte uns das gezwungen, uns mehr auf Kunden zu fokussieren", so eine damalige Mitarbeiterin.

„Wir ihr seht, stehen hinter den erfolgreichen Start-ups erprobte Lösungsprinzipien, die nicht nur für Start-ups anwendbar sind, sondern auch im Kontext von etablierten Unternehmen. Diese Lösungsprinzipien können darüber hinaus auch Leitlinien für Führende sein, sich selbst zu führen."

Was sind mögliche Lösungsprinzipien, die für Führende unter Komplexität und Ungewissheit hilfreich sein können?

Lösungsprinzipien, die Führenden helfen können

1. **Starte klein, baue etwas!** Start-up heißt immer starten. Keine ausgedehnte Phasen von Desk Research und Schreibtischplanung, PowerPoint-Schlachten und Mutmaßungen, sondern schnell etwas Konkretes ausprobieren. Konkret heißt auch überschaubar und überprüfbar. Der Tipp ist, eher in einer Nische zu beginnen und sich ‚mit dem Skalpell eine überschaubare konkrete Aufgabe herauszuschneiden'. Das ist in größeren Unternehmen nicht immer

einfach, denn dort will man meistens gleich die große Lösung, die Weltherrschaft und die großen Marktpotenziale.

Natürlich träumen auch Start-ups davon, einmal wie Uber, Airbnb oder Spotify zu werden. Aber alle diese Unternehmen haben einmal klein und mit der „Hand am Arm" angefangen.

2. **Frage, bewerte, überprüfe!** Am Anfang stehen immer Hypothesen und Annahmen über Kunden. Also fängt alles immer beim Kunden an. Wie Steve Plank sagt: „There are no facts inside the building so get the heck outside." Das kontinuierliche, persönliche Gespräch mit Kunden ist die Basis jedes Entwicklungsprozesses. Es ist unersetzbar. In großen Unternehmen, aber auch in Start-ups gibt es die Tendenz, das einzelne Kundengespräch abzuwerten, weil es ja nicht repräsentativ ist. Wie kann mir ein einziges Gespräch ein valides Feedback geben? Eine statistisch repräsentative Umfrage ist doch viel aussagekräftiger. Und natürlich auch einfacher für den Führenden, denn so kann die Aufgabe an die Marktforschung delegiert werden. Doch das ist gefährlich. Eine repräsentative Umfrage ist immer in irgendeiner Art und Weise standardisiert und bringt damit einen Durchschnitt von Rückmeldungen. Aber niemals eine dezidierte, reflektierte, spezifische, fundierte Erkenntnis. Komplexität kann immer nur im Dialog reduziert werden, nicht durch Statistik. Der menschliche Dialog ist durch nichts zu ersetzen.

3. **Lerne schnell!** Im Kern aller Start-up-Lösungsprinzipien steckt das Prinzip des schnellen Lernens. Dies ist nur möglich, wenn man schnell anfängt, frühzeitig um Hilfe bittet und potenzielle Kunden fragt, auf der Straße, am Bahnhof, auf Flugplätzen in Supermärkten, überall wo ein Dialog möglich ist. Das ist der erste Schritt eines Lernprozesses. Dabei ist es wichtig, messbare Schritte zu machen, z.B. Produkte konkret anzubieten, um Bestellungen zu bekommen, möglicherweise auch dann, wenn es die Produkte noch gar nicht gibt. Es geht darum, Wege schnell zu beschreiten, um früh herauszufinden. ob man sich auf einem sinnvollen Weg oder einem Irrweg befindet.

   Irrwege sind unvermeidbar. Man sollte sie nicht als Fehler oder Scheitern bezeichnen. Sie sind notwendig, um zu lernen. Der unternehmerisch Führende geht manchmal einen Irrweg, das ist unvermeidlich. Dann dreht er um, nimmt eine andere Abzweigung und bringt so Schritt für Schritt sein Start-up nach vorne. Dann ist das ganz im Sinne von Paul Graham mit seiner Empfehlung: „Do things that don't scale."

4. **Leistbarer Verlust?** Die bereits genannten Schritte sind die grundlegenden Schritte, die auch im Lean Start-up-Prozess empfohlen werden: „Build – Measure – Learn". „Baue – Messe – Lerne" und das in einem kontinuierlichen Prozess. Dieser vierte Schritt basiert auf den in diesem Buch mehrfach erwähnten Forschungen von Sara Sarasvathy. Ihre Erkenntnis, dass erfolgreiche Start-up-Unternehmer zur Bemessung des nächsten Schritt immer überlegt haben: Was ist mein „leistbarer Verlust", kann auch Führende bereichern.

   Daher sind die Fragen, die man sich für Start-ups stellen sollte „Was kann ich im nächsten Schritt riskieren und investieren an Geld, Zeit und Reputation? Was können wir uns leisten, im nächsten Schritt zu verlieren? Was groß kann der nächste Schritt sein, ohne dass wir uns damit existenziell in eine schwierige Lage bringen?" Das ist eine sehr nützliche Betrachtung, die uns auch hilft, kraftvoll zu bleiben. Wir reduzieren Ungewissheit, indem wir einen überschaubaren Schritt gestalten. So geht Zukunft gestalten. Und dann beginnt die nächste Runde, um Erfahrungen zu machen, zu lernen und unternehmerische Führung zu übernehmen.

5. **Menschen und Partnerschaften in den Mittelpunkt.** Alle unternehmerischen Aktivitäten haben immer mit Menschen zu tun. Sonst wären sie nicht so komplex. Es ist also immer als Erstes hilfreich, sich selbst zu fragen: „Wer bin ich, was will ich, was sind meine eigenen Ressourcen, Fähigkeiten und Kompetenzen?" Es geht aber auch darum, ein gutes Team zusammenzustellen, also zu fragen „Wen kenne ich, wer kann mitwirken und beitragen? Wer hat welche Ressourcen, Fähigkeiten und Kompetenzen?". Und es geht darum, die Bedürfnisse, „Pain Points" und Wünsche von potenziellen Kunden zu verstehen. Zusammenfassend geht es darum, echte Partnerschaften einzugehen, mit Menschen, die ähnliche Interessen, Motive und Ziele haben. Dieser Faktor der echten Partnerschaften ist entscheidend. Komplexität und Ungewissheit kann nur im Zusammenwirken zwischen Menschen genutzt werden.

„Start-up als Lösungsprinzip" lässt sich so in einem Bild zusammenfassen, wie es auf der nächsten Seite gezeigt wird.

Vorgehen

„Ich würde euch jetzt gerne einladen, euch in Vierergruppen zusammenzutun und in dieser Gruppe das ‚Lösungsprinzip Start-up' auszuprobieren. Dazu bräuchten wir Kollegen, die privat oder geschäftlich vor einer Aufgabe, einer Herausforderung stehen, die ihr mit den Start-up-Lösungsprinzipien angehen könntet."

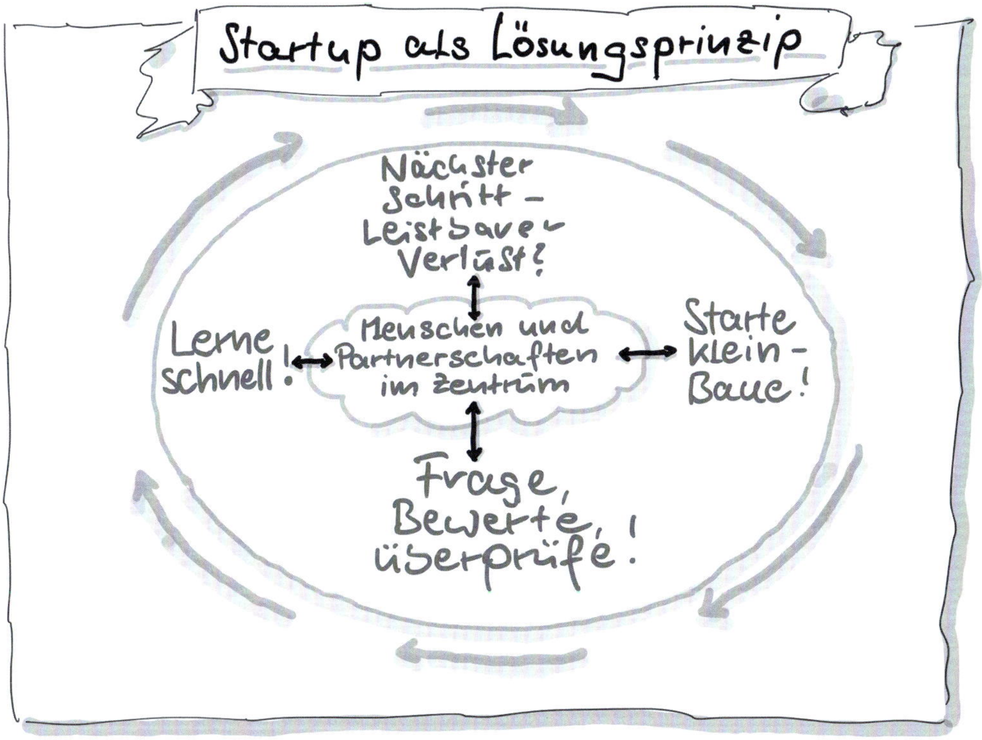

Abb.: Start-up als Lösungsprinzip – zusammengefasst.

Aus unserer Erfahrung gibt es immer genügend Teilnehmer, die gerade vor einer solchen Aufgabe im Unternehmen stehen. Diese „Anliegengeber" berichten dann in drei Sätzen, worum es geht und die anderen Teilnehmer ordnen sich einfach zu. Dabei sollte der Trainer ergänzen, dass sie bitte darauf achten sollen, dass in jeder Gruppe etwa gleich viele Teilnehmer sind. Wenn sich wirklich nur ein Anliegengeber melden würde, könnte man die Aufgabe auch gemeinsam im Plenum bearbeiten. Der Trainer würde dann mitvisualisieren.

Nun beginnt die Partnerarbeit: „Start-up-Fragen zu meinem Start-up", die Gruppen haben 45 Minuten Zeit. Visualisieren Sie die Fragen:

- Vor welcher Aufgabe/Herausforderung stehst du gerade privat oder geschäftlich, die du mit den Start-up-Lösungsprinzipien angehen könntest?
- Welche konkreten nächsten Schritte müsstest bzw. könntest du bei deiner Herausforderung machen? Um was herauszufinden?
- Wen könntest du fragen, um voranzukommen? Welche Fragen könnten hilfreich sein?

- Was könnten Verluste beim nächsten Schritt sein? Worum geht es dabei: Geld, Zeit, Reputation oder etwas ganz anderes? Wie könntest du bestimmen, was dein leistbarer Verlust ist?
- Wen kennst du, den du gerne dabeihättet? Oder wen bräuchtest du? Wie könntest du Partner finden? Gibt es Partnerschaften, die du eingehen könntest?
- Wen könntest du jetzt direkt aus dem Seminar anrufen und um Hilfe bitten?

Debriefing Im Plenum können Sie die Übungen mit folgenden Fragen auswerten:

- *„Welche Erfahrungen habt ihr bei eurer Reflexion gemacht? Welche möchtet ihr teilen?*
- *Wo seht ihr die größten Potenziale bei diesem Vorgehen?*
- *Was könnte schwierig sein an diesem Vorgehen?*
- *Wer hat schon jemanden angerufen? Wer wird noch jemanden anrufen?"*

Quellen

- Blank, S. (2009): Get Out of My Building. *steveblank.com/2009/10/08/get-out-of-my-building/* – abgerufen am 18.8.2018.
- Ries, E. (2011): The Lean Startup: How Today's Entrepreneurs Use Continuous Innovation to Create Radically Successful Businesses. Currency Verlag.
- Ries, E. (2010): What is a startup? *www.startuplessonslearned.com/2010/06/what-is-startup.html* – abgerufen am 18.8.2018.

Informationen zu Better Place und Shai Agassi
- *de.wikipedia.org/wiki/Shai_Agassi* – abgerufen am 18.8.2018.
- *evworld.com/article.cfm?storyid=2101* – abgerufen am 18.8.2018.

Ambiguität und das kontinuierliche Zwickmühlen-Management

Orientierung

Ziele

- Die Fähigkeit zum Umgang mit Ambiguität ausbauen
- Konkrete Prinzipien zum Umgang mit Ambiguität diskutieren und formulieren

Zeit

Insgesamt 60 Minuten

- Theorieinput: 10 Minuten
- Gruppenarbeiten: 30 Minuten
- Präsentation der Ergebnisse & abschließende Diskussion: 20 Minuten

Material

Flipchart mit Instruktion zur Gruppenarbeit; Text von Robert Musil zum Vorlesen; drei Pinnwände; Visualisierung der Definitionen von „Ambiguität" und „Ambiguitätstoleranz"; Visualisierung mit den Prinzipien zum Umgang mit Ambiguität

Erläuterung

Eine Übung zum Thema „Umgang mit Ambiguität" gehört zum Thema VUCA selbstverständlich dazu. Im Unternehmensalltag erleben wir solche Situationen nahezu täglich: Innovationen sind gefordert, aber am besten wäre es, wenn diese auch gleich fehlerfrei und „stabil" geliefert werden können. Budgets sind knapp, aber Innovationen sollen trotz begrenzter Ressourcen entstehen. Die eine Kundengruppe will mehr von etwas, die andere genau das Gegenteil. Welcher Richtung folgen? Was die Auswirkungen sein werden, können wir sowieso nicht vorhersagen.

Als Übung zum Thema „Ambiguität erleben" bieten wir das „XY-Spiel" (s. S. 157) an. Geeignet für eine Reflexion mit dem Schwerpunkt „Ambiguität" sind außerdem alle ähnlichen Übungen. Also Übungen, die zum Beispiel Ressourcenknappheit, unklare Ziele, unklare Forderungen und Dilemmata beinhalten (z.B. das „Volunteers Dilemma", das „Öffentliche Güter"-Spiel u. Ä.) Quellen für solche Spiele sind auf S. 292 genannt. Anhand solcher Übungen kann dann das Thema Ambiguität vertieft bearbeitet werden, so wie wir das hier nachfolgend anbieten.

Intro-Vorschlag

Zum Einstieg in das Thema Ambiguität kann wunderbar ein kurzer, und inspirierender Ausschnitt aus Robert Musils Roman „Mann ohne Eigenschaften" vorgelesen werden. Darin heißt es über das alte Österreich:

> „Es war seiner Verfassung nach liberal, aber es wurde klerikal regiert. Es wurde klerikal regiert, aber man lebte freisinnig. Vor dem Gesetz waren alle Bürger gleich, aber nicht alle waren eben Bürger. Man hatte ein Parlament, welches so gewaltigen Gebrauch von seiner Freiheit machte, dass man es gewöhnlich geschlossen hielt; aber man hatte auch einen Notstandsparagraphen, mit dessen Hilfe man ohne das Parlament auskam, und jedes Mal, wenn alles sich schon über den Absolutismus freute, ordnete die Krone an, dass nun doch wieder parlamentarisch regiert werden müsse."

Erste Fragmente des Buches erschienen in den Zwanzigerjahren. Der Text zeigt aus meiner Sicht gut, dass Ambiguität (wie Komplexität) und der Umgang damit nichts völlig „Neues" sind und, dass manche Gesellschaften ambigen Situationen ganz offensichtlich etwas Gutes abgewinnen können.

„Lasst uns also genauer auf den Begriff der Ambiguität schauen. Die Begriffe Ambiguität, Mehrdeutigkeit oder Widersprüchlichkeiten kennzeichnen das Nebeneinander von Möglichkeiten, die einander zumindest auf den ersten Blick ausschließen. Solche Spannungen durch Widersprüche und Ungewissheit auszuhalten, wird in der Psychologie „Ambiguitätstoleranz" genannt (vgl. Müller-Christ, G. & Weßling, G. ,2007). *Österreichische Bürger hatten also offenbar schon zu Kaiser Franz Josephs Zeiten eine gut ausgeprägte Ambiguitätstoleranz."* Diese Begriffserklärung könnten Sie für Ihre Teilnehmern auf einem Flipchart oder einer PowerPoint-Folie etwa folgendermaßen visualisieren:

Ambiguität

- Mehrdeutigkeit, Widersprüchlichkeit
- Nebeneinander von Möglichkeiten, die einander zumindest auf den ersten Blick ausschließen

Ambiguitätstoleranz

- Aushalten oder Abpuffern der Spannungen, die durch Widersprüchlichkeit und Ungewissheit entstehen

Fahren Sie fort: *„Selten herrscht so viel Einigkeit zwischen Praktikern und Wissenschaftlern wie beim Thema ‚Ambiguität und Führung': Es wird betont, dass gerade Führungskräfte mit widersprüchlichen und mehrdeutigen Forderungen leben müssen, für die es keine eindeutigen und gesicherten Lösungen gibt. Der Professor für Psychologie Oswald Neuberger beschreibt solche Situationen als Führungsdilemmata, in denen widersprüchliche, gegensätzliche und unvereinbare Ansprüche gestellt werden, die gleichwohl eine Wahl oder Stellungnahme erfordern* (Neuberger 2002). *Heute sprechen wir von VUCA und davon, dass Führende ‚Entscheidungen in prinzipiell unentscheidbaren Situationen treffen müssen'. Ein fortwährendes Handeln und Entscheiden in Dilemmata-Situationen und Welten der Gegensätze ist gefordert."*

Hierfür können Sie einige Beispiele nennen: *„Wir sollen morgens für die Kollegen aus China erreichbar sein und abends für die Kollegen aus den USA. Aber der Arbeitstag darf nur zehn Stunden umfassen. Wir müssen uns selbstverständlich an die DSGVO und Compliance halten, sollen aber die Kollegen möglichst umfassend über Aktivitäten der Marktbegleiter ‚auf Stand' bringen. Die Kunden- und Marktseite konfrontiert uns mit Anforderungen wie ‚kürzere Entwicklungszeiten bei gleichzeitig hoher Qualität der Ergebnisse' oder ‚Standardisierung bei gleichzeitig maximaler Individualisierung' (um Kosten zu senken) oder ‚Innovation bei gleichzeitiger Effizienz-Forderung'. Kurz und gut: Kosten sollen runter, Qualität rauf: Solche durchaus als in sich widersprüchlichen zu bezeichnenden Anforderungen hätte man vor 20 Jahren als schlicht nicht erfüllbar abgetan. Heute, in hochkomplexen und ungewissen Umwelten, sind wir gefordert, ein* ***‚Sowohl als auch'-Management*** *zu entwickeln."*

Dazu können Sie den systemischen Therapeuten Dr. Gunther Schmidt zitieren, als Liebhaber von Ambiguität und Meister der Ambivalenz sagt er: „Wir brauchen ein kontinuierliches Zwickmühlen-Management" (Schmidt 2016). Das bedeutet aus seiner Sicht, dass man sich womöglich mit Lösungen „zweitbester Art" anfreunden muss, dass man sich gemeinsam auf ein **Wofür** einigt, das zeigt, wofür es sich lohnt, um „Sowohl als auch"-Lösungen zu ringen. Und dass man auch die „Kosten" eines „einseitigen Sichausrichtens" miteinander diskutiert. So werden gemeinsam Möglichkeiten und Auswirkungen geprüft und bestenfalls neuartige Ideen entwickelt.

Erklären Sie: *„In anderen Worten ausgedrückt heißt das, dass sich alle im System Beteiligten gemeinsam bewusst mit der Widersprüchlichkeit auseinandersetzen, dass Rahmenparameter miteinander diskutiert und priorisiert werden und gemeinsam fortwährend die Auswirkungen des Handelns in überschaubaren Schritten reflektiert werden. Auch in* *der Forschungsliteratur wird davon gesprochen, dass diese sogenannte ‚Ambiguitätstoleranz' als Wert einer Organisation bzw. Aspekt einer Unternehmenskultur sehr wichtig ist"* (in Müller-Christ, G. & Weßling, G. 2007: These von Furnham/Gunter).

Zum Umgang mit Ambiguität sind immer wieder ganz gegenteilige Strömungen in der Praxis festzustellen Sie können hier gut solche Anforderungsbeispiele und ein Statement zu diesen Anforderungen einbringen. Es werden etwa widersprüchliche Anforderungen an Führungskräfte gestellt, die dann nicht diskutierbar sind, etwa „mehr Innovationen bringen, aber mit deutlich weniger Mitarbeitern". Die implizite Botschaft lautet „Das muss machbar sein, sonst sind Sie für die Funktion nicht geeignet" und die Aussage „Andere bekommen das hin" wird gerne gleich noch mehr oder weniger explizit mitgeliefert.

Ambiguität und Entscheidungskomplexität auf nachgelagerte Hierarchien abzuwälzen, sehen wir als eine wenig Erfolg versprechende Variante an. Die Forderung selbst kann man durchaus als legitim betrachten, aber nicht, dass man sich nicht inhaltlich gemeinsam mit dem Widerspruch auseinandersetzt, nicht, dass Rahmenparameter nicht diskutiert werden und nicht, dass das Ganze mit der persönlichen Kompetenzfrage verknüpft wird.

Vorgehen

Nach der Erläuterung der Begriffe und der Zwickmühle, in der Führungskräfte sich wiederfinden, erteilen Sie den Teilnehmern eine Aufgabe zur Reflexion. *„Wir haben in unserem ‚XY-Spiel' einen Ausschnitt einer solchen widersprüchlichen, mehrdeutigen Situation erlebt. Jetzt bitte ich euch, euch über eure Erfahrungen im Unternehmen auszutauschen und anhand konkreter Beispiele zu diskutieren, welche konkreten Strategien zum Umgang mit Ambiguität ihr als sinnvoll und zieldienlich empfindet und welche weniger. Bitte diskutiert das eine halbe Stunde lang in drei Gruppen und visualisiert eure Diskussion und eure Ergebnisse. Anschließend werden die Ergebnisse im Plenum vorgestellt."*

Geben Sie den Teilnehmern nun folgende Arbeitsfragen zu dem Thema „Ambiguität und das kontinuierliche Zwickmühlen-Management". Die Arbeitszeit ist 30 Minuten, die Präsentationszeit der visualisierten Diskussion im Plenum sind 3 Minuten. *„Bitte berichtet von konkreten Beispielen und Erfahrungen:*

- *zum Umgang mit Ambiguität aus euren Unternehmensbereichen*
- *zum Umgang mit ambigen/widersprüchlichen Zielen*

- *welche konkreten Strategien zum Umgang mit Ambiguität ihr als sinnvoll und zieldienlich empfindet und*
- *welche weniger."*

Debriefing

Die Präsentation im Plenum dauert pro Gruppe etwa drei Minuten. Bei diesen Gruppenarbeiten werden die Hauptaspekte zu einem gelingenden Umgang mit Ambiguität meist gut herausgearbeitet.

Wenn man mag und das Sinn macht, kann man zum Abrunden dessen, was die Teilnehmer erarbeitet haben, noch die folgenden Informationen zu hilfreichem und wenig hilfreichem Zwickmühlen-Management visualisieren.

Wenig hilfreiches Zwickmühlen-Management

- Sie machen das schon! (Auch wenn das gut gemeint ist)
- Ignorieren, verdrängen und aussitzen.
- Sofort anfangen, „Beweise" zu sammeln, warum der Auftrag nicht losbar und Ziele nicht erreichbar waren.
- Abwerten des Sachverhalts: „Der Bonus ist mir sowieso nicht wichtig."
- Abwerten anderer: „Haben die nicht begriffen, dass das Blödsinn ist/nicht geht?"

Hilfreiches Zwickmühlen-Management

- Offenes Ansprechen des Widerspruchs und der darin liegenden Herausforderungen.
- Definieren, unter welchen Rahmenbedingungen, wie mit den sich widersprechenden Zielen umgegangen werden soll (externe Ressourcen, digitale Ressourcen, Budgets, Zeit ...).
- Sich klar werden, dass es nur Lösungen „zweitbester Art" geben kann
- Sich darüber klar werden/sein: Lösungen und Entscheidungsprozesse müssen stets diskutierbar und ergebnisoffen bleiben.
- Vereinbaren: Auswirkungen von Verhandlungen bzw. Entscheidungen müssen fortwährend beobachtet und gegebenenfalls mit weiteren Maßnahmen begleitet werden.
- Sich einigen, dass sich widersprechende Ziele nicht mit den „klassischen" Wegen bearbeitet und aufgelöst werden können, dass dies nur mit qualitativen, innovativen Sprüngen gelingen kann.

Und gegebenenfalls können Sie die Übung wieder mit einem Zitat abschließen – zum Beispiel mit einem dieser beiden Statements:

„Der Umgang mit Ambiguität ist wie Formel Eins fahren: Die Kunst ist, am schnellsten langsam durch die Kurve zu fahren."

„Betonen will ich, dass wir uns auf die hilfreichen und nützlichen Aspekte von Ambivalenz fokussieren sollten. Auf die enormen Chancen, die in ambivalenten Kontexten liegen, weil sie Möglichkeitsräume öffnen und innovative Sprünge fordern. Nur Populisten versprechen uns eine ‚widerspruchsfreie einfache Welt'. Das betont Thomas Bauer (Bauer 2018) und beklagt eine Vereindeutigung der Welt und den Verlust an Mehrdeutigkeit und Vielfalt. Seiner Ansicht nach trägt gerade „der Widerwille, Uneindeutigkeit auszuhalten, zur Erosion der Demokratie bei."

Quellen

- Bauer, T. (2018): Die Vereindeutigung der Welt. Über den Verlust an Mehrdeutigkeit und Vielfalt. Reclam Verlag.
- Müller-Christ, G. & Weßling, G. (2007): Widerspruchsbewältigung, Ambivalenz- und Ambiguitätstoleranz. In: G. Müller-Christ, L. Arndt, I. Ehnert (Hrsg). Nachhaltigkeit und Widersprüche. Münster: Lit, 2007.
- Müller-Christ, G. & Weßling, G. (2007): These von Furnham/Gunter (1993; zit. nach Furnham, A., Ribchester, T. (1995): Tolerance of Ambiguity: A Review of the Concept, Ist Measurement and Applications. In: Current Psychology: Developmental, Learning, Personality, Social, 14, S. 179-199.)
- Neuberger, O. (2002): Führen und führen lassen. 6.Aufl., Stuttgart: utb.
- Schmidt, G. (2016): Vortrag bei noesis „Geborgen im Ungewissen": *https://www.noesis-online.de/*
- Schuh, F. (2018): Das eine tun, das andere nicht lassen. Ein Lob der Widersprüche. DIE ZEIT Nr. 11/2018, 8. März 2018.
- Verschiedene Studien: *www.neuroeconomics.uni-wuerzburg.de/projektbeschreibung/emotionen-und-entscheidungen-unter-risiko-und-ambiguitaet/* – abgerufen am 17.08.2018.

Quellen für weitere Spiele

- *arbeitsblaetter.stangl-taller.at/MORALISCHEENTWICKLUNG/ExperimentelleDilemmata.shtml*
- *psynet.ruhr-uni-bochum.de/social/gd/intro/index.htm*

„Ja, und" – Improvisationsübung

Orientierung

Ziele

- Das eigene Zuhörverhalten reflektieren
- Das eigene Antwortverhalten reflektieren
- Die eigene Improvisationsfähigkeit ausbauen, die insbesondere auch in komplexen und ungewissen Situationen hilfreich ist.

Zeit

Insgesamt: ca 130 Minuten

- Einführung Teil 1: 20 Minuten
- Durchführung und Auswertung: 25 Minuten
- Einführung Teil 2: 10 Minuten
- Durchführung: 45 Minuten
- Debriefing: 10 bis 30 Minuten

Material

Zwei Gefäße: Kistchen, Schachtel, was auch immer ..., beschriftet mit „Lieblingsgegenstand" und „übernatürliche Fähigkeit"; Instruktion und Impro-Regeln visualisieren, etwa auf Flipchart oder PowerPoint

Hinweise:

Für dieses Modul ist es wichtig, einen großen Raum und viel Platz zur Verfügung zu haben. Erstens, damit es bei der Partnerübung nicht nervend laut und eng wird und zweitens, damit man in Teil 2 eine schöne „Bühne" für die Akteure bereithalten kann. Auch sollte man unbedingt eine Bestuhlung ohne Tische in U- oder Kreisform ermöglichen. Die Gruppengröße sollte mindestens acht Teilnehmer umfassen (jeweils drei „Präsentierende" und fünf „Fragende".

Erläuterung

Angemessener Umgang mit Komplexität und Ungewissheit hat viel mit Improvisation zu tun. Denn zum einen sind standardisierte Lösungen der Vergangenheit oft nicht mehr anwendbar, zum anderen müssen Handlung und Lösung oft zügig erfolgen. Für tief gehende und zeitintensive Planungs- und Diagnose-Ansätze gibt es keinen Raum und zudem fokussieren diese auf Probleme und nicht auf die Lösungen. In solchen Situationen erwächst Druck und Stress. Dann beginnen die Gedanken um die Probleme zu kreisen, der Zugang zu den eigenen Ressourcen und Fähigkeiten verschließt sich. Man befindet sich in einer Problem-Trance. Ein Weg raus aus der Problem-Trance ist es, sich selbst zu erlauben, spielerischer zu werden, zu improvisieren. Das kann man üben und so das Thema „Improvisation" als einen professionellen Weg der Selbstführung für sich zu nutzen.

Intro-Vorschlag

„Improvisationstheater ist in Amerika entstanden, die ‚Wiege' der Improvisation ist Chicago. Dort wurde 1959 das erste Improvisationstheater in einer früheren chinesischen Wäscherei gestartet. Es hieß Second City und ist bis heute führend darin, Menschen und Organisationen Wege aufzuzeigen, wie sie ihre Kapazität für Innovationen, für Kreativität und mehr Selbstvertrauen in ungewissen Kontexten nutzen können. Das war damals revolutionär, Improvisation im Umfeld von Wirtschaft, börsennotierten Unternehmen und Organisationsentwicklung einzusetzen."

Kommen Sie nun auf das eigentliche Thema dieses Moduls, „Improvisation", zu sprechen: *„Improvisation kann eine Kompetenz sein, die individuell entwickelt wird. Sie kann aber auch als Teamkompetenz hilfreich sein. Improvisation im Team auszubauen, zielt auf Fähigkeiten wie ‚Macht abgeben', ‚anderen Räume für eigene Beiträge eröffnen' oder ‚aus Fehlern, Fallen oder Irrwegen lernen'. Und auf Kernfähigkeiten wie ‚Zuhören', ‚Sich und anderen etwas zutrauen', ‚Veränderungen aufgreifen' und ‚Immer positiv bleiben auch angesichts von widrigen Umständen'."* Stellen Sie dazu die drei wichtigen Improvisationsregeln vor:

- Akzeptiere jedes Angebot!
- Lass den anderen gut aussehen!
- Ja, und …

Erklären Sie, dass diese Regeln sowohl für die Privatwelt als auch die Organisations- und Professionswelten höchst Erfolg versprechend sind, weil sie psychologisches Vertrauen aufbauen (vgl. S. 34). Nun kommen Sie auf die „Mutter aller Improvisationsregeln" zu sprechen: Das Fundament des Improvisierens ist die **„Ja, und"-Regel**.

„Der größte Feind eines ressourcenorientierten Miteianders ist das ‚Ja, aber …'. Wir kennen das alle aus Unternehmen. Es gibt einen Besprechungstermin. Es soll etwas Neues vorgestellt werden. Man trifft sich

in einem Besprechungsraum, großer Tisch, Stühle eng nebeneinander, Beamer, Projektion, los geht es … Die Teilnehmer hasten herein, sind im Kopf noch beim letzten Meeting, beim letzten Telefonat, bei der letzten E-Mail. Jemand eröffnet, meistens ohne dass die Teilnehmer in irgendeiner Weise gemeinsam ankommen können oder in Resonanz miteinander kommen. Die Präsentation beginnt. Die, die zuhören, suchen nach Punkten, bei denen sie einhaken können. Sie haken ein, um ihre Bedenken und ihre Kompetenz zu zeigen, sie machen gegenteilige Vorschläge und werten ab." Verdeutlichen Sie, dass dies die Haltung „Zuhören, um zu antworten" ist. Und diese Antwort beginnt häufig mit „Ja, aber …".

Erklären Sie, eine gestaltende, auf Wachstum und Weiterentwicklung ausgerichtete Art des Zuhörens wäre, zuzuhören, um zu verstehen. Das könnte dann in einem bestätigenden, aufbauenden und wertschätzenden Beitrag münden, der mit „Ja, und …" beginnt. Eine „Ja, und-Haltung" verändert die Art und Weise, wie wir zuhören. Sie hilft, innovativer und offener zu sein, Probleme schneller und undogmatischer zu lösen und Beziehungen pfleglich zu gestalten. Mit anderen Worten: improvisiert konstruktiv zu segeln.

Vorgehen – Teil 1

„Das bitte ich euch jetzt bewusst in der nachfolgenden Übung auszuprobieren. Die nachfolgende Übung hat zwei Teile. Fast wie im echten Improvisationstheater: Erst kommt das Aufwärmen, dann das Agieren."

Nun wird zunächst der zweite Teil vorbereitet, bevor der erste Teil beginnt: *„Für den Teil 2 würde ich direkt eine Vorbereitung mit euch machen. Dazu bitte ich euch, zwei Zettel auszufüllen und diese jeweils in die zwei unterschiedlichen Kistchen hier zu werfen. Das eine Kistchen ist für Zettel, auf denen ihr einen/s eurer Lieblingsgegenstände oder -geräte aus dem Alltag schreibt, etwa Kaffeemaschine, Staubsauger, Smartphone, Flip-Flops usw. In das andere Gefäß kommen Zettel, auf denen eine ‚übernatürliche' oder besondere Eigenschaft oder Fähigkeit notiert ist. Wie zum Beispiel ‚Keine Energie verbrauchen', ‚Schweben', ‚Fliegen', ‚Teleportieren', ‚Zeitreisen', ‚Unsterblich sein', ‚Durchsichtig sein' usw."*

Wenn die Teilnehmenden das getan haben, beginnt der erste Teil. Vor dem Beginn des Spiels bzw. der Übung (je nachdem, wie man es nun benennen will), kann es hilfreich sein, noch eine weitere kurze Einführung zum Thema vorzubereiten. Es könnte z.B. gefragt werden, für welche komplexe und ungewisse Situation oder Umgebung mehr Improvisation hilfreich sein könnte.

Hier könnte zum Beispiel kommen:
- wenn keine ausreichenden Informationen vorliegen,
- unter Zeitdruck,
- wenn es keine Erfahrungswerte gibt,
- wenn etwas vollkommen Unerwartetes passiert.

Es könnte danach gefragt werden, wer schon einmal Improvisationstheater gesehen oder sogar selbst gemacht hat. Was daran spannend und interessant war und was man daraus mitgenommen hat? Und wenn Teilnehmer Impro-Theater kennen, fragen Sie diese auch nach den Prinzipien für das Impro-Theater. Spannenderweise zeigt sich hier schnell, dass das auch Prinzipien zum Umgang mit Komplexität sein könnten.

Dies sind die Prinzipien für Improvisation:
- Höre zu, um zu verstehen!
- Verstehe Fehler und Irrtümer als kreative Kraft!
- Halte es einfach!
- Sei immer präsent!
- Akzeptiere jedes Angebot!
- Lasse deine Partner gut aussehen!
- Sage „Ja, und …"!

„Für den ersten Teil der Übung konzentrieren wir uns jetzt erst einmal auf das ‚Ja, und …'. Wie wir vorher schon angesprochen haben, könnte man sagen, dass es zwei Arten des Zuhörens gibt (vgl. Scharmer 2018).

- *Zuhören, um zu antworten und einzuhaken und*
- *Zuhören, um zu verstehen und etwas entstehen zu lassen.*

Mit dem ‚Ja, aber …' hört ihr zu, um zu antworten. Mit dem ‚Ja, und …' hört ihr zu, um zu verstehen und um etwas entstehen zu lassen.

Das bitte ich euch jetzt auszuprobieren. Findet euch bitte in Zweiergruppen zusammen. Und dann bitte ich euch, einen Dialog zu einem Thema mit zwei Durchgängen zu gestalten. Im ersten Durchgang sollt ihr immer gegenseitig mit ‚Ja, aber …'antworten. Im zweiten Durchgang immer mit ‚Ja, und …'. Und das dann im jeweiligen Durchgang auch immer so fortsetzen. Ihr sucht euch gemeinsam ein Thema aus."

Am Beispiel des Themas „Reise" könnte das etwa so ablaufen …

- Die erste Person beginnt mit einer Aussage: „Ich möchte mit dir eine Reise machen."

- Das Gegenüber antwortet mit „Ja, aber …“ und die Fortsetzung könnte dann z.B. lauten: „Ja, aber ich muss arbeiten.“
- Auch das Gegenüber antwortet mit „Ja, aber …“ und die Fortsetzung könnte dann z.B. sein: „Ja, aber du könntest Urlaub nehmen.“
- Auch das Gegenüber antwortet wieder mit „Ja, aber …“ und die Fortsetzung könnte sein: „Ja, aber ich habe schon andere Verpflichtungen.“
- „Ja, aber die könntest du auch umorganisieren.“
- „Ja, aber ich habe auch kein Geld.“
- „Ja, aber du könntest dir etwas leihen.“ …
- Und so fort.

„Ihr könnt euch ein beliebiges Thema ausdenken: Projekt, Entscheidungsvorlage, gemeinsame Party…, was immer ihr mögt. Ich bitte euch, das so ungefähr fünf Minuten lang durchzuhalten. Bitte verteilt euch entsprechend mit eurem Dialogpartner im Raum. O.K? Noch Fragen? Dann geht es jetzt los.“

Der Trainer verfolgt das Geschehen und normalerweise wird schnell erkennbar, dass die Dialoge stecken bleiben, die Paare nicht mehr weiter machen und Unruhe beginnt. Dann kann man die nächste Runde einleiten. *„Danke, das schien nicht so einfach zu sein. Dann kommen wir zum zweiten Durchgang der Dialog-Runde. Ihr könnt das gleiche Thema wählen oder ein anderes. Jetzt wird allerdings jede Antwort mit ‚Ja, und …‘ eingeleitet. Der Dialog geht wiederum etwa fünf Minuten, habt Spaß dabei!“*

Wenn man ein Beispiel benennen will:

- „Ich möchte mit dir eine Reise machen.“
- „Ja, und wir starten gleich heute!“
- „Ja, und wir fliegen mit einer Rakete zum Mond!“
- „Ja, und wir werden auf dem Mond zelten …“

Die Dialoge werden im Plenum ausgewertet, bevor mit dem zweiten Teil des Moduls begonnen wird. Lassen Sie die Teilnehmenden zum Beispiel anhand folgender Fragen auswerten:

- Welche Erfahrungen habt ihr gemacht?
- Wie habt ihr den Unterschied zwischen „Ja, aber“ und „Ja, und“ erlebt?
- Welche Erkenntnisse könnt ihr aus dieser ersten kleinen Übung mitnehmen?

Vorgehen – Teil 2

Nun folgt der zweite Teil mit einer Impro-Übung. Für die Übung geeignet ist ein Halbkreis oder locker im Raum verteilte Hocker. Wenn Sie nun zum zweiten Teil überleiten, können Sie dabei thematisch vielfältig rahmen. Es geht darum, eine komplexe Situation mit Ungewissheitspotenzial zu inszenieren. Das kann zum Beispiel ein Führungsteam bei einer Pressekonferenz vor Journalisten sein. Das könnte ein Start-up-Team vor einer Gruppe von Investoren sein. Und es könnte die Präsentation einer Innovation vor dem Executive Board sein. Der Trainer kann hier einfach ein Szenario auswählen. Die zu präsentierende Innovation soll vorab nicht bekannt sein. Dieses Setting soll beispielhaft verwendet werden.

Beispielsweise können Sie so einleiten: *„So das war jetzt das Warm-up für Teil 2 unserer Impro-Übung. Was wird jetzt eure Aufgabe sein? Stellt euch vor, ihr seid ein Innovationsteam im Unternehmen und der Vorstand bestellt euch spontan zu einer Vorstandspräsentation mit einer großen Führungsmannschaft aus der Organisation ein. Oder zu einer Pressekonferenz. Das Thema wird euch während des Termins mitgeteilt werden. Das Umfeld ist also hochgradig komplex und ungewiss, da es um einen Termin mit vielen Teilnehmern in voraussichtlich dynamischen Interaktionen geht."*

Für die Präsentationen werden zum Start drei Teams gebildet. Diese werden am besten gelost. Legen Sie als Trainer vorab fest, welche ‚Losgruppe' beginnt. Bei 12 Teilnehmern sind das dann für das erste ‚präsentierende Team' 4 Teilnehmer, für das ‚kritisch fragende Team' 8 Teilnehmer. Dann rotieren die Teams. Nach jeweils maximal 15 Minuten kommen die nächsten Präsentierenden dran.

„Zu Beginn gibt es also jetzt ein Innovatoren-Team und ein Executive Team. In diesem Team sind die Unternehmensvertreter (oder Investoren), die euch scharfe Fragen stellen. Für diese Fragen der Unternehmensvertreter gibt es eine Regel: Jede Frage muss mit den Worten: ‚Ist es wahr, dass .... ?' beginnen. Und die Antwort aus dem Team muss immer mit ‚Ja, und ...' beginnen. Als euer Trainer werde ich genau auf die Einhaltung dieser Regeln achten.

Und jetzt zu den Themen. Bestimmt erinnert ihr euch noch daran, dass ihr vorher zwei Zettel ausgefüllt habt: beschriftet mit Alltagsgegenständen beziehungsweise mit besonderen Eigenschaften. Das jeweilige Innovatoren-Team zieht vor Beginn seiner Präsentation aus jedem Gefäß je einen Zettel und die Kombination der beiden Aussagen ergibt dann die Innovation, die präsentiert werden soll. Zum Beispiel eine fliegende Kaf-

feemaschine, ein Auto, das keine Energie braucht, unsichtbare Flip-Flops, was auch immer... Jedes Innovatoren-Team hat maximal 15 Minuten Zeit für die ‚Ja, und-Sequenzen'. Dann kommt das nächste Innovatoren-Team an die Reihe. Ich als euer Trainer achte auf die Zeit. Und damit geht es los."

Debriefing

Dieses Übungsset bringt erfahrungsgemäß großen Spaß und bricht zugleich viele eingefahrene Verhaltensweisen und Glaubenssätze auf. Es bringt auch eine spielerische Leichtigkeit in das Thema „Umgang mit Komplexität und Ungewissheit".

Die Auswertung der Übung kann je nach Situation und Bedarf der Gruppe in verschiedene Richtungen gesteuert werden: vom Umgang mit Stress und Belastung bis eben hin zum „Umgang mit Ungewissheit" und „Chancen nutzen in einer VUCA-Welt". Die Auswertung kann gemeinsam im Plenum oder in den jeweiligen „Innovatoren-Gruppen" erfolgen. Letzteres bringt nochmals zusätzlichen Erkenntniswert, kostet aber auch Zeit für eine weitere Präsentations- und gemeinsame Abschlussrunde. Für die Auswertung in Richtung „Umgang mit Ungewissheit" und „Chancen nutzen in einer VUCA-Welt" schlagen wir folgende Fragen vor:

- Was sind die für mich wichtigsten Beobachtungen?
- Was habe ich über mich und über uns gelernt, auch wie wir Komplexität und Ungewissheit chancenorientierter aufgreifen können?
- Wie kann ich das Gelernte auf künftige vergleichbare Situationen übertragen? Was kann mir dabei helfen?

Viel Spaß bei dieser Übung, wir wären gerne dabei, wenn das Spiel beginnt!

Quellen

- Leonhard, K. & Yorton, T. (2015): Yes And: How Improvisation reverses „No, but" Thinking and Impoves Creativity and Collaboration. HarperCollings e-book.
- Otto Scharmer über die verschiedenen Ebenen des Zuhörens: *www.youtube.com/watch?v=eLfXpRkVZaI* – abgerufen am 19.8.2018.
- Und Leonard Kelly und Tom Yorton von Second City beschreiben es in ihrem Yes, And so. Yes, And: How to Make Something out of Nothing („Ja, und ...: Wie man etwas aus nichts macht."): *www.youtube.com/watch?v=eLfXpRkVZaI* – abgerufen am 19.8.2018.

Das Ungewissheitsprofil

Orientierung

Ziele

- Das Ungewissheitsprofil kennenlernen und mit dessen Kriterien bestimmen, ob nächste Schritte einfach zu planen sind, oder ob gerade unter Ungewissheit gehandelt wird
- Den Unterschied zwischen „ungewiss" und „unsicher" verstehen
- Die großartigen Potenziale von Ungewissheit in Bezug auf Ziele und die weitere Zukunft erkennen
- Spüren, dass die Bewertung von Ungewissheit eine Mischung aus Faktenanalyse und emotionalen Situationsfaktoren ist

Zeit

Insgesamt 60 Minuten
- Intro: 15 Minuten
- Gruppenarbeit: 30 Minuten
- Auswertung und Learnings im Plenum: 15 Minuten

Material

Flipcharts; gegebenenfalls eine Checkliste mit der Aufgabenbeschreibung

Hinweise

Dieser Baustein bildet die Basis für Organisationshandeln. Es ist wichtig zu verstehen, ob die Führungskraft eine Situation als ungewiss wahrnimmt und welche Handlungsoptionen sich daraus ergeben

Erläuterung

Auch in komplexen Situationen müssen wir neue Lösungen gestalten und Entscheidungen treffen. Solche Prozesse sind häufig mit Gefühlen der Unsicherheit und Ungewissheit hinterlegt. Wie Menschen mit diesen begleitenden Emotionen umgehen, ist einerseits individuell sehr unterschiedlich sowie andererseits mehr oder weniger Erfolg versprechend. Durch die Arbeit mit dem Ungewissheitsprofil wollen wir diese Aspekte aufzeigen und verdeutlichen, welche Chancen und natürlich auch Risiken in der Ungewissheit zu finden sind. Diese Übung ist von

Klaus Haasis mit den Ergebnissen der ersten „Effectuation Ausbildung“ 2014 unter Michael Faschingbauer ausgearbeitet worden.

Intro-Vorschlag

„Täglich, stündlich, minütlich sind wir dabei, Entscheidungen zu treffen und Lösungen für die Zukunft zu gestalten. Dabei kennen wir alle das Gefühl, dass Situationen/Entwicklungen schwer einschätzbar sind. Das kann von Nervosität, Stress und Unwohlsein begleitet sein. In solchen Situationen ist es hilfreich, eine Selbstanalyse durchzuführen, um herauszufinden, welche Parameter für die Entscheidung wichtig sind und uns gerade wie beeinflussen. Wir nennen es die Arbeit mit dem Ungewissheitsprofil. Es gibt uns die Möglichkeit, Fakten und Gefühle zu reflektieren, die die momentane Situation bestimmen, um in unseren Entscheidungen voranzukommen.“

Nachdem Sie das „Ungewissheitsprofil“ zur Sprache gebracht haben, wird den Teilnehmern deutlich gemacht, was genau mit „Ungewissheit“ bezeichnet wird. *„Zum Einstieg ist es hilfreich, eine wichtige Unterscheidung zu verstehen: Es gibt einen wesentlichen Unterschied zwischen Unsicherheit und Ungewissheit.“*

Erklären Sie nun zunächst, was „Unsicherheit“ bezeichnet: *„Für eine unsichere Situation kann immer eine Risikoeinschätzung gemacht werden. Hierzu gibt es valide Daten und Erfahrungen aus der Vergangenheit, die in die Zukunft extrapoliert werden können. Das heißt auch, wir können uns die notwendigen Informationen gezielt verschaffen, und wir können das Risiko durch die Analyse der Vergangenheit reduzieren.“*

Hierzu können Sie etwa folgendes Beispiel geben: *„Ich habe zu einer Veranstaltung eingeladen, ohne um eine Rückantwort zu bitten. Da bemerke ich zu einem bestimmten Zeitpunkt, dass ich mich ‚unsicher‘ fühle, wie viele Teilnehmer zu der Veranstaltung kommen werden. Ich frage mich, ob ich genügend Sitzplätze, ausreichend Getränke usw. für meine Gäste haben werde. Was sind jetzt Handlungsoptionen für mehr Sicherheit? Ich kann alle Eingeladenen anrufen und fragen, ob sie an der Veranstaltung teilnehmen werden. Damit fühle ich mich sicherer und habe das Risiko ein Stück minimiert. Dann habe ich noch Erfahrungen aus der Vergangenheit mit einer gewissen ‚No-show‘-Rate. Also das Wissen, wie viele Teilnehmer erfahrungsgemäß trotz Anmeldung nicht kommen werden, vielleicht sind das ungefähr 20 Prozent. Diese Erfahrung aus der Vergangenheit kann ich in die Zukunft extrapolieren und 20 Prozent von den Zusagen abziehen. Das Beispiel steht für Handeln unter Unsicherheit und bedeutet, dass ich die Möglichkeit habe, eine gewisse Sicherheit herzustellen.“*

Als Nächstes wird der Gegensatz der Ungewissheit dargestellt: *„Für eine ungewisse Situation, das heißt, für Handeln in komplexen Situationen, gilt das nicht. Handeln unter Ungewissheit bedeutet, es gibt viele Unbekannte, es gibt kein Erfahrungswissen aus der Vergangenheit und das Risiko ist nicht kalkulierbar."* Wenn das geklärt ist, können Sie zur eigentlichen Aufgabe überleiten.

Vorgehen

„Ich möchte euch jetzt einladen, Gruppen mit drei bis vier Teilnehmern zu bilden und ‚Ungewissheitsprofile' zu erstellen." Die Gruppen wählen jeweils eine individuelle Situation aus, in der einer von ihnen eine Entscheidung bezüglich der Zukunft treffen will oder muss (musste), die für sie von Ungewissheit gekennzeichnet ist. *„Ihr seid vollkommen frei, ob ihr ein Beispiel aus eurer Privatwelt oder eurer Professions- und Organisationswelt verwenden wollt. Ihr seid auch frei darin, ob ihr zunächst 5 Minuten jeder einzeln eine Analyse vornehmen wollt, oder gleich gemeinsam an einem Beispiel arbeitet. Ziel ist es dann, für das gemeinsame Beispiel eine Einschätzung vorzunehmen, wie ungewiss diese Situation auf euch wirkt beziehungsweise gewirkt hat."* Insgesamt haben die Gruppen dafür eine halbe Stunde Zeit.

Bei der Situationsanalyse werden die folgenden sechs Ungewissheits-Parameter betrachtet. Mit ihrer Hilfe kann eingeschätzt werden, ob eine Situation eher (sehr) ungewiss oder eher (sehr) sicher erscheint.

- Meine Einschätzung des verwendbaren Wissens
- Die Tiefe der vorliegenden Informationen
- Die Dynamik der laufenden Veränderungen
- Der Grad der gefühlten Komplexität
- Die Beschaffenheit der erkennbaren Ziele
- Und meine generelle Einschätzung der Zukunft

„In 30 Minuten treffen wir uns wieder hier im Plenum, um eure Erfahrungen mit der gesamten Gruppe zu teilen."

Debriefing

Die Erfahrungen werden in ein „Ungewissheitsprofil" eingetragen (s. auf der nächsten Seite) und dieses wird abschließend im Plenum ausgewertet.

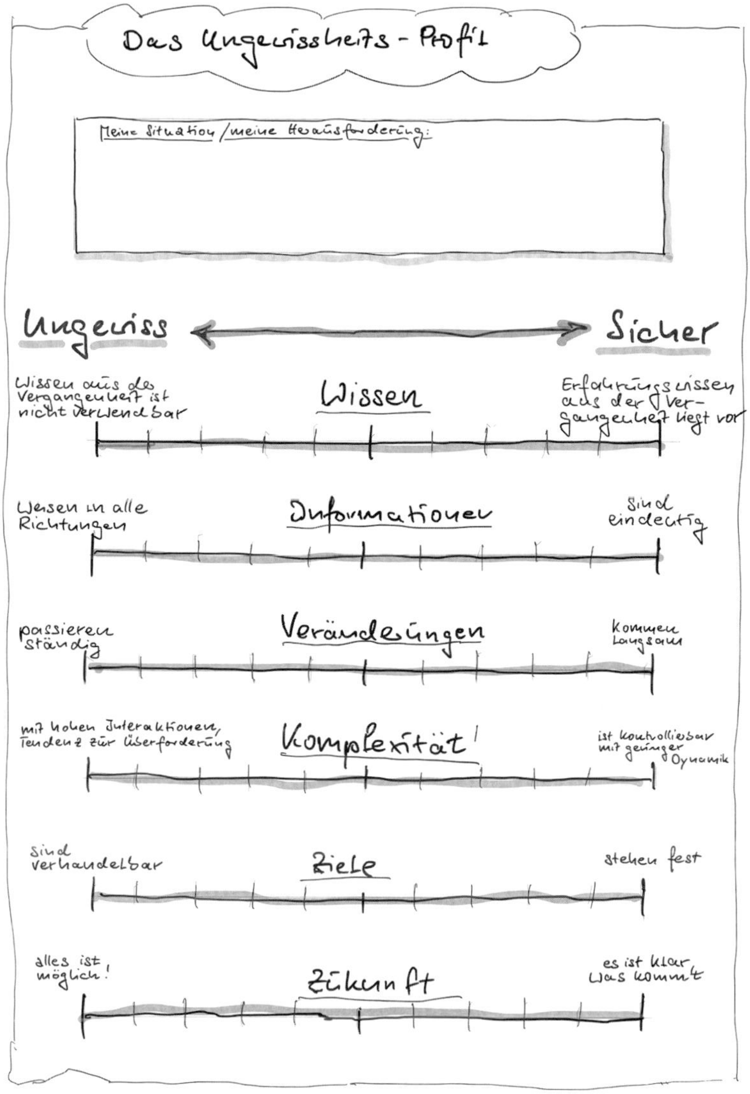

Abb.: Das Ungewissheitsprofil.

Die Auswertung sollte drei Aspekte abdecken:

1. **Der Veränderungs-Aspekt**. Ein paar Fragen dafür:
   - Wie hat sich die Beschäftigung mit dem Ungewissheitsprofil angefühlt?
   - Was hat sich bei den Teilnehmern durch die Bewertung einer komplexen und ungewissen Situation verändert?
   - Was kann die Arbeit mit dem Ungewissheitsprofil bringen?
   - Welche Fragen sind noch offen geblieben?

2. **Der Gefühls-Aspekt:** Inwieweit ist eure Einschätzung faktenbasiert und wieweit ist sie gefühlsbasiert?

   Die Arbeit mit dem Ungewissheitsprofil zeigt, dass die Einschätzungen weit mehr von subjektiven Gefühlen geleitet sind als von objektiven Fakten. Diese Gefühle sind wichtig und nützlich, wenn sie jedoch nicht reflektiert werden, kann das leicht dazu führen, jegliche Objektivität zu verlieren und mit eingeschränkter Wahrnehmung zu handeln.

3. **Der Potenzial-Aspekt:** Sensibilisieren Sie die Teilnehmer dafür, dass eine ungewisse Situation unglaublich viele Möglichkeiten bietet!

   Wie man aus dem Profil erkennt, ist bezüglich der Zukunft unter Ungewissheit „alles möglich". Es bietet sich also ein immenser, eigentlich unbegrenzter Gestaltungsspielraum. Noch interessanter und großartiger wird das bei den Zielen. Denn das Gegenteil von „Die Ziele liegen fest" ist nicht „Die Ziele sind unklar", sondern „Die Ziele sind verhandelbar". Dies ist in einer tendenziell rigiden Organisationswelt eine großartige Sache, die zum Handeln und zur Nutzung des Handlungsspielraums einlädt. Ungewissheit ist also nicht per se schwierig. An der vorderen Front eines auf Weiterentwicklung ausgerichteten Unternehmens neue Lösungen zu gestalten, kann besonders bereichernd und vielversprechend sein.

Gegebenenfalls kann man hier noch gut einen Austausch mit dem Seminar-Buddy anschließen mit folgenden Fragestellungen: Was habe ich über mich in dieser Arbeit mit dem Ungewissheitsprofil entdeckt? Worauf will ich künftig in solchen Situationen achten bzw. was tun?

Quellen

- *www.effectuation.at/wp-content/uploads/2015/02/Tool-1.2-Ungewissheits-Profiling.pdf* – abgerufen am 07.08.2018.

Wirken im komplexen Umfeld

Seite	Thema/Übung	Dauer
306	Das Minimal Viable Team	80 Minuten
312	Was das Team-Canvas und ein Kühlschrank gemeinsam haben	60 Minuten
319	Methoden der Zukunftsgestaltung: Das „Effectuation Grid“	120 Minuten
328	Hackathon	90 Minuten

Das Minimal Viable Team

Orientierung

Ziele

- Die unterschiedlichen Perspektiven auf die Welt als Wert erlebbar machen
- Zeigen, dass Diversität eine große Kraft in komplexen Umgebungen erzeugt
- Die Möglichkeit aufzeigen, dass man durch die Übernahme anderer Rollen zu mehr Weitblick bei der Gestaltung von Problemen kommen kann

Zeit

Insgesamt 80 Minuten
- Intro: 15 Minuten
- Einzelarbeit: 20 Minuten
- Partnerarbeit: 30 Minuten
- Auswertung und Learnings im Plenum: 15 Minuten

Material

Flipcharts mit den visualisierten Modellen; evtl. Riemann-Thomann-Test für jeden Teilnehmer; Checkliste Aufgabenbeschreibung; eventuell ein freier Stuhl

Hinweise

Die Übung könnte auch im Rahmen einer Teamentwicklung angewendet werden. Dann könnten die Teammitglieder entweder ihre Testergebnisse nutzen oder eine Selbsteinschätzung vornehmen und so das Team-Schema füllen.

Erläuterung

Die nachfolgend dargestellte Übung lässt sich auch sehr gut als eine Fortführung der Riemann-Thomann-Übung einsetzen (s. S. 89). Nachdem die Teilnehmer ihre Testergebnisse haben, könnte man, anstatt auf die Führungskulturdimensionen zu schauen, auch die spezifische Konstellation, die sich aus den Ergebnissen für ein bzw. das eigene Team ergibt, reflektieren. Als ein ergänzendes entsprechendes Modell bietet sich aus unserer Sicht ein Schema an, das der Kreativchef der Agentur AKQA, Rei Inamoto, entwickelt hat. Zu diesem Modell gibt es unseres Wissens nach keine wissenschaftliche Validierung, es hat sich gleichwohl in unserer Arbeitspraxis sehr bewährt. Einerseits öffnet es die Teilnehmer dafür, ihre Unterschiedlichkeit wertzuschätzen und auch aktiv „Unterschiedlichkeit ins Team zu holen“. Andererseits kann das Gedankenspiel „Welche Rolle fehlt“ und „Welche zusätzliche Rolle könnte ich noch übernehmen?“ und „Welche Auswirkungen hätte dies?“ sehr inspirierend für das Teamklima und die Zusammenarbeit im Team sein.

Intro-Vorschlag

„Die kleinste Einheit in der Wertschöpfungsstruktur eines Unternehmens ist das Team. Immer wieder wird die Frage gestellt, wie ein erfolgreiches Team gestaltet werden kann. Auch auf dem seit vielen Jahren in Austin in Texas stattfindenden Medien- und Digital-Festival, dem South by Southwest, abgekürzt SXSW. Über 50.000 Teilnehmer versammeln sich dort, um den neuesten Trends in Musik, Film und Interaktiven Medien nachzuspüren. Vor einigen Jahren hat dort der Kreativchef Rei Inamoto sein Konzept eines erfolgreichen Teams präsentiert.“ Für uns und unsere Praxis hat sich dieses Modell bis heute als mentales Modell bewährt.

„Rei Inamoto berichtete dort, dass man nur drei Typen von Leuten braucht, um ein Unternehmen zu starten: ‚Einen Hipster, einen Hacker und einen Hustler.‘ Der ‚Hipster‘ ist der kreative Unruhestifter, der jeden Tag eine neue Idee hat, der ‚Hacker‘ ist der strukturierte Umsetzer, der immer auf der Suche nach Systematik ist und nach dem ‚Wie?‘ fragt, und der ‚Hustler‘ ist der geniale ‚Verpacker‘, der die Produkte an den Mann und an die Frau bringt und für den notwendigen Fokus und die unternehmerische Umsetzung sorgt. Diese Konstellation wird auch das ‚Minimal Viable Team‘ genannt, die kleinstmögliche Form einer unternehmerischen Einheit. Als ‚Hintergrundfolie‘ zur Einordnung dieser ‚Typen‘ passt das Persönlichkeitsmodell von Riemann-Thomann sehr gut.“

Wenn man das Riemann-Thomann-Modell noch nicht erklärt hat, dann sollte man das jetzt tun. Hierfür kann man gut die Vorgehensweise wählen, die auf S. 89 ff. dargestellt wurde. Für diese Übung könnte man die Teilnehmer im Vorfeld bitten, den Riemann-Thomann-Test durchzuführen. Gleichwohl funktioniert die Übung auch, ohne dass die Teilnehmer ein Testergebnis vorliegen haben. Aus unserer Sicht können sich die Teilnehmer anhand der Dimensionen des Riemann-Thomann-Modells auch sehr gut selbst einschätzen.

Knüpfen Sie an die einleitenden Worte an: *„Während die kleinste und konzentrierteste Form des Teams bei Start-ups mit den drei Ausprägungen ‚Hipster‘, ‚Hacker‘ und ‚Hustler‘ auskommen kann, bedarf es bei der weiteren Ausdifferenzierung von Strukturen aus meiner Erfahrung* *noch eine vierte Rolle, die ich den ‚Hub' nenne. Der ‚Hub' nimmt die verbindenden Aufgaben in der Zusammenarbeit wahr und sorgt für einen Austausch und Ausgleich zwischen den Teammitgliedern. Jeder der vier Rollen kann man eine zentrale Ausrichtung zuordnen:*

- *Der Hacker ist an Steuerung und Struktur interessiert und will Dinge ‚richtig' machen.*
- *Der Hustler ist an Verkaufen, Wettbewerb, Konkurrenz interessiert und will ‚schnell Ergebnisse produzieren'.*
- *Der Hipster ist an Kreativität und Gestaltung interessiert und will immer der Erste sein, der etwas Neues ausprobiert, er will innovativ immer ‚vorne' sein.*
- *Der Hub ist an der Zusammenarbeit in der Unterschiedlichkeit interessiert, an Vielfältigkeit und Nachhaltigkeit."*

Das können Sie gut mit einem Schaubild visualisieren:

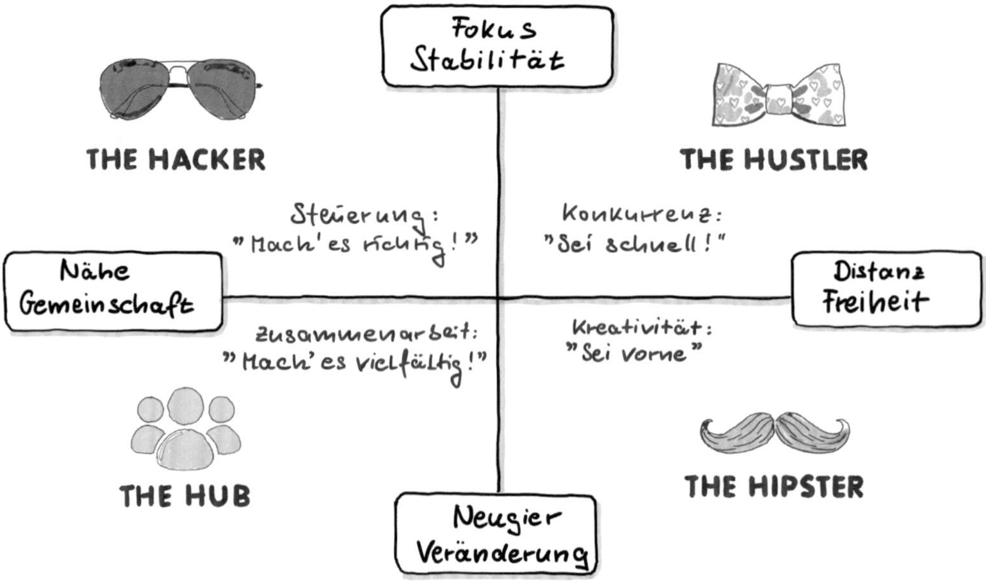

Abb.: Schaubild: Hacker, Hustler, Hipster, Hub. Achtung: Die Skalen sind andere als beim Riemann-Thomann-Kreuz.

Erklären Sie, dass, wenn diese Rollen in einem Team in dieser oder ähnlicher Konstellation zusammenarbeiten, unterschiedliche Sichtweisen aufeinandertreffen. Die Qualität der Zusammenarbeit und damit auch der Erfolg in komplexen und ungewissen Kontexten hängt davon ab, inwieweit die Teammitglieder Verständnis für ihre unterschiedlichen

Werte, Bedürfnisse und Interessen, ihre unterschiedlichen Sichtweisen und Handlungspräferenzen haben. Dabei geht es in erster Linie nicht um den Austausch von Fakten, sondern um die Anerkennung und Würdigung von unterschiedlichen Einstellungen und von Andersartigkeit.

Wenn ein Teammitglied immer nur die Ergebnisse sieht, das andere immer nur an etwas Neuem interessiert ist, ein weiteres Mitglied ein funktionierendes System braucht und für ein viertes Mitglied immer „das Ganze" wichtig ist, lässt sich dies nicht durch den Austausch von Argumenten lösen, sondern nur durch ein vertrauensvolles Klima des gegenseitigen Zuhörens und der Anerkennung von Unterschiedlichkeit. Denn jedem verschafft zunächst nur seine Sichtweise „Lust". Dabei kann es durchaus sein, dass eine Person mehrere Rollen wahrnimmt. Zum Beispiel, weil sie alle diese Haltungen in sich hat oder/und, weil sie intuitiv spürt, dass es diese Rolle für den Erfolg des Teams braucht.

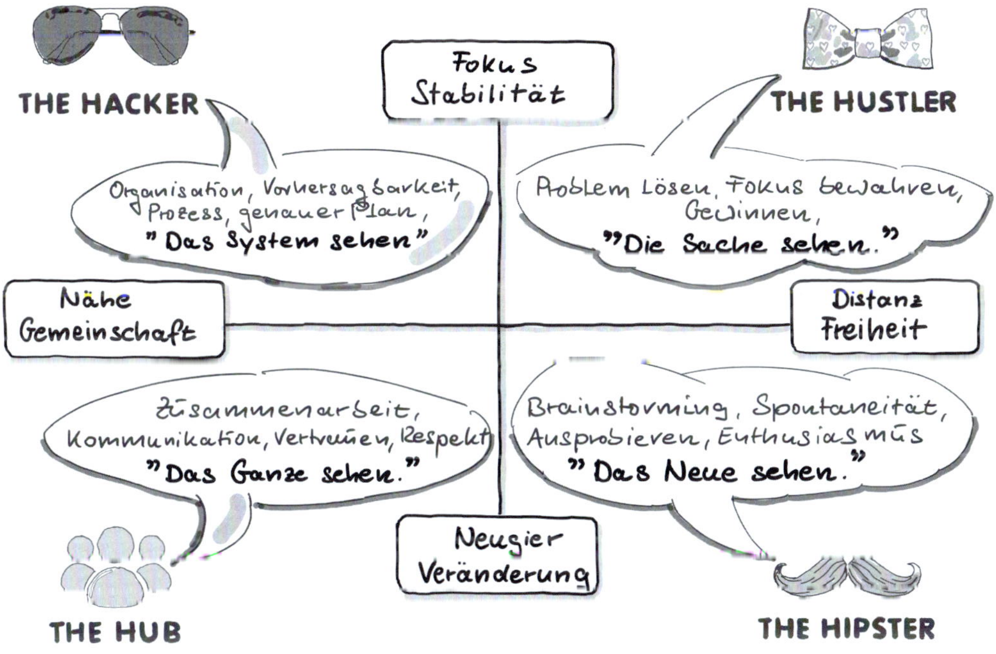

Abb.: Haltungen für den Erfolg des „Minimal Viable Teams".

Leiten Sie nun zur eigentlichen Übung über: *„Bei dieser Übung geht es darum, den Mehrwert von Unterschiedlichkeit zu verstehen und die Dynamik im Team in positiver Weise für den Umgang mit komplexen Herausforderungen zu nutzen. Je mehr die Mitglieder eines Teams ihre gegenseitigen Orientierungen, Bedürfnisse, Perspektiven und Interessen* Vorgehen *anerkennen, desto passender und Erfolg versprechender können sie sich den Herausforderungen eines komplexen Umfelds stellen. Und der Forderung nach der notwendigen Varietät entsprechen:* siehe Ashby's Law! (s. S. 116)

Deshalb lade ich euch jetzt ein, eure eigene Rolle in eurem Team bzw. eurer Organisation und die entsprechende Dynamik zu reflektieren. Die nachfolgende Übung ist in zwei Schritte unterteilt: eine Einzelarbeit, in der ihr euch selbst reflektiert, dafür habt ihr 20 Minuten Zeit. Der zweite Teil ist eine Partnerarbeit, in der ihr die Erkenntnisse eurer Reflexion austauscht. Dafür habt ihr 30 Minuten Zeit. Dann treffen wir uns wieder im Plenum. Hier die jeweiligen Fragen, an denen ihr euch orientieren könnt."

Die Teilnehmer beginnen mit einer Einzelarbeit: *„Zunächst reflektiert jeder für sich persönlich (bitte das Riemann-Thomann-Schema für sich aufmalen, die Rollen aufführen und die eigene Personen verorten): Wenn ich auf mein Team schaue, in dem ich in meiner Organisation arbeite ...*

- *Welche Rolle(n) habe ich (primär/sekundär) inne (entsprechend dem Test oder anhand der Selbsteinschätzung)?*
- *Wer der anderen Teammitglieder hat welche Rollen inne? (Hier kann es auch hilfreich sein, die Namen der einzelnen Teammitglieder sowie deren Verbindungen zu visualisieren.)*
- *Wieweit sind die unterschiedlichen Rollenausprägungen im Team vorhanden?*
- *Welche Stärken und Schwächen sind mit dieser Konstellation verbunden?*
- *Wieweit würdigen die Teammitglieder ihre Unterschiedlichkeit? Was könntest du dazu beitragen, dass Unterschiedlichkeit mehr gewürdigt wird?*
- *Was könntest du von anderen Teammitgliedern mehr brauchen? Wieweit hast du das bisher bereits ausgesprochen?*
- *Was könnten andere Teammitglieder möglicherweise von dir brauchen? Wieweit wurde das je angesprochen?"*

Im nächsten Schritt finden sich Partner zusammen und tauschen sich über ihre Erfahrungen aus. Hilfsfragen hierzu können sein:

- Wieweit würdigen die Teammitglieder ihre Unterschiedlichkeit? Was könntest du dazu beitragen, dass Unterschiedlichkeit mehr gewürdigt und genutzt wird?
- Was würde passieren, wenn ihr bewusst versucht, eine andere Rolle (welche?) einzunehmen?
- Was könnt ihr aus dieser Übung für euch mitnehmen?

Debriefing

Das Debriefing findet im Plenum statt. Dabei kann man die Fragen aus der Partnerarbeit nochmals aufgreifen und eine entsprechende Zusammenfassung im Plenum herstellen. Diese kann man zum Beispiel in einer Mind-Map mitvisualisieren. Der Schwerpunkt des Fazits im Plenum liegt auf folgenden Aspekten:

- Diversität erzeugt eine große Kraft in komplexen Umgebungen
- Durch die Übernahme anderer Rollen kommt es zu mehr Vielfalt und Weitblick bei der Gestaltung von Lösungen

Falls die Übung im Rahmen einer Teamentwicklung angewendet wurde, so haben die Teammitglieder entweder ihre Testergebnisse genutzt oder eine Selbsteinschätzung vorgenommen und so ein Teamschema ausgefüllt. Anschließend wird die Gruppendynamik, die sich auf diese Weise konstelliert, gemeinsam diskutiert. Nützliche Fragestellungen könnten hierbei sein:

- Wieweit respektieren und würdigen wir unsere Unterschiedlichkeit?
- Welche Teamdynamik ergibt sich aus diesem Bild?
- Welche Rollen sind gut, zu wenig, zu stark ausgeprägt?
- Wer könnte welche Rolle zusätzlich stärker übernehmen?

Quellen

The Minimum Viable Team:
- *www.slideshare.net/mobile/startup-simple/150414-lean-cofounder-matchup-slideshareversion-33588747* – abgerufen am 07.08.2018.
- Riemann, F. (1961): Grundformen der Angst und die Antinomien des Lebens. Ernst Reinhardt Verlag.

Team Chemistry Concept from Deloitte:
- *hbr.org/2017/03/the-new-science-of-team-chemistry* – abgerufen am 07.08.2018.

The competing value system:
- *www.12manage.com/methods_quinn_competing_values_framework.html* – abgerufen am 07.08.2018.

Was das Team-Canvas und ein Kühlschrank gemeinsam haben

Orientierung

Ziele

- Ein Konzept kennenlernen, das die Ressourcen (Fähigkeiten, Kompetenzen...) der eigenen Person und des Teams in den Mittelpunkt rückt
- Die eigenen und die Ressourcen des Teams greifbar vor Augen haben, wenn sie gebraucht werden
- Durch die Analogie zu Küche und Kochen einen guten Transfer zu unterschiedlichen Lösungsansätzen erhalten
- Die eigenen Ressourcen als das größte und wichtigste Ressourcen-Potential erkennen

Zeit

Insgesamt: 60 Minuten

- Intro: 15 Minuten
- Gruppenarbeit: 30 Minuten
- Auswertung und Learnings im Plenum: 15 Minuten

Material

Moderationswand mit den vier Quadranten; ab einem Team von mehr als sechs Personen am besten für jeden Quadrant eine Moderationswand bereitstellen; große Post-its in verschiedenen Farben

Hinweise

Diese Übung kann zum Beispiel anstelle eines Parts von WOL (vgl. S. 50 und S. 57) eingesetzt werden. Oder auch anstelle der Übung „Wer ich als FührendeR bin" (s. S. 23). Sie hat eine etwas andere Rahmung und etwas andere Zielstellung (s.o.)

Erläuterung

Die Übung kann insbesondere am Anfang einer Zusammenarbeit im Team sehr inspirierend sein. Die Idee ist es, sichtbar zu machen, was jeder in seinem eigenen „Repertoire" hat und welche Ressourcen alle Teammitglieder zusammen ins ‚Team-Repertoire' legen können. So kann das Team auch unter herausfordernden Bedingungen schnell aus den eigenen Mittel schöpfen, weil die Team-Ressourcen im Bewusstsein des Teams gut gespeichert sind. Das in der Übung genutzte „Inventory-

Canvas" kann durchaus mehrfach wiederholt werden. Denn zum einen macht die Übung dann bewusst, wie der Einzelne sich weiterentwickelt hat und zum anderen verändern sich im Rahmen neuer Herausforderungen auch die Blickwinkel auf Fähigkeiten und Ressourcen: Bei anderen und bei der eigenen Person.

Intro-Vorschlag

„Ich möchte euch zum Einstieg eine Geschichte erzählen. Es ist die Geschichte einer der produktivsten Erfinder im Deutschland des 20. Jahrhunderts, Artur Fischer. Mehr als 1.100 Patente hat Fischer im Laufe seines 96 Jahre langen Lebens erhalten, darunter den legendären S-Dübel und den ‚Fischertechnik'-Baukasten. Und er war nicht nur Erfinder, sondern auch Unternehmer. 1948 hat er die Fischer-Werke im schwäbischen Waldachtal gegründet und immer wieder neue Innovationen etwa für den Bereich der Fotografie oder des Gesundheitswesens entwickelt. Man kann davon ausgehen, dass mit der laufend ansteigenden Zahl an Erfindungen, Neuentwicklungen und Innovationen die Komplexität in seinem Leben deutlich zunahm. Wie ist es ihm gelungen, in diesem Umfeld in seiner Kraft zu bleiben? Indem er sich an sieben einfachen, aber wegweisenden Leitfragen ausgerichtet hat. Diese hingen gerahmt in seinem Büro. Vier davon möchte ich euch hier vorstellen."
Die folgenden vier Leitfragen können Sie auch visualisieren:

- Wer bin ich?
- Was kann ich?
- Was habe ich?
- Wem habe ich zu danken?

Alle diese Fragen verweisen direkt auf die eigene Person und wie Fischer das bezeichnet „auf die Schöpfungskraft unserer Seele".

Diese wegweisenden Leitfragen nach den eigenen Ressourcen stimmen in kongenialer Weise mit den Forschungsergebnissen der Managementforscherin Sara Sarasvathy aus dem Jahr 2001 überein. Sie wollte herausfinden, ob es Prinzipien einer besonderen Entscheidungslogik gibt, nach denen die erfolgreichsten Unternehmer unter Ungewissheit gehandelt haben. Sarasvathy führte unzählige Interviews vor allem auch mit Unternehmensgründern, die es bis an die Börse geschafft haben: etwa mit dem Gründer von Ebay. Aus den Ergebnissen dieser Interviews hat sie ein ressourcenorientiertes Handlungskonzept für Start-ups und Unternehmer entwickelt, das sie „**Effectuation**" nannte. Wesentliche Ergebnisse aus den Interviews waren:

- Es gab niemals am Anfang schon den klaren, vorgeplanten Weg, sondern nur eine generelle Hoffnung (auf Englisch: eine „generalized aspiration"), eine grobe Vorstellung von dem, was passieren könnte.

- Die Unternehmer stellten sich immer wieder die Frage, nach den eigenen Fähigkeiten und Mitteln: „Wer bin ich, was kann ich wirklich gut, was will ich wirklich, was kann ich aus eigener Kraft erreichen?" Sowie die Fragen: „Wen kenne ich, der in irgendeiner Form mitwirken könnte?", „Was wäre der für mich gerade noch leistbare Verlust, wenn es schiefgeht?"

Unter Berücksichtigung dieser Aspekte wurde zunächst immer nur ein kleiner Schritt geplant, der überschaubar war, und Möglichkeiten für Zufälle und neue Partnerschaften bot. Sarasvathy hat diese Vorgehensweise den „**Fridge Approach**" genannt. Erklären Sie nun den Namen „Fridge-Approach", indem Sie die Metapher des Kochens beschreiben, die sie benutzt, um ein bestimmtes Vorgehen zu beschreiben. Aus Sarasvathys Sicht gibt es beim Kochen zwei grundsätzlich unterschiedliche Wege:

1. Der eine Weg baut auf feste und genau definierte Rezepte. Alle Zutaten sind klar beschrieben, ebenso wie das Vorgehen. Abweichungen sind ein Problem. Voraussetzung für diese Art des Kochens ist es, alle Zutaten verfügbar zu haben bzw. ausreichend Geld, um die entsprechend notwendigen Zutaten einzukaufen. Dann bekommt man ein gesichertes und geplantes Ergebnis.

2. Der andere Weg des Zubereitens von Mahlzeiten basiert auf dem, was vorhanden ist. Es gibt eine allgemeine Vorstellung vom Ziel und dann wird der Kühlschrank zu Rate gezogen. Man nutzt, was der Kühlschrank hergibt und überlegt, aus welchen Kombinationen sich kreativ etwas Neues schaffen lässt.

Der zweite Weg ist das, was sie „Fridge-Approach" nennt. *„Übertragen auf unternehmerisches Handeln heißt das ‚Mach das Beste und etwas Neues aus dem, was da ist. In dir selbst und in deinem Umfeld'."* An dieser Stelle können Sie auch auf die Leitfragen des Erfinders Artur Fischer zurückverweisen.

„Und hierzu gibt es kein Erfolgsrezept. Aber ein Navigationssystem! Gerade wenn es darum geht, etwas Neues aufzubauen und unter Ungewissheit Entscheidungen zu treffen, dann gilt es, Vorhandenes neu zu kombinieren und mit bestehenden Ressourcen Zukunft entstehen zu lassen.

Dies auf sich selbst übertragen bedeutet: Gerade in komplexen Welten und Phasen des Wandels ist es sehr hilfreich, sich die eigenen Möglichkeiten, Wünsche, Energien und Fähigkeiten immer wieder vor Augen zu führen."

Vorgehen

Erläutern Sie zunächst das „Team-Inventory-Canvas", mit dem nun gearbeitet wird: *„Manchmal vergisst man möglicherweise – um bei der Kühlschrank-Metapher zu bleiben – was man selbst alles im Kühlschrank hat: also über welche Fähigkeiten, Kompetenzen und Erfahrungen man verfügt. Dies ist besonders in Stresssituationen und bei unerwarteten Herausforderungen der Fall. ‚Die Hirnforschung hat dies klar bewiesen: unter Stress, massivem Druck und Angst werden wir alle etwas dümmer'* (Schmidt 2016). *Das heißt, wir können in solchen Situationen oft nicht gut auf unsere Kompetenzen und Fähigkeiten zugreifen. Daher kann es äußerst nützlich sein, sich die eigenen Kompetenzen bewusst vor Augen zu führen, indem man sie aufschreibt. Dann erinnert man sich einerseits schneller wieder an diese und andererseits kann man dieses ‚Dokument' irgendwo aufbewahren – in einer ‚Schatzkiste' oder einem ‚Medizinschränkchen', auch im Kühlschrank. Oder, wie Herr Fischer, es andauernd sichtbar als Bild hübsch rahmen und aufhängen. Ein solches Bild der eigenen Kompetenzen, ein persönliches ‚Inventory-Canvas', bitte ich euch jetzt, für euch zu erarbeiten."*

Visualisieren Sie das „Inventory-Canvas". Es besteht aus vier Quadranten, die auf den drei Effectuation-Fragen aufbauen. Eine Beispielsvisualisierung sehen Sie auf der nächsten Seite. Die Fragen zum persönlichen Inventory-Canvas lauten:

- Wer bin ich?
- Was kann ich?
- Wen kenne ich?
- Was stärkt mich?

Bitten Sie Ihre Teilnehmer, die Antworten auf diese Fragen auf Post-its zu schreiben und diese auf das Canvas in den entsprechenden Quadranten zu kleben.

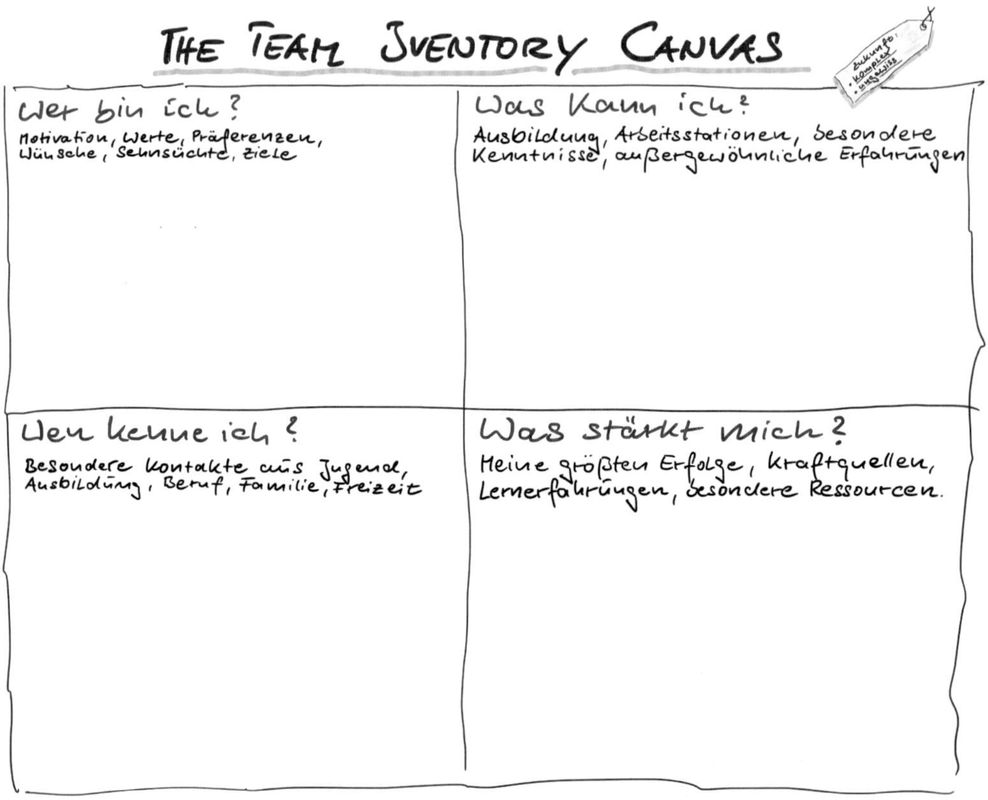

Abb.: Das Team-Inventory-Canvas.

In den **„Wer bin ich?"-Quadranten** klebt jedes Teammitglied die Antworten auf diese Frage. Weitere Fragen, die dabei nützlich sein können, lauten:

- Was sind meine „Antreiber"?
- Welche Werte sind mir wichtig?
- Was sind Persönlichkeitsmerkmale, die mich stark machen und zu mir gehören?
- Was mache ich gerne?

Im **„Was kann ich?"-Quadranten** werden Ausbildungen und Arbeitsstationen eingetragen, aber auch außergewöhnliche Erfahrungen, wie die Mitarbeit bei der freiwilligen Feuerwehr, 10 Jahre Improvisationstheater, singen im Chor, Landesmeister im Schachspielen oder andere Kenntnisse und Erfahrungen. Dadurch werden Vielfalt und unterschiedliche Lebensentwürfe sichtbar.

Im **„Wen kenne ich?"-Quadranten** werden besondere Kontakte aus Jugend, Ausbildung, Beruf, Familie und Netzwerke aufgeführt: Mentoren, Bezugspersonen, Freunde, Berühmtheiten, Sportkameraden ...

Dies ist der am meisten unterschätzte Bereich. Er ist gleichwohl wichtig, wenn es darum geht, spezifisches Wissen zu erhalten, Türen zu öffnen oder Ermutigung zu bekommen. Dahinter verbergen sich Aspekte wie „Wen kann ich um Rat oder eine Empfehlungen bitten? Welche Unterstützungs- und Loyalitäts-Netzwerke könnte ich ansprechen und aktivieren?". Hier knüpft aus der umgekehrten Perspektive die Frage von Artur Fischer an: „Wem habe ich zu danken?"

Im vierten Quadranten steht die Frage: **„Was stärkt mich?"**

- Was waren meine größten Erfolge?
- Was sind besondere Kraftquellen für mich?
- Wo habe ich besondere Lern-Erfahrungen gemacht?
- Was für besondere Ressourcen gibt es, die mich bei meinen Aufgaben unterstützen?

„Für diese Ausarbeitung habt ihr jetzt 30 Minuten Zeit. Klar, dies ist ein erster Entwurf, jeder von euch kann und wird dieses persönliche ‚Inventory-Canvas' bestenfalls fortlaufend weiterentwickeln. Weil man an sich selbst immer wieder Neues entdeckt und natürlich auch laufend dazulernt! Ich bitte euch im Anschluss eurer Ausarbeitung euer persönliches ‚Inventory-Canvas' vorzustellen, damit wir einen guten Überblick bekommen, über welche wunderbaren und vielfältigen Kompetenzen und Fähigkeiten wir verfügen."

Debriefing

Anschließend präsentieren die Teilnehmer ihre persönlichen „Inventory-Canvas". Man wird diese dann jeweils würdigen und kann das Gesamtergebnis, das Team-Canvas, als Original oder Foto in den Räumen des Teams aufhängen. Wenn das Team vor spezifischen Aufgaben steht, kann man das Team-Canvas auch für weitere Reflexionen nutzen. Dann vertieft man das Bewusstsein bezüglich dieser Stärken weiter. Dies kann zum Beispiel anhand folgender Fragen geschehen: *„Für unsere anstehenden Aufgaben, was denken wir, welche ... besonders wichtig sind?"*

Insgesamt ist es sehr wichtig, immer wieder die Perspektivenvielfalt und die Unterschiedlichkeit zu betonen. Wenn z.B. in einem Team zur Gründung eines neuen Unternehmens Teammitglieder sagen würden (für das Feld „Wer bin ich und was sind meine Bedürfnisse/meine Treiber"): Ich möchte viel Geld verdienen! Ein anderer sagt: Ich möchte gern mein eigener Chef sein! Und ein dritter sagt: Ich möchte die Welt retten! Dann gäbe es dabei kein Gut oder Schlecht, kein Richtig oder Falsch. Es gibt nur unterschiedliche Realitäten, die es erst einmal anzuerkennen gilt. Und die im konkreten gemeinsamen Tun ausgehandelt werden müssen. Prinzipiell gilt: je größer die Unterschiedlichkeit im Team, desto größer die Varietät. Desto besser die Erfolgswahrscheinlichkeit im Umgang mit Komplexität.

Wenn man das als Trainer möchte, könnten für die gemeinsame Auswertung der generellen Methode auch ergänzend noch folgende Fragen genutzt werden:

- *„Wie war es, sich selbst über seine Kompetenzen, Fähigkeiten, Ressourcen … klar zu werden?*
- *Wie war es, sich die Gesamtheit der Kompetenzen, Fähigkeiten, Ressourcen … des Teams bewusst zu werden?*
- *Wie hat sich das Vertrauen in der/in die Gruppe verändert? Entwickelt?"*

Quellen

Das Team-Inventory-Canvas wurde auch inspiriert durch die Effectual-Scrum-Konzepte von Heike Bartlog, u.a:

- *de.slideshare.net/bartlog/effectuation-beim-agile-barcamp-leipzig-2016* – abgerufen am 10.8.2018.
- *www.evangelisch.de/inhalte/131207/29-01-2016/der-problemloeser-duebel-erfinder-artur-fischer-ist-tot* – abgerufen am 11.8.2018.
- Schmidt, G. (2016). Vortrag bei noesis, *www.noesis-online.de/*

Methoden der Zukunftsgestaltung: Das „Effectuation Grid"

Orientierung

Ziele

- Die Verbindung zwischen dem Umgang mit Komplexität und Methoden der Zukunftsgestaltung aufzeigen
- Die Prinzipien von „Effectuation" zur Reflexion eines eigenen Vorhabens (wie den Aufbau eines neuen Bereichs, Entwicklung eines neuen Geschäftsfelds, Gründung eines Start-ups ...) nutzen
- Sich durch die Methode „Effectuation Grid" für das eigene Handeln inspirieren

Zeit

Insgesamt 120 Minuten

- Intro: 30 Minuten
- Gruppenarbeit: 60 Minuten
- Präsentation und Auswertung der Methode und Learnings im Plenum: 30 Minuten

Material

Flipchart „Zeitlinienarbeit: Co-Kreation der Zukunft"; das Effectuation Grid als Leitfaden; Pinnwände für die Visualisierungen der Teilnehmer (pro Gruppe gerne zwei Wände)

Hinweis

Die Teilnehmer brauchen ein konkretes Beispiel, an dem sie arbeiten können. Es könnte aber auch ein fiktives sein: Etwa „wir wollen ein Start-up gründen, dass ..."

Erläuterung

In dem bereits auf S. 313 dargestellte Konzept „Effectuation" von Sara Sarasvathy, einer Management- und Ethikprofessorin, finden sich auch die nachfolgend besprochenen Elemente der Methoden zur Zukunftsgestaltung wieder. Im Rahmen ihrer Forschungsarbeit zu Handlungskonzepten von „Expert Entrepreneurs" hat sie mittels umfangreicher Interviews festgestellt, dass erfolgreiche Unternehmer nicht nach einer kausalen Logik, sondern nach der von ihr erforschten sogenannten „effektualen Logik" handeln. Die Prinzipien der effektualen Logik gelten nach Sarasvathy insbesondere in Phasen der Ungewissheit. Diese Prinzipien bilden auch das „Rückgrat" der Übungen, die in diesem Modul vertieft werden (vgl. Originalversion der Prinzipien: *www.effecutation.org*).

Intro-Vorschlag

„Erich Fromm hat geschrieben: ‚Ungewissheit ist gerade die Bedingung, die den Menschen zur Entfaltung seiner Kräfte zwingt.' Wenn wir unsere Sicherheit und Vorhersagbarkeit in Gefahr sehen, aktivieren wir alle unsere Kräfte. Oft nutzen wir diese aber weniger für ein gedeihliches und zieldienliches Vorgehen, sondern aktivieren unwillkürlich den Betrieb unserer archaischen Notfallprogramme. Bei Unsicherheit, die wir gefühlt als Gefahr erleben, schüttet unser Körper einen starken Hormoncocktail aus, der unsere Energien enorm aktiviert und kurzfristig zugleich massiv einengt: Unser ‚Reptiliengehirn' übernimmt die Steuerung. Dieses ‚Reptiliengehirn' kennt nur wenige Programme: hauptsächlich Flucht, Kampf und Erstarrung bzw. ‚sich tot stellen' (Gunther Schmid 2016).

Gerade in unserem VUCA-Umfeld sind wir hier extrem gefordert: Die Zukunft ist ungewiss. Wir können sie nicht vorhersagen. Langfristig gültige Zukunftsentscheidungen, die bis zum Lebensende und darüber hinaus Bestand haben, gibt es nicht mehr. Um bei solchen Überlegungen nicht in Angststarre zu verfallen oder Flucht- bzw. Verdrängungsreflexen zu erliegen, sollten wir bewusst einen neuen Werkzeugkoffer mit neuen Methoden zur Zukunftsgestaltung packen. Denn wir können die Zukunft zwar nicht vorhersagen, aber wir können sie mitgestalten. Bei aller Unterschiedlichkeit lassen sich bei solchen neuen Methoden der Zukunftsgestaltung folgende Elemente finden:"

Stellen Sie die folgenden Elemente von Methoden der Zukunftsgestaltung vor:

- Sie geben dem Zufall, Kairos, der Gunst des richtigen Augenblicks und der Intuition, eine Chance.
- Sie beziehen Menschen, „zufällige" Netzwerke und Kontakte aktiv in Gestaltungsmöglichkeiten ein.
- Sie sehen Interaktionen zwischen Menschen, Teams und Organisationen als den entscheidenden Erfolgsfaktor der Zukunftsgestaltung an.
- Sie verlassen sich nicht darauf, Wissen und Erfahrungen aus der Vergangenheit in die Zukunft zu extrapolieren.

- Sie arbeiten mit Zeitlinien und wählen den kleinstmöglichen, überschaubaren nächsten Handlungsschritt in die Zukunft.
- Sie stellen die Qualität und die Umsetzung von Lernen in den Mittelpunkt aller Handlungen.

„Je höher die Komplexität ist und je größer die Ungewissheit, desto wichtiger ist es, entlang der Zeitlinie ‚auf Sicht' zu fahren. Die Kernfragen diesbezüglich lauten: ‚Welchen Zeitraum kann ich im Moment übersehen?', ‚Wie groß ist mein Investment für diesen nächsten Schritt?' ‚Welchen Verlust, z.B. an Zeit, Geld, Reputation kann ich mir für diesen Schritt leisten?', ‚Was kann ich dabei lernen?', ‚Was gewinne ich an Erfahrungen oder an möglichen neuen Begegnungen und Partnerschaften?'"

Stellen Sie zunächst eine Übersicht vor, die das Prinzip „Auf-Sicht-Fahren" verdeutlicht. Das kann beispielsweise so aussehen: *Vorgehen*

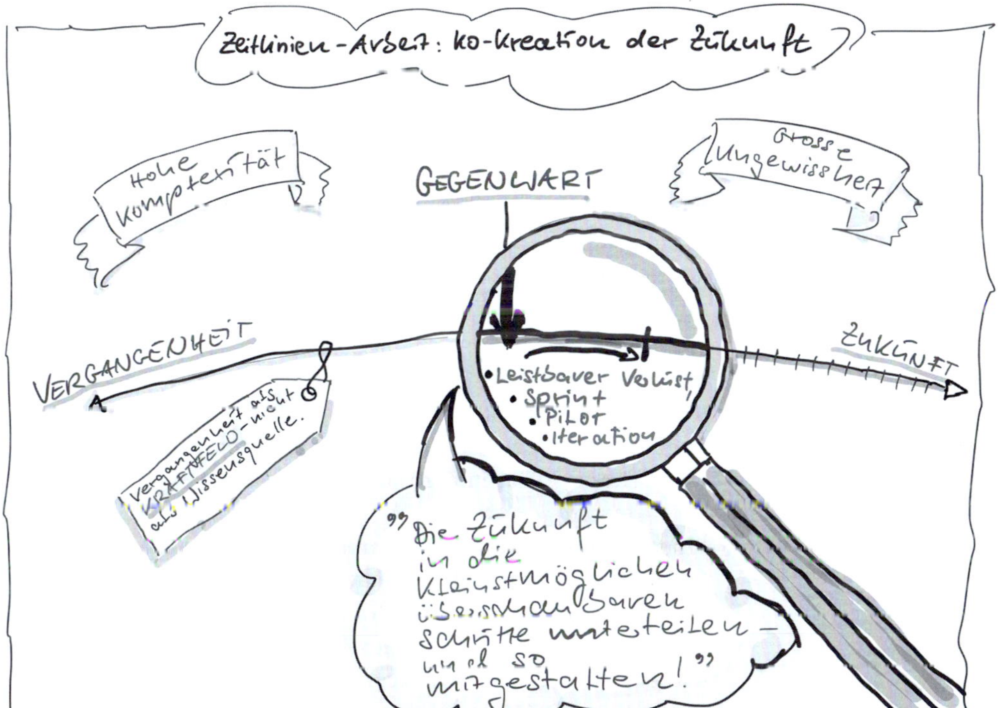

Abb.: Zeitlinien-Arbeit – so kann das „Auf-Sicht-Fahren" verdeutlicht werden.

Nachdem das klar ist, stellen Sie als Nächstes die „Effectuation-Prinzipien" vor: *„Die nachfolgend von mir dargestellte Vorgehensweise zur Zukunftsgestaltung, das ‚Effectuation Grid' berücksichtigt diese eben erläuterte Kernperspektive und beruht auf den Prinzipien des Konzepts ‚Effectuation' von Sara Sarasvathy"* (vgl. S. 313). Für Führende, Menschen, die etwas Neues beginnen wollen, zum Beispiel einen neuen Geschäftsbereich gründen, kann es sehr nützlich sein, diese „Effectuation-Prinzipien" im Bewusstsein zu haben.

Die fünf wesentlichen Effectuation-Prinzipien

Die Zukunft ist nicht vorhersehbar!

1. **Einstellung gegenüber der Zukunft:** Sie kann durch Co-Kreation z.B. durch Vereinbarungen mit anderen Akteuren im System mitgestaltet werden – das können z.B. Investoren, Kunden, Partner, Lieferanten, Stakeholder sein.

Orientierung an den eigenen Mitteln!

2. **Basis für das eigene Handeln:** Maxime für das Handeln sind die verfügbaren eigenen immateriellen Mittel, bestimmt durch die drei Kern-Fragen: Wer bin ich? Was weiß ich? Wen kenne ich? Diese drei Fragen bestimmen die immer wieder veränderlichen Ziele, die für Neues und Ungewisses angestrebt werden. Effectuation nennt das das „Bird-in-Hand-Principle".

Der individuell leistbare Verlust!

3. **Einstellung gegenüber Risiko und Einsatz von Ressourcen:** Der individuell leistbare Verlust bestimmt den nächsten Schritt und die Nutzung der nächsten Gelegenheit – und nicht der gigantische Invest oder der große, vielleicht in ferner Zukunft zu erwartende Ertrag. Man geht auf der Zeitlinie so weit, wie man den Invest überschauen kann und wie die eigenen materiellen Mittel das erlauben. Damit liegt der Fokus auf zukünftigen Aktivitäten, die der eigenen Kontrolle unterliegen. Effectuation nennt das das „Pilot-in the-Plane-Principle".

Unter Ungewissheit verbindliche Partnerschaften eingehen!

4. **Einstellungen gegenüber anderen:** Bei all diesen kleinen Schritten soll die Grundlage immer eine verbindliche Partnerschaft auf Gegenseitigkeit für den nächsten Schritt sein. Die Vereinbarung kann sehr einfach sein, z.B: „Ich finde, wir hatten ein sehr bereicherndes Gespräch. Könnten wir das noch zweimal fortsetzen? Einmal bezahle ich den Kaffee und einmal du." Bau so viele Partnerschaften auf wie möglich, die sich dann zu einem bunten Teppich zusammenfügen. Effectuation nennt das "Crazy-Quilt-Principle."

5. **Einstellung gegenüber dem Unerwarteten:** Je mehr kleine Schritte mit neuen Partnerschaften man macht – unter Einbezug der neuen Ressourcen, also der Fähigkeiten und der Kompetenzen, desto mehr Raum für Unerwartetes, Überraschendes und Zufälliges kann sich ergeben. Dies bietet einen Hebel für Innovationen und unternehmerische Gelegenheiten. Effectuation nennt das das "Lemonade-Principle". Wenn das Leben dir Zitronen gibt, mache Limonade draus.

Zufälle bestimmen den unternehmerischen Erfolg!

Beziehen Sie im nächsten Schritt die vorgestellten Prinzipien auf die Praxis. Wie kann eine einzelne Person oder eine Gruppe diese Effectuation-Prinzipien für das eigene Handeln nutzen?

Eine Gruppe von Effectuation Experts hat in einem kollaborativen Arbeitsprozess im Jahr 2014 ein Werkzeug entwickelt, das helfen soll, Prozesse nach der Effectuation-Methode zu strukturieren, das sogenannte „Effectuation Grid". Das Grid dient der Selbstreflexion für alle, die in einem Innovationsprozess unter großer Ungewissheit schnell konkrete Handlungsschritte entwickeln wollen. Dieses „Effectuation Grid" ist ein Werkzeug, um von linearem Handeln bei hoher Komplexität und unter Ungewissheit zu vernetzten und systemischen Vorgehensweisen zu kommen.

Präsentieren Sie das Grid, das auf der nächsten Seite abgebildet ist, am besten mit visueller Unterstützung, beispielsweise Flipchart oder PowerPoint. Es gliedert sich in sechs Bereiche.

1. Anlass
2. Ungewissheitsprofil
3. Mittelanalyse – Meine Ressourcen
4. Bestimmung des leistbaren Verlusts
5. Partnerschaften entwickeln, Vereinbarungen eingehen
6. Handlungsschritte einleiten für Co-Kreation

Ausgangspunkt/ Anlass	Meine Mittel/ Meine Ressourcen	Mein leistbarer Einsatz & Verlust	Partnerschaften & Vereinbarungen	Nächste Schritte für Co-Kreation
	Wer bin ich?	Was wäre ich bereit zu verlieren?	Netzwerkanalyse: Wer könnte ein Projekt auf Gegenseitigkeit mit mir starten?	Was werde ich jetzt konkret im nächsten Schritt tun?
Ungewissheitsprofil Zukunft Ziele Informationen Komplexität Veränderung	Was weiß ich?	Was bin ich konkret bereit, im nächsten Schritt zu investieren?	Wer hat bereits Bereitschaft signalisiert?	Welche neuen Mittel könnten entstehen?
	Wen kenne ich?	Wer könnte bereit und willens sein, mein Vorhaben mit mir weiterzuentwickeln?	Welche Vereinbarungen möchte ich konkret mit einem Partner treffen?	Durch welche Erkenntnisse hat sich die Ungewissheit reduziert? Wie könnte sich das Ziel verändern?
	MENTALE MÖGLICHKEITSRÄUME		RAUM FÜR ZUFÄLLE „DRAUSSEN“	
	Meine Selbstführung	Meine Wirklichkeit	Netzwerkanalyse	Open Asking

Abb.: Das Effectuation-Grid (für eine ausführlichere Abb. s. Quellen).

Erklären Sie, dass das Durchlaufen dieser sechs Schritte dann zu einer Überprüfung des Anlasses leitet, zu möglicherweise neuen Mitteln inspiriert, zur Abwägung des leistbaren Verlusts führt, und schließlich zu neuen Zielen und Handlungsschritten mit neuen Partnerschaften und weiteren Iterationen.

Sarasvathy erklärt, dass es zu Beginn einer unternehmerischen Initiative unter Ungewissheit und Komplexität bestenfalls so etwas wie eine „Generalized Aspiration“ gibt, also ein undefinierbares Bestreben, ein grobes Ziel, eine grundlegende Sehnsucht, eine vage Erwartung. Wenn der Anlass zu konkret wäre, das Ziel zu klar umrissen, die Erwartung zu genau beschreibbar, der Weg zu linear beschritten werden sollte, dann wäre das nicht der richtige Weg für effektuales Vorgehen im komplexem Umfeld.

Nun kann eine Reflexion erfolgen. Dazu können die Teilnehmenden sich entweder vollständig an diesem Grid orientieren und bezüglich ihres eigenen Vorhabens ein solches Grid anfertigen, oder sie können die nachfolgenden Fragen bearbeiten. Zu dem Zweck bitten Sie Ihre Teilnehmer, Gruppen von vier bis fünf Personen zu bilden und in der Gruppe ein Vorhaben zu wählen. Das kann ein konkretes Vorhaben sein oder eines, das sie möglicherweise so realisieren wollen (wenn auch nicht gleich), oder auch ein fiktives Beispiel. Dazu werden die folgenden, visualisierten Fragen beantwortet.

„Wählt bei der Bearbeitung die Auswahl an Fragen, die euch sinnvoll erscheint und visualisiert eure Ergebnisse in Stichworten. Ihr werdet dazu einige Zeit brauchen. Ich schlage vor, wir geben uns 60 Minuten."

1. **Anlassklärung**
   - Was ist der Anlass für das Vorhaben?
   - Was soll ermöglicht werden?
   - Was hat sich unerwartet verändert und zu dem Anlass geführt?
   - Welches generelle Ziel, welche Idee könnte verfolgt werden?
   - Für wen könnte die Idee wichtig und interessant sein?
   - Welche Bedürfnisse werden durch die Idee befriedigt?

2. **Bestimmung des Ungewissheitsgrads**
   - Empfinden Sie Ihr Vorhaben als ungewiss? Worin sehen Sie den Unterschied zwischen Unsicherheit und Ungewissheit?
   - Woran würden Sie das festmachen?
   - Erkennen Sie Bereiche mit unterschiedlichen Graden von Ungewissheit? Welche sind das?
   - Falls Sie in einem Team arbeiten: Haben Sie schon einmal über Ihre Einschätzungen gesprochen? Waren diese unterschiedlich? Wie könnten Sie diese erkannte Vielfalt als Stärke nutzen?

3. **Analyse der vorhandene Ressourcen**
   - Welche eigenen Mittel bringen Sie mit, über welche eigenen Kraftquellen oder Ressourcen, Fähigkeiten, Kompetenzen und Möglichkeiten verfügen Sie?
   - Haben Sie schon einmal darüber nachgedacht, sich selbst als wichtige oder sogar wichtigste Kraft- oder Energiequelle zu beschreiben?
   - Wie würden Sie die folgenden Fragen beschreiben: Wer bin ich bezogen auf den Anlass und das angestrebte Vorhaben? Was weiß ich? Welche besonderen Kenntnisse habe ich? Wen kenne ich? Wer könnte aus meinen Netzwerken für mein Vorhaben hilfreich sein?

- Falls Sie in einem Team arbeiten: Haben Sie schon einmal über Ihre Einschätzungen gesprochen? Waren diese unterschiedlich? Wie könnten Sie diese erkannte Vielfalt und unterschiedlichen Bewertungen als Stärke nutzen?

4. **Beschreibung des leistbaren Verlusts:** *„Vorhaben werden oft nach dem möglichen Ertrag beurteilt. Ich würde Sie gerne einladen, einmal über den Einsatz nachzudenken, den Sie in den nächsten Schritten für Ihr Vorhaben einsetzen könnten."*
   - Wie viel Zeit und Geld könnten Sie einbringen?
   - Was wären Sie bereit im nächsten Schritt als leistbaren Verlust zu verlieren?
   - Was könnten Sie noch einsetzen?

5. **Entwicklung von Partnerschaften und Vereinbarungen**
   - Wen würden Sie gerne auf eine Partnerschaft ansprechen?
   - Wer könnte bereit und willens sein, das Vorhaben mit Ihnen gemeinsam weiterzuentwickeln?
   - Wenn Sie an Ihren leistbaren Verlust denken, mit wem möchten Sie darüber sprechen, was er bei einer möglichen Partnerschaft an leistbarem Verlust einbringen könnte?
   - Wenn Sie an einen möglichen Partner oder Unterstützer denken: Wen, von dem Sie gehört, gelesen oder erfahren haben, würden Sie gerne persönlich kennenlernen, der für Ihr Vorhaben hilfreich wäre? Wie könnten Sie das erreichen?
   - Welche konkrete Vereinbarung auf Gegenseitigkeit möchten Sie mit einem Partner treffen? – Was wäre im beiderseitigen Interesse?
   - Wie könnten Sie Ihr Vorhaben noch besser beschreiben oder vorab testen?

6. **Mögliches Handeln**
   - Was werden Sie jetzt konkret im nächsten Schritt machen?
   - Welche neuen Erkenntnisse möchten Sie dabei gewinnen?
   - Was bestärkt Sie dabei, den nächsten Schritt zu tun?
   - Wie hat sich Ihr Vorhaben in der Auseinandersetzung mit den bisherigen fünf Schritten verändert?

7. **Neue Schleife einleiten**
   - Wenn Sie jetzt zum Anfang des Grids zurückkehren, wie hat sich das Vorhaben verändert?
   - Wie bewerten Sie jetzt den Grad der Ungewissheit bei Zukunft, Zielen, Informationen, Komplexität und Veränderung?
   - Wie bewerten Sie die vorhandenen Mittel?

Debriefing

Die Ergebnisse der Gruppen werden anschließen kurz im Plenum vorgestellt. Der Schwerpunkt der Reflexion liegt dabei darauf, wie es den Teilnehmenden mit der Methode des „Effectuation Grid“ ergangen ist. Mögliche Fragen im Plenum:

- *„Was erlebt ihr an dieser ‚Methode der Zukunftsgestaltung‘ für euch als besonders wertvoll?*
- *Für welche Situationen erscheint euch dieses Modell als besonders nützlich?*
- *Wie hat sich die gemeinsame Bearbeitung auf eure Beziehungen und euer Miteinander ausgewirkt?*
- *Welche eurer Ressourcen, Fähigkeiten und Kompetenzen wurden durch diesen Prozess besonders gestärkt?“*

Bei einem „echten Beispiel“ sollte auch das inhaltliche Ergebnis betrachtet werden. Hierfür sind folgende Fragen sinnvoll:

- *„Welche Bedeutung hat das Ergebnis für eure momentane Situation?*
- *Welche weiteren Schritte wären für euch jetzt besonders wertvoll?“*

Quellen

- Gunther Schmidt (2016): Vortrag bei noesis, *www.noesis-online.de/*
- Infos zu Effectuation: *www.effecutation.org* – abgerufen am 9.9.2018.
- Download Effectuation Grid: *www.klaushaasis.de/effectuation* – abgerufen am 9.9.2018.

Hackathon

Orientierung

Ziele

- Die Methode Hackathon kennenlernen
- Sich mit dem Ablauf und den notwendigen Schritten zur Vorbereitung eines Hackathons auseinandersetzen

Zeit

Insgesamt 90 Minuten

- Intro: 15 Minuten
- Gruppenarbeit: 45 Minuten
- Präsentation der Gruppenarbeit: ca. 20 Minuten
- Debriefing: 10 Minuten

Material

Den Ablauf des Hackathons und die Instruktion zur Gruppenarbeit visualisieren – auf Flipchart oder PowerPoint-Folie

Hinweis

Sie brauchen eine Internetverbindung, um das Youtube-Video zeigen zu können.

Erläuterung

Immer wieder haben wir in diesem Buch beschrieben, dass gerade in komplexen Welten schnelle Lösungen und deren schneller Realitätscheck sehr nützlich sein können. Gerade weil Veränderungen „in großem Stil" sich hinsichtlich ihrer Auswirkungen und Wirksamkeit hier nicht vorhersagen lassen, sich oft höchst zeitverzögert bemerkbar machen und dann auch umso weniger korrigiert werden können.

Eine den Forderungen der „schnellen Schritte" vollkommen entsprechende Methode sind sogenannte „Hacks". „Hacken", ein Begriff der ursprünglich in der Softwareentwicklung verwendet wurde, hat seine Bedeutung längst verallgemeinert. Mit „Hackathons", oder „Lifehacks" und „Workhacks" sind innovative Formate gemeint, die schnell Lösungen für unterschiedlichste Themenstellungen entwickeln, direkt umsetzen und für Kunden und Betroffene erlebbar machen. Ob im privaten oder beruflichen Umfeld. 2005 wurde der Begriff „Lifehack“ von der American Dialect Society zum zweitnützlichsten (!) Wort des Jahres benannt.

Die Methode „Hackathon“ ist seit Anfang der 2000er-Jahre aus der Softwareentwicklung nicht mehr wegzudenken. Zunehmend wurde sie für andere Themen- und Aufgabenstellungen entdeckt und als Innovations-, Problemlöse- oder auch Kreativ-Prozess genutzt. Das Format eignet sich beispielsweise sehr gut dazu, unklare Produktideen zu konkretisieren. Das geschieht mithilfe erster Prototypen, die in funktionsübergreifenden Teams während eines „Hack Days“ oder einer „Hack Week“ entstehen können. Aber auch Nahtstellenpartner eines „End-to-end-Prozesses“ können sich zu einem Hackathon treffen, um den gemeinsamen Prozess bzw. Workflow mit neuen Lösungen, welche disruptiven Charakter haben, zu verbessern.

Kern eines jeden Hackathons ist, dass sich eine Community von Freiwilligen in Teams zusammenfindet und in einem begrenzten Zeitraum bzw. unter Zeitdruck vollständig auf ein Thema konzentriert. Den Zeitbedarf für den Hackathon legt der Organisator fest, der sich mit dem Themengeber (Pate/Führungskraft) vorab abstimmen kann. Wie viele Personen an einem Hackathon teilnehmen ist sehr individuell und sollte sich an der Anzahl der Ideen orientieren. Aus gruppendynamischer Sicht ist eine Teamgröße zwischen drei und fünf Personen vorteilhaft. Neben der Gruppenanzahl ist darauf zu achten, dass ein Kompetenzmix in der Gruppe vorhanden ist.

Intro-Vorschlag

„Wie viele von Euch haben sich eigentlich schon mal mit fünf Kollegen, euren Rechnern, Pizzas und Cola für zwei Tage in einem Raum eingeschlossen? ... Vielleicht haben so etwas einige von euch als 12- bis 16-Jährige getan, um Videospiele zu spielen! Jetzt könnt ihr das als Erwachsene wieder tun, sogar bezahlt. Denn so funktionieren Hackathons: Einige Kollegen schließen sich für eine bestimmte Zeit ein, um bei Cola und Pizza an Problemlösungen zu arbeiten. Die Wortschöpfung Hackathon (Verbindung von „Hack“ als Synonym für „programmieren“ und „Marathon“) ist seit Anfang der 2000er-Jahre aus der Softwareentwicklung nicht mehr wegzudenken. Im ursprünglichen Sinne ist das Ziel eines Hackathons, innerhalb kurzer Zeit gemeinsam nützliche, kreative oder unterhaltsame Softwareprodukte herzustellen.“

Wenn der Trainer möchte, könnte er an dieser Stelle ein kurzes Erklärvideo auf YouTube zum Hackathon zeigen: „What's a Hackathon?“ Erklären Sie Ihren Teilnehmern, dass die Methode jedoch nicht auf reine Softwareentwicklung beschränkt ist, sondern als Kreativ-Baustein in unterschiedlichsten Bereichen und für vielfältige Themenstellungen übertragen und genutzt werden kann. Hier kommt besonders zum Tragen, dass anhand des Formates unklare Produktideen verfeinert werden können: durch erste funktionale Prototypen, die in funktionsübergreifenden Teams während eines „Hack Days" oder einer „Hack Week" entstehen.

Kern eines jeden Hackathons ist, dass sich eine Community von Freiwilligen in interdisziplinären Teams zusammenfindet, die sich in einem begrenzten Zeitraum bzw. unter Zeitdruck vollständig auf ein Thema konzentriert. Die ungezwungene Atmosphäre (deshalb Pizza und Cola ...) bei gleichzeitig gezielter Fokussierung beflügelt das kreative Denken und macht Spaß.

Kommen Sie auf den Kern hinter der Methode zu sprechen: *„Hackathons widmen sich in der Regel einem spezifischen Thema oder einer bestimmten Technologie. Gleichwohl ist das Format insbesondere bei interdisziplinären und heterogenen Teams dazu prädestiniert, neue Lösungen für angrenzende oder völlig neue Aufgabenbereiche zu schaffen. Am Ende des ‚Events' stehen nicht nur Konzepte, sondern erste konkrete Ideen für die Umsetzungen der Lösungen."*

Nun können Sie – am besten visuell unterstützt – den Ablauf eines Hackathons beschreiben, dieser ist unabhängig vom Thema und meist in folgenden Teilen strukturiert.

Hackathon-Ablauf

- **Begrüßung:** Zu Beginn des Hackathons begrüßt der Veranstalter (=Ideengeber) oder eine Führungskraft des Unternehmens die Teilnehmer und benennt den Hintergrund des Events.

- **Themenvorstellung:** Im Anschluss wird das Thema des Hackathons detailliert vorgestellt und den Teilnehmern werden Hintergrundinformationen zum Thema präsentiert. So können beispielsweise mit Beiträgen von Experten aktuelle Herausforderungen und Fragen zum Stand der Technik beantwortet werden. Am Ende dieses Teils hat jeder Teilnehmer glasklar vor Augen, welches Problem im Hackathon gelöst werden soll.

- **Vorstellen der Teilnehmer:** Jetzt stellen sich die Teilnehmer des Hackathons vor. Die Teilnehmer gehen dabei insbesondere auf ihren fachlichen Hintergrund und ihre Kompetenzen ein. Die unterschiedlichen Erfahrungen können z.B. auf einem Kompetenz-Board (vgl. Team-Canvas auf S. 312 ff.) gesammelt werden.

- **Ideenvorstellung und Teamfindung:** Im nächsten Schritt werden die Ideen, welche durch die Teilnehmer auch fertig mitgebracht werden können, gesammelt und vorgestellt (z.B. in Form eines Ideen-Marktplatzes). Verständnisfragen der übrigen Teilnehmer werden direkt geklärt. Nach der Vorstellung aller Ideen finden sich die Teilnehmer selbstorganisiert entsprechend ihrer Interessen und Fähigkeiten und Ideenpriorisierung ähnlich wie im „Open Space" in Teams zusammen.

- **Ausarbeitung der Ideen:** Nun beginnt der Kern des Hackathons. Je nachdem, wie lange der Hackathon angesetzt ist, haben die Teams jetzt selbstorganisiert Zeit, ihre Ideen umzusetzen/detailliert auszuarbeiten oder in Form von Prototypen umzusetzen.

- **Präsentation der Lösungen:** Alle Lösungen werden nun allen Teilnehmern, einer Jury, und idealerweise einem möglichst breiten Teilnehmerkreis im Unternehmen präsentiert. So wird sichergestellt, dass einerseits die Idee und Lösungen und andererseits das Konzept und der Spirit des Hackathons weit ins Unternehmen getragen werden. Zusätzlich bietet es sich an, dass die Teilnehmer auch kurz ihre Erfahrungen aus dem Hackathon teilen.

- **Preisverleihung und Party:** Am Ende „kann" die beste Idee, die beste Umsetzung und das beste Team geehrt werden. Obligatorischer Abschluss ist ein „Come Together" mit allen Teilnehmern.

„Hackathon ist also nicht nur spontanes Pizza-Bestellen. Vielmehr bedarf es einer sorgfältigen Vorbereitung, damit sich der Spirit und die Kreativität eines Hackathons entfalten kann. Ich bitte euch nun in der folgenden Gruppenarbeit euch mit der Methode Hackathon vertieft auseinanderzusetzen."

Vorgehen

Der Trainer teilt die Teilnehmer in drei Gruppen ein (z.B. durch Losen) und bittet je eine Gruppe, sich mit dem folgenden Thema in der Kleingruppe zu befassen und die Ergebnisse der Diskussion auf einer Pinnwand festzuhalten:

- **Gruppe A:** Was sind die möglichen Vor- und Nachteile hinsichtlich der Einführung von Hackathons im Unternehmen?

- **Gruppe B:** Welche Fallstricke könnte es geben, die es zu beachten gilt, damit ein Hackathon erfolgreich wird und nicht schiefgeht? (z.B. Teilnahme basiert nicht auf Freiwilligkeit; keine hundertprozentige Konzentration auf den Hackathon, weil Alltagsaufgaben wie Bearbeiten von E-Mails erledigt werden müssen; keine interdisziplinären Teams; Management trägt das Format nicht mit...)

- **Gruppe C:** Bitte sammelt Themen, die aus eurer Sicht für einen Hackathon geeignet wären. Wählt euch anschließend eines der gesammelten Themen aus und beschreibt, wie ihr in der Einladung und Vorbereitung dieses Hackathons vorgehen könntet bzw. würdet.

Die Bearbeitungszeit der Gruppenarbeit sollte 45 Minuten sein. Jede Gruppe präsentiert ihre Ergebnisse im Anschluss den anderen Kollegen im Plenum (max. 5 Minuten pro Präsentation).

Debriefing

Als Abrundung zum Thema Hackathon kann der Trainer noch detailliert auf den Nutzen eingehen, den Hackathons sowohl für Mitarbeiter als auch Unternehmen mit sich bringen: *„Neben den konkreten Lösungen bieten Hackathons vielfältigen Nutzen für das Unternehmen und jeden einzelnen Mitarbeiter:"*

Sie können ihre Ideen einbringen
- Mitarbeiter: im Arbeitsalltag bleibt oft zu wenig Zeit, um eigene Ideen einzubringen und diese umzusetzen
- Unternehmen: Kann aus dem gesamten Wissens- und Ideenpool der Mitarbeiter schöpfen

Sie blicken über ihren Tellerrand hinaus
- Mitarbeiter: Verständnis für unterschiedliche Sichtweisen/Zielstellungen aufbauen und eigenen Erfahrungsraum erweitern
- Unternehmen: Abteilungsgrenzen verschwinden, was die Zusammenarbeit nachhaltig verbessert

Sie knüpfen wertvolle Kontakte

- Mitarbeiter: Sie lernen Kollegen aus anderen Funktionsbereichen kennen und erweitern ihre Kompetenzen
- Unternehmen: Domänenübergreifende Teams nutzen das gesamte Kompetenzspektrum im Unternehmen

Sie lernen Ideen und Konzepte schnell umzusetzen

- Mitarbeiter: Sie konzentrieren sich auf das Wesentliche, für unproduktive Nebensächlichkeiten ist keine Zeit
- Unternehmen: Schnelles Umsetzen, verbunden mit frühzeitigen Konzeptiterationen erhöhen die Qualität der Lösung, nicht zielführende Lösungen werden frühzeitig aussortiert.

Quellen

- Hengsberger, A. (2018): Nutzen eines Hackathons. Warum er sich für jedes Unternehmen lohnt. *www.lead-innovation.com/blog/nutzen-eines-hackathons* – abgerufen am 17.08.2018.
- Vicari, J. (2016): Herumspinnen ausdrücklich erwünscht. *www.haz.de/Sonntag/Technik-Apps/Herumspinnen-ausdruecklich-erwuenscht-Hackathons-im-Trend* – abgerufen am 17.08.2018.
- *de.wikipedia.org/wiki/Hackathon* – abgerufen am 17.08.2018.
- Video: What's a Hackathon? *www.youtube.com/watch?v=SCyFxcMsjnA*

Selbstreflexion: Boost your Buster

Seite	Thema/Übung	Dauer
336	Von der Fehlerkultur zur Lernkultur	90 Minuten
347	Delta-Talk – Über die Veränderungen sprechen	90 Minuten
353	Feedback und Lernen – Die Seestern-Methode	45 Minuten

Von der Fehlerkultur zur Lernkultur

Orientierung

Ziele

- Den Begriff „Fehlerkultur" einordnen können
- Ein gemeinsames Verständnis einer Fehlerkultur entwickeln
- Die Wichtigkeit und Bedeutung einer stimmigen Fehlerkultur verstehen

Zeit

Insgesamt 90 Minuten

- Intro: 30 Minuten
- Gruppenarbeit: 30 Minuten
- Auswertung und Learnings im Plenum: 30 Minuten

Material

Eine Abbildung der Nebeneinanderstellung „Execution as Efficiency" – „Execution as Learning"; eine Abbildung der Nebeneinanderstellung „Execution as Learning" – „Search as Learning"; YouTube-Video von Randy Nelson

Hinweise

Diese Übung kann ein „vorgelagerter" Baustein für verschiedenste Übungen der Selbstreflexion und des Feedbacks sein. Es können einfach auch Teile des Intros für Übungen der Selbstreflexion entnommen werden.

Erläuterung

Mit dieser Übung wollen wir in das vielfach thematisierte Feld der „Fehlerkultur" einsteigen. Dem Begriff der „Fehlerkultur" sollte aus unserer Sicht als positiv-gerahmtes Ziel die „Lernkultur" gegenübergestellt werden, denn diese beiden Themen sind untrennbar miteinander verbunden. Wir werden drei Ansätze nebeneinanderstellen, die in der Literatur und im Netz diskutiert werden:

- Den **„Execution as Efficency"-Ansatz**, der als die Fehler-Vermeidungs-Strategie der Vergangenheit bezeichnet werden kann.
- **„Execution as Learning"** als Strategie und Basis einer gedeihlichen Lernkultur.

- Und den Ansatz **„Search as Learning"**, welcher als lern-basierter Innovationsprozess beschrieben werden kann.

Das Intro ist recht lang, weil es Ihnen die Möglichkeit bietet, verschiedene Richtungen von Reflexionen einzuschlagen. Lassen Sie als Trainer sich zu dem inspirieren, was genau für Ihre Teilnehmer und Ihre Seminarsituation passt.

Intro-Vorschlag

„Interessanterweise ist die Übersetzung des Worts ‚Fehler' in die englische Sprache gar nicht so einfach: Ist ‚failure' der treffende Begriff? Oder eher ‚mistake' oder ‚fault'? In der englischen Sprache findet man auch den Begriff der ‚Fehlerkultur' nicht. Es gibt das Konzept von ‚Trial and Error', von Versuch und Irrtum. Und im Amerikanischen gibt es den Begriff der ‚Error Recovery', der die Eigenschaft von Systemen beschreibt, sich nach einer Fehlentwicklung schnell zu erholen oder auch bei einem Irrtum Grundfunktionen weiter aufrechtzuerhalten. In der agilen Welt ist das ‚Fail early' populär. Damit ist gemeint, dass der Irrtum in innovatives Handeln eingebaut ist, Fehlschläge Teil des Konzepts sind und ein mögliches Misslingen einen Teil des Fortschritts darstellt, um daraus zu lernen. Entsprechend stimmig und mehr in diese Richtung fokussierend, wird der Begriff zunehmend durch das ‚Learn fast' abgelöst: Das Lernen erfolgt in überschaubaren Iterationen der Innovation, die bestenfalls schnelle frühe Lernmöglichkeiten bieten.

Viele Unternehmen scheinen aber immer noch in einer Fehler-Vermeidungskultur zu verharren. Wirklich erfolgreiche Unternehmen bewegen sich aber aus unserer Sicht in Richtung einer Lernkultur. Wie dieser Weg aussehen kann, darauf möchte ich jetzt mit euch gemeinsam schauen."

Nun kommen Sie auf „Execution as Learning" – Lernen in der täglichen Arbeit – zu sprechen: *„‚Schneller zu lernen als andere' das ist für Unternehmen heute der zentrale Wettbewerbsfaktor. Während in der Vergangenheit vor allem der ‚Execution as Efficency'-Ansatz, die ‚Fehler-Vermeidungs-Strategie' verfolgt wurde, zeigt sich heute, dass die ‚Execution as Learning', die Strategie, eine gedeihliche Lernkultur aufzubauen, die wirksamste Lernstrategie ist.*

Schon vor zehn Jahren hat Harvard-Professorin Any Edmonton gezeigt, dass Unternehmen, die Produktion und Service nur mit Effizienz verbinden, weniger erfolgreich sind als Unternehmen, die Produktion und Service mit Lernen verbinden. Für solche Lernprozesse gilt, nicht das Produkt und dessen möglichst fehlerfreie Herstellung in den Mittelpunkt zu stellen, sondern den Mitarbeiter und dessen schnellstmögliche Lernprozesse. Dafür ist es notwendig, den Mitarbeitern die entsprechende psychologische Sicherheit und die entsprechenden Methoden an die Hand zu geben."

Hierfür können Sie nun Beispiele nennen. Bildungsforscher Gerd Gigerenzer etwa beschreibt in seinem Buch „Risiko" (2013), wie unterschiedlich die Handhabung von so einfachen Werkzeugen wie Checklisten bei Ärzten und Piloten ist. Auf der einen Seite akzeptiert und hochselbstverständlich, auf der anderen Seite...? Und wie groß vergleichsweise die Unterschiede bei der psychologischen Sicherheit in Operationssälen im Vergleich zu Flugzeug-Cockpits sind. Die entsprechende Statistik unterstreicht das: Im Jahr 2013 starben bei mehr als drei Milliarden Passagieren in der kommerziellen Fliegerei 210 Menschen. Im Gesundheitswesen dagegen wird allein in Amerika von durchschnittlich fast 100.000 vermeidbaren Sterbefällen im Jahr aufgrund von Kunstfehlern ausgegangen.

Auch in der Luftfahrt wurde über lange Zeit die Ausführung eines Fluges nicht als Lernmöglichkeit gesehen. Ein Wendepunkt zum „Execution as Learning" kam im Dezember 1978, als der United Airlines Flug 173 im Anflug auf den Flughafen Portland nach Problemen mit dem Fahrwerk abstürzte. In dieser unorganisierten Krisensituation waren der Stress und das Chaos so groß, dass bei dem intensiven Befassen mit dem Fahrwerksproblem keiner bemerkte, dass die Maschine keinen Treibstoff mehr hatte. Der ausführende Pilot verfügte über 27.000 Flugstunden, die Crew war extrem erfahren, aber für diese schwierige Situation gab es keine Anleitungen, Trainings und Regeln, wie z.B. Checklisten. Es war nicht das erste Mal, dass so ein Fehler passierte. Nach dieser Katastrophe wurde bei allen Fluglinien ein sogenanntes „Crew-Ressourcen-Management" eingeführt, dass, verbunden mit intensiven Trainings, zu einer dramatischen Verbesserung der Flugsicherheit u.a. auch durch organisiertes Lernen führte. Hierfür ist unter anderem jedes Crew-Mitglied aufgefordert, unabhängig von dessen Position zu jeder Zeit Feedback zu geben. Ein Schwerpunkt der Trainings ist auch der Umgang mit Konflikten im Team, die eigenen Stärken und Entwicklungsfelder zu reflektieren und alternative Verhaltensweisen zu erproben.

Fahren Sie fort: *„Gerade in komplexen Umgebungen und unter Ungewissheit ist die laufende Weiterentwicklung durch Lernprozesse entscheidend. Ähnliche Lern- und Trainingsprozesse wie in der Luftfahrt gibt es in nur wenigen Branchen in dieser Form. Der Psychologe und*

Bildungsforscher Gerd Gigerenzer (2013) *schreibt dazu in seinem Buch ‚Risiko': ‚Warum werden strukturierte Lernprozesse und Checklisten in jedem Cockpit, aber nicht auf jeder Intensivstation verwendet? In beiden Fällen sind es im wesentlichen Wirtschaftsunternehmen, warum also ist es dann so viel sicherer in einem Flugzeug als in einem Krankenhaus?' Seine Erklärung ist, dass die hierarchische Struktur in Krankenhäusern kein fruchtbarer Boden für Checklisten und Feedback ist, bei denen es unter Umständen erforderlich ist, dass eine Krankenschwester, eine weibliche Angestellte, einen Chirurgen, meist einen männlichen Vorgesetzten, zum Beispiel an das Händewaschen erinnert. Eine weitere Erklärung liegt darin, wen die Konsequenzen treffen. Wenn die Passagiere bei einem Absturz sterben, teilen die Piloten deren Schicksal. Wenn Patienten sterben, ist das Leben von Ärzten nicht in Gefahr."*

Beschreiben Sie nun das alte Verständnis, wonach Durchführung als effizienter Fehler-Vermeidungs-Prozess betrachtet wird. *„Das ist das alte ‚Fabrik-Modell', bei dem Mengenausstoß und Geschwindigkeit maßgeblich sind, bei dem Prozesse zentral definiert werden und Anpassungen nur mit Zustimmung von Chef und Zentrale möglich sind. Hier dominiert der Glaubenssatz ‚Produktion und Menschen sind zentral kontrollierbar'. Eine Kultur der Angst vor Fehlern führt dazu, dass nicht gefragt wurde, ‚Was können wir daraus lernen?' sondern ‚Wer ist schuld?'.*

Wie aber kommen wir von dem Mindset ‚Durchführung als effizienter Fehlervermeidungsprozess' zu einer Haltung des ‚Execution as Learning'-, also zu einer ‚Durchführung als Lernprozess'-Haltung?"

Erklären Sie, was hinter der Haltung „**Durchführung als Lernprozess**" steckt: *„Das ist, wie die Managementforscherin Amy Edmondson gezeigt hat, hundert Prozent Kundenorientierung mit laufenden Verbesserungen von Service und Produkten. Die Verantwortung liegt dort, wo die Kundenbeziehungen bestehen. Die dazugehörenden Teams nehmen ständig selbst Verbesserungen und Anpassungen an Kundenbedürfnisse aufgrund von Lernprozessen vor. Neuentwicklungen werden frühzeitig und kontinuierlich mit Kunden getestet. Irrtümer und Sackgassen sind frühzeitig willkommen, um schneller zu lernen und erfolgreich zu sein. Die Menschen und Teams und deren psychologische Sicherheit stehen im Mittelpunkt. Werkzeuge sind zum Beispiel Prozessleitfäden und Checklisten sowie Methoden zur Selbstorganisation, Selbstreflexion und des Feedbacks."* Um den Unterschied zwischen den beiden Haltungen zu verdeutlichen, können Sie den Teilnehmern dazu ein solches Chart zeigen.

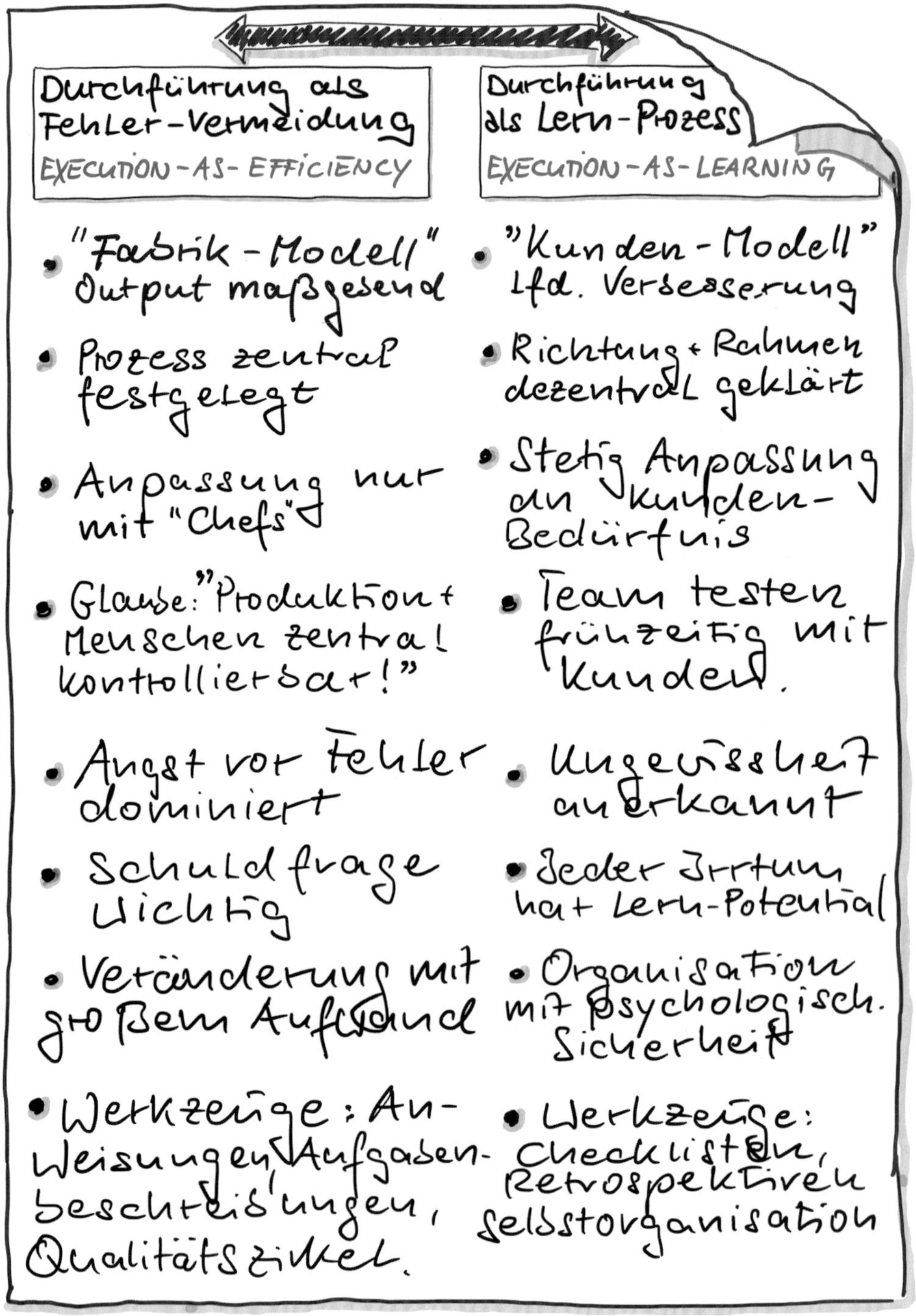

Abb.: „Execution as Efficiency" vs. „Execution as Learning" nach A. Edmondson.

Neben der Unternehmenshaltung „Execution as Learning" nach Edmondson gibt es noch eine weitere, die extrem wichtig ist: „Search as Learning" (Suche als Lernprozess). Diese Haltung wird von Steve Blank beschrieben, der als einer der Väter moderner Unternehmensführung bezeichnet wird. Blank hat 2012 in einem Blog den hauptsächlichen Unterschied zwischen etablierten Unternehmen und Start-ups so beschrieben: Die etablierten Unternehmen sind im Durchführungsmodus ihrer Strategien und die Start-ups im Suchmodus nach neuen Geschäftsmodellen. Gleichzeitig definiert er ein Element, das beide Organisationsformen verbindet bzw. verbinden muss: die Notwendigkeit zu lernen.

Erklären Sie Ihren Teilnehmern, was hinter der „Suche als Lernprozess" steckt: *„Innovationen zu entwickeln, bedeutet Handeln unter maximaler Ungewissheit. Deshalb werden Handlungsschritte immer wieder in kleinstmögliche Schritte zerlegt. Dabei gibt es eine generelle Vorstellung über die Richtung, die für die Suche nach neuen Prozessen, Services und Produkten eingeschlagen werden soll. Für diese kleinstmöglichen Schritte wird der Prozess des ‚Lean Start-ups' genutzt: Build – Measure – Learn. Etwas Kleines schnell bauen, evaluieren, lernen und wieder angepasst bauen, evaluieren, lernen uns so weiter.*

Irrtümer sind notwendig, um zu lernen. Und wenn sich eine Sackgasse auftut, gibt es einen ‚Pivot', das heißt, bestehende Ideen und Konzepte werden schnell aufgegeben und verworfen und eine neue Richtung wird eingeschlagen. Die Such-Teams arbeiten selbstorganisiert und unterwerfen sich nur wenigen Regeln. Die Werkzeuge entstammen der Welt des ‚Design Thinking', des ‚Design Sprint', des ‚Effectuation Ansatzes' und der ‚Lean Start-up'-Konzepte."

Sie können dabei die beiden Haltungen „Execution as Learning" und „Search as Learning", die sich heute mehr und mehr befruchten, beeinflussen und gegenseitig verstärken, so visualisieren, wie auf der nächsten Seite gezeigt.

Abb.: „Execution as Learning" vs. „Search as Learning".

Schließlich kann noch das Basismodell aller modernen Lernkonzepte in komplexen und ungewissen Kontexten vorgestellt werden, der „Agile Lern-Kreislauf" der auf dem „Lean Start-up"-Prinzip beruht. Im Internet gibt es zu diesem Modell viele Diskussionen: Wo fängt der Kreislauf an? Das Ergebnis lautet: Es ist egal. Ob ich erst etwas baue, dann evaluiere und dann daraus lernend so weitermache, oder ob ich erst im Feld lerne, dann baue, dann evaluiere und dann weitermache, spielt keine Rolle. Es kommt immer auch auf die besonderen Gegebenheiten im Unternehmens- und Organisationskontext an. Wichtig ist, dass man schnell anfängt und dann bei widersprüchlichen Rückmeldungen schnell reagiert. Denn Fehler kommt ja von Fehlen, es hat also noch etwas gefehlt. Das heißt, wir sind einfach noch nicht fertig, und das kann behoben werden.

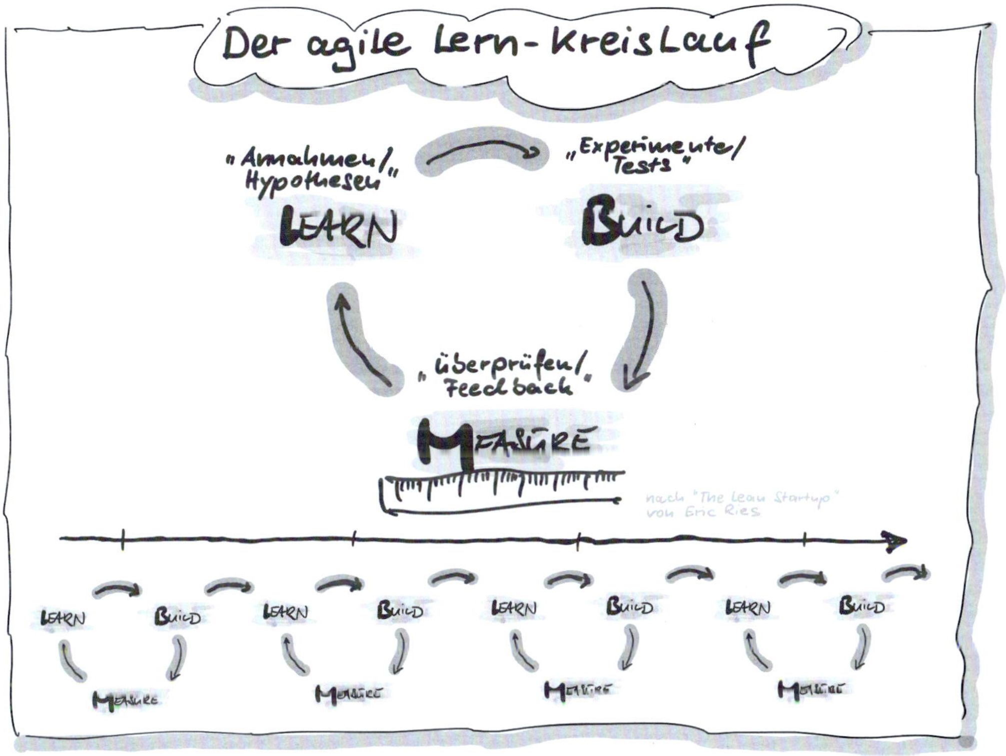

Abb.: Der „Agile Lern-Kreislauf".

Vorgehen

Das Intro hat Ihnen die Möglichkeit geboten, verschiedene Richtungen von Reflexionen einzuschlagen. Entsprechend bietet Ihnen nun auch das Vorgehen verschiedene Varianten.

Variante: „Execution as Learning" – Das tägliche Tun als Lernmöglichkeit

„Findet euch in Dreiergruppen zusammen und reflektiert über folgende Szenarien. Ihr habt dafür 30 Minuten Zeit. Bitte visualisiert eure Kernerkenntnisse, sodass ihr diese anschließend kurz vorstellen könnt."

1. **Szenario:** Einer von euch ist gebeten, von einer Situation zu berichten, in der er etwas ausprobiert hat. Und in der er das Gefühl hatte, dafür kritisiert zu werden: Es gab Vorwürfe, möglicherweise Konflikte, jemand hat sich beschwert ..., was auch immer. Wie hätte diese Situation in eine gedeihliche Lernmöglichkeit umgestaltet werden können, möglicherweise auch von dir selbst?

2. **Szenario 2:** Einer von euch ist gebeten, von einer Situation zu berichten, in der einer eurer Mitarbeiter etwas ausprobiert hat. Dabei gab es Unzufriedenheit oder Ärger in der Abteilung, im Team, im Bereich. Wie hätte diese Situation (noch mehr) in eine gedeihliche Lernmöglichkeit umgestaltet werden können, für den Betreffenden oder auch für das ganze Team?

Variante: „Search as Learning" – Suche nach etwas Neuem

„Findet euch in Dreiergruppen zusammen und reflektiert über folgende Szenarien. Ihr habt dafür 30 Minuten Zeit. Bitte visualisiert eure Kernerkenntnisse, sodass ihr diese anschließend kurz vorstellen könnt."

1. **Szenario:** Stellt euch vor, einer von euch oder ihr als Team bekommt die Aufgabe, etwas Neues zu gestalten, zu organisieren, zu planen ... Es gibt viel Ungewissheit, die Aufgabe erscheint komplex.

    - Wie könntest du oder könntet ihr bereits bei Beginn diese Aufgabe als eine kontinuierliche Lernerfahrungs-Iteration in kleinen Schritten gestalten?
    - Wie transparent solltest du dabei gegenüber Kollegen, Stakeholdern und Auftraggebern sein?
    - Wie kannst du für dich selbst oder ihr für euch als Team eine Lernagenda entwickeln, die von vornherein eine Kultur der Selbstreflexion und des Lernens erzeugt?

2. **Szenario:** Berichtet von einer aktuellen Aufgabe, bei der ihr etwas Neues gestalten, etwas Neues organisieren oder planen müsst (wo ihr gerade ‚mittendrin seid').

   - Wie gestaltet ihr aktuell euren kontinuierlichen Lernprozess?
   - Wie transparent seid ihr dabei gegenüber Kollegen, Stakeholdern und Auftraggebern?
   - Wie könnet ihr diesen Lernprozess gegebenenfalls noch wirksamer gestalten?

Debriefing

Nach der Gruppenarbeit stellen die Teilnehmer ihre Haupterkenntnisse kurz vor. Dann kann man, je nachdem welche Übungs- bzw. Reflexionssituation gewählt wurde, nochmals nach den Haupterkenntnissen jedes Teilnehmers fragen. Und danach, was jetzt genau der spezielle Punkt ist, den sie ab sofort: verstärken werden, neu aufnehmen werden oder weniger beziehungsweise nicht mehr tun werden! Dies könnte man auch als Einzelarbeit für sich selbst – das Transferjournal bietet sich an – oder auch als Arbeit mit dem Seminar-Buddy einspielen.

Dann könnte man zur Abrundung noch das YouTube Video von Randy Nelson, dem ehemaligen Direktor der Schule „Pixar University" zeigen: „Pixar's Randy Nelson on the Collaborative Age." Diese Keynote hat einen hohen Unterhaltungswert und Randy Nelson erzählt wunderbare Geschichten, nach welchen Kriterien bei Pixar, einem der kreativsten Filmstudios für Computeranimation, Mitarbeiter ausgesucht und trainiert wurden: Dabei fokussiert er auf die Fähigkeit zur Improvisation (siehe auch unsere „Ja, und"-Übung, S. 293), die Kernkompetenz von Innovatoren, den „konstruktiven Umgang mit Irrtümern" und die Kollaboration mit anderen.

Quellen

- Gigerenzer, G. (2013): Risiko: Wie man die richtigen Entscheidungen trifft. C. Bertelsmann Verlag.
- Pfläging, N. (2015): Komplexithoden: Clevere Wege zur (Wieder) Belebung von Unternehmen und Arbeit in Komplexität. Redline Verlag.
- Al-Achrafi, S. (2017): What Aviation Can Teach US About Failure. In: Huffington Post, Dezember. *www.huffingtonpost.com/samie-alachrafi/what-aviation-can-teach-u_b_9244594.html?guccounter=1* – abgerufen 29.8.2018.
- Blank, S. (2012): Search versus Execute. *steveblank.com/2012/03/05/search-versus-execute/* – abgerufen am 9.9.2018.

- Cheng, A. Best Book Summary + PDF: The Lean Startup, by Eric Ries. *www.allencheng.com/the-lean-startup-summary-pdf/* – abgerufen am 9.9.2018.
- Edmondson, A. C. (2008): The Competitive Imperative of Learning. In: HBR Juli/August *hbr.org/2008/07/the-competitive-imperative-of-learning* – abgerufen am 29.8.2018.
- Hy, K. (2017): Lean Startup evangelist Eric Ries on how big companies can stay competitive. In: Quartz at Work. *qz.com/work/1132506/lean-startup-evangelist-eric-ries-on-how-big-companies-can-stay-competitive/* – abgerufen am 9.9.2018.
- Randy Nelson von Pixar über Fehler: *www.youtube.com/watch?v=QhXJe8ANws8* – abgerufen 29.8.2018.
- Example Postmortem. Shakespeare Sonnet++ Postmortem (incident #465) – Eine Google Rework Analyse: *landing.google.com/sre/book/chapters/postmortem.html* – abgerufen am 29.8.2018.

Delta-Talk – Über die Veränderungen sprechen

Orientierung

Ziele

- Das Augenmerk auf die Entwicklungen in der Veränderung legen
- Sich bewusst machen, was man erreicht hat und welche Kompetenzen und Fähigkeiten sich hier zeigen
- Nach Veränderungen schnell in hilfreiche Lernprozesse eintreten können
- Sich als Team sensibilisieren für sich im Umfeld ankündigende Dynamiken und Muster

Zeit

Für das Team-Delta-Canvas insgesamt 90 Minuten

- Intro: 20 Minuten
- Gruppenarbeit: 40 Minuten
- Auswertung und Fazit zur Methode im Plenum: 30 Minuten

Material

Moderationswand mit Papier und vier Feldern; bunte Klebezettel/ Post-its

Hinweise

Die Übung funktioniert besonders gut, wenn Teilnehmer des Trainings auch im gleichen Unternehmen zusammenarbeiten. Dann kann man den Team-Delta-Talk auf das Unternehmen als Ganzes beziehen.

Erläuterung

Im Mittelpunkt dieser Übung stehen die Entwicklungen in der Veränderung. Ganz häufig werden solche Entwicklungen kaum bemerkt, was bedauerlich ist. Denn so kann man sich auch nicht bewusst machen, was sich tatsächlich entwickelt hat, was man verbessert und gelernt hat. Und man erkennt auch Dynamiken, Trends, Signifikanz und Relevanz nicht früh genug. Auf diese Unterschiede und Entwicklungen fokussiert der Delta-Talk.

Für diese Übung nutzen wir den Begriff „Canvas". In der Welt von „Design Thinking", „Scrum", „Agilität" und neuen Geschäftsmodellen werden viele englische Begriffe genutzt, die häufig nicht einfach zu übersetzen sind. Canvas steht als Begriff für ein Plakat oder ein Poster, auf dem meistens eine Struktur aufgedruckt ist, die mit Post-its gefüllt wird. Besonders populär ist der sogenannte „Business Model Canvas".

Für die hier vorliegende Übung gibt es die Möglichkeit zwei verschiedene Canvases zu nutzen: den persönlichen Delta-Talk-Canvas und den Team-Delta-Talk-Canvas. Deren Wirkung liegt in der Erkenntnis, dass sich in der Vergangenheit unerwartet und erstaunlich viel verändert hat und erreicht wurde und vor allem, dass dies weder dem Team noch dem einzelnen Teammitglied klar und bewusst war bzw. ist. Diese Gegebenheit weist wiederum auf die Potenziale, Gestaltungsmöglichkeiten und Kompetenzen des Teams und des Einzelnen auch in komplexen Veränderungsprozessen hin. Für die Übung des persönlichen Delta-Talks orientieren wir uns am „3-Welten-Modell der Persönlichkeit" von Bernd Schmid.

Intro-Vorschlag

„Jeder von euch kennt das wahrscheinlich: Die Besprechung ist anberaumt, im Team, in der Abteilung, mit dem Vorgesetzten … Und dann wird Bericht erstattet darüber ‚Was jeder seit dem letzten Meeting getan hat': Wir hören langweilige Statusberichte, die weder Erkenntnisse noch Lerngewinne für die Zukunft bergen.

Regelmäßig taucht bei den Beteiligten die Überlegung auf, wie solche Besprechungen bedeutungsvoller gestaltet und die Lerngeschwindigkeit erhöht werden können. Es hat sich gezeigt, dass es gerade in einer komplexen Welt der fortlaufenden Veränderungen hilfreich ist, sich regelmäßig zu fragen:

- *‚Was haben wir unerwartet erreicht?'*
- *‚Was hat sich verändert seit … der letzten Woche? … dem vergangenem Monat? … dem vergangenen Jahr?'*

Denn diese Fragen führen die eigenen Leistungen vor Augen und stärken damit das Vertrauen in die eigenen Kompetenzen und Fähigkeiten und erhöhen auch die eigene Lerngeschwindigkeit. Das hilft vor allem auch, um z.B. Marktdynamiken und Trends zu erfassen und bedeutsame, signifikante Muster zu entdecken, die relevant sein können. Die Frage nach diesem **Delta***, also die Frage danach, was sich verändert und entwickelt hat, kann Besprechungen und ‚Berichterstattungen' bedeutsamer machen."*

Die Begründung für die Suche nach Entwicklungen können Sie nun noch weiter vertiefen: *„Wir sind nicht gut im Erkennen von Unterschieden. Gleichzeitig haben wir eine große Freude, über Veränderungen nachzudenken und Veränderungen im Nachhinein zu erleben. Menschen sehen sich gerne Berichte über frühere Jahrzehnte an: Welche Musik hat man vor 20 Jahren gehört, was waren die großen Sommerhits? Wer war Bundeskanzler und was waren die größten Skandale?*

Je komplexer und dynamischer sich das gesellschaftliche, berufliche und persönliche Umfeld entwickelt, desto wichtiger und bedeutungsvoller ist es, sich über die Veränderungen und Dynamiken auszutauschen. Dabei ist nicht der Rechenschaftsbericht über die Vergangenheit hilfreich, im Sinne von: Was habe ich getan? Sondern die Fragen, die das größte Kraftfeld für die entstehende Zukunft entfalten, wie: Was hat sich verändert? Wo gab es ein Delta? Wo ist eine Dynamik erkennbar? Welche Impulse haben welche Wirkungen erzeugt oder auch nicht und wo gibt es damit Lernmöglichkeiten, um den nächsten ‚Adaptive Move' einzuleiten?" Nun kommen Sie auf das eigentliche Konzept, das Thema dieser Übung, zu sprechen: *„Diese Fragen beschreiben das Konzept des Delta-Talks: Sprich nicht über die Aufgaben, die du erledigt hast. Sprich über das, was sich verändert hat."*

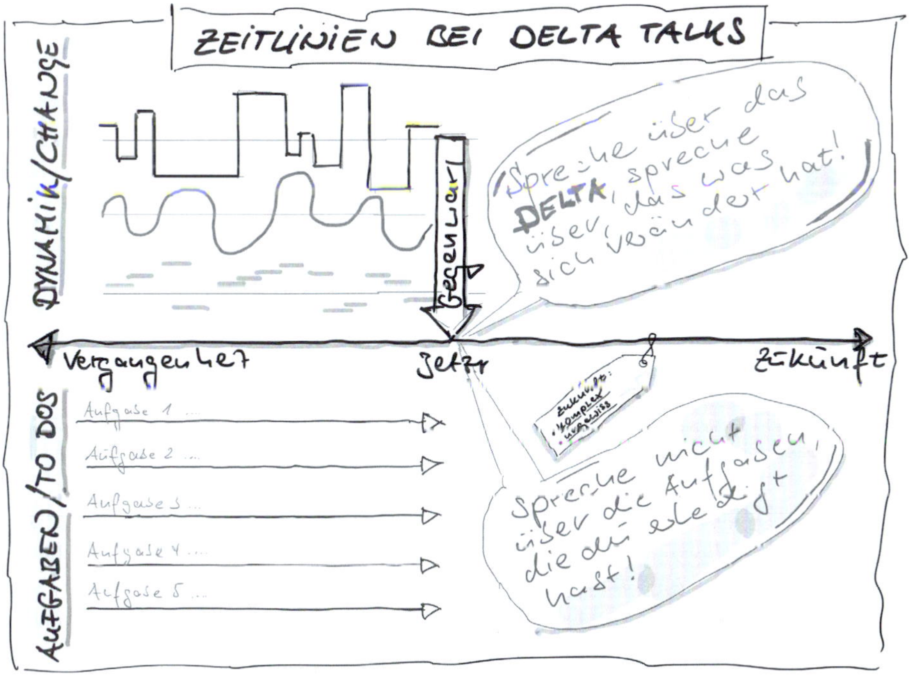

Abb.: Zeitlinienschema mit der Aufforderung: Sprich über das, was sich verändert hat".

Das soeben gezeigte Schema der Zeitlinien zeigt auf, worüber nicht und worüber gesprochen werden soll, um die oben genannten Ziele zu erreichen. Betonen Sie noch einmal: *„Sprich nicht über die Aufgaben, die du erledigt hast, sondern sprich über das, was sich verändert hat!*

Solche Delta-Talks würde ich euch jetzt gerne einladen auszuprobieren. Man kann einen persönlichen Delta-Talk mit sich selbst führen, sozusagen als Selbstgespräch oder man kann Team-Delta-Talks führen: zum Aufspüren von Entwicklungen und um sich gemeinsam Erreichtes vor Augen zu führen und daraus zu lernen." So kann der Canvas zum Team-Delta-Talk zum Beispiel aussehen.

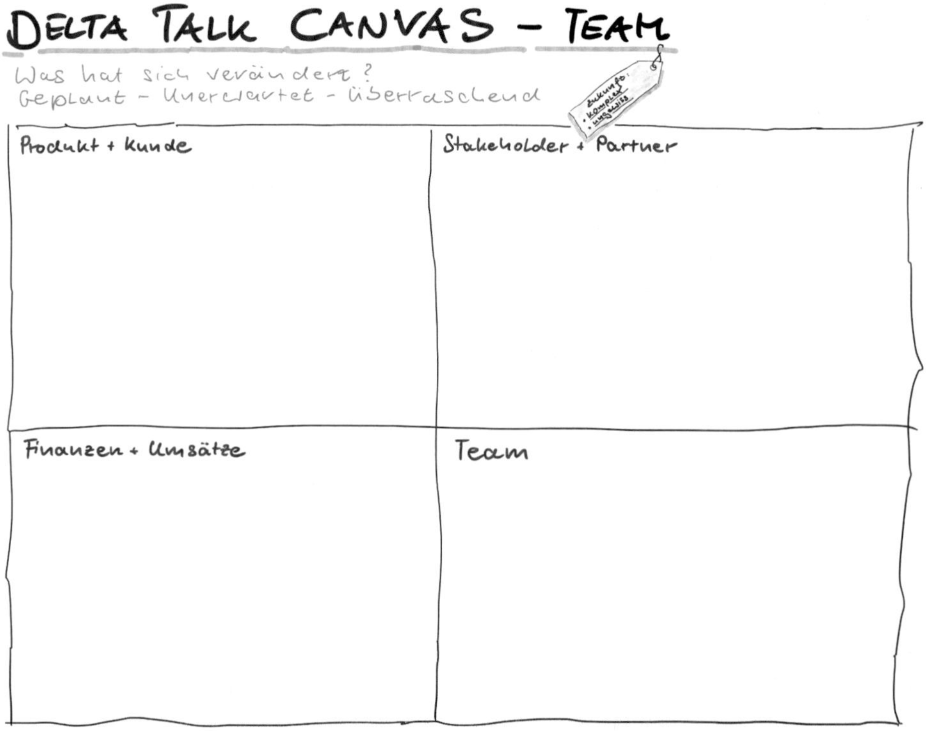

Abb.: Canvas für einen Team-Delta-Talk.

Dieses Canvas zum Team-Delta-Talk kann man zum Beispiel dann verwenden, wenn die Teilnehmer aus einem Unternehmen kommen. Dann kann eine aktuelle Situation für den Delta-Talk verwendet werden. Wenn dies nicht der Fall ist und die Teilnehmer sich erst im Seminar kennengelernt haben, sollte man die Felder umbenennen. Das Team, das sich im Seminar erst kennengelernt hat, kann zum Beispiel am zweiten Tag des Seminars genau diese Entwicklung beschreiben; die

Seminarteilnehmer entscheiden dann, welche Felder interessant zu reflektieren wären. Vorschläge, die hier meist kommen sind: „Beziehungen“, „Wissen“, „Einstellungen“, „Gefühle“. Der Charme des Delta-Talk-Canvas liegt auch darin, dass die Veränderungsfelder je nach Ausgangssituation und Zielrichtung immer wieder neu definiert und gewählt werden können. Allerdings raten wir davon ab, die Zahl der Felder zu erhöhen, etwa auf sechs Felder. Der „Talk“ wird dann zu „komplex“ und verliert seine Leichtigkeit und Übersichtlichkeit.

Die Unterscheidung in „geplante“ und „unerwartete Veränderungen bzw. Entwicklungen“ kann sehr nützlich sein, um Muster und Dynamiken zu erkennen und Lernmöglichkeiten zu entdecken. Daher empfiehlt es sich, die geplanten und die unerwarteten Entwicklungen auf Klebezettel in unterschiedlichen Farben zu schreiben. So kann man die unterschiedlichen Qualitäten von Veränderung noch sichtbarer machen.

Vorgehen

„Ich lade euch jetzt ein, den Team-Delta-Talk auszuprobieren. Bitte bildet Teams mit vier bis fünf Teammitgliedern. Zum Einstieg in die Übung könnt ihr euch kurz im Team mit einem Check-in wertschätzend verbinden, um gut in Resonanz miteinander zu sein (s. S. 69). *Dann schreibt jeder von euch Post-its für die Felder. Pro Feld solltet ihr euch auf die vier bis sechs wichtigsten Punkte konzentrieren. Dann stellt jeder nacheinander seine Post-its vor. Für diese Aufgabe stehen euch 40 Minuten Zeit zur Verfügung.“*

Die Variante: Arbeiten mit dem persönlichen Delta-Talk-Canvas

Für Einzelarbeit kann alternativ auch der persönliche Delta-Talk-Canvas verwendet werden, der auf der folgenden Seite abgebildet ist. Die Veränderungsfelder orientieren sich als Vorschlag am „3-Welten-Modell der Persönlichkeit“ von Bernd Schmid. Dieses vermittelt einen existenziellen, ganzheitlichen Blick auf persönliche Entwicklungen und Veränderungen der letzten Zeit. Dieses Modell lässt sich auch gut in Einzel-Coachings einsetzen, um zum Beispiel auf individuelle Muster, Entwicklungen, Potenziale und Kompetenzen aufmerksam zu machen und daraus Schritte für die Zukunft abzuleiten. Auch hier könnten die Felder je nach Situation und Ziel umbenannt werden.

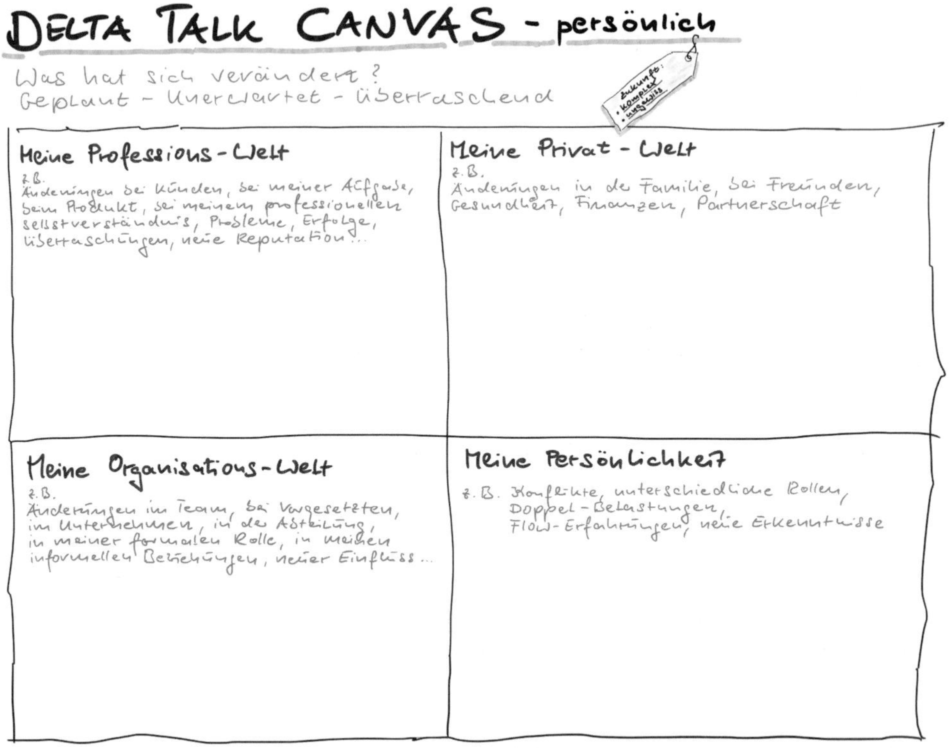

Abb.: Ein Delta-Talk-Canvas für den persönlichen Gebrauch.

Debriefing

Haben die Gruppen in Teams am Delta-Talk-Canvas gearbeitet, stellt jede Gruppe ihre Ergebnisse nochmals kurz im Plenum vor, das dauert ca. drei Minuten. Dann wird im Plenum ein Fazit zur Arbeit mit dem Team-Delta-Canvas gezogen, zum Beispiel anhand folgender Fragen:

- Wie hat die Methode auf mich gewirkt?
- Was war für mich überraschend und unerwartet?
- Für welche Situationen in unseren Teams bzw. Unternehmen könnte die Methode noch hilfreich sein?
- Welche Dynamiken, Trends oder relevante Muster erkennen wir in den für uns bedeutsamen Canvas-Feldern? Was schließen wir daraus für die Zukunft?

Quellen

Drei-Welten-Modell der Persönlichkeit von Bernd Schmid: *www.systemische-professionalitaet.de/download/schriften/74-drei-welten-persoenlichkeitsmodell.pdf* – abgerufen am 11.08.2018.

Feedback und Lernen – Die Seestern-Methode

Orientierung

Ziele

- Ein einfaches Modell für eine gemeinsame Reflexion in Teams und Projektgruppen kennenlernen
- Eine konkrete Erprobung im Kontext der agilen Prinzipien durchführen
- Die Seestern-Methode als Bestandteil des Kreislaufs „Ausprobieren – Ergebnis bewerten – Lernen" verstehen

Zeit

Insgesamt: 45 Minuten
- Intro: 15 Minuten
- (Je nach Teilnehmerzahl) in der Anwendung: 20 Minuten
- Auswertung der Methode im Plenum: 10 Minuten

Material

Seestern-Ausdrucke und/oder Klebezettel, die auf einer größeren freien Fläche, wie einem Flipchart, einer Moderationswand oder auch Türen oder Fenster angebracht werden

Hinweis

Diese Übung ist an geeigneter Stelle in den Seminarablauf zu integrieren, wenn es einen passenden „echten" Gegenstand für Lernen und Selbstreflexion gibt.

Erläuterung

Die Übung nimmt direkten Bezug auf die Übung zu „Das Agile Manifest: Eine Standortbestimmung". Im Mittelpunkt steht das 11. und 12. Prinzip des Agilen Manifests (s. S. 212): „In regelmäßigen Abständen reflektiert das Team, wie es effektiver werden kann und passt sein Verhalten entsprechend an." Und: „Die besten Produkte und Designs entstehen durch selbstorganisierte Teams." Agile Zusammenarbeit ist maßgeblich dadurch bestimmt, dass in einer menschenzentrierten Organisation die Interaktionen zwischen den Menschen im Mittelpunkt stehen. Genauso wird es auch im ersten Satz des Agilen Manifests beschrieben: „Wir bewerten Individuen und Interakionen höher als Prozesse und Werkzeuge." Mit dieser Übung stellen wir Individuen und

Interaktionen in den Mittelpunkt und stellen ein Werkzeug und einen Prozess zur Verfügung, um die beteiligten Menschen in eine gedeihliche Lern-Interaktion zu bringen.

Mit der Seestern-Methode vermitteln Sie als Trainer den Teilnehmern eine hilfreiche Methode, die Selbstreflexion, Feedback und Lernen anregt. Es gibt vielfältige Möglichkeiten, sie in das Seminar zu integrieren, etwa als Retrospektive am Ende des Seminars, als Abschluss-Reflexion im Plenum oder auch als Abschluss eines Tages oder einer längeren Übung. Je nach Teilnehmerzahl kann dies im Plenum geschehen oder in Gruppenarbeiten.

Intro-Vorschlag

„Die Lernkultur, die in den letzten Jahren gerade in Softwarefirmen entstanden ist, wurde stark durch zwei Prinzipien des Agilen Manifests beeinflusst: ‚In regelmäßigen Abständen reflektiert das Team, wie es effektiver werden kann und passt sein Verhalten entsprechend an' und ‚Die besten Produkte und Designs entstehen durch selbstorganisierte Teams'. Lernen war für Unternehmen und Individuen schon immer wichtig: Schlagwörter wie ‚KVP – Kontinuierlicher Verbesserungsprozess', ‚TQM - Total Quality Management' und ‚Qualitätszirkel' sind seit den 1950er-Jahren in vielen Unternehmen präsent. Allerdings waren die Verbesserungsprozesse und Qualitätszirkel häufig von den Teams und der direkten Zusammenarbeit abgekoppelt. Man wurde in einen Qualitätszirkel ‚entsandt', KVP-Prozesse sollten Rationalisierungspotenziale aufspüren. Im Mittelpunkt standen die Prozesse und die Produkte, nicht die Mitarbeiter. Es ging weniger darum, die Interaktionen in den Teams zu verbessern."

Verdeutlichen Sie, dass nach den Werten der agilen Welt das Lernen direkt in die Verantwortung der Teams gelegt wird und die Mitarbeiter diese Lernprozesse selbst organisieren. Die Frage, wie das gelingen kann, beantworten Sie mit der Seestern-Methode: *„Die Seestern-Methode ist eine beliebte und sehr einfache Methode, um rückwirkend im Team aus Projekten, Prozessen und der Zusammenarbeit für die unmittelbar anstehende Zusammenarbeit zu lernen und entsprechend gemeinsam Vereinbarungen zu treffen. Wie funktioniert das? Teams vereinbaren gemeinsam, sich in regelmäßigen Abständen für eine sogenannte ‚Retrospektive' zu treffen oder auch spontan zu bestimmten Ereignissen, wie Ende eines Projektes, Ende einer Weiterbildung, Ende eines Tages, zu einer Reflexion über das Erlebte zusammenzukommen."*

Die Retrospektive läuft immer nach einer sehr einfachen Struktur ab:
- Was war gut und sollte beibehalten werden?

- Was war nicht hilfreich und sollte in der Zukunft nicht weiter verfolgt werden?
- Was hat gefehlt? Womit sollte begonnen werden?

Erklären Sie auch, woher die Methode ihren Namen hat: *„Das amerikanische Original des Vorgehens heißt ‚Starfish Retrospective'. ‚Starfish' für Seestern, denn das Format hat fünf Felder, wie die meisten Seesterne: ‚Stop', ‚Start', ‚Keep', ‚More', ‚Less'. In die deutsche Sprache übersetzt könnte man sie nennen:*

- *‚Damit aufhören',*
- *‚damit anfangen',*
- *‚beibehalten',*
- *‚mehr davon',*
- *‚weniger davon'.*

Es hat sich gezeigt, dass bei kürzeren Lern-Zusammenkünften die Differenzierung zwischen ‚beibehalten', ‚weniger davon' und ‚mehr davon' Schwierigkeiten bereiten kann bzw. gar nicht notwendig ist."

Vorgehen

Je nach Teilnehmerzahl kann mit der Methode im Plenum oder in Gruppen gearbeitet werden. Sie kann gut in ein Seminar integriert werden als Retrospektive am Ende einer längeren Übung, eines Seminartags oder zum Abschluss eines Seminars.

Dazu werden zunächst die verschiedenen Felder visualisiert, etwa in Form eines Posters oder Canvas. Oder Sie kleben einfach große Klebezettel mit den Überschriften an eine Moderationswand, an ein Fenster, an eine Tür etc. Dann wird mit kleinen Post-its begonnen, die verschiedenen Bereiche zu füllen.

Wir haben in der Praxis dazu verschiedene Varianten entwickelt, die die „Start"-„Stopp"-„Weiter so"-Struktur in den Mittelpunkt stellen. Wir verbinden diese Struktur noch mit drei etwas weiter gefassten Anstößen zur Reflexion: Und zwar mit den Fragen …

- Wie könnte man den erlebten Prozess in einem Wort beschreiben?
- Was waren die wichtigsten Lernerfahrungen?
- Was wissen wir noch nicht?

Daraus entsteht dann eine für alle sichtbare Fläche mit sechs Feldern, wie sie auf der folgenden Seite beispielhaft dargestellt ist.

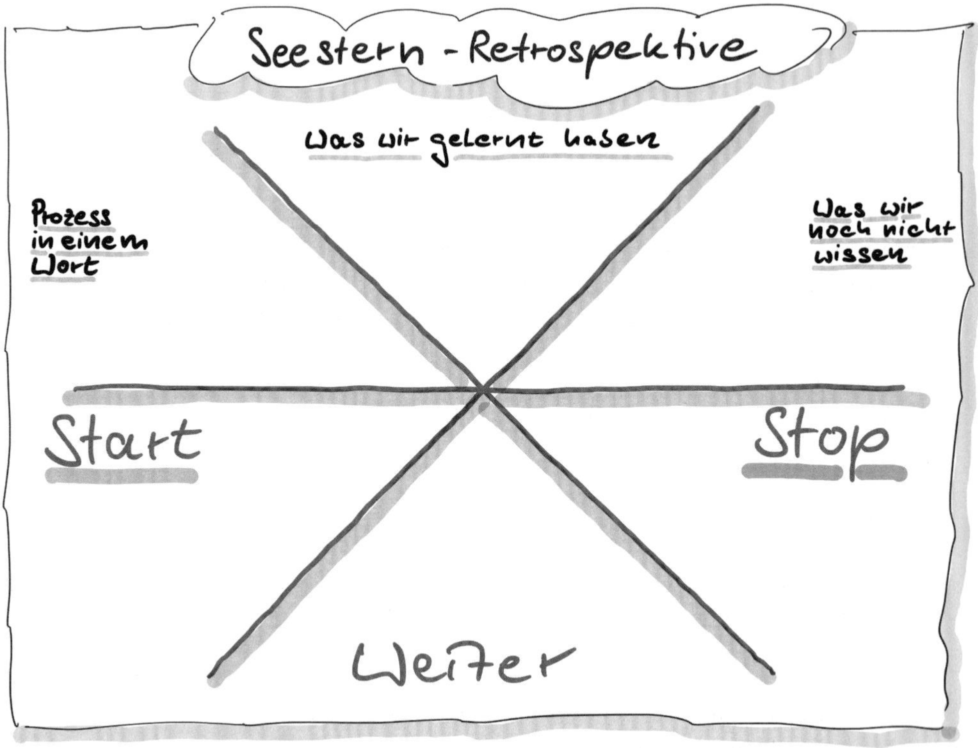

Abb.: Seestern-Retrospektive.

Erklären Sie nun den Teilnehmern den Ablauf eines „Seestern-Meetings“: „*Was ist für ein gelingendes ‚Starfish-Meeting‘, eine ‚Seestern-Lernzusammenkunft‘, wichtig?*

- *Das Ziel und der Lerngegenstand sollten klar definiert sein.*
- *Die Dauer sollte transparent festgelegt werden. Im Englischen gibt es dafür das schöne Wort ‚Time-Boxing‘: Das heißt meist kurz und ohne die Themen zu ‚zerdiskutieren‘.*
- *Es sollten ein geeigneter Raum und Materialien vorbereitet sein.*
- *Die Statements der einzelnen Teilnehmer werden nicht hinterfragt oder kritisiert.*
- *Wenn unterschiedliche Ausrichtungen bei ‚Start-Stopp-Weiter so‘ auftreten, sollte sich das Team einigen, wie es mit einer solchen Situation umgehen will. Möglich ist zum Beispiel, das Ergebnis so stehen zu lassen und zu beobachten was passiert oder auch einen*

entsprechenden gemeinsamen Beschluss herbeizuführen; dies können Konsensus-Regelungen oder Mehrheitsentscheide sein."

- Es kann hilfreich sein, ‚Check-in-, und ‚Check-out-Rituale' an den Anfang und an den Schluss einer Retrospektive zu setzen. (Siehe auch Übung Check-in/Check-out auf S. 69).

Alternativ oder auch ergänzend könnte zum Beispiel im Rahmen eines Check-ins auch noch das Grundsatz-Statement hervorgehoben werden, welches im Englischen die Prime Directive genannt wird. Dieser Grundsatz lautet:

Unabhängig davon was wir heute entdecken und verstehen, glauben wir aufrichtig, dass

- in der gegebenen Situation,
- mit dem vorhandenen Wissen und
- den verfügbaren Ressourcen und
- unseren individuellen Fähigkeiten, jede(r) sein Bestes getan hat.

Debriefing

Wenn die Methode angewendet wurde, kann man zur Reflexion im Plenum kurz folgende Fragen diskutieren:

- Worin unterscheidet sich diese Feedback- & Lern-Methode aus meiner Sicht von anderen?
- Welche alternativen Feedback & Lernmethoden kennen/nutze ich?
- Für welche Situationen scheint mir diese Methode besonders geeignet?

Quellen

- *www.funretrospectives.com* – abgerufen am 30.8.2018.
- Wittwer, M. (2009): Retrospektiven – Fehler nicht zweimal machen. *https://de.slideshare.net/markuswittwer/retrospektiven-fehler-nicht-zweimal-machen?next_slideshow=1* – abgerufen am 9.9.2018.

Stichwortverzeichnis